南京水利科学研究院专著出版基金
长江保护与绿色发展研究创新团队 资助

三峡工程
航运建设的实践与认识

刘书伦 ◎著

·南京·

内容提要

本书为三峡工程航运建设的论证、决策、建设等主要过程及运行后的航道演变和航运发展成果分析。较为全面地介绍了三峡航运工程的论证、关键技术问题、建设过程、施工期通航、三峡水库调度等，收集并分析了三峡运行后上下游的水沙变化、河道冲淤变化、通航建筑物的运行和成果，简要介绍了有关航运工程评估与竣工验收的主要结论，并从一个亲历者角度提出了对三峡航运的一些认识。

本书可供从事长江航运和三峡工程历史研究的技术人员参考，也可供高等院校相关专业师生使用。

图书在版编目(CIP)数据

三峡工程航运建设的实践与认识 / 刘书伦，曹民雄著. -- 南京 : 河海大学出版社，2023.7

ISBN 978-7-5630-7916-2

Ⅰ. ①三… Ⅱ. ①刘… ②曹… Ⅲ. ①三峡水利工程-航运-建设-研究 Ⅳ. ①TV632

中国国家版本馆 CIP 数据核字(2023)第 089191 号

书　　名 三峡工程航运建设的实践与认识
书　　号 ISBN 978-7-5630-7916-2
责任编辑 彭志诚
特约编辑 王春兰
特约校对 薛艳萍
封面设计 徐娟娟
出版发行 河海大学出版社
地　　址 南京市西康路 1 号(邮编:210098)
电　　话 (025)83737852(总编室)　(025)83722833(营销部)
经　　销 江苏省新华发行集团有限公司
排　　版 南京布克文化发展有限公司
印　　刷 南京迅驰彩色印刷有限公司
开　　本 787 毫米×1092 毫米　1/16
印　　张 23.75
字　　数 413 千字
版　　次 2023 年 7 月第 1 版
印　　次 2023 年 7 月第 1 次印刷
定　　价 98.00 元

前　言
PREFACE

三峡工程是一项造福今人、泽被子孙的千秋伟业，也是当今世界上规模最大、综合效益最广泛的水利水电工程，是我国最伟大的超级工程之一，创造了许许多多的世界之最。三峡工程防洪库容 221.5 亿 m^3，可将荆江防洪标准由 10 年一遇提高到 100 年一遇，使 1 500 万人口和 2 300 万亩(1 亩≈666.7 m^2)耕地免遭特大洪水的灾害。三峡工程总装机容量 2 250 万 kW、年平均发电量设计值为 882 亿 kW·h，是世界上最大的水电站。三峡工程永久船闸在山体中开挖，最大高边坡 170 m，保持了高边坡的稳定。垂直升船机无论是提升高度还是提升重量都是世界之最。三峡工程彻底改善了川江滩险航道，船闸货物通过量(下行)由 2001 年的 1 028 万 t 增长到 2021 年 7 449 万 t，通航船舶(队)由 3 000 吨级提高到万吨级。三峡工程大江截流流量是世界上最大的，为巴西伊泰普水电站截流流量的 1.75 倍，是世界最大的深水围堰。

三峡工程于 1994 年 12 月 14 日正式动工兴建，2003 年 6 月开始蓄水发电，于 2009 年工程全部完工，历时 15 年。2020 年 11 月 1 日由水利部、国家发展改革委正式公布三峡工程完成整体竣工验收全部程序，至此这项建设历时 27 年的超级工程，终于画上了完美的句号。回首与三峡工程建设相伴的 30 多年，我有幸参加了三峡工程论证、设计、评审、工程管理[在国务院三峡工程建设委员会办公室、交通部三峡工程航运领导小组办公室(以下简称“交通部三峡办”)工作期间]，以及三峡工程运行后原型观测分析的评审工作，其中建设期 17 年，运行后观测 18 年，这些情况我都很熟悉。回想现场工作的艰辛与快乐、技术讨论的严谨与争吵，都历历在目。2021年“七一”前夕，交通运输部离退休干部局在我耄耋之年授予我“优秀共产党员”称号，真是思维万千，觉得这荣誉既是三峡工程带来的，也是献给三峡工程的。

在古稀之年与曹民雄博士一起写这本书，主要基于以下想法：

长江三峡河段历史上有许多著名的风景名胜，有很多人文故事，历史文化悠久。因三峡工程的修建，长江三峡河段发生了历史巨变，我在那里工作生活了30多年，在现场进行勘测、施工，亲身体验了这些变化。特别是中华人民共和国成立后至三峡水库建成前这一段时期，这里既有天然河道美丽的风景和传说，又有船舶航行的艰险和拼搏，因此我想将近60年来这段河道的变化历史写出来。

三峡工程建设历经数十年，我国老一辈领导同志为三峡工程兴建倾注了大量心血，我国几代科学家和技术人员为三峡工程建设付出了辛勤劳动，贡献出自己的智慧。航运工程建设是三峡工程的重要组成部分，在国务院三峡工程建设委员会（以下简称“三建委”）、国务院三峡工程建设委员会办公室（以下简称“国务院三峡办”）、交通部三峡办、中国三峡总公司（现更名为中国长江三峡集团公司，以下简称“三峡总公司”）、长江航务管理局，国家发展和改革委员会基础司的领导与支持下，三峡航运工程的建设、管理、维护取得了丰硕成果。有关三峡工程总结或评估方面的书比较多，中国工程院在2008—2009年的“三峡工程论证及可行性研究结果的阶段性评估”、2012—2013年的“三峡工程试验性蓄水阶段评估”、2013—2015年的“三峡工程建设第三方独立评估”的基础上，分别出版发行了评估报告，相对较为全面。2019年出版的《三峡工程正常蓄水位175米试验性蓄水运行十年论文集》对三峡工程进行了多方面的回顾和总结。潘庆燊教授级高工的《三峡工程泥沙问题研究进展》，以及胡春宏院士的《三峡工程泥沙运动规律与模拟技术》收集了大量的三峡工程泥沙资料，对泥沙问题进行了深入研究。郑守仁院士的《长江三峡水利枢纽建筑物设计及施工技术》对三峡工程的设计与施工进行了很好的总结，但书中介绍的设计内容，有一些航运项目没有提及，如施工通航、船闸、升船机等。在众多的著作中，对三峡工程的航运方面的问题阐述不够全面，或因认识的角度不同（如河道演变与航道演变）而得出不同的认识，没有介绍施工通航中的关键技术及工程建设中遇到的困难和技术难题是如何解决的。因此笔者产生了编写一本关于三峡工程航运方面的论著，结合自己的亲身经历，介绍三峡工程航运问题的论证过程、建设中遇到的困难和技术难题，特别是航运工程建设中遇到那些问题是如何解决的。同时在综合上述专著中的资料基础上，对照原来的论证结果，对比分析三峡工程运行后的航运效果，并对一些问题进行分析讨论。

三峡工程是一项影响范围巨大、影响时间很长的特大型工程，建设后运行会带来什么样的影响、可能会出现什么问题，不是短时期内能认识清楚的。通过三峡工程建设前后，特别是建设后进行的大量跟踪观测分析，我们可以发现以前的论证和设计中，对有些问题的分析判断是符合实际的，而有些分析理论和方法还有待今后完善。更重要的是我们通过观测，深化了认识。我们的论证、分析，不少地方采用"可控""在预测范围"等结论，但实际情况不是这么简单，具体工作中须逐个加以分析；有不少技术问题我们的认识深度有限，通过原体观测分析可能发现了一些问题；我们分析了三峡水库运行后18年的水沙条件、河道条件的变化，以及船闸运行成果，得到的认识可供大家讨论。这几十年来的变化过程是真实的，反映了不同蓄水位条件下、不同的来水来沙条件下，水库和河道的演变；不同时期航道条件变化、船型变化、船闸通过能力变化，这些都是多种条件下的实际效果，具有一定因果关系，值得认真研究。我们认为三峡工程产生的影响和变化是一个漫长的过程，需不断观测分析，逐步深化认识。我们在本书中提出一些初步认识、一些问题，以供大家讨论和继续研究。

三峡工程对航运方面的效益是显著的，我们交通系统参加三峡工程建设的同志是尽心尽力的，其间有多次争论，但最终都是为了航运事业。中国工程院组织的几次关于航运效益方面的讨论，可以说明前几阶段的成果，今后还可能进一步拓展。本书主要从技术的角度分析讨论一些问题，无法详述管理部门的组织、协调与实施成就，以及在这过程中作出突出贡献的个人。

写成书稿是因为得到曹民雄博士的鼓励和支持，他从事长江航道整治试验研究和三峡工程后续规划项目研究几十年，取得了不少成果。我和曹博士在一些重要技术问题上的认识比较一致，存在共同认知，我俩合作，也想努力把这本书编写好。曹博士将我写的一些基本情况、分析研究进行了梳理，并将一些内容补充完整。我们多次对框架进行讨论，逐步形成了初稿，并进行了多次讨论修改，力求真实客观。历时4年多，书稿终于完成，这是我们三峡技术工作者的一份责任。

书中很多成果不是我们创造的，是众多参加三峡航运工程工作的同志努力的结果。为了说明一些现场情况，我们采用了一些网络上的图片，因无详细信息，无法一一标注，在此对图片作者表示感谢。本书写作过程中不仅得到多方面的支持，也有许多老朋友的鼓励。南京水利科学研究院（以下简称“南科院”）的魏裕翀、李晗宇、吴文亮、程兆弈、冯明几位研究生对本书的文字进行了录入，南科院长江保护与绿色发展研究创新团队对本书出版提供了支持。感谢长江委水文局、长江三峡通航管理局、长江航道规划设计研究院、长江重庆航运工程勘察设计院所做的大量观测分析，感谢长江航务管理局、三峡总公司、水利部、水利部长江水利委员会（以下简称“长江委”）、长江委设计院、南科院、天津水运工程科学研究院、重庆西南水运工程科学研究所（以下简称“西科所”）以及清华大学、武汉大学、国家发展改革委综合运输所、交通部三峡办、长江三峡通航局、长江航道局等在三峡工程建设中做出的许多创新成果，我们仅是参与了部分工作，并在学习和实践的基础上创作了本书。希望本书能对后人了解三峡航运工程相关技术、建设等问题有所帮助。限于我们的学识及写作水平，书中难免存在不足、遗漏甚至错误之处，敬请批评指正。

作者

2023 年 7 月

目　录
CONTENTS

8. 三峡枢纽运行后坝下游河道冲淤变化

9. 三峡通航建筑物运行及成果分析

12. 附件

1. 三峡工程概述

三峡工程是一项世纪性的复杂而伟大的工程，开篇主要简单介绍工程论证与决策主要过程、工程设计经历的主要阶段，以及工程建设的主要内容。

1.1 工程论证与决策

1.1.1 早期论证

三峡工程是一项伟大的工程，从 1944 年提出在三峡石牌到南津关河段兴建一座蓄水位 200 m 高坝的初步方案，到 1992 年 4 月 3 日全国人民代表大会审议通过《关于兴建长江三峡工程决议》，历时近 50 年，其间经过几代人的努力。

作者(刘书伦)1971 年查勘三峡河段航道整治时，专门去石牌弯道勘察。长江流域规划办公室(简称为“长办”，下同，为水利部派出机构，1956 年以原来的长江水利委员会为基础成立的，1988 年又改名为长江水利委员会)的同志告知，1944 年我国工程师曾陪同美国垦务局设计总工程师萨凡奇来到这里查勘。那时工作条件十分艰险，石牌弯道下游 30 多 km 的宜昌市还在日本人控制中，来到这里考察大坝坝址是件非常不容易的事。经现场查勘后，萨凡奇编写了《扬子江三峡计划初步报告》，建议在石牌与南津关之间修建一座蓄水位高达 200 m 的高坝，发电装机容量 1 056 万 kW，这在当时是一个宏伟的构思。1946 年我国先后派出 50 名技术人员去美国参加三峡工程的设计工作。该项设计工作到 1947 年底因故停止。

1955 年在南宁会议上，长办主任林一山和电力工业部(现为国家能源局)部长助理李锐向毛主席汇报了三峡工程情况。1958 年 2 月周恩来总理亲自到三峡地区考察，3 月在中共中央成都会议上讨论通过了《中共中央关于三峡水利枢纽和长江流域规划的意见》，随后正式开展三峡工程的勘测设计和科研工作，其中坝址比选工作量最大。1960 年长办完成了《三峡水利枢纽初步设计要点报告》，推荐坝址为三斗坪。此后相关部门进行了以枢纽工程为主的各项研究和设计工作，1982 年长办编制了《三峡水利枢纽可行性研究报告》，并提出蓄水位为 150 m 的低坝方案。

1970 年，中央决定先建作为三峡工程一部分的葛洲坝工程。葛洲坝工程 1981 年 6 月完成一期工程，开始蓄水通航，1989 年底工程全部建成，并通过国家竣工验收。随着葛洲坝工程的建设与运行，再次启动了三峡工程的建设。1983 年 5 月，国家计委(现为国家发展和改革委员会)组织 300 多位专家审查通过了《三峡水利枢纽可行性研究报告》，并在 1984 年得到了国务院的批准，三峡工程开始进行施工准备。

1984 年底，重庆市对三峡工程实施低坝方案提出异议，认为 150 m 方案的回水末端仅止于涪陵、忠县间 180 km 的河段内，重庆以下较长一段川江航道得不到改善，万吨级船队仍不能到达重庆市九龙坡港。为此，1986 年中共中央和国务院联合发出通知，责成水利电力部重新提出三峡工程可行性报告。

1.1.2 论证过程

为了全面开展三峡工程论证工作，国务院成立了三峡工程论证领导小组：组长钱正英、副组长陆佑楣与潘家铮，聘请 21 名特邀顾问，成立 14 个专家组。

1986—1989 年期间共有相关行业 412 位专家学者开展了专题论证工作。1988 年，三峡工程论证领导小组第九次(扩大)会议通过了 14 个专题中最关键的“综合规划与水位”“综合经济”两个专题报告，通过论证提出的三峡工程“一级开发，一次建成，分期蓄水，连续移民”，坝顶高程 185 m 和正常蓄水位 175 m 的建设方案。1989 年初，完成 14 项专题论证；1989 年 3 月，三峡工程论证领导小组第十次(扩大)会议讨论通过了长办根据 14 个专题论证报告重新编写的《长江三峡水利枢纽可行性研究报告》。

1.1.3 可行性研究报告审议与建设机构成立

1990 年，国务院成立了以邹家华为主的国务院三峡工程审查委员会，下设 10 个专题预审组，邀请 163 位专家参加审查。其中航运与泥沙为第 5 专题预审组，组长由时任交通部部长钱永昌担任，共有22位泥沙与航运专家。历经一年审议，1991年5月，国务院审查委员会提出了工可报告预审查意见。1991年9月，国务院常务会议审议了审查意见，同意兴建三峡工程，并决定向全国人民代表大会提请审议《兴建长江三峡工程议案》；1992年4月3日获全国人民代表大会审议通过。

决定兴建三峡工程后，为了加强对工程的领导，中共中央决定成立国务院三建委。笔者（刘书伦）有幸作为专家参加了三峡工程论证航运专题组和三峡工程工可报告航运泥沙专题预审组的工作。1994年初，笔者（刘书伦）借调到三建委办公室技术装备司工作。

1.1.4 论证中关注的几个问题

三峡工程前期论证中，大家重点关注的主要问题有：

(1) 水库移民

移民搬迁和库区经济发展是社会公众关注的重点问题。

(2) 生态环境保护

三峡工程对生态与环境的影响深远且广泛，当时对生态环境的认识有限，工程对水质、水域生态、水生生物资源等影响到底如何？

(3) 河流泥沙

泥沙淤积对有效库容、航运和防洪安全都有不利影响，包括重庆主城区河段泥沙淤积，变动回水区泥沙淤积和葛洲坝下游河道冲刷。泥沙淤积对江湖关系及长江口滩槽格局又有什么影响？

(4) 水库地震

水库蓄水后诱发地震的可能性和坝区地震烈度如何，以及对库岸、城镇和坝区的影响。

(5) 库区地质灾害防治

水库蓄水后库岸稳定问题，蓄水后库岸崩塌滑坡对城镇及长江航运的影响及防治，移民迁建中崩塌、滑坡问题。

(6) 人防

应对战争等突发事件，如何采取应急措施。

这些关注的问题，在论证中做了大量工作，认为基本清楚、可控、可以解决，同时在建设期又深入地做了大量工作，是十分有效果的。

1.2 枢纽工程设计简介

根据三峡工程论证领导小组决定，三峡工程初步设计报告分为枢纽工程、水库淹没处理和移民安置、输变电工程等三大部分，分别编报，分别审查。1993 年三建委在北京组织审查并批准了长江三峡水利枢纽初步设计报告(枢纽工程)。

1. 长江三峡水利枢纽初步设计报告(枢纽工程)主要内容

初步设计报告由水利部长江水利委员会(简称“长江委”)编制，主要包括：综合说明书、水文、工程地质、综合利用规划、枢纽布置和建筑物、机电设计、施工组织设计、枢纽工程概算、工程泥沙问题研究、经济评价、环境保护等 11 篇。在同期分别组织编制水库移民安置和输变电工程初步设计。

2. 单项技术设计工作

1993 年进入三峡工程的准备实施阶段，在 1994 年枢纽工程正式开工前，对一些重要复杂的建设项目，在初步设计基础上再编制了单项技术设计，其中永久船闸设计由长江委编制。单项技术设计共有 8 项：大坝设计、电站建筑物设计、永久船闸设计、升船机设计(水工部分)、机电设计、二期上游横向围堰设计、建筑物安全监测设计、变动回水区航道整治及港口整治设计(含坝下游河道下切影响及对策研究，本项设计又称为第 8 项技术设计)。

3. 第 8 项技术设计简介

第 8 项技术设计是由航运部门提出的，设计研究工作共分两个阶段。

第一阶段研究内容有 4 个课题：设计条件研究和水文泥沙基本资料的计算分析；变动回水区航道整治(包括已实施的 135 m 蓄水前完成的航道整治)；葛洲坝水利枢纽航运问题综合治理方案和三江引航道开挖可行性研究；葛洲坝水利枢纽下游枝城至杨家脑河段浅滩整治措施研究(包括芦家河整治)。

第二阶段研究内容 4 项：变动回水区航道与港口综合治理规划；重庆港近、远期发展规划意见；葛洲坝水利枢纽下游河道冲刷及影响分析，三江引航道开挖可行性研究报告；荆江河段河势控制规划。

2001 年第一阶段工作完成，提出了以下研究报告：

①水文泥沙补充勘测与调查分析工作报告；

②葛洲坝水利枢纽坝下游航运问题综合治理方案研究，胭脂坝的潜坝群工程；

③三峡工程运用初期葛洲坝通航影响及船闸优化调度研究报告；

④葛洲坝至杨家脑河段河势分析报告；

⑤三峡工程下游芦家河浅滩治理措施实体模型试验研究报告；

⑥长江中游芦家河河段浅滩整治二维数模计算分析报告；

⑦葛洲坝水利枢纽下游杨家脑至枝城河段浅滩整治措施研究；

⑧长江宜昌至大通河段一维数模冲刷计算分析报告；

⑨葛洲坝三江下引航道开挖工程可行性研究。

国务院三建委对三峡工程单项技术设计曾作出明确规定，由中国长江三峡工程开发总公司负责审查，但审查后如何实施没有明确。因为第 8 项技术设计单项在初步设计中没有这个建设项目，进一步进行工程施工存在资金困难等，虽然作者（刘书伦）做了一些工作，但无能力推进，因而最终工程中没有实施。

1.3 工程主要建设内容

三峡工程主要包括枢纽工程、移民工程和输变电工程。前二项工程简介如下。

1.3.1 枢纽工程

长江三峡枢纽工程位于长江西陵峡出口，多年平均年径流量 4 510 亿 m^3，水库正常蓄水位 175 m，校核洪水位 180.4 m，汛限水位 145 m，枯季消落最低水位 155 m，正常蓄水位下库容 393.0 亿 m^3，防洪库容 221.5 亿 m^3，兴利库容 165.0 亿 m^3。

三峡枢纽工程包括三峡大坝、电站建筑物、通航建筑物和电站机电设备四部分，以及茅坪溪防护工程（图 1.3-1），主要技术经济指标见表 1.3-1。

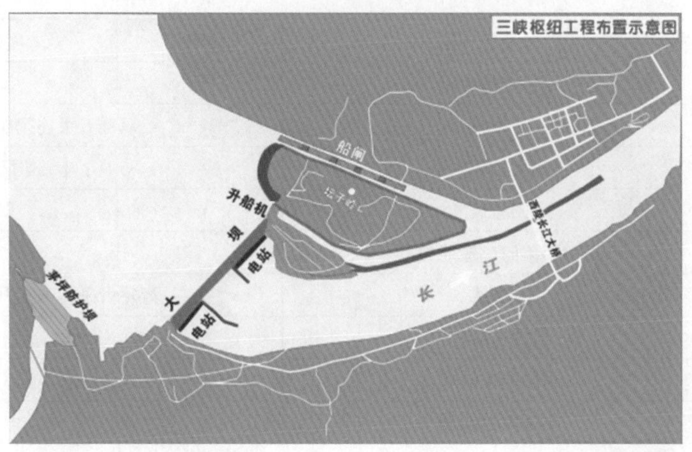

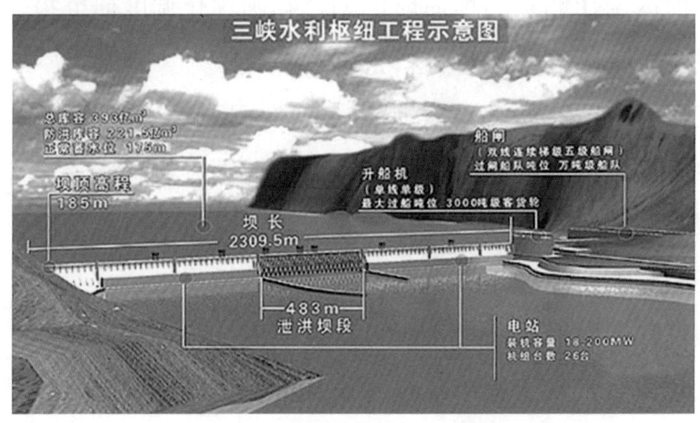

图 1.3-1　三峡枢纽工程布置示意图

表 1.3-1　三峡工程主要技术经济指标

序号	类型	项目		单位	建设规模
1	水库	总库容（校核洪水位以下）		m^3	450.5×10^8
		正常蓄水位以下库容		m^3	393.0×10^8
		防洪库容		m^3	221.5×10^8
		型式		混凝土重力坝	
2	拦河大坝	坝轴线长度		m	2 309.47
		最大坝高		m	181
3	电站	坝后式电站	装机数量	台	26
			单机容量	MW	700
		地下电站	装机数量	台	6
			单机容量	MW	700
		电源电站	装机数量	台	2
			单机容量	MW	50
		总装机容量		MW	22 500
		年均发电量		kW·h	882×10^8
4	船闸	型式		双线五级连续船闸	
		最大过船吨位		1 万吨级船队	
		闸室尺寸		m	280×34×5
		年单向过船能力		t	50×10^6
5	升船机	型式		齿轮齿条爬升式升船机	
		最大过船吨位		3 000 吨级	
		承船厢水域尺寸		m	120×18×3.5
		年单向过船能力		t	3.50×10^6

续表

序号	类型	项目	单位	建设规模
6	茅坪溪防护坝	型式	沥青混凝土心墙土石坝	
		坝顶长度	m	1 070
		最大坝高	m	104

各分项工程简介如下：

(1) 大坝及电站

三峡大坝为混凝土重力坝，坝轴长 2 309.47 m，坝顶高程 185 m，从右至左依次为：右岸地下电站、右岸非溢流坝段、右岸厂房坝段、纵向围堰坝段、泄洪坝段、左导流墙坝段、左岸厂房坝段、左岸非溢流和电源电站坝段、垂直升船机坝段及船闸，共设 22 个泄洪表孔、23 个泄洪深孔和 7 个排沙孔(图 1.3-2)。

图 1.3-2　三峡大坝及电站布置示意图

坝后式水电站共由 26 台单机容量 70 万 kW 的水轮发电机组(左岸 14 台，右岸 12 台)组成，总装机容量 1 820 万 kW，右岸地下电站装机 6 台 70 万 kW，机组电源电站装机 2 台 5 万 kW，电站总装机 2 250 万 kW，多年平均发电量 882 亿 kW·h。

(2) 通航建筑物

通航建筑物有双线五级连续船闸(图 1.3-3)与一线垂直升船机。船闸总体结构总长 1 621 m，单个闸室有效尺度 280 m×34 m×5 m(船闸的主长×宽×槛上最小水深，下同)，可通航万吨级船队，设计通过能力单向下行 5 000 万 t，通常采用北线上行、南线下行的方式运行。一线垂直升船机采用其承船厢内水域尺度为 120 m×18 m×3.5 m，最大通过船舶吨级为 3 000 吨级，采用齿轮齿条垂直式升船机。

(a) 上游

(b) 下游

图 1.3-3　五级连续船闸示意图

(3) 茅坪溪防护坝

茅坪溪防护坝是为保护秭归县茅坪溪流域不被淹没而建设的防护坝。防护坝为土石坝，在陆地施工，坝体防渗结构为沥青混凝土心墙。

(4) 库区地质灾害防治工程

随着库区水位抬升，可能引发两岸崩滑体、塌岸及移民迁(复)建工程、城镇、港口码头、公路等的地质灾害。于是在 2001 年 6 月至 2003 年 6 月两年时间内，共投入了 40 亿元用于防治三峡库区地质灾害，共完成崩塌滑坡治理和塌岸防护 689 处(段)，完成搬迁避让 568 处(段)计 68 878 人，建成专业监测点 255 处；完成二期、三期 1 412 处高切坡防护工程；2019 年，三峡库区二、三期地质灾害防治、高切坡防护工程项目建设任务全部完成。

(5) 工程建设进展的主要标志

1994 年枢纽工程正式开工，计划分三期施工：施工准备和第一期工程工期 5 年、二期工程工期 6 年、三期工程工期 6 年。实际建设过程为：一期工程为 1993—1997 年，从施工准备到大江截流；二期工程为 1998—2003 年，泄洪坝段、左岸厂房、双线五级船闸竣工，以三峡工程开始 135 m 蓄水，永久船闸开始试运行为标志；三期工程为 2004—2008 年，右岸大坝、坝后厂房、右岸电站全部竣工，2012 年新增地下电站 6 台机组建成运行，至 2012 年 7 月全部机组投入运行，枢纽建设任务全部完成。工程建设的进展标志如下：

1997 年 11 月 8 日，成功实现大江截流。

2003 年 6 月，水库开始 135 m 蓄水，五级船闸开始试运行。

2006 年 10 月，水库蓄水至 156 m。

2007 年 9 月，升船机恢复施工。

2008 年 1 月后，开始 175 m 试验性蓄水，最高蓄水位 172.8 m。

2008 年 10 月，大坝 26 台机组全部建成投入运行。

2009 年 11 月，175 m 试验性蓄水，最高蓄水位 171.4 m。

2010 年 10 月，首次成功蓄水至 175 m，以后均达到 175 m。

2012 年 7 月，地下电站建成投入运行。

2016 年，升船机建成，开始试通航。

随着三峡工程单项工程的相继竣工，2014 年 4 月我国成立了国务院长江三峡工程整体竣工验收委员会，下设办公室、枢纽工程验收组、输变电工程验收组、移民工程验收组，其中枢纽工程验收分为技术预验收和验收两阶段。

2015 年 10 月三个验收组分别完成验收工作，形成竣工验收报告，验收委员会在三个验收组验收报告和有关专项验收成果基础上，通过实地考察和充分讨论，于 2016 年审议形成三峡工程整体竣工验收结论和整体竣工验收报告。笔者(刘书伦)有幸于 2015 年参加三峡工程整体竣工验收，参与枢纽工程验收专家组和移民验收中库区中央直属企业淹没迁建验收专家组的工作。

1.3.2 移民工程

据1985年统计，按正常蓄水位175 m的建设方案，水库将淹没涉及川、鄂二省19个县(市)的140个集镇、326个乡，淹没区人口72.54万人，其中城镇人口39.29万人、农村人口33.25万人，淹没耕地238 km^2。三峡工程建设中，库区移民需要搬迁，库区工矿企业需要搬迁改造，被淹的基础设施需要复建，库区蓄水前需要清理，即“清库”工作。

库区移民搬迁：2015年移民工程验收结果表明，移民安置规划任务全面完成，累计搬迁库区城乡移民129.64万人；复建各类房屋5 054.7万 m^2，完建迁建万州、涪陵2座城市，迁建秭归、兴山、巴东、巫山、奉节、云阳、开县、忠县、丰都、长寿等10座县城，迁建106座集镇。

库区工矿企业结构调整：采取搬迁改造、破产关闭和一次性补偿三种方式，累计涉及工矿企业1 632家。

库区淹没复建：复建公路1 320.17 km，大型桥梁222座，复建补偿港口码头91处，复建高压输电线路3 822.70 km，通信线路4 592.92杆/km，有线传输线路5 966.37杆/km。

库区清理：每期蓄水前都进行了库区清理，主要有固体废物清理、建(构)筑物清理、林木及易漂浮物清理。

2. 蓄水前的长江三峡和葛洲坝水利枢纽建设

长江三峡自重庆市奉节县白帝城至湖北宜昌市南津关，全长约 193 km，沿途两岸崇山峻岭、奇峰陡立、峭壁对峙、风光奇绝，自西向东依次为瞿塘峡、巫峡、西陵峡，江面最狭处河宽 200 m 左右，是世界知名的旅游景点。但由于峡谷险峻、滩多水恶，也使得曾经的三峡航道极为险恶。随着三峡工程的兴建，曾经险滩密布的三峡航道已经长眠于水库之中，但我们为改善通航条件而付出的艰辛和努力不能忘怀。

葛洲坝水利枢纽是三峡工程的重要组成部分，是先于三峡工程修建的，为三峡工程建设提供了宝贵经验，在此一并简单介绍。

2.1 蓄水前的长江三峡

2.1.1 自然风光

长江三峡中瞿塘峡全长约 8 km、巫峡全长约 45 km、西陵峡约 66 km。

1. 瞿塘峡

瞿塘峡进口上游有白帝城，海拔 245 m 以上，顶部有白帝庙和展览馆等建筑物 10 多栋，建筑面积 1 691.2 m^2。瞿塘峡河道狭窄，两岸陡壁，非常壮观。在左岸自峡口（风箱峡）到白果背全长约 1 250 m，修建有栈道（图 2.1-1），左岸栈道凹入陡壁宽度 1～3 m，高程 160 m，于道光三年（1823）和光绪十年（1884）分两期建成。“文革”后期作者（刘书伦）曾去现场查勘航道，走的就是这一段路，路很窄，临江是陡壁，若对面来人行走就会十分困难，一不小心从陡壁掉入江中，则生还机率渺茫(图 2.1-2)。风箱峡进口处曾有三具悬棺，离路面有 12 m 高，现存放在白帝城中展览。

图 2.1-1　瞿塘峡口的风箱峡及栈道

图 2.1-2　瞿塘峡上游进口(蓄水前)

山上白帝城有众多历史故事，传说三国刘备托孤于此。抗日战争时期曾在江中最窄处的两岸分别建锁江柱，2 根铁柱高程 68 m(高出当地枯水位)，铁柱直径 0.4 m、高 2.3 m，中间可用铁链条连接，用于拦截入川的船舶和舰艇(图 2.1-3)。右岸陡壁上有一排石孔呈"之"字排列，全长 136 m，现存 61 孔。据考证是南宋抗元战争时期修建，用于越过山顶通往另一县城的古栈道。现留石孔孔高 0.26 m、孔深 0.34 m，当时是用坚木嵌入，后因木桩风化脱落，只剩下石孔，呈阶梯排列，相传为北宋杨家将孟良为运回老令公杨继业的遗体所修，故称"孟良梯"。右岸陡壁上有石刻多处，如孙元良题的"夔门天下雄，舰机轻轻过"，冯玉祥题的"踏出夔巫，打走倭寇"等。

(a) 蓄水前

(b) 蓄水后

图 2.1-3 蓄水前、后的白帝城

2. 巫峡

巫峡两岸高山陡峻,左岸有著名神女峰(图 2.1-4)。其江边陡壁上有一块大石碑,宽 14 m,高 17 m。现碑文字迹大多已不可辨认,仅"重岩叠嶂巫峡"六个大字最为醒目,位于水面以上 10 余 m,称为"孔明碑",高程 145 m,枯水位以上 10 m,嘉靖十八年(1539)建,作者(刘书伦)曾近距离观察。

图 2.1-4　巫峡神女峰(蓄水前)

3. 西陵峡

西陵峡主要景点有兵书宝剑峡(图 2.1-5)、牛肝马肺峡等,其中兵书宝剑峡最为壮观。从香溪河口到下游青滩出口全长约 5 km,左岸是兵书宝剑峡,右岸出口是著名链子崖,对岸是著名新滩(也称青滩)。新建的秭归长江大桥横跨兵书宝

图 2.1-5　兵书宝剑峡

剑峡，位于峡谷的山顶部，非常壮观。三峡工程蓄水后这里的水位可达 175 m，高出原天然枯水位约 128 m，即淹没水深 128 m，原来陡壁上的兵书，实际是三具悬棺，现已取下。

作者(刘书伦)曾主持和参加链子崖地质灾害治理和青滩的滩险整治，在青滩镇度过了两个春节和一个夏天，对该河段的地质地貌十分熟悉。

4. 蓄水前最有名景点之一——白鹤梁枯水题刻

白鹤梁题刻位于库区上游涪陵城北的长江中，是一块长约 1 600 m、宽 16 m 的天然巨型石梁。石梁仅冬春枯水期露出水面，相传唐时尔朱真人在此修炼，后得道乘鹤仙去，故得名。联合国教科文组织将其誉为“保存完好的世界唯一古代水文站”。

蓄水前出现最低枯水位时(照片如图 2.1-6 所示)，可以看到白鹤梁上的块石题刻。蓄水后，这些块石一直保留在原位，并在四周建筑了一个保护壳，高出蓄水位，成为著名的长江白鹤梁展览馆，游客可从涪陵城滨江路通过封闭的斜坡进入，保护壳内有水与外界连通，为无压封闭壳。如水质不好，则看不清楚。这张照片是蓄水前天然原貌，很是珍贵。

图 2.1-6　白鹤梁枯水题刻

2.1.2　河道与水流特征

1. 河道特征

长江三峡河段自宜昌南津关到奉节白帝城全长 193 km，流经高山峡谷，河道边界以礁石为主，河道弯曲而窄宽相隔、坡陡流急，船舶航行十分艰难。三峡河道不具有冲积平原河流的顺直、弯曲、分汊等规则河型，也不出现那种频繁的冲淤演变。

作者(刘书伦)和南京大学地理系(今地理与海洋科学学院)的老师调查了 20 多条支流和小溪。河道的支流和山溪河口有扇形堆积体，每年溪沟冲出大量大块石和泥沙，大部分小颗粒泥沙入江后被冲走，较大的块石、卵石填补前端已冲刷的空位，年际间大致冲淤平衡。扇形堆积体一般年份总体稳定少变，其明显变化往往只是溪沟出口水流在扇形堆积体上位置的摆动。

一般河段有大小石梁(冲蚀后留下的条状基岩)、卵石或沙质边滩、卵石心滩,这些滩体很稳定,在不同水位流量下其水流流场完全相同,但一年内泥沙冲淤能达到冲淤平衡。青滩上游的兵书宝剑峡经勘测,其河底底质大部分是卵石,未发现有大量冲淤变化,峡口也没有卵石堆积体。

曾有一些专家学者对卵石河床的认识有以下误区:认为川江卵石长距离输移,而且粒径都会变小,我们通过岩性分析发现各河段的卵石边滩、心滩,其来源主要是上游 100 km 以内的支流和溪沟,不是从万县(今万州区)以上河段长途输移来的。

忠县的忠州三湾卵石边滩存在大型卵石波运动堆积体,经过两年观测表明,卵石波形态及各部位高程均未发现冲淤变化,卵石波的前坡、后坡及其松散的卵石未发现有明显变化,为没有活动的卵石波堆积体,因此不需要按沙波运动进行分析和整治。

卵石边滩的冲淤演变,先要看其面层结构,若结构紧密,大小级配合理,其抗冲性能很强,年际间无明显冲淤变化,有的甚至可能是数百年前形成的抗冲能力很强的面层。卵石滩的冲淤变化非常小,极少数边滩枯水期有少量卵石在其面层上输移而不淤积。观测表明山区河流因边界固定,各级水位下的流场是相同的,其卵石边滩的形态、位置、高程均保持相对稳定,无明显变化。长江三峡河段的卵石滩体,比嘉陵江、岷江的更为稳定,几乎无明显的冲淤变化。很多卵石边滩初看满河床面都是卵石,实际每年参加运动的只是极少数。从这种卵石堆积体也可判断水流流速及其变化。

2. 水流特征

长江三峡河道水流流速大、水面比降大,青滩枯水期航道上最大表面流速 7.1 m/s,滩口段 150 m 长的平均水面比降 12‰,其他几处急流滩流速都在 4.5～5.5 m/s,因此船舶无法自航上滩。

泡漩强度和回流强度大。如南津关最大泡漩的泡高 1.2 m,青滩最大回流流速 3.0 m/s,船舶若进入此域则无法自控。

峡谷河道的水流结构复杂,河道中礁石纵横,河床边界极不规则。河段总体是稳定的,水流总体朝一个方向,但其断面流速分布及流向分布很不均匀也不一致,形成周期性不同方向、不同流速的水流。岸边水尺的水位也周期性波动,如潮汐涨落。应对这种水流流速、流向瞬间的周期性变化,需驾驶人员准确操纵船舵,并且要有优良的驾驶技术。当行驶到复杂的滩口段则必须由经验丰富的驾驶人员(即“领江”)驾驶。作者(刘书伦)曾与一些“领江”们合作研究,一致认为“领江”的高超驾驶技术,是经过长期实践得来的,由于河床边界固定,河道中水流流场是相同的,只要准确掌握水位的变化,经过长期实践,就能摸索出一套通过该滩口的操纵方法。例如航行时对准某一块大石头,用什么车,用什么舵,这套方法必须牢记熟记,不得任意修改,每次通过该滩时集中精力,一气呵成。有些高水平的船长和“领江”总结多人经验,结合船舶驾驶理论编写了一些很好的文章和教材,都具有国际领先水平。

2.1.3 险滩通航与航道整治实例

在 20 世纪 50 年代,三峡河段的航道条件是非常困难的,而且十分危险,可以用青滩、崆岭滩两处险滩来说明当时的通航条件。

1. 青滩

青滩也称新滩,位于三峡大坝上游 27 km,上接兵书宝剑峡,是著名枯水急流滩。左岸高陡山体若产生崩塌,大量崩塌块体滚入长江,直达对岸,就会堵塞长江河道而引起断航。据调查,在明朝嘉靖年间,河道经多年冲刷,留下一道潜埂,横卧江中(图 2.1-7),如一道抛筑潜坝,其块体巨大,从几十 m^3 到数百 m^3 不等。作者(刘书伦)曾随地质工程师上大石头上取岩石标本,非常危险。枯水期分为两槽,左槽宽 20~30 m、最小水深 2 m,右槽最小航宽 40 m、水深 6~20 m,水面落差 1.3 m,平均水面比降 12‰,是可通行的主航道。

图 2.1-7 青滩滩险图(1949 年前)

船舶通航情况：在航道整治前的1955—1956年，通航船舶大部分是木帆船，每天通过60～70艘，最多一天可通过100多艘；机动船每天上水和下水约10～15艘，短途较多。木帆船上水走左槽，下水走右槽，仅白天通航。上水木帆船先在二滩滩口下的码头停靠，将货物搬运上岸，经搬运工背运约700～800 m，到达上游码头，然后再装船。木帆船卸货后空载上行，需雇佣纤工将空载木帆船牵引上滩，一般一艘15 t木帆船需请15～20名纤工，30 t木帆船需请30～50名纤工，少数较大木帆船需用人力推动的1.0～1.5 t的立式绞机施绞过滩。木帆船下水走右槽，长途木帆船需请专职"放滩师"驾驶，不需减载。青滩镇有专设的搬运公司和驾驶服务公司，以及仓储、餐饮等商店，两岸还居住部分商户。

机动船中枯水期上水、下水均走右槽，仅白天通航。短途机动船较多，长途有300～400 t级客货轮，客船多为100～500 t，最大的长途客船有荆门号、夔门号(国外建造)。机动船上水走右槽，必须靠绞滩机通过滩口，上滩时在滩口下游江中稳船，用一艘专用递缆船将牵引主绳送上被绞船固定，然后由绞滩机牵引船舶上滩。施绞距离一般为150～200 m，施绞时机动船要开足马力并控制方向。由于每艘船情况不同，施绞方法也不同，绞滩囤船上有专人指挥。机动船白天下水走右槽，必须由经验丰富的"领江"驾驶。由于青滩通航条件很差，宜昌到重庆的航运受到控制，据记载1955年宜昌到重庆完成上水货运量仅31万t，下水货运量80万t。

自1955年到1968年，青滩航道经历了三次整治，作者(刘书伦)曾在现场主持航道整治设计、试验研究和施工。1955年到1957年，炸除右岸岸边突嘴，便利递缆绳和绞滩；增建一艘绞滩囤船，在船上安装一台绞滩机，采用一台岸机和一台船机同步牵引船舶过滩。1963年到1966年，在河工模型试验的基础上，进行了比较全面的整治工程设计，例如研究多种开槽、筑潜坝方案，最后采用炸除右岸滩口暗礁方案，将右槽拓宽到70 m，左槽适当清炸，便利木帆船上行；增建一艘较大的绞滩囤船，用一台岸上绞机和两台船上绞机构成同步施绞的绞滩系统；新建一艘大功率递缆船，并更新全部绞滩牵引钢缆。1966年到1968年，进行全面扫床和测量，确定航槽边线，进行系统绞滩拉力和船舶过滩阻力、推力试验，优化完善绞滩设施。

通过上述整治工程和绞滩设施建设，航道尺度提高到右航槽底宽最小70 m、水深5.2～20 m，左航槽底宽30 m、水深2～3 m。下水可通航三驳顶推船队，最大1顶2艘1 500 t和1艘1 000 t驳、实载货3 000～3 500 t的船队，上水可通航1顶3艘1 000 t驳船队、实载货1 500～2 000 t；可通航长110 m的大型豪华旅游船，日夜安全畅通，夜间也可安全绞滩。青滩航道的整治，难度很大，工作条件非常危险，水下炸礁受链子崖滑坡体控制约束，技术难度大。青滩的整治成功，打通了通往西南的水运大通道的关键瓶颈。青滩航道整治除了青滩绞滩站和重庆轮船公司的配合，还得到了西南水运工程科学研究所（以下简称西科所）、南京大学地理系、上海船舶运输科学研究所、中国地震局工程力学所等单位的支持，那时他们都是自带仪器设备并无偿提供服务，我们不应该忘记他们的功劳。

2. 崆岭滩

崆岭滩位于三峡大坝上游17 km，现已淹没，淹没水深100～125 m。该滩为礁石河床，江中有一条大石梁（基岩）长200 m、宽8～10 m，高出枯水位5～6 m的大石梁（大珠）把河道分为左、右两槽。两槽汇合处有暗礁头珠、二珠、三珠（图2.1-8），其中二珠、三珠礁石顶部水深在枯水时仅1.8～2.5 m。枯水时上行、下行船舶均走右槽，左槽狭窄顺直但水浅，不能通航。船舶上行时，从汇流口下游左槽上行至江中大石梁尾端才能转舵进入右槽（图2.1-9），若船首距石梁尾较远，较早转向驶入右槽，船舶会被水流冲击滑落到下游暗礁（三珠）上触礁沉没，曾发生几次海损事故。因此，驾驶人员总结经验，要求将船首对准大石梁尾端上行，尽可能靠近但又要防碰撞，传说有一艘外国籍货船由中国“领江”驾驶，当时外国人在驾驶台看到船首快要碰到大石梁，立即将驾驶员推开倒地，自己撑舵，结果船舶下滑至下游暗礁上触礁沉没。

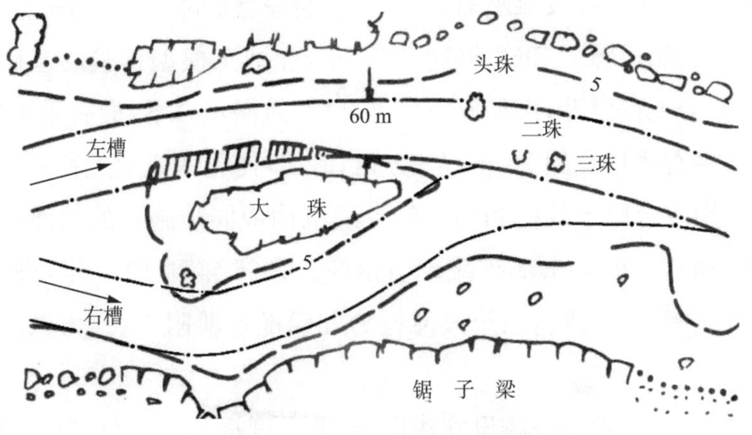

图2.1-8　崆岭滩航道平面示意图

(a)

(b)

图 2.1-9 崆岭滩

1955—1963 年崆岭滩航道先后进行两期整治，由作者(刘书伦)负责设计和主持施工。第一期整治于 1955—1956 年进行，主要内容为炸除二珠、三珠暗礁和左槽出口水下突嘴暗礁，工程后枯水期水深达 4 m，彻底消除了触礁隐患。

1963—1964 年又对崆岭滩航道进行了全面整治：炸除水下暗礁，将左槽拓宽达到底宽 70 m，成为顺直航槽；炸除右槽进口暗礁，使右槽有效航宽达到 50～

55 m。工程完工后，崆岭滩双槽通航，安全通畅，以后未发生过大小海事。

崆岭滩礁石十分坚硬光滑，水下炸礁难度大，我们曾发现在右槽的进口处，留有外国公司水下钻孔爆破用的混凝土平台，据说花半年时间仅炸除一块突嘴礁石，足以说明工程的难度。施工中我们曾发现二珠、三珠附近有部分船舶残留的铁板，证明这里有多起船舶触礁沉没事件。施工中因缺乏经验，曾发生投药木船炸药包挂舵，爆炸波将木船炸飞，使船员腿部受伤的事故。

2.1.4 川江航道综合治理工程

长江干流上游河段，自湖北宜昌到四川宜宾市，全长 1 045 km，称为“川江”。长江三峡枢纽为川江下游出口的大门。川江航道是通往我国大西南的水运大通道，在交通运输和战备方面，历来具有重要位置。中华人民共和国成立后，交通部一直把治理川江航道，发展航运作为重点工作。自 1953 年以来，航道综合治理工程历经 40 多年，其主要内容如下。

1. 初期整治

初期主要整治一批碍航特别严重的滩险，包括急流险滩和卵石浅滩，如青滩、崆岭滩、狐滩、王家滩、观音滩等。系统布设锁链式航标，共设置浮标 2 775 座，平均 4.2 座/km，并用各种标志来标示可通航水域界限和导航目标；同时建设通航指挥信号台，改造和增设绞滩设施，将人力绞滩改为机械绞滩，新建绞滩站 9 处；建设部分货运码头，建设万县、重庆客运站；进行宜昌至重庆长江河段航道图测量，出版长江航道图；建设宜昌至重庆的长途有线通信。

通过这一阶段的航道整治和配套建设，除少数河段在某一时段不能夜航外，基本达到了安全通畅，可日夜通航，常年通航 300～1 000 t 级船舶和部分 1 顶 1 驳顶推船队。通过这一阶段航道整治，航行安全得到极大改善。

2. 扩大川江航道通过能力

从 1966 年到 1974 年再到 1980 年，治理工程主要是扩大川江通过能力并纳入我国“三线建设”内容。进一步整治碍航滩险，包括对一些重点大型险滩进行二期整治，如青滩、狐滩、王家滩、小南海、倒脱靴、兰竹坝、砖灶子；进一步改善了这些碍航滩险的通航条件，增加了航道尺度，扩大了通过能力，航道标准尺度达到 2.9 m×60 m×560 m，保证率 99%。

新建一批水陆联运港口，如兰家沱、猫儿沱、九龙坡等；新建一批客运站如重庆潮天门港、宜昌港、涪陵港；新建一批货运码头，如长寿港、涪陵港。

进一步研发长江顶推驳船队，包括大型推轮、分节无人驳船队；航标标志船更新扩大，航标灯全部电气化，信号台改建；完善船岸通信系统。

3. 整治重庆至宜宾航道

1967—1974 年为配合兰家沱、猫儿沱港口建设，整治重庆到兰家沱总长 81 km，共整治 13 处浅滩；1987—1991 年和 1987—1995 年，分两段整治重庆到泸州和泸州到宜宾河段，航道全长 304 km，共整治 26 处滩险。航道整治后，航道标准尺度达到 2.7 m×50 m×560 m，达到通航 1 000 t 级三级航道标准，日夜安全通畅。

4. 特殊河段整治

(1) 鸡扒子特大滑坡整治(1982—1985 年)

1982 年三峡大坝上游 227 km 的云阳县鸡扒子发生特大滑坡，滑坡体体积 1 500 万 m^3，堵塞了长江(图 2.1-10)。国家经贸委(今商务部)、交通部和四川省地矿部门组成鸡扒子滑坡治理领导小组。首先进行应急抢通工程。采用水下遥

图 2.1-10　鸡扒子特大滑坡(鸡扒子滑坡后用 2 艘大推轮顶推 2 个驳船上滩)

控裸露和钻孔爆破技术，研制新型挖泥船挖除水下块石，开挖出一条航道，配合绞滩，恢复通航。接着治理滑坡和整治航道：历经三年使得滑坡稳定，居民恢复生产生活，安居乐业；航道畅通，绞滩消除，恢复正常通航。

(2) 南津关河段整治

在葛洲坝水利枢纽建设中，南津关河段水流紊乱，巨大泡漩严重，影响船舶进出葛洲坝船闸上游引航道，后经南科院和西科所的河工模型试验优选出了整治方案：左岸玉井、清凉树采用西科所方案，炸除左岸沿岸突嘴 80 万 m^3 礁石；右岸巷子口和向家嘴采用南科院炸礁方案，两处共完成水下炸礁 171 万 m^3，炸后水流平顺，泡漩减弱，满足通航要求。

(3) 两坝间和葛洲坝库区的航道整治

三峡大坝与葛洲坝两坝之间航道整治：两坝间航道约 38～39 km(图 2.1-11)，汛期水流急、泡漩汹涌，考虑三峡工程兴建后，要实现万吨级船队汉渝直达，需整治一批碍航滩险，考虑葛洲坝蓄水后，水下炸礁工程困难，故需在葛洲坝蓄水前实施航道整治，由作者(刘书伦)负责设计。整治航道标准是：①航道尺度 5.0 m×200 m×1 200 m；②通航 1 470 kW 顶推 3 艘 1 000 t 驳组成的船队；③水流流速 3.7 m/s，相应局部比降 0.5‰；④整治流量 30 000 m^3/s，并整治石牌弯道，将弯曲河段航宽拓宽到 130 m，弯曲半径 500 m，共整治 8 处急流滩。

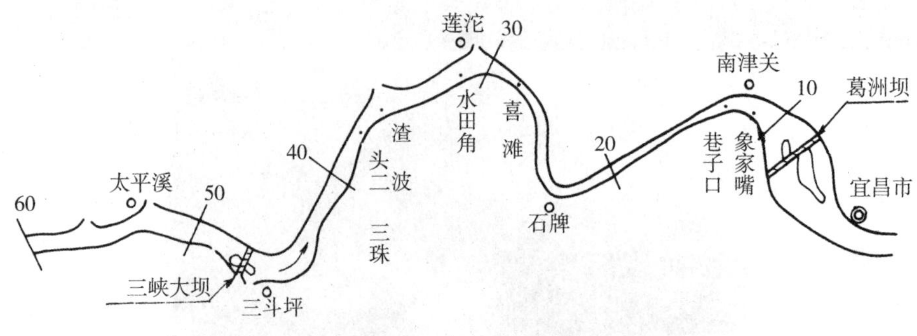

图 2.1-11　三峡—葛洲坝两坝间河段图

葛洲坝库区航道主要整治库尾的臭盐碛、瞿塘峡内的黑石滩，作者(刘书伦)曾是这两处整治工程的设计负责人。

1954—1994 年共整治川江各类滩险 123 处，累计完成工程量约 991.5 万 m^3，其中陆上炸礁 549 万 m^3，挖除边滩块石 60 万 m^3，水下炸礁 61.9 万 m^3，水下开挖块石 39.6 万 m^3，疏浚卵石 204 万 m^3，建丁顺坝(块石坝)共 77 万 m^3。通过上述航道整治和配套的航道建设，改善了川江航道条件，提高了航道通航能力，大幅减少了航行安全事故，基本满足各时期的航运需求：重庆到宜宾的标准航道尺度为 2.7 m×50 m×560 m，保证率 99%；宜昌到重庆标准航道尺度为 2.9 m×60 m×750 m，保证率 99%。

航道整治后单船由 100～500 t 级提高到 1 500～2 000 t 级，船队由 1 顶 1～2 艘 300 t 驳提高到 1 顶 3 艘 1 000 t 级的船队，实际历年通过客货运输量见表 2.1-1，据计算下水货运量可通过 1 800 万～2 000 万 t。

表 2.1-1　川江整治前后实际历年通过客货运输量

	1953 年	1955 年	1982 年	1990 年	1995 年	2000 年
货运量合计(万 t)	111	260	347	708	1 430	1 103
上行(万 t)	31	50	85	148	505	288
下行(万 t)	80	210	262	560	925	815
客运量合计(万次)	—	—	128	268	441	218
上行(万次)	—	—	52	115	197	—
下行(万次)	—	—	76	153	244	—

1995 年全年下水货运量 925 万 t，客运量 441 万人次，下水货运量由 1953 年的 80 万 t 增长到 1995 年的 925 万 t，其航道通过能力下水为 1 800 万～2 000 万 t/年。三峡工程一些设计和评估文件中，对三峡河段蓄水前航道通过能力评价偏低。

川江航道整治工程规模不算很大，但技术难度大，勘测施工危险度极大，作者(刘书伦)曾在现场施工、勘测、设计，度过了 13 个春节。川江航道整治工程把天险航道变成通途，适应了长江干线当时的需求，满足了“三线建设”运输要求。这段历史少见报道，但希望大家不要忘记，曾经有一批无名的实干同志，不畏艰险，甚至还有些同志献出了生命；有些同志一直默默地战斗在航运的一线，比如长江航道局的原总工荣天富为三峡航运工程的决策与建设作出了巨大贡献；周冠伦从川江航道处到长江航道局，一辈子工作在长江航运的一线，为川江航道治理和三峡航运工程建设做了很多事情。忆当年艰苦岁月，把天险航道变通途，喜看今朝，三峡工程建成，实现高峡出平湖，人生短暂，并不是所有人在经历艰苦工作后，都能看到今日的盛况，作者(刘书伦)是其中之一，因此感到十分高兴。

2.1.5 三峡河段地质灾害防治

长江三峡河段是地质灾害频发地区，1982 年后曾发生多次超大规模的大滑坡，如鸡扒子滑坡、新滩滑坡、黄蜡石(巴东)大滑坡和链子崖危岩体崩塌等(如图 2.1-12 所示)。这些灾害防治工作在水库蓄水前已基本完成，隐患都消除了。这些特大崩岩滑坡的勘测和治理技术为后续三峡工程的地质灾害防治提供了技术支持。

链子崖和新滩大滑坡位于西陵峡的兵书宝剑峡出口，隔江对峙扼守川江航道咽喉，下距三峡大坝 26.5 km，上距秭归原县城 15.5 km，两岸即为新滩镇。通过监测发现链子崖危岩体一直在缓慢发展中，因此为解除崩塌堵江的隐患，必须采取措施尽快处理。而新滩特大型滑坡发生于 1985 年 6 月 12 日，引发了海损事故和断航。

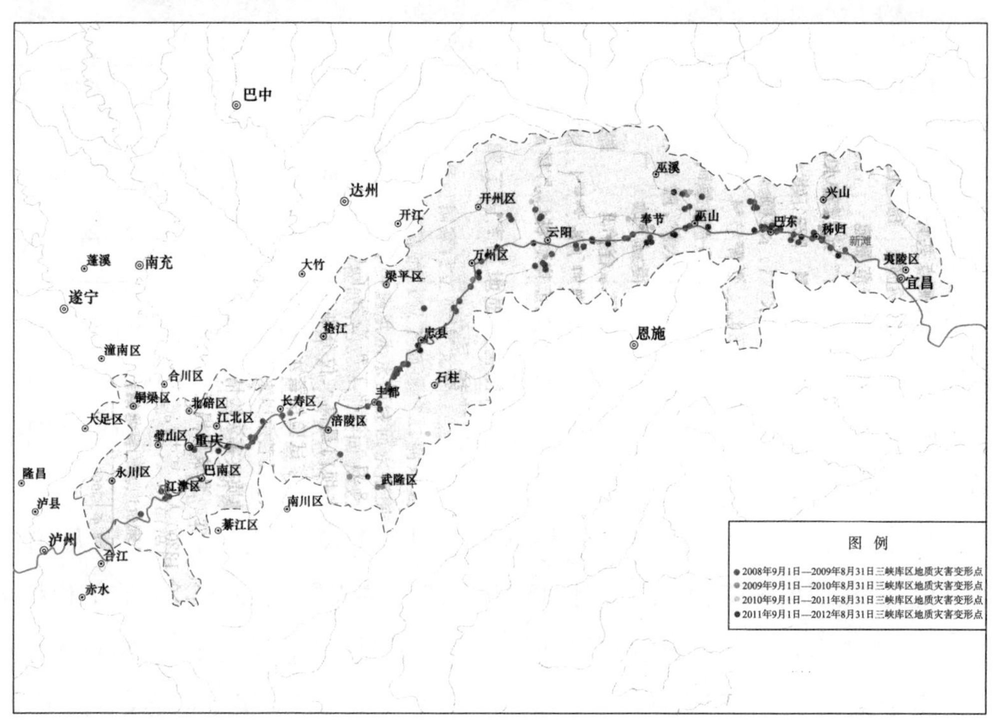

图 2.1-12 库区地质灾害分布图

1. 链子崖危岩体治理

链子崖危岩体是由 30 多条大裂缝切割形成向长江倾斜的巨大不稳定岩体(图 2.1-13 和图 2.1-14)，大裂缝主要参数见表 2.1-2。临长江江边的为 12 号裂缝，其顶部高程为 208 m(黄海高程系，下同)，沿垂直长江方向，其山体高程逐步升高。到距 12 号裂缝 700 m 处为 1 号裂缝，高程 489 m，2 号大裂缝高程 485 m，3 号、4 号、5 号、6 号、7 号高程逐步降低，到 8 号大裂缝高程为 310 m。岩体底部为煤层，每条裂缝均达到倾斜的煤系地层，深约 150～200 m。裂缝顶部宽度 0.3 m 至 5.1 m 不等，裂缝可见深度 20 m 至 105 m 不等，链子崖危岩体向长江方向地层倾角 26°～32°。

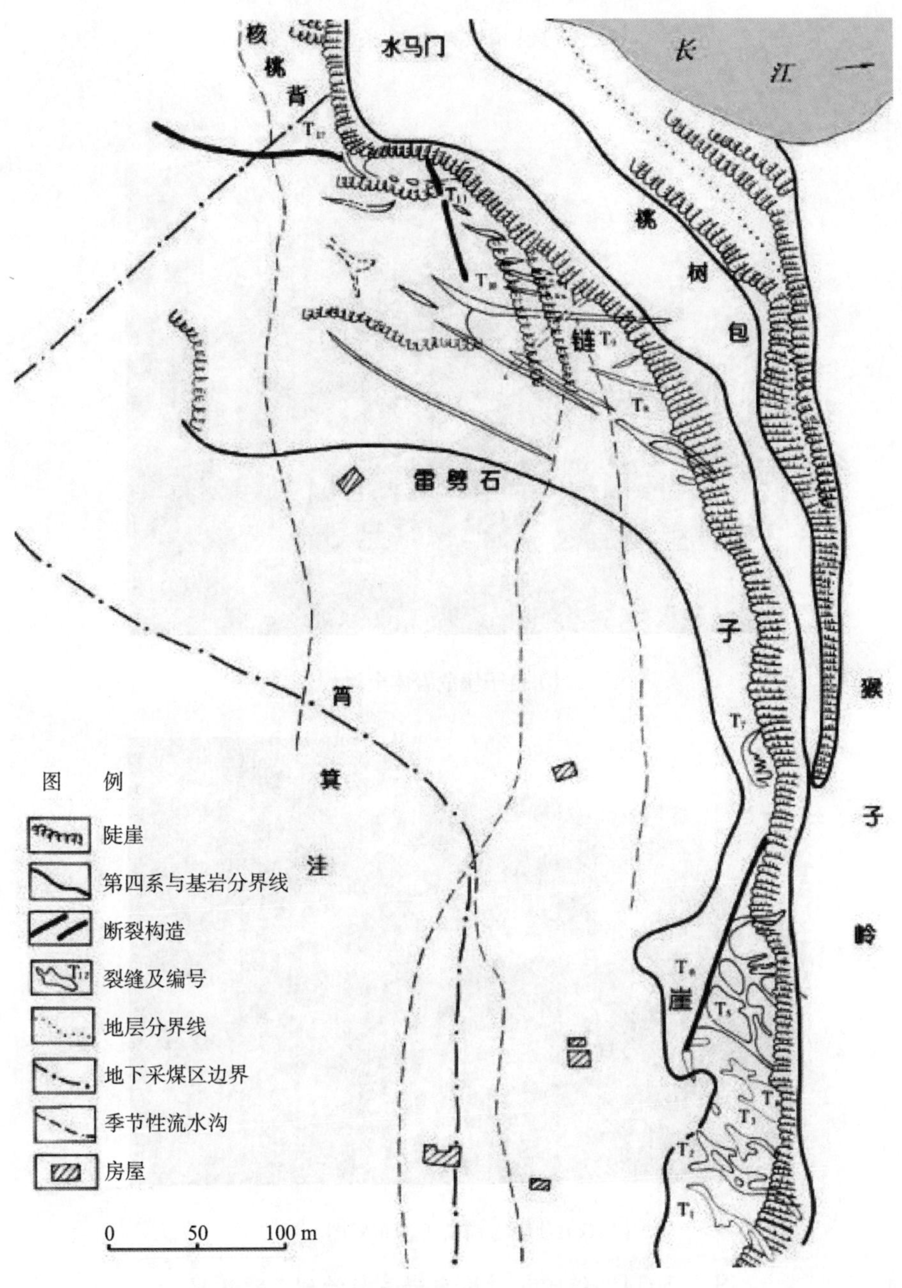

图 2.1-13　链子崖滑坡危岩体地质构造示意图

(a) 链子崖滑坡岩体 12 条大裂缝

(b) 链子崖危岩体全貌

(c) 预应力锚固工程布置图

图 2.1-14　链子崖滑坡危岩体与治理工程情况

表 2.1-2　链子崖大裂缝主要参数

裂缝编号	T1	T2	T3	T4	T5	T6	T7	T8	T9	T10	T11	T12
岩顶高程/m	489	485	473	464	453	430	380	310	260	244	228	208
地层倾角/^{0}	29	35	26	26	33	31	31	32	35	32	27	31
裂缝口宽/m	1.5	5.1	1.5	1.5	1.5	1.0	0.5	2.0	2.5	0.3	0.3	0.5
裂缝深/m	90	100	66	61	20	70	54	90	80	30	50	105

据地勘结果，1 至 7 号裂缝岩体 82 万 m^3，8 至 12 号裂缝岩体约 210 万～250 万 m^3（均计算到煤层滑动面），该段距长江水面最近，是防治工程的重点。长江江面到 2 号裂缝水平距离约 500 m，2 至 12 号岩体总计 500 余万 m^3 可能滑塌到长江中，前沿 8 至 12 号裂缝已产生变形，每年向长江蠕动 1～3 cm。这部分岩体共约有 250 万 m^3，随时可能崩滑入长江。

链子崖危岩体地表产生大量裂缝，切割变形，是因底部煤层长期无序开发导致的。煤层开发的历史无法考察，但据县志记载，1542 年此处曾发生崩岩滑坡，断航 82 年，估计挖煤的历史应该更早。作者（刘书伦）曾参加对煤层的勘测和力学试验，经勘测表明：采煤地层是无序开挖，随挖随填，煤层采空区各段情况不同，很难找到煤层开挖与地表裂缝发展的对应关系。采煤地层的顶板，各处原体试验力学指标也不尽相同，煤层采空区的情况及各种力学指标比较复杂。我们曾在三峡平洞中进行多种物探，获得一些成果，但其分析结果仍难以说明长期地面和探孔监测变形之间的关系。经过 20 年的监测，不利变形仍然发展，为此交通部再次向国务院提出要求对链子崖进行防治。

中央领导非常重视链子崖崩塌隐患，责成国家科委（今科学技术部）主持研究。1988 年 12 月由国家科委和湖北省组织全国知名专家对三峡进行考察调研，调查专家组经过详细现场考察调研，形成调研报告。报告结论如下：链子崖危岩体经过 20 多年监测和地质调查、勘测研究，所获成果表明，危岩体不稳定条件和变形程度比原先了解的更为复杂、严重，近期连续不断向不稳定方向发展，存在大规模崩滑的危险征兆。若任其发展，势必酿成严重灾害，威胁长江航运。

1989 年国务院决定启用总理基金，由国家科委带头组织对链子崖危岩体进行治理，通过论证提出治理方案，并提交工程可行性研究报告，交通部、地质矿产部（今自然资源部）与长江委参与其中，并做了大量工作。国家科委还成立了链子崖危岩治理专家组，作者（刘书伦）是专家组成员之一。1990 年进行治理设计方案招标，最后选定在临江陡壁设置长锚索的加固方案，并清理部分煤系地层，设置混凝土阻滑工程。由地质矿产部主持实施链子崖危岩体治理工程，并成立链子崖、黄蜡石地质灾害防治工程指挥部和专家组，负责防治工程的具体技术设计和施工，作者（刘书伦）是专家组成员。自 1993 年 4 月开始，至 1999 年竣工，历时近 6 年，圆满按设计完成任务，达到防治目标。

治理工程施工技术难度和风险都很大，在高陡壁上进行数百米长锚索锚固，克服了建高排架、锚索穿越大裂缝等困难；在煤层清理开挖和设置混凝土阻滑工程中，克服了岩体局部变形的巨大风险，边监测边优化施工方法，最终取得成功。作者（刘书伦）作为专家组成员，参加此项工程，深感建设难度之大和艰辛（图 2.1-15）。这项工程是依靠国家科委工业司、地质矿产部水文地质司及其部属工程指挥部和设计院等同志的智慧和努力，并通过 20 多年监测研究，才消除了这一重大地质灾害隐患，也为长江航运消除重大隐患。

图 2.1-15　作者在链子崖滑坡治理工程现场（右为原地矿部副部长张宏仁）

原来的链子崖的山顶上有数十户居民，他们平日生活和孩子上学都需要攀爬陡壁上下，为了安全，他们在 1 号裂缝附近的陡壁上开凿了一条嵌入式爬山栈道，并设置一根长链条固定在陡壁内，人们上下需手握紧铁链以防跌落崖下，因此称为链子崖。我们在 20 世纪 60 年代初，上下崖顶进行调查时，链条还在，现在路加宽了,链条也不用了,山上的人下山也因此更方便了。现在的链子崖危岩体已成为旅游景点,是一处地质博物馆。

2. 新滩大滑坡

新滩位于湖北省宜昌市秭归县新滩镇,在长江左岸,距三斗坪 25 km,位于兵书宝剑峡下游出口处的左岸、链子崖的对岸。据《秭归县志》记载,该滑坡体是由高山崩塌后退而成,曾多次活动,是由崩岩加载,诱发了典型大滑坡。该河段近2000 年内至少发生过三次大规模崩岩事件,出现过三次山崩(表 2.1-3)。第 1 次发生在公元 318 年,地表山崩之日,水逆流百里,涌浪高数十丈;第 2 次,公元1030 年的地震山崩,害舟不可胜计,断航 20 余年;第 3 次,1556 年的新滩(北岸)山崩和滑坡,阻断航运 82 年。

表 2.1-3 《秭归县志》记载的地震情况

地震时期	地震地点	震级
318 年	秭归新滩	
1030 年	秭归新滩	
1556 年	秭归新滩	
1738 年	秭归新滩	
1935 年 8 月 10 日	秭归茅坪	
1961 年 3 月 13 日	秭归新滩	5.1
1972 年 3 月 13 日	宜都潘培	3.3
1977 年 3 月 23 日	秭归周坪	2.4
1979 年 5 月 22 日	秭归龙会观	5.5
1983 年 4 月 13 日	兴山榛子	2.1
1988 年 5 月 11 日	秭归城	2.3
1988 年 12 月 15 日	兴山	3.9

该河段最后一次山崩后形成了目前自山顶广家崖到长江水边的大型堆积斜坡,总长约 2 000 m,临长江江岸约 1 000 m,该大型堆积体最高处为广家崖陡壁,陡壁顶高 920 m,滑坡时长江水边高程约 66~67 m。大型斜坡堆积体大致可分三个台阶(图 2.1-16):自长江水边往上,1 号台阶地标姜家坡,其高程 350 m,2 号台阶高程 480 m,3 号台阶高程 600 m。2 号、3 号台阶均有大块崩塌体,姜家坡以下堆积体面积大,埋深 30~40 m,大部分堆积体底部为绿色页岩。由于底部为页岩隔水层,大部分地下水沿此层排出到长江。新滩镇靠长江岸边,葛洲坝蓄水前枯

水期地下水大量排出，水量大、水质好，是新滩镇的一大特色。姜家坡以下土石埋深较大，大块岩体为居民生产、生活提供了良好条件，也为新滩镇的发展提供了较好的环境。近几十年，广家崖山顶经常发生少量岩崩，每年有一些块石崩塌，堆积在 3 号、2 号台阶，此外上游黄岩经常出现少量泥石流，下游柳林溪多次发生局部小规模滑坡进入长江。

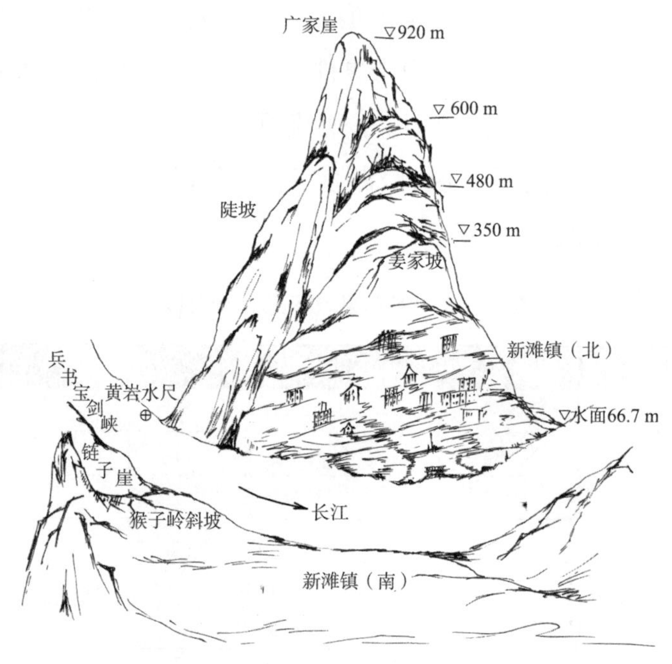

图 2.1-16　新滩河段示意图

新滩最近一次大规模滑动发生于 1985 年 6 月 12 日凌晨 3 点 45 分(图 2.1-17)。新滩大滑坡规模达 3 000 万 m^3 的滑体，一举摧毁了新滩镇，是三峡河段甚至重庆河段最大规模的滑坡。大滑坡发生是有前兆的：据湖北省岩崩调查处监测，1985 年 6 月 9 日姜家坡前缘(高程 550 m)发生块石崩滑，后缘急剧下挫；6 月 10 日凌晨 4 点 15 分，姜家坡两侧 A3 观测点的临空地段沿左侧高梁下滑，西侧一间民房向江推移 60 余 m；6 月 11 日凌晨 5 点，现场发现后缘一夜下滑 2 m；6 月 12 日凌晨发生大规模滑体移动，目击者 3 点 50 分在旅馆楼台看到有大量土石入江，激起水浪滔天，最大滑速约 40 m/s，激起涌浪高 35 m，到达对岸最大浪爬高 49 m，并使航运一度中断。此次滑坡共毁房 1 569 间，毁田 780 亩，由于预报准确，撤离及时，陆上无一人伤亡。江中涌浪引起新滩及上下游航道内 64 艘木船翻沉，船员死亡8人。滑坡后原新滩镇全部滑入江中(残留小树林下移50～100 m，下降15 m左右)，新建链子崖岩崩调查办公室垮塌下沉80 m、下滑10多m(图2.1-18)。

(a) 滑坡前枯水期(葛洲坝蓄水前)　　(b) 滑坡前新滩镇(葛洲坝蓄水后)

(c) 滑坡后原新滩镇全部滑入江

(d) 滑坡体全景

图 2.1-17　新滩大滑坡现场及河道状况

滑坡发生在堆积层，其由岩块、碎石及充填孔隙的黏土组成。滑床为堆积层

图 2.1-18　新滩滑坡残迹(右 1 为作者刘书伦)

与基岩的接触面。基岩表面的埋藏地形为一弯曲槽,下伏基岩主要由志留系页岩组成。

12 日大滑坡发生后,14 日作者(刘书伦)随交通部水运局副局长刘鄂带领的交通部工作组赶赴现场(图 2.1-18 与图 2.1-19)。当时航拍照片(图 2.1-20)显示:河道中水流急,航行暂时中断,航道工作船正在维护航道。工作组很快组织了专家进行现场勘察发现,滑坡的前缘水面高程 67 m,后缘高程 910 m,滑坡区基岩

图 2.1-19　现场调查组(前排的左 1 为原长航局唐国英、左 2 为刘鄂、左 3 为长江航道局沈柏生、右 1 为作者刘书伦)

倾向西北 280°～300°，倾角 35°左右，属切向层状岸坡；后壁和两侧壁的二叠系灰岩陡崖，被多组陡倾裂隙切割，时常发生规模不等的崩塌；来自后缘陡崖——广家崖的崩塌规模较大，并且由于后缘反复加载而诱发滑坡；姜家坡滑体的剪出口高程估计 400 m，上段滑体体积 1 300 万 m^3，下段滑体 1 700 万 m^3，滑入长江约 210 万 m^3。

(a) 第 3 天

(b) 第 5 天

图 2.1-20　滑坡后航拍照片

6 月 13 日滑坡后前缘洪水位 68.0m，6 月 15—25 日水位 67.7～68 m。14 日开始禁航，15 日—25 日在现场应急抢险，6 月 17 日现场船舶上行十分困难，之后流量增加，碍航严重，只能采取机动船助推上滩，同时调整航线。由于江中急流冲刷，过水断面面积逐步扩大，在航道维护大约一周后，于 23 日正式恢复通航。1985 年 6 月 29 日—7 月 17 日工作组开展了现场监测，7 月份流量达 40 000～47 000 m^3/s，江中最大流速 6.0～6.9 m/s，决定采取助推、调标等措施维持通航；7 月下旬流量减小，河道冲刷，逐渐恢复正常通航。

作者（刘书伦）1968 年至 1973 年，进行链子崖、新滩崩岩、滑坡勘测试验研究和长期监测工作。1975 年该项工作由湖北省主持，下设链子崖岩崩调查处，作者（刘书伦）1975 年调北京工作。1985 年 6 月新滩大滑坡时，作者（刘书伦）调入交通部水运局工作。大滑坡发生后，惊动中央，交通部立即派工作组，由水运局副局长刘鄂担任组长，我们于第三天清早赶到现场。那时湖北省委书记下令断航，并报中央。我们工作组的任务是应急抢险、探测航道、安抚船民。当日我们工作组和长航局、海事、航道的负责同志去现场查看（图 2.1-19），并到岩崩调查处的办公大楼的断壁残垣调查，一同前往的还有中科院武汉岩土力学所和岩崩调查处的专家（图 2.1-18）。

链子崖和新滩曾进行过 2 次较为全面的地质勘察、电探、钻探和试验研究。1975 年 10 月与 1978 年长办分别正式提交了勘察研究报告，报告主要结论是：地质条件和滑坡主要因素已基本调查清楚，滑坡整体复活后，滑坡顶部地面已较滑前下降大约 20 m，能量已大量释放，稳定条件大为改善，短期内不会再次整体复活。考虑到三峡蓄水后的水位影响，将崩岩调查处办公楼新建在高程 180 m 左右的地方。

新滩大滑坡发生时既没有暴雨，也不是地震，那么触发的因素有哪些？葛洲坝水利枢纽初期蓄水抬高了新滩的水位，在枯水期流量 3 000～3 200 m^3/s、中水期流量 200 000 m^3/s、洪水期流量 400 000 m^3/s 时分别抬高了 15.4 m、5.8 m、2.2 m。河道水位抬高必将提升两岸地下水位，也破坏了新滩岩隙间的地下水流入长江的通道，这是否就是触发新滩大规模滑移的原因？又或者有其他的原因，值得进一步深入研究。

滑坡对航道产生了直接影响。滑坡后正值近 2 个月的汛期，流量大、水流流速大，在洪水期形成了新的碍航滩险，产生了严重碍航、断航。6 月 30 日开始，我们现场采用 4 000 马力（1 马力＝735 W）的助推船舶上滩，7 月份江中最大表面流速已达 6.0～7.0 m/s（表 2.1-4 与表 2.1-5），因此必须选择新航线，并助推上滩。7 月份洪水过后，滑坡后堆积在河道中的土块在大流速下很大一部分被冲走，水流流速逐渐下降，9 月下旬恢复了正常通航，期间碍航时间仅 2～3 个月。

表 2.1-4 新滩大滑坡的航道水位流速

1985年6月29日 流量24 500 m^3/s 左1水尺水位65.51(黄海)			1985年6月30日 流量27 600 m^3/s		
断面号	水面宽度(m)	最大表面流速(m/s)	水面宽度(m)	最大表面流速(m/s)	水面比降(‰)
1	417				
1—1		3.1	290	4.1	1.8
2	286	3.6	297	5.4	
2—1		3.6	323	5.21	1.34
3	303	4.05	318	5.3	
3—1		4	359	5.75	
4	370	3.7	395	5.1	
4—1		4.04	327	5.8	
5	294	4.18	324	5.9	

表 2.1-5 1985年6—7月新滩大滑坡实测水位、流速

日期	黄岩水位(m)	换算吴淞高程(m)	入库流量(m^3/s)	表面最大流速(m/s)
6月29日	23.3	70.77	2.39	
6月30日	24.6	72.07	2.7	
7月1日	25.2	72.67	2.98	7.2
7月2日	26.2	73.67	3.11	6.78
7月3日	28.8	76.27	4.05	6.9
7月4日	31.5	78.97	4.69	6.85
7月5日	32.2	79.67	4.78	6.95
7月6日	31.9	79.37	4.73	6.9
7月7日	31.8	79.27	4.52	6.9
7月8日	30.1	77.57	4.52	6.8
7月9日	30.5	77.97	4.22	6.8
7月10日	30.5	77.97	4.26	6.8
7月11日	30.3	77.77	4.21	6.7
7月12日	30.5	77.97	4.01	6.4
7月13日	30.5	77.97	4.11	5.4
7月14日	29	76.47	3.9	5.3
7月15日	29.9	77.37	3.97	5.6
7月17日	29	76.47	3.91	5.13

注:黄岩水尺零点高程47.47 m(资用吴淞),黄海=45.7m,吴淞高程系统即三峡、葛洲坝工程高程系统。

新滩大滑坡监测预报工作做得非常好，居民疏散工作得力，陆上无一人伤亡，这是最大成绩，但大滑坡产生的巨大涌浪将停泊在长江新滩镇及其上下游香溪、庙河等地的 64 艘木船翻沉，船员死亡 8 名，附近的 10 多艘航标机动船也受损，说明监测预报工作仍有不足之处，当时不知道会产生这么大的涌浪，需要将江中船舶也撤离。因此要告诉大家：长江滑坡，不但陆地居民要疏散，水上船舶也要疏散。

到 2021 年大滑坡已过去 36 年，滑坡体已淹没在三峡水库之中，三峡工程 175 m 水位时，最大淹没深度 127.5 m，新滩古镇已完全淹没在水库中，对航运已无影响(图 2.1-21)。但从这次大滑坡的勘察研究及滑坡后处理中，我们得出的经验教训是：三峡河段的地质灾害形成和发展经历了漫长岁月，其演变十分复杂，也难以调查清楚，治理难度很大。在论证讨论中专家们逐步形成了地质灾害防治的共识，认为对三峡大型地质灾害采取搬迁避让政策是合适的，事实也证明这个办法是正确的。今后应以监测预报、预防为主，特别要注意移民搬迁建设中，可能出现的新的地质灾害。航运最关心的是崩塌滑坡产生的涌浪，因此要切实做好滑坡的监测预报工作。

图 2.1-21　新滩治理 11 年后(1996 年 12 月)

2.2　葛洲坝水利枢纽建设

葛洲坝水利枢纽工程是我国长江上建设的第一个大坝，也是长江三峡水利枢纽的重要组成部分。葛洲坝水利枢纽的建设，为三峡枢纽工程建设提供了宝贵的经验。

2.2.1 工程概况

葛洲坝水利枢纽位于宜昌市长江三峡南津关河段出口，距三峡大坝约38 km，为三峡枢纽的反调节枢纽，是三峡枢纽的重要组成部分。大坝坝轴线总长2 595 m、坝顶高程70 m，正常蓄水位63～66 m，水库总库容15.8亿 m^3，主要建筑物有泄水闸、电站和船闸，以及冲沙闸和防淤堤（图 2.2-1），航运方面布置2线3闸，即大江和三江两条航线、3座船闸，大江布置1号船闸和冲沙闸，三江布置3号和2号两座船闸（图 2.2-2）。1号船闸主尺度为34 m×280 m×5.5 m，2号船闸主尺度为34 m×280 m×5.0 m，3号船闸主要满足客运要求，其主要尺度为18 m×120 m×4.0 m。大江布置了上下游引航道，三江布置了上游大隔流堤

图 2.2-1　葛洲坝水利枢纽鸟瞰图

图 2.2-2　葛洲坝水利枢纽船闸

和下游引航道;发电方面布置了大江14台机组,总容机175万kW,二江布置7台机组96.5万kW;泄洪方面布置27孔泄水闸,在船闸旁布置多孔冲沙闸。

2.2.2 工程建设过程

1970年湖北省委向中共中央呈报《关于兴建宜昌长江葛洲坝水利枢纽工程的请示报告》。1970年12月毛主席批示:“赞成兴建此坝。”1970年12月30日,葛洲坝水利枢纽工程破土动工。

由于当时中国没有修建这类大坝的经验,葛洲坝工程采取的是边勘测、边设计、边施工的方式,遇到不少困难和问题。1972年11月周总理详细听取了关于工程进展情况和存在问题的汇报,果断作出主体工程停止施工的决定,并明确设计工作由长江流域规划办公室负责,同时成立葛洲坝工程技术委员会,全面负责工程的技术指导、协调、决策,由林一山主任负责。1974年10月国务院批准葛洲坝主体工程复工。

在航运建设方面,主要进程如下:

①1975年6月在重庆召开专家座谈会,讨论治理南津关河段急流泡漩整治工程方案。

②1975年12月讨论决策三江通航建筑物布置,提出在三江布置船闸的方案,原三江布置电站方案被否定。

③1981年1月葛洲坝大江成功截流。

④1981年6月船闸开始通航。

⑤1985年4月葛洲坝一期工程竣工验收。

⑥1989年1月3日,工程宣告正式建成。

先建葛洲坝工程对航运有利,并可为三峡工程积累经验,但葛洲坝工程建设需要考虑上游未建三峡枢纽的水沙条件,从而增加了工程难度。如今三峡工程建成运行后,葛洲坝的泥沙问题已大大缓解。

2.2.3 船闸建设与通过能力

在周总理直接干预下,葛洲坝水利枢纽建设于1972年底停工整改。总理明确指出,必须保证航运需求。葛洲坝水利枢纽建设对航运考虑是充分的。经过国内外调研,葛洲坝工程技术委员会提出船闸建设必须满足三峡工程的远期目标,因此决定建设一次能通过万吨级船队的大船闸,至于建多少线船闸,应根据运量预测确定。

葛洲坝水利枢纽船闸规模，在初期论证时建1线货运船闸和1线客运船闸就可以满足要求。考虑建三峡枢纽后运量将进一步发展，需再建1线大江船闸，但当时大江船闸航道条件不好，进口有向家突嘴挑流，泥沙较多，有专家提出缓建。后经过大量试验研究和多次专家讨论，最终决定建大江船闸，形成2线3闸(图2.2-2)，达到近期2 000万t、远期5 000万t的单向下水通过能力，为三峡船闸的建设奠定良好基础。当时争议的焦点是，大江航道上游进口水流条件和下游出口航道条件都不好，而大江是主要泥沙输移通道，有大量泥沙淤积，船闸建成后通过能力偏小，有些人主张缓建或不建。实践表明，大江航道经过上游航道整治和坝下游河道整治(河势调整工程)，通航流量由20 000 m^3/s提高到35 000 m^3/s，枯水航道水深和船闸下门槛水深均达到5.5 m。从近几年的运行成果看，大江船闸每年下水通过货运量远大于2号船闸，若缺少大江船闸，三峡船闸的通过能力不可能达到单向5 000万t，更不可能达到现在单向下行最大7 449.1万t(2021年)、上行最大8 103万t(2018年)。2019年大江船闸的货运通过量占总量的50%，表明葛洲坝大江建1线船闸(即大江船闸)是非常正确的。

表2.2-1　葛洲坝、三峡船闸近年货物通过量　单位:万t

船闸	分闸	2016年	2017年	2018年	2019年	2020年	2021年
葛洲坝	大江船闸合计	5 936.1	6 252.8	6 535.9	7 455.9	6 543.3	7 769.2
	上行	2 384.0	2 126.1	2 618.6	2 441.5	1 882.8	2 721.3
	下行	3 552.0	4 126.6	3 917.3	5 014.1	4 660.5	5 047.9
	2号船闸合计	5 177.0	5 518.9	6 243.4	5 848.1	5 759.3	5 729.9
	上行	3 018.7	3 795.1	4 201.9	3 937.1	4 012.1	3 887.5
	下行	2 158.3	1 723.8	2 041.5	1 911.0	1 747.2	1 842.4
	3号船闸合计	1 633.9	1 762.9	1 663.1	1 472.4	1 488.1	1 461.3
	上行	1 209.0	1 453.4	1 351.9	9 92.2	929.9	711.0
	下行	424.9	309.5	311.2	480.3	558.2	750.3
三峡	合计	5 443.0	6 164.4	14 166.0	14 608.2	13 686.5	14 621.2
	上行		552.1	8 103.0	7 326.3	6 781.8	7 172.1
	下行	5 443.0	5 612.3	6 063.0	7 282.0	6 904.7	7 449.1

2.2.4　葛洲坝航运建设方面重大技术问题

作者(刘书伦)曾负责葛洲坝水利枢纽工程两坝间和库区航道整治的设计和施工，对以下几项技术方面难题，印象最深的是周总理对通航问题的关心和指导，周总理多次听取汇报，对各种重大问题作出重要指示，明确提出葛洲坝水利枢纽要重视航运。这一重要指示,为深入研究航运指明了方向。在葛洲坝航运建设方面的重大技术问题有以下几项。

(1) 船闸尺度和布置方案

葛洲坝水利枢纽船闸平面位置和具体布置方案,经过大量试验研究和讨论,最后采取了现在三江航道2号、3号船闸布置方案,否定了三江布置电站的方案。

代表船型、船闸规模和主尺度的确定:一致同意按三峡工程远期规划即万吨级船队汉渝直达为目标,以万吨级汉渝直达的船队作为代表船队。参考了美国密西西比河已建的大型船闸,决定船闸主尺度采取280 m×34 m×5.0 m的方案,这个尺度的选择将直接影响到以后三峡工程的船闸主尺度,因此是十分重要的。

经过论证,葛洲坝仅一座2号船闸不可能满足远期过坝运量要求,必须建大江一线船闸,经讨论最后得到统一意见,决定一线船闸需要建,而且否定缓建。

(2) 坝上游南津关航道治理和两坝间航道治理

南津关河段急流泡漩的整治:经过河工模型试验和专家多次讨论,在众多方案中选取了以炸除尖嘴,以流压泡,改善流速、流向为主的整治方案,否定了主要以填石为主的解决泡漩急流的方案。

两坝间航道治理:经过大量调研论证,认为这是通往大西南唯一的运输大通道,需从长远和战略的角度考虑,决定采用航宽200 m、航深6.0 m、通航万吨级船队的通航标准对石牌弯道进行拓宽整治。

(3) 船闸引航道通航水流条件和泥沙淤积问题

在三峡水利枢纽建成前,工程泥沙和泄洪是葛洲坝工程最难决策的技术内容,这些问题是葛洲坝通航的关键技术,在南科院、长江科学院、北京水利水电科学研究院(简称“北科院”,1994年更名为中国水利水电科学研究院)等试验研究后,该问题得到很好解决,具有很多原创成果,如隔流防淤堤、冲沙闸等创新建筑。作者(刘书伦)参加南津关急流泡漩的整治研究,并主持三峡与葛洲坝两坝之间的航道整治和葛洲坝库区航道整治。当时对三峡工程的运量目标难以把握,最终决心考虑远一些,为进入西南留下一个大通道,因此初步提出航宽200 m、水深6.0 m的标准。但因两岸高山陡壁,汛期无法扩大过水断面,被迫只能按满足流量35 000 m^3/s及以下通航万吨级船队的要求进行设计。

在三峡工程总体建设中,先建葛洲坝对航运是十分有利的,我们不能忘记葛洲坝建设中的艰苦努力和创新。

3. 三峡航运工程论证与建设

三峡工程最主要的功能有防洪、发电、航运等，三峡航运工程的论证是建设中一项重要内容。

3.1 三峡航运工程论证

1986年6月据中共中央、国务院《关于长江三峡工程论证有关问题的通知》(中发〔1986〕15号)责成水利电力部牵头组织各方面专家，对三峡工程深入研究论证，并据论证成果重新编写三峡工程可行性研究报告。论证工作成立了14个专家组，聘请412位著名专家，历年2年多时间，提出了14个专题论证报告，涉及航运工程方面论证的主要内容和结论如下。

3.1.1 综合规划与水位

三峡水库蓄水位，包括各种水位组合是三峡工程论证中的核心问题，涉及多个方面，经过多次专家组讨论，初步形成：一级开发，正常蓄水位180 m、170 m、160 m、150 m等四个水位方案。

航运专家赞成正常蓄水位选取180 m，这样有利于延长万吨级船队通航时间，另外可增加葛洲坝枯水下泄流量。但影响正常蓄水位选择的主要制约因素有三项：

(1) 重庆港的淤积

三峡工程运行后，重庆港将产生泥沙淤积，选择180 m蓄水位，泥沙淤积将更严重。

（2）水库移民

大坝蓄水后因土地淹没，需要移民，工矿企业需要搬迁。移民专家组建议用一个较长时间进行移民，如用 11 年时间完成 135 m 蓄水的移民工作，用 6 年完成 135 m 到 156 m 蓄水的移民工作，再用 8 年完成 160 m 到 175 m 蓄水的移民工作，前后共需花费 25 年时间来完成全部移民任务，这个任务是十分艰巨的。

（3）生态环境

水库按正常蓄水位蓄水后将淹没大量土地，搬迁位置只能就地后靠，但岸边都是高陡岩坡石地，环境容量严重不足，生态（陆地和水）受到很大影响。

综合规划与水位两个专题组经过一年多的调研、协调，提出了“一级开发、一次建成、分期蓄水、连续移民”和坝高 185 m，正常蓄水位 180 m、175 m、170 m、160 m 的初选方案。之后又经其他专题组进行反复讨论，1988 年在领导小组第九次会议上通过了“一级开发、一次建成、分期蓄水、连续移民”的方案和蓄水初选方案。在确定正常水位 175 m 后，又对其水位组合（即防洪限制水位和消落低水位）进行了研究论证，其中防洪限制水位讨论较充分，历时很长，最终确定为 145 m。三峡蓄水后，历次三峡枢纽调度规程讨论中，都曾提出防洪限制水位可以少量上升变幅，至 2015 年批准的调度规程中已明确，在实时调度时可做少量变动。

3.1.2 航运建设目标

三峡工程蓄水运行后，上下游航道的通航条件将得到很大改善，为了利用优良的航道条件提高航运效率，扩大航道通过能力，交通部组织多批次专家到国外考察，并进行大量国内调研，总结分析了密西西比河、伏尔加河、莱茵河等几条航运发达河流的航运开发经验，深入分析了当时长江驳船队运输的成果，深入研究了三峡蓄水后武汉到重庆河段的航道条件、港口条件和已建跨江大桥。一致认为顶推船队运输方式较优，且为今后发展的方向，建议以万吨级船队渝汉直达，年航行历时超 50%为航运建设目标。

考虑到三峡工程运行后，航道能通航 3 000 t 级单船。因此，提出万吨级船队从武汉直达重庆，年通航保证率 50%的建设目标，并可采用 1 000 t 至 3 000 t 驳船组成的船队或 3 000 t 级单船作为航运发展目标，当时一致认为这个目标是宏伟的也是能达到的。近期可采用当时的一顶 9 艘 1 000 t 驳船的船队，后期发展采用 4 艘 3 000 t 级驳船组成的万吨级船队。重庆中心港区货运定位为九龙坡港，九龙坡码头是与成渝铁路连接的水陆联运港，客运港口定位在朝天门港。

3.1.3 航道标准

(1) 航道尺度

三峡工程蓄水运行后，航道最小水深需增加，以使航道尺度需满足万吨级船队通航要求，但航道最小水深增加多少更为经济合理？长江航道局根据航道条件进行了详细的论证，研究了增加水深需要的航道整治及维护费用和增加水深航道经济效益的比值，长江轮船总公司专题研究了各种船队的经济性和运输效率。研究结果认为航道最小水深 3.1～4.0 m 是合理的。根据长江中下游航道的特征和三峡库区变动回水区的航道条件，最终提出了航道尺度 3.5 m×100 m×1 050 m（航深×单线航宽×弯曲半径，下同）的标准。

当时有不少权威专家认为美国密西西比河最小水深是 9 英尺（1 英尺≈0.304 8 m），我们提出要求最小水深 3.5 m 偏大。为此又组织人员去美国实地调查，结果证实美国的 9 英尺水深是不包括航行需要的富余水深，实际水深也都大于 9 英尺。此外考虑到三峡枢纽今后最小下泄流量可达到 5 000～5 500 m^3/s，有条件使得浅滩的最小水深达到 3.5 m。因此认为标准水深定为 3.5 m 是合适的。

关于航道宽度，因浅滩航道维护宽度较窄，一般采用上水让下水，并且不在浅滩滩脊段交会，因此浅滩段航宽较窄。当时中游浅滩维护最小航宽 80 m，长江航道局论证航道宽度时，最早提出单线航宽 100 m 为航宽标准，但没有考虑到三峡工程航道标准必须按双向通航考虑，最后决定重庆九龙坡到武汉间航道尺度标准为：最小水深 3.5 m、单线航宽 100 m、曲率半径 1 000 m（个别地方不得小于 800 m）。

(2) 通航水流条件

万吨级船队作为设计代表船队，按此船队进行了实船观测实验和船模试验，提出万吨级船队上行航线上允许的最大水面比降和水流流速（表 3.1-1）。

表 3.1-1　万吨级船队航线上允许流速与水面比降限值

局部最大比降(‰)	0.05	0.1	0.2
航线上水流流速(m/s)	2.6	2.5	2.1

船闸引航道尺度和通航水流条件按船闸设计规范，其他通航条件按内河通航标准。

3.1.4 代表船型船队

在确定万吨级船队汉渝直达的基础上，结合该船队运输主要货种，沿线主要港口码头、跨江大桥和航道条件等因素，经过论证，选出后期 6 种船队作为设计代表船队及主尺度(表 3.1-2)。此项论证曾做过多项专题研究，结论是一致的。

表 3.1-2 设计代表船型及主尺度

时间	船队组成(推轮＋驳船)	船队尺寸(长×宽×吃水)(m)
现状	1＋(1 500＋1 000＋800)	155.2×24.6×2.78
	1＋(2×1 000＋800)	155.2×22.1×2.6
	1＋(3×1 000)	174×22.6×2.6
	1＋(1 000＋2×800)	136.4×22.1×2.6
	客货轮	84.5×17.2×2.6
后期	1＋(6×500)	126×32.4×2.2
	1＋(9×1 000)	264×32.4×2.8
	1＋(9×1 500)	248.5×32.4×2.8
	1＋(6×2 000)	196×32.4×3.1
	1＋(4×3 000)	196×32.4×3.3
	1＋(4×3 000)(油轮)	219×31.2×3.3

3.1.5 运量预测

长办规划处、长江航运规划设计院(以下简称长航规划设计院)和重庆市三峡办分别对远期通过三峡大坝的客货运量进行了预测，各单位采取了多种不同的预测方法，提出了各水平年的预测值，并提交了专题研究报告。三家单位对 2030 年单向下水货物运输量的预测值分别为：

长办规划处：3 730 万～4 970 万 t；

长航规划设计院：4 650 万～4 950 万 t；

重庆市三峡办：5 500 万～6 000 万 t。

当时争议的焦点是对未来航运运量增长速度的分析判断。当时调查 1952—1985 年的年平均增长率为 7%左右，航运专家组讨论认为今后增速可能大于 7%，近期可能不小于 10%，远期可能减缓。

为了确定施工期通航中各货运量，需对近期 2000 年三峡工程过坝客货运量进行预测。三家单位对 2000 年的下水货运量预测如下：

长办规划处：1 100 万 t；

长航规划设计院:1 900 万 t;

重庆市三峡办:2 000 万 t。

经过航运专家组讨论,确定 2000 年单向下水货运量 1 550 万 t。在运量预测中考虑到三峡船闸的尺度应与葛洲坝已建的船闸配套,采用 280 m×34 m×5.0 m 的同样尺度,并采用相同的运行参数。三峡五级连续船闸初步计算的通过能力远期为 5 000 万~5 300 万 t,正好与预测单向下水货运量接近。基于上述预测数据分析,对远期 2030 年下水 5 000 万 t 的预测是比较合理的。

对过坝客运量,当时客运量发展比较快,预测值争议不大,同意采用下水客运量:即 2000 年为 250 万人次,2030 年为 390 万人次。

3.1.6 船闸规模和型式

三峡船闸的主尺度应与葛洲坝相同,船闸的规模应满足规划运量的要求,并应与葛洲坝船闸相近,以适应联合调度。论证课题组提出了连续五级船闸方案(长办方案)和分散三级船闸方案(交通部三峡办方案),这两组方案各有利弊,多次讨论认为在技术上均可行,请各专家继续进行优化完善并比选。

在论证阶段,实验研究了船闸建设的几个关键技术问题,如岩石开挖高边坡的稳定问题、高水头船闸水力学问题、高水头大型闸门建造和启用机械的问题、分散三级方案中间渠道水力学问题等,都取得良好成果,找到了解决的途径。初步设计审查确定:

(1) 采用连续五级船闸方案;

(2) 确定选择Ⅳ线路方案(上游引航道口门区布置在祠堂包左侧)进行船闸线路、闸室及中隔墩布置;

(3) 推荐等惯性输水系统;

(4) 引航道泥沙淤积和船闸通航水流条件有待下阶段继续试验研究。

三峡永久船闸单项工程技术设计由长江委编制,主要研究船闸具体结构:包括上游引航道是否建隔流堤,隔流堤是否建短堤,隔流堤大包还是全包引航道,以及考虑由于升船机和引航道引起水位波动的船闸上游进水口等工程的布置方案;引航道泥沙淤积采取建设冲刷闸、隧洞,还是挖泥船疏浚的方式进行解决。

通航建筑物是按照满足单向货物通过 5 000 万 t 的通过能力进行分析论证的,经长航、长办等单位提出不同计算方案,多次讨论,最后采用比较乐观的计算方案,即每闸次过船平均吨位:长航为每闸 12 000 t、地方为 3 000 t,过闸次数长航占80%、地方占20%，计算双向五级船闸通过能力5 152万t。方案认为双线船闸280 m×34 m×5 m和一线升船机120 m×18 m×3.5 m，能满足远期通航要求。因为三峡船闸主尺度须与葛洲坝船闸一致，能力要匹配，所以决定三峡枢纽建2线船闸和1线升船机，升船机是为了提供一条快速通道，主要以通航客船为主。

3.1.7　施工通航论证

三峡工程施工碍航期长达5～6年，需要通过该河段的客货运量很大，而且对社会经济发展影响甚大，因此航运部门提出：要求在整个施工期做到不断航。但要做到施工期不断航，而且全年能基本做到安全顺利通航，难度很大，至少要面临两大难题：一是导流明渠通航与施工交通有矛盾，施工专家组不同意明渠通航；二是升船机建设要提前在施工期投入使用，难以实现。经过长时间的研究讨论，最后决定采用导流明渠加临时船闸，再加1线升船机，保证施工期不断航。此论证解决了三峡工程建设对航运带来不利影响的关键问题，航运部门很满意。

但在实际施工中出现了问题，在技术设计阶段，设计部门提出升船机建设无法提前投入运行，施工期不能用上升船机，并向三建委提出报告。关于明渠通航，经过模型实验研究，汛期明渠水流流速比降很大，地方船舶只能通航到流量15 000 m^3/s，长航船舶能通航到流量20 000～25 000 m^3/s，仅靠临时船闸的话，通过能力不能满足船舶过坝需求。于是三建委办公室召开专题会议研究，决定对明渠通航采取绞滩助推，扩大明渠通航流量到35 000 m^3/s以上，并责成设计部门对明渠封堵后的通航和客货分流方案进行研究。施工期实际通航情况见第4章。

通过上述修改方案和组织协调，在交通部和三峡总公司的共同努力下，三峡工程整个施工期通航做到了安全有序、基本通畅，施工期航运不但没有萎缩，反而获得发展。

3.1.8　库尾航道港口泥沙淤积问题

三峡枢纽蓄水后，在不同蓄水期，库尾河道中一些浅滩和港口码头会产生累积性淤积而碍航。为此，在论证期间开展了实验研究。

一是对库尾变动回水区一些著名浅滩，如王家滩、上下洛碛、青岩子、土脑子等进行了河工模型实验研究，提出了适时进行各种航道整治工程的方案。

二是对重庆主城区港口航道进行了175 m蓄水期实验研究，多个研究单位同步进行多座河工模型试验，论证结论是：重庆主城港口航道在175 m蓄水后泥沙冲淤问题已基本清楚，采取优化水库调度、港口改造和河道整治等方法能够解决。

3.1.9 坝下游河道冲刷和宜昌站水位下降

三峡蓄水后，坝下游河道冲刷下切，宜昌站枯水位在同流量下明显降低，导致三江航道通航水深不足，严重碍航，特别是在 135～156 m 蓄水期，枯水流量较少，三江航道水深严重不足，持续时间较长，并影响 2 号船闸门槛水深。因此要求研究解决在蓄水后如何增大枯水下泄流量等的问题。在论证期间，做了大量实验研究，认为 156 m 蓄水期葛洲坝在枯水期下泄流量较少，最为困难，甚至难以保证最小水深 2.9 m，因此要求优化调度方案，以增加枯水期宜昌站下泄流量。

3.1.10 库区上游河道渠化和水位衔接

在论证期间，依据长办的规划，长江干流有小南海枢纽，嘉陵江出口有井口枢纽，乌江河口有正在建设的白马航电枢纽，可基本做到水位衔接。而三峡工程蓄水后到 2021 年，小南海枢纽和井口枢纽均未实施，留下的天然航道更长，与上游航道水位不能完全衔接。

三峡航运工程论证至今已经历 30 余年，我国经济高速发展，货运通过量高速增长，三峡船闸通过的货运量早已超过远期(2030 年 7 月达到的下行 5 000 万 t)的目标。上游一批特大水利枢纽已先后建成投产，三峡水库的来水来沙条件也发生了大幅度改变，这些重大变化是论证期间没有预料到的，并且仍在不断发展。三峡工程对长江干流的影响是深远和漫长的，以往的论证和后评估，仅是阶段性的认识，我们需继续跟踪现场观测，不断学习和认识。

3.2 三峡航运工程建设中关键技术

在三峡航运工程具体建设中，仍有许多关键技术问题需要解决：如船闸高边坡开挖、多级船闸水力学及结构、施工通航、回水变动区及重庆港泥沙淤积、葛洲坝坝下游最低通航水位等。

3.2.1 船闸高边坡开挖变形与稳定问题

三峡船闸是在巨大山体中开挖而成的，其船闸直立墙为 70 余 m 的岩壁，直立墙以上还有 100 m 高的山坡，岩石开挖后会产生应力释放和边坡稳定问题，对闸室墙变形控制和边坡岩体稳定性要求很高，技术难度很大。

三峡双线五级船闸布置在整体岩石中(图 3.2-1)，边坡最高达 170 m，坡底为 70 m 深的船闸直立边墙，船闸总水头 113 m，中间级最大水头 45.2 m，闸室边墙利用了开挖的直立岩壁。通过国内研究单位、设计单位的科技攻关，三峡船闸取

图 3.2-1　高边坡开挖的三峡双线五级船闸

得了多项重大技术突破，成功解决了包括高边坡、直立墙开挖后变形和边坡稳定问题，高水头、大流量闸阀门的输水系统水力学问题，大型闸门制造安装等问题。在施工岩石开挖中采用预裂光面爆破、预应力锚索等加固技术（图 3.2-2），并采用地表截流排水和山体排水洞等疏排水措施可有效解决高边坡问题。运行后检测结果表明斜坡及直立坡的最大水平位移分别为 70 mm 和 46 mm，变形量主要发生在施工期，目前边坡变形已收敛，高边坡整体稳定。

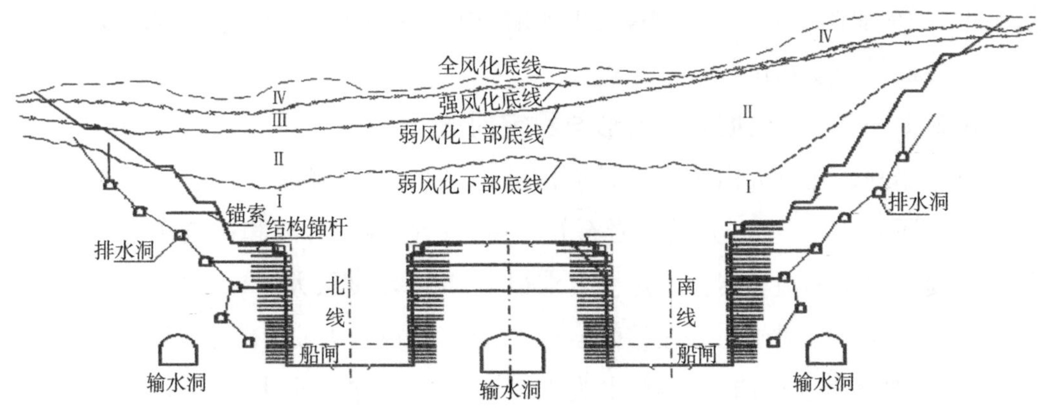

图 3.2-2　船闸高边坡加固和船闸结构布置典型断面示意图

3.2.2 高水头、大流量船闸水力学问题

高水头、大流量船闸水力学问题主要有：一是闸室灌泄水时的水流条件要满足船舶停泊要求，二是各级闸阀门的高速水流问题(如空蚀等)。

三峡双线五级船闸总水头 113 m，中间段闸门工作水头 45.2 m。这么高的水头，这么大的船闸，闸室内船舶停泊条件、船闸阀门防空蚀化、输水系统要满足输水时间 12 min 等成为必须解决的技术难题。经过南科院和长科院大量试验研究，设计采用了上游引航道内正向进水，两侧布置输水廊道，各级闸室建 8 条分支输水廊道四区段等惯性输水系统，旁侧泄水涵管入江，水力学主要指标优良。采取降低阀门廊道高程、增大淹没水深、门后廊道突扩体型、快速开启阀门、门楣自然通气及门后廊道采用钢板衬砌等方法，成功解决了高水头船闸阀门防空蚀化的技术难题。

3.2.3 通航建筑物的通航水流条件不满足要求的问题

当水库运行 30 年后，三峡船闸、升船机、上游引航道的泥沙淤积、水流横向流速以及回流均不满足通航要求，需建导流隔流堤，曾试验研究全包、大包、短堤方案，争议较大，历时数年。

大量模型试验表明，船闸和升船机的上下游引航道、口门和连接段(图 3.2-3)存在大量泥沙淤积且水流条件不满足通航标准。上游引航道运行初期泥沙淤

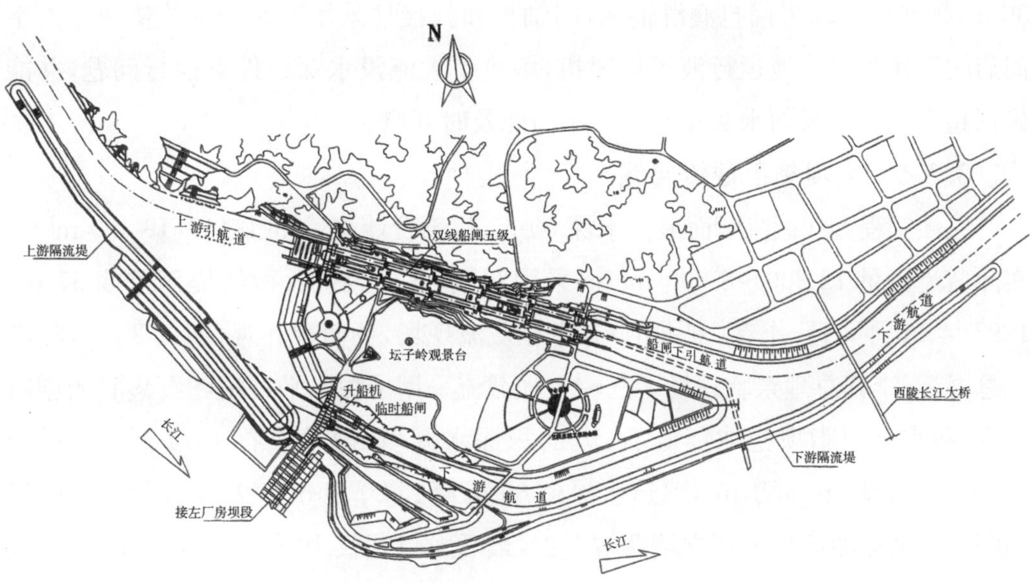

图 3.2-3 通航建筑物上下游引航道示意图

积很少，但到 30+2 年后泥沙淤积量增大，影响通航水流条件和航道水深。南科院、长科院、清华大学和西科所同步进行了多次河工模型实验研究，但各家试验成果中泥沙淤积量和水流条件差异很大，经泥沙专家组组织复核，也未发现哪一家的成果有问题，因此引起较长时间的争论。对是否需要建隔流堤，曾提出了无堤、短堤、大包、全包四个方案。经泥沙专家组和三建委办公室组织专家多次讨论，最终确定采用隔流堤全包方案。

坝下游引航道的泥沙淤积，各家试验成果也存在差异，对坝下游引航道减淤冲淤、机械疏浚、冲沙隧洞等工程措施存在争议，特别是建冲沙隧洞，提出了同步建设、预留、只做隧洞进出口等不同方案，最后未取得一致意见，仅留下隧洞位置。坝下泥沙淤积决定采用将临时船闸改造为冲沙闸，再加挖泥船疏浚的措施予以解决的方法。上游引航道泥沙淤积问题，曾做过大量防淤、减淤试验研究，如空气帷幕等，但均因实施有困难未采用。

3.2.4　大型船闸人字门设计问题

大型人字门结构与启闭机设计的技术难度大。

第 1、第 2 闸室人字门运行水位 144～175 m、底槛高程 139.0 m，挡水高度和闸门启闭时最大淹没水深 36 m，在设计制造和运行中都遇到过重大技术难题。通过大量试验研究，设计人字门高 38.5 m、宽 20.2 m、厚 3.0 m，最大淹没水深 36 m，顶底枢纽均采用自润滑轴承，门轴控和斜接柱采用不锈钢支枕垫块。人字门启闭采用无级变速运行液压启闭机，解决了大淹没水深条件下运行问题，并能确保超灌超泄时反向水头作用下人字门能及时开启。

3.2.5　大坝施工截流问题

三峡工程大江截流断面最大水深 60 m，截流设计流量 14 000～ 19 400 m^3/s，实际截流流量 12 200～8 600 m^3/s，采用双戗堤立堵截流，两戗堤落差 5.57 m。1997 年 11 月 8 日，作者（刘书伦）有幸在截流现场，场面很壮观（图 3.2-4），江泽民总书记、李鹏总理亲临现场。三峡大坝截流采用了深水平抛填卵石垫底的创新技术：在宜昌胭脂坝挖取卵砾石，大面积深水抛填，抛填块石 14.4 万 m^3、石渣 33 万 m^3、卵砾石 76 万 m^3，河道水深由 60 m 降到 20 多 m，解决了立堵进展中崩塌问题。河床填高后采用立堵两端进展，最后龙口宽仅 70 m、水深 10 m（最后截流那天），龙口水流流速 4 m/s，有 94％流量分流到明渠，当日截流非常顺利（图 3.2-5）。

图 3.2-4　截流仪式会场

图 3.2-5　截流时龙口场景

大江截流设计：1996 年 11 月上旬，龙口宽 80～130 m，分成①②③三个区（图 3.2-6）。第 3 区段为合拢段，当时流量为 8 000～12 000 m^3/s、水位 68m、龙口流速 3.3～4.3 m/s，龙口段合拢 4 d 内需抛投大石块 20 万 m^3，日抛强度达 5.0 万 m^3/d，采用 9.6 m^3 的装卸机和 45 t 自卸汽车，770 HP、410 HP 推土机、8 m^3 液压铲运机来进行施工，实际日抛强度比设计值大。

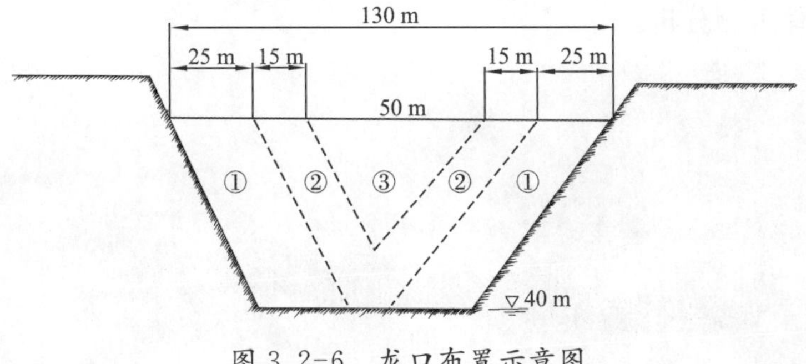

图 3.2-6　龙口布置示意图

截留最后抛大型混凝土串联块体，使明渠流量的分流比达 94%。由于水流大部分被逼入导流明渠，主航道截流时水流流速和落差等均未超出设计值，表明截流安全优质，获得了成功。截流后进行了防渗墙开挖，遇到大量花岗岩球状块体，钻孔开槽十分困难，后研制了导杆抓斗，改进钻抓技术，获得成功。

3.2.6　导流明渠高流速下通航技术

三峡工程的初步设计决定采用导流明渠、临时船闸和升船机三大通航设施，保证施工期航道通畅和不断航。三峡工程开工后，有专家提出建议认为升船机不能在初期 135 m 蓄水时投入运行，三建委经研究后同意缓建升船机。

施工期通航只有导流明渠与临时船闸两种方式。临时船闸的通过能力是有限的，特别是汛期时，临时船闸通过能力严重不足。而明渠在汛期因流速大不能通航：长航船舶最大通航流量为 20 000 m^3/s、地方船舶只能通航到流量 10 000 m^3/s，这样每年汛期 6 月、7 月、8 月、9 月有大量船舶不能走明渠，每年碍航时间平均为 98 d(对长航船舶)、187 d(地方船舶)；汛期如要求通航长航客船或 1 000～3 000 t 船队，在表面水流流速 5.0～5.5 m/s 的条件下，必将有大量船舶积压在坝区无法通过明渠。三建委办公室会议决定，扩大明渠通航流量，采用绞滩、助推工程措施，由交通部负责组织实施，实际采用绞滩助推措施，汛期安全通过明渠(图 3.2-7 至图 3.2-9)。

3.2.7　重庆港泥沙淤积问题

在三峡工程论证阶段，河工模型试验认为 175 m 蓄水后，重庆港泥沙淤积将很严重，影响九龙坡水陆联运码头作业和嘉陵江客运码头运行以及相应航道通畅。当时的论证结论认为：重庆港的泥沙淤积问题研究已基本清楚，采取优化调度和疏浚整治能解决问题，但航运部门一直不放心，在建设期继续进行了大量实验研究和跟踪观测分析。

图 3.2-7　船舶绞滩

图 3.2-8 明渠绞滩船

图 3.2-9 作者(刘书伦)在绞滩现场(趸船及递缆船准备就绪将开始绞滩)

重庆港当时论证和初设时是定位为三峡水库唯一的大型枢纽港,是重庆市(当时属四川省)的大型枢纽港,实现水铁联运、水陆联运,成为重庆市对外交通的门户,大家都认为必须要保证万吨级船队和大型客轮能到达的枢纽港口。在论证正常蓄水位时,因重庆港的泥沙淤积而将正常运行水位降为 175 m。关于 156 m

蓄水后何时能蓄水到 175 m,重庆港的泥沙淤积也是重要决定性因素。

但重庆港的泥沙淤积问题,有几个难以把握的要素:①嘉陵江与长江干流洪水遭遇不同,构成不同组合,直接影响整个主城区河段的泥沙冲淤;②重庆主城区河段具有明显的走沙规律,最好的走沙期是寸滩流量 8 000～17 000 m^3/s,次走沙期是 3 000～8 000 m^3/s;③重庆主城区河流的水流流速、流态,在汛期变化时间短、变化非常快,因此泥沙模型难以模拟其冲淤变化过程。

上述原因导致多家模型成果差异很大,同时由于模型沙选择、水流时间比尺与冲淤时间比尺不同等问题,再加上汛期水沙条件变化较快,使得模型预测更难符合实际。大量原型观测又受到无序采砂的影响,因此重庆港泥沙淤积成为关键技术问题,详见 7.4.2 节。

3.2.8 宜昌站枯水期水位下降问题

宜昌站枯水期水位将直接影响三江下游引航道水深和葛洲坝 2 号、3 号船闸下闸槛的最小水深。一般年份三江下游引航道维护最小水深 3.5～4.0 m,三峡蓄水运行后,清水下泄引起坝下游河床冲刷,宜昌站水位下降,因此需研究控制宜昌站水位下降和增加枯水期下泄流量的工程措施,并研究预测三峡蓄水后宜昌站枯水期同流量下水位下降值。这些问题已试验研究多年,至今尚未取得满意的成果。

3.2.9 库区港口建设与岸线整治问题

通过 20 余年的原型观测,揭示了库区港口新的变化,得到新的认识。重庆九龙坡码头和朝天门码头建设,果园港、涪陵港、万州港建设及涪陵港龙王沱建设,首先都需对岸线进行大幅度调整(向江心移出 100～200 m),原三峡库区规划和重点码头建设大部分需进行相应修改,需要结合蓄水后新的条件和城市建设重新设计,新的库区码头建设与岸线整治也是关键技术性问题。

有专家指出:重庆朝天门岸线威胁防洪安全,须立即停止,因而涪陵城建部门要求做高做大围堤。后经河工模型试验,反复研究多个方案,优选得出现在实施的方案,实际运行 10 多年后,情况良好。后来沿江各大城市也都参照实施了沿江大道改造建设工程。事实证明:三峡上游河道的洪水和其影响,与长江中下游是不同的,要区别对待。水库形成后,很多条件发生变化,原库区复建规划的码头需重新布置与设计,这是原来没有想到的。

3.3 三峡航运工程建设

三峡航运工程主要包括通航建筑物工程和库区航道及港口建设。

3.3.1 三峡工程通航水位及水流条件

由 3.1.3 节分析确定航道尺度为航宽 100 m(单线)、弯道段加宽，最小水深 3.5 m，最小弯曲半径 1 000 m。三峡工程的通航水位及水流条件要求如下。

(1) 通航水位、流量

上游最低通航水位 145 m，初期 135 m；

上游最高通航水位 175 m，初期 156 m；

三峡船闸下游最低通航水位 62.0 m；

万吨级船队双向通航最大流量 45 000 m^3/s；

3 000 t 级单船通航最大流量 56 700 m^3/s。

(2) 通航水流条件

引航道口门区长度 530 m，允许纵向流速不大于 2.0 m/s、横向流速不大于 0.3 m/s、回流流速不大于 0.4 m/s；闸室内船队停泊系缆力允许为纵向 5 t、横向 3 t；通航净高 18 m，库水位 147 m。

隔流堤建后(全包)，闸室充水。采用双线充水，升船机承船厢前水位波动 0.43 m，错开 12 min 充水为 0.23 m。

允许通航风级 6 级。

3.3.2 双线五级船闸

(1) 船闸规模、尺度

三峡工程航运建设采用双线五级连续船闸，设计水平年为 2030 年，该年设计年单向货运量(下水)5 000 万 t；船闸尺度满足通过万吨级船队和 3 000 t 级单船；船闸有效尺度为 280 m×34 m×5 m；上下游引航道宽度 180 m，上游引航道口门宽 220 m，下游引航道口门宽 200 m，闸前直线段长度 930 m。

(2) 各闸室结构及高程

船闸底板与边墙为分离式结构。各闸室水位及结构特征值见表 3.3-1 与表 3.3-2。

表 3.3-1　各闸室结构高程特征值

单位:m

	墙顶高程	闸槛顶面高程	闸首段长度	人字门门高	门宽
第 1 闸首	185	139	70	38.5	20.2
第 2 闸首	179	139	43.5	38.5	
第 3 闸首	160	119.25	43.5	38.5	
第 4 闸首	139	98.5	41.5	38.5	
第 5 闸首	116.67	77.75	52.8	37.5	
第 6 闸首	96.42	57	56	37.5	

表 3.3-2　各闸室水位特征

单位:m

	最高通航水位	设计最低通航水位	消能盖板顶部高程	闸室结构段长度	底板厚
1 闸室	175	145	130.8	265	底板厚度一般为5.3～5.5 m,底板内设分支输水廊道
2 闸室	156	124.25	119.25	263.5	
3 闸室	135	103.5	98.5	265.5	
4 闸室	112.67	82.75	77.75	265.5	
5 闸室	92.42	62	57	254.2	

注:闸室有效尺度:长 280 m 宽 34 m,栏上最小水深 5 m.

(3) 引航道布置与尺度

三峡双线五级船闸的上游引航道总长 2 113 m,直线段长 930 m,底高程 130 m(图 3.3-1)。上游隔流堤全长 2 720 m,堤顶高程 150 m。上游引航道一般宽 180 m,导航段宽 128 m,口门段宽 220 m。上游靠船墩布置在直线段开始向下游 200 m 处,两侧每排各布置 9 个靠船墩,墩间距 25 m,墩高程 177.5 m。

图 3.3-1　五级船闸上游引航道布置

下游引航道长 2 708 m，底高程 56.5 m，直线段长 930 m(图 3.3-2)。下游隔流堤全长 3 550 m，堤顶高程 78.0 m，下段为 76.0 m。70 m 高程以下采用土石料填筑，上部为混凝土结构，后改为子堰。下游引航道直线段长 930 m，一般宽 180 m，导墙段宽 200 m。上游引航道采用浮式导航墙，布置在第 1 闸首上引航道左右两侧，全长 250 m，由 8 个重力式支墩和 8 节钢筋混凝土浮囤船组成，每艘浮囤船长 52～56 m，宽 9.4 m，高 5 m，两端连接于闸首边墩和支墩导槽内，能随水位上下浮动。下游引航道导航墙采用墩板式结构，布置在下引航两侧，全长 196 m，上段 16 m 为重力式墙，上部 16 m×14 m，下段 180 m 为板式导航槽，共设 10 个支墩，每跨长 15.5 m，板厚 1.6 m。

三峡船闸扩能工程中，将导航墙改为了靠船墩。

图 3.3-2　五级船闸下游引航道布置

(4) 船闸输水系统

在每线船闸两侧各设一条输水主廊道。廊道中心线距闸墙边线 26.75 m，主廊道过水断面的上圆半径为 2.5 m，高 6.7 m，过水面积 24.32 m^2；阀门段断面面积为 24.75 m^2，宽 4.5 m、高 5.5 m。上下两级闸室间输水廊道以斜廊道相连。输水主廊道各级均设有工作阀门井及上下游检修门井，每线船闸共有 12 个工作阀门井，第 1 和第 6 工作阀门井断面为 10 m×6.6 m，第 2、第 3、第 4、第 5 工作阀门井断面均为 8.5 m×6.3 m。

每线船闸两侧主廊道在闸室水体中心处分流进入闸室。汇入船闸闸室底板中部布置两支纵向支廊道，断面为 5 m×5.2 m，面积 26 m^2，纵向支廊道在闸室 1/4、3/4 长度处设第 2 分流口，向上、下闸室分流。每条纵向支廊道分出 4 条分支廊道，每条分支廊道顶部各设 12 个出水口，共 96 个出水孔，孔距 4 m，如此构成四区段等惯性长廊道分散出流系统。

(5) 上游进水箱涵布置

上游进水箱涵分散布置在上游引航道底部 100 m×100 m 范围内。箱涵分四支，分别与其相对应的隧洞相连，每支箱涵均在上游引航道内的断面取水。箱涵为矩形单管结构，过水断面 6 m×7 m(宽×高)，底部高程 117.5 m，顶部高程 127.5 m，每支箱涵两侧设 16 个进水口，整个进水系统共有 64 个进水口(即 4×16＝64 个)，进水口高低错开布置，设活动拦污栅，进水口总面积 210 m^2。

(6) 下游泄水布置

船闸末级布置泄水入长江的主泄水廊道和泄水至下游引航道的辅助泄水廊道。主泄水廊道在上游以 2 支 5.0 m×6.7 m 的岔管与船闸左右侧隧洞主廊道相连，在下游通过升船机引航道和隔流堤泄入长江，箱涵全长 1 350 m，断面 9.6 m×9.6 m，辅助泄水廊道布置在 6 闸首左右边墩内，为独立泄水系统，断面 3.6 m×3.75 m。泄水廊道布置在人字门后的底板内，两侧均布置出水孔，共 28 个孔。出口与长江主流垂直，辅助泄水廊道布置在 6 闸首左右边墩内。

输水系统设计满足输水时间 12 min 要求，采取正向进水口布置，船闸中间段最大水头达 45.2 m。

输水系统防空化气蚀主要措施：

①增加阀门顶部淹没深度；

②增加淹没水深，提高阀门开启过程中阀门段廊道压力，防空化效果明显；

③在阀门门后采用顶扩＋底扩的廊道形态，可降低门后水流平均流速，提高门后压力，抑制空化，减免空蚀，并采用通气措施，解决空化；

④快速开启阀门，一般选用 2 min 开门时间，必要时采用 1.5 min 开门时间；

⑤通气，在扩散型门楣内自然通气，可抑制阀门底缘空化。

总之，采用突扩体型快速开启阀门、门楣通气以及门后钢板衬砌等综合措施，可控制空化，并防止气蚀发生。

(7) 大型人字闸门

后期运行水位 144～175 m，闸首底槛 139 m，最大淹没水深 36 m，人字门门叶设计高度 38.5 m，第二人字门最大淹没水深 25 m，后期 17 m，第 3 至第 6 闸首最大淹没水深 17 m，采用卧式缸直接推移液压启闭机。门宽 20 m，门高 38.5 m，第 5、第 6 闸首高 37.5 m，门厚 3.0 m。

人字门闭门力：第 1 和第 2 闸首正常情况下为 2 700 kN(即 270 t)；非正常情况下为 5 530 kN(即 553 t)。第 3 至第 6 闸门均略小于上述数值。

第 1 和第 2 号闸首人字门主要参数取值：

人字门最大淹没水深：36 m。

额定启门力：2 100 kN；闭门力：2 700 kN。

启闭工作行程：7 276 mm。

人字门底止水，采用水平式 P 型水封。

人字门底枢采用甘油润滑，门页顶部设干油泵定期加油。

人字门采用主横梁结构，主梁间距 1.0～2.4 m。

主横梁两端的上翼缘和背拉杆等采用 DH32 钢和 DH36 钢，人字门顶部主横梁应能够承受船舶撞击力，纵向 1 000 kN，横向 350 kN。

采用楔形调整式顶枢和固定式底枢装置，人字门顶、底枢均采用自润滑轴承。

(8) 船闸通过能力

一次过闸长航船舶(长江航运集团的)1.2 万 t，地方船舶 0.3 万 t，合计 1.5 万 t。日均单闸次数 21 闸次，年单向通过能力约 5 152 万 t。

三峡船闸运行 10 多年，观测结果如下：

输水系统：最大工作水头 45.2 m，运行正常。

高边坡变形：实测闸室方向最大位移分别为 71 mm 和 58 mm；南北直立坡顶最大位移分别为 46 mm 和 35 mm；中间墩向闸室方向位移－19～33 mm。

3.3.3 升船机建设

初步设计确定采用全平衡钢丝绳卷扬一级垂直升船机，施工期投入使用，保证三峡工程不断航。1995 年三峡总公司要求缓建，1995 年 3 月 13 日国务院三峡办上报国务院《关于三峡工程垂直升船机建设问题的报告》，相关领导批示原则同意修建，但采用何种方式由三建委研究后决定。之后，三建委讨论决定缓建升船机，但何时兴建未定。

2003 年 9 月三建委十三次会议批准了升船机续建，并采用全平衡齿轮齿条爬升方案。委托德国联邦水工研究院(BAW)对三峡升船机齿轮齿条爬升及螺母螺杆安全保障系统方案进行可行性研究，同时要求对三峡钢丝卷扬提升方案进一步完善，并要求两方案在同等条件下进行比较。

设计阶段(2004 年—2006 年 7 月)明确以长江委设计院为主，组织和德国“拉麦尔—K & K”设计联营体进行设计，德国 BAW 作为项目咨询单位，其中中方设计院负责升船机设计总成和土建结构部分，德方负责升船机承船厢及设备部分。2006 年 11 月—2009 年 12 月，通过公开竞标方式选择了制造厂和土建承包商。升船机工程难点是超大型机械加工制造及承船厢拼接、塔柱大体积混凝土薄壁结构浇筑工艺及质量控制等(图 3.3-3)，由长江委设计院组织联合科技攻关。

2007 年 7 月—2010 年 12 月三峡升船机进行安装调试，2014 年完工，2016 年 5 月实船试航，2016 年 9 月开始试通航。三峡升船机建设突破了多项技术，处于国际领先水平。

三峡垂直升船机工作原理图

上游水位
卷扬机
钢丝绳
承船厢
闸　室
上闸门
下闸门
下游水位

图 3.3-3　三峡升船机

2019 年 12 月,国务院长江三峡工程整体竣工验收委员会枢纽工程验收组对长江三峡水利枢纽升船机工程通航暨竣工进行了验收。验收主要结论为:三峡升船机工程已按批准的建设内容全部完成,工程质量合格;经过实船试航和试通航运行考验,三峡升船机发挥了快速过坝通道的作用;具备通航运行条件,同意三峡升船机工程通过通航暨竣工验收。

3.3.4 库区航运工程建设

按照 1997 年编制的《长江三峡工程库区港口及航运发展设施淹没复建规划》、《长江三峡工程航运规划报告》以及《库区港航监督发展规划》的内容,在实施中做了一些修改调整,后因 2012—2014 年港口管理体制下放,工程实施中进行了较大调整。

自 1994 年到 2010 年,三峡航运基础设施建设工程项目共有 100 项,其中淹没复建项目共 38 项(表 3.3-3)。

表 3.3-3 三峡航运基础设施建设工程项目统计表

设施	项目总数	配套建设项目		淹没复建	
		项目数	比率/%	项目数	比率/%
航道	3	2	67	1	33
海事(含通信)	58	39	67	19	33
港口	18	0	0	18	100
三峡	18	18	100	0	0
公安	3	3	100	0	0
合计	100	62	62	38	38

注:比率按照四舍五入取整。

到 2010 年,三峡库区淹没复建及配套设施已完成建设项目 100 项,总投资 29.05 亿元,其中港口建设工程投资 10.69 亿元,占 37%,海事及通信基础设施投资 9.8 亿元,占 33%,航道基础设施建设 1.37 亿元,占 5%,三峡坝区配套设施投资 6.59 亿元,占 23%,水上治安消防设施建设 0.6 亿元,占 2%。

港口建设中长航系统三峡库区淹没复建港口 18 个,其中涪陵港 5 个,巴东港 2 个,宜昌港 3 个,万果港 8 个,总投资 10.689 亿元。部专项资金 44 626 万元,移民资金 27 623 万元,自筹 34 649 万元,通信基础设施及海事工程建设共四大类 58 个项目,总投资 9.8 亿元。

库区航道基础设施建设包括航道工业、专用码头、测量控制网、航行标志、房屋等项目，总投资 1.36 亿元。

库区港口建设适应了 135 m、156 m、175 m 三个蓄水期航运的需求。港口客货吞吐量较好地满足需求，2008 年后新建的重庆、万州、涪陵、忠县、江津等大港，完成了库区 65%的货物吞吐量，2019 年港口吞吐能力为 1.7 亿 t。

3.3.5 库区航标工程建设

三峡库区 2003 年成库以来，除建设大型化港口、码头外，同时还进行了航标工程和海事监管设施建设，主要工程有：

①分期对李渡以下河段实施了定线制改革，船舶航路、船舶航行和停泊、船舶避乱以及通信等都严格按此规定航行，大大改善了航行安全条件。

②进行了库区航标改革，分段建立了新型塔标和棒型岸标，设置了一批新型浮标，各种岸标与浮标均采用新的材料和新的构造。各种岸标和浮标的灯具，大部分采用太阳能电池、配置遥控、遥测设备。

③航标维护管理全部采用遥控遥测的信息化技术，并与电子航道图、沿程水位监测联网，构成航标管理系统，提高了维护管理水平。

三峡水库每年蓄水位变幅达 30 m，变动回水区总长达 193 km，航道条件变化频繁，需与水库调度紧密配合，适时调整航标配布，跟踪监管船舶航行，确保航行安全。

3.3.6 库尾航道炸礁工程

在不同蓄水期，三峡库尾相继实施了航道炸礁和整治工程，规模较大的炸礁工程有三期。

(1) 第一期炸礁工程

为了适应三峡工程围堰发电期(蓄水位 135～139 m)的通航安全，对库尾丰都至涪陵河段的多处急险滩进行了炸礁(图 3.3-4)。滩险大致有 3 类：朱家嘴(图 3.3-5)、观音滩(图 3.3-6)、和尚滩(图 3.3-7)等洪水急险滩；蚕背梁(图 3.3-8)等滑梁滩险；灶门子、花滩(图 3.3-9)、马铃子等可以通过改善不良流态以满足安全通航的滩险。在实施炸礁工程的同时，针对青岩子、上洛碛等浅滩也实施了整治工程。

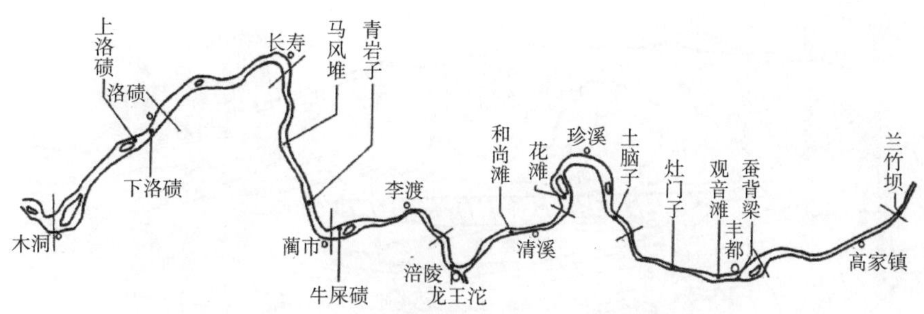

图 3.3-4　丰都至涪陵河段碍航滩险位置分布图

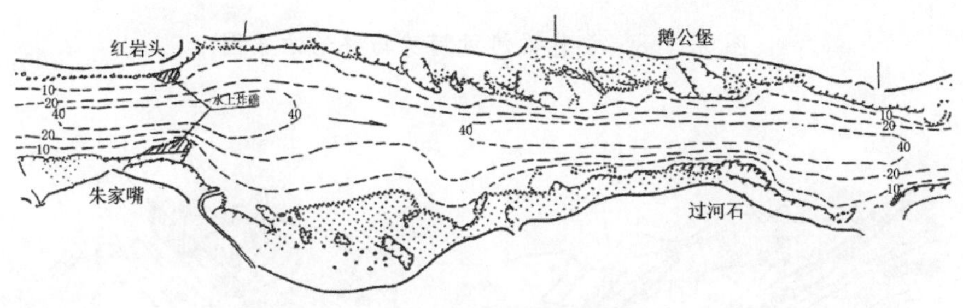

图 3.3-5　朱家嘴河段河势与整治方案图

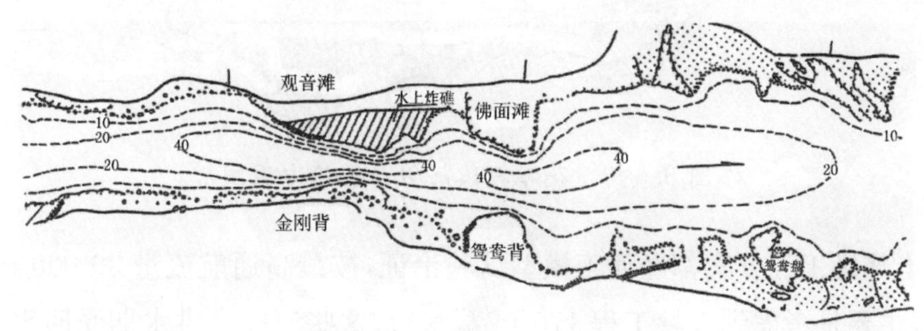

图 3.3-6　观音滩河段河势与整治方案图

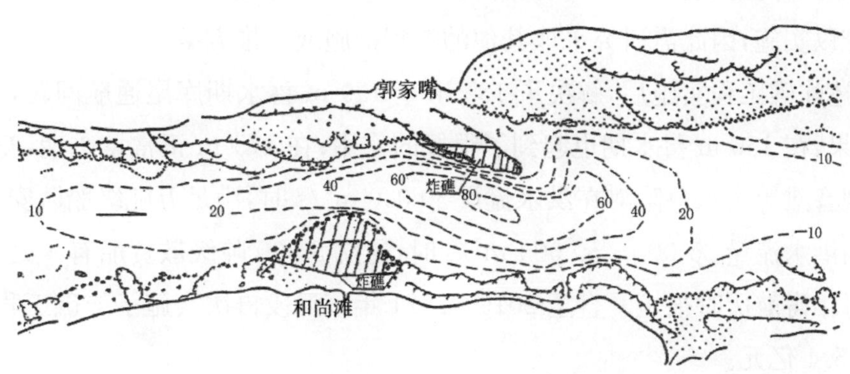

图 3.3-7　和尚滩河段河势与整治方案图

图 3.3-8　蚕背梁河段河势与整治方案图

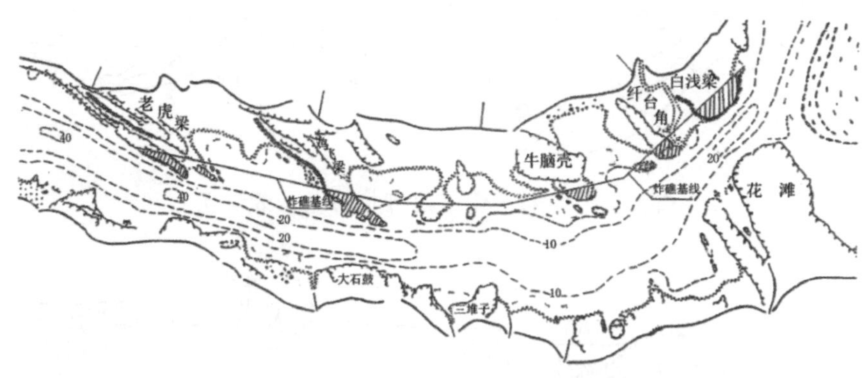

图 3.3-9　花滩河段河势与整治方案图

以上炸礁工程方案都经河工模型试验论证，按最高通航流量 30 000 m³/s 进行设计，主要是考虑到三峡工程 175 m 蓄水后，这些河段大洪水期受回水影响较小，仅抬高水位 2～3 m，基本保持天然状态下洪水急险滩特性，且碍航历时较短，但如要达到降低流速和比降，从而保障万吨级船队通航安全，那么炸礁工程量非常大，难以实施，因此需研究采取其他的工程措施或助推方案。

上述炸礁工程实施后，解决了 135 m 至 139 m 蓄水期库尾通航问题，取得了很好效果，在 156 m 蓄水期也起到了很好的作用；在 175 m 正常蓄水期，花滩、和尚滩、观音滩等洪水急险滩在洪水流量 30 000 m³/s 时，满足万吨级船队安全通航要求，当洪水流量 35 000～50 000 m³/s 时，通航 5 000 吨级散货船有 8 处滩险碍航，但每年碍航历时很短。直至 2019—2021 年该河段再次实施了炸礁工程，工程投资达 5.1 亿元。

(2) 第二期炸礁工程

为解决 156 m 蓄水期和 175 m 蓄水期库尾安全通航问题，对涪陵至铜锣峡河段共 14 处(图 3.3-10)实施了炸礁和整治工程，有些礁石在 156 m 蓄水期就碍航，需及时炸除，有些礁石是在 175 m 蓄水期碍航。若在低水位期施工，可将水下炸礁变成陆上炸礁，能节省大量工程投资。这 14 处碍航礁石可分为 3 类：位于设计航槽内的礁石，如中堆、黄果梁、炉子梁、断头梁、撇针梁、马铃子等；位于峡谷河段的急流滩，如剪刀峡、黄草峡、明月峡等 3 处；位于泥沙累积性淤积的碍航浅滩，需炸礁、筑坝或疏浚的，如青岩子、大箭滩、水葬、野土地等处。各类碍航礁石滩险的炸礁工程布置、设计高程和炸礁工程量见表 3.3-4。

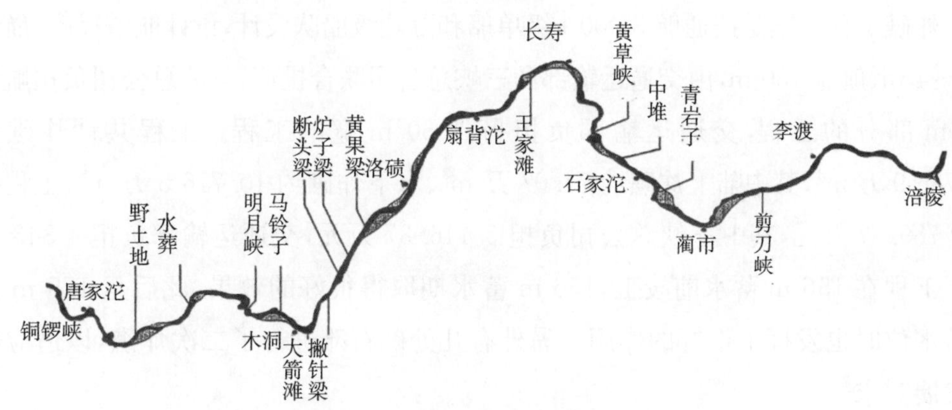

图 3.3-10　156 m 蓄水前涪陵至铜锣峡礁石碍航河段分布示意图

表 3.3-4　涪陵至铜锣峡河段航道炸礁工程表

序号	滩名		炸礁底高程(m，吴淞)	设计水深(m)	设计最低通航水位(m)	炸礁工程(m^3)	
						水下	陆上
1	剪刀峡		144.37	4.00	148.37		37 497.00
2	青岩子		145.00	4.00	148.90		22 513.00
3	中堆		145.70	3.70	149.40		105 999.00
4	黄草峡		145.87	3.70	149.57		83 018.00
5	王家滩	磨盘石	147.90	3.70	151.62		28 320.00
		饿狗堆	147.69	4.00	151.69	5 466.00	7 344.00
		鳗鱼石	147.69	4.00	151.70	1 011.00	21.00
		肖家石盘	147.99	3.70	151.70	26 457.00	131 989.00
6	黄果梁		152.39	3.70	152.00	15 356.00	59 842.00
7	炉子梁		150.83	5.40	152.18	12 719.00	8 208.00

续表

序号	滩名	炸礁底高程(m,吴淞)	设计水深(m)	设计最低通航水位(m)	炸礁工程(m^3)	
					水下	陆上
8	断头梁	152.84	3.70	152.36	2 540.00	808.00
9	撇针梁	152.98	3.70	152.80	7 996.00	129 706.00
10	大箭滩	153.37	3.70	153.39	20 166.00	75 695.00
11	马铃子	153.56	3.70	153.64	3 292.00	6 206.00
12	明月峡	153.73	3.70	154.31	2 789.00	38 139.00
13	水葬	154.65	3.70	155.27	9 081.00	5 399.00
14	野土地	155.91	3.70	156.91	292.00	
合计					107 165.00	740 704.00

炸礁工程方案是按通航 3 000 t 级单船和万吨级船队设计，设计航道尺度：航深 3.7～4 m、航宽 150 m，由交通运输部和三峡总公司联合投资，三峡总公司负担航宽 100 m 部分的工程，交通运输部负担另外 50 m 宽的工程。工程共计炸礁约 84.786 9 万 m^3，其中陆上炸礁约 74.07 万 m^3、水下炸礁约 10.716 5 万 m^3，工程投资 9 789.37 万元，其中三峡总公司负担 5 446.37 万元，交通运输部负担 4 343 万元。工程在 156 m 蓄水前竣工，156 m 蓄水期取得很好的效果，此后至 175 m 正常蓄水位时也发挥了很好的作用。另外有几处礁石滩进行了二次炸礁，以适应航运发展需求。

三峡枢纽蓄水运行后，来水来沙条件，特别是来沙条件发生了很大变化，再加上人工无序大量采砂，使得三峡库尾滩险的变化超出了以前试验的结论，但这些礁石滩险地形没有变化，均在设计预测范围，因此尽管炸礁的工程量不大，但效果很好。2020 年因提高航道尺度到通航 5 000 t 级船舶，再次进行了全面航道整治，包括王家滩双槽通航等。

(3) 第三期炸礁工程

三峡 175 m 试验性蓄水后，将涪陵至铜锣峡的炸礁工程上延至朝天门以上的娄溪沟，铜锣峡到娄溪沟河段全长 32 km，包括寸滩、朝天门、九龙坡。设计航道尺度为 3.5 m×150 m×1 000 m，主要炸礁滩险有铜锣峡、猪脑滩、门闩子、夫归石和龙碛子等 5 个滩，其中铜锣峡工程量最大，包括进口的鸡公嘴、撇针背、大小磨石、商王石等 4 处。

关于本河段炸礁工程的设计航宽，重庆航道设计院曾提出 2 个设计有效航宽方案(表 3.3-5)上报到三建委办公室。三建委办公室经过多次讨论协调，决定按有效航宽 150 m 方案实施。三峡总公司投资 1 亿元，单独委托航道施工单位按有效航宽 100 m 方案进行施工，交通运输部和国务院三峡办则要求按有效航宽 150 m 建设。至 2018—2019 年朝天门至九龙坡河段航道全面整治工程实施后，航道尺度达到 3.5 m×150 m×1 000 m。

表 3.3-5　铜锣峡到娄溪沟河段不同有效航宽的炸礁工程量　　单位：万 m^3

	铜锣峡	猪脑滩	门闩子	夫归石	龙碛子	合计
航宽 150 m	23.0	5.7	2.7	4.0	6.6	42
航宽 100m	21.0	5.3	2.5	3.0	6.5	38.3

3.3.7　三峡工程初期运行库区航运效益

三峡工程建成运行后，淹没了大坝至重庆河段总长近 600 km，其中有 109 处滩险、34 处单行控制河段、12 处需要绞滩的滩险。大坝至重庆河段达到了半年可通航万吨级航道和全年通航 5 000 吨级单船的Ⅰ级航道。三峡库区长约 600 km，秭归、奉节、云阳、万州、涪陵、重庆主城区等，已具备建深水港区条件，现已建成多处大型港口，如重庆主城区、寸滩、果园、长寿、万州、新田、涪陵等。

重庆市主要港口均位于三峡库区，三峡水库 175 m 蓄水后，重庆市已建成的主要港口泊位和吞吐能力见表 3.3-6。2019 年主要港区共有 497 个泊位，年吞吐能力 17 106 万 t，全市共有泊位 632 个，年吞吐能力 2.1 亿 t，实际完成货物吞吐能力为 1.71 亿 t，集装箱吞吐量为 125 万标箱，2019 年重庆市水运货运量完成 2.11 t，货运周转量 2 453 亿 t/km，平均运距 1 196 km，其中水运货运周转量占全部货运周转量的 68%。

表 3.3-6　重庆港主要港区泊位和吞吐能力

	港区	泊位数(个)	港口吞吐能力(万 t)	占全市货运吞吐能力比例(%)
三峡重庆库区	主城港区	160	5 838	34.77
	涪陵港区	94	2 938	17.18
	万洲港区	71	2 365	13.83
	忠县港区	38	1 928	11.27
	江津港区	48	1 603	9.37
	云阳港区	32	444	2.60
	奉节港区	12	235	1.37
天然河道	合川港区	34	1 080	6.31
	永川港区	8	675	3.95

重庆市水运货运量包括三峡水库永川和合川 2 个港区，而不包括下游湖北巴东茅坪港口，因此重庆市港口的货物吞吐量大致等于三峡水库的货物吞吐量。据重庆市港口局和三峡通航局统计分析（表 3. 3-7），重庆市水运货物运量仅有 70%左右通过三峡大坝进入长江中下游。三峡水库蓄水前 2002 年重庆市水运货运量为 1 907 万 t，到 2019 年水运货运量 21 094 万 t。175 m 蓄水后，重庆市 2019 年水运量是 2009 年的 2. 71 倍，是 2002 年的 11 倍，三峡水库蓄水后货运量年增率在 15%左右，可见三峡水库的货运量和货运周转量在长江黄金水道中占有十分重要的地位。

表 3. 3-7　1997—2021 年重庆市水运量

年份	重庆市 GDP（亿元）	港口吞吐量（万 t）	货运量（万 t）	货运周转量（亿 t/km）	集装箱 TEU（万 TEU）	载货汽车吞吐量(万辆)	商品汽车吞吐量(万辆)
1997	1 360	2 548	1 729	126. 6	0	0	0
1998	1 440	2 497	1 582	99. 55	0. 5	0	0
1999	1 491	2 599	1 395	99. 4	1. 6	0	3. 0
2000	1 603	2 448	1 392	105. 7	3. 0	2. 0	4. 8
2001	1 766	2 839	1 838	135. 0	4. 0	8. 9	4. 53
2002	1 990	3 004	1 907	144. 3	8. 7	14. 5	5. 66
2003	2 272	3 243	2 214	158	9. 9	19. 6	10. 4
2004	2 692	4 539	2 917	284	16. 0	31. 4	7. 46
2005	3 070	5 251	3 896	400	22. 0	30. 9	6. 14
2006	3 452	5 420	4 550	533	33. 7	30. 3	17. 6
2007	4 112	6 433	5 904	699. 8	43. 0	38. 3	18. 7
2008	5 096	7 892	6 971	865. 6	53. 0	42. 0	22. 88
2009	6 530	8 611	7 771	968	51. 8	37. 6	36. 0
2010	7 800	9 668	9 660	1 219	56	25	30. 49
2011	10 011	11 605	11 762	1 557	68	26. 7	34
2012	11 459	12 474	12 874	1 740	79. 6	24. 9	35. 42
2013	12 657	13 675	12 924	1 420	90. 5	29. 76	33. 57
2014	14 265	14 657	14 117	1 631	101. 5	34. 6	36. 27
2015	15 719	15 679	14 955	1 693	101. 2	28. 3	46. 94
2016	17 558	17 371	16 648	1 876	115	23. 9	358. 9
2017	19 500	19 722	18 505	2 125	128. 8	21. 2	73. 4
2018	20 363	20 443	19 452	2 237	117	22. 5	63

续表

年份	重庆市 GDP (亿元)	港口吞吐量 (万 t)	货运量 (万 t)	货运周转量 (亿 t/km)	集装箱 TEU (万 TEU)	载货汽车吞吐量(万辆)	商品汽车吞吐量(万辆)
2019	23 605	17 126	21 094	2 453	125	19.1	68.3
2020	25 002	16 498	19 819	2 270	114.7	7.55	59.2
2021	27 894	19 804	21 462	2 435	133	13.58	61.17

三峡大坝到重庆河段形成水库后，船舶海损事故大幅度减少，平均每年水上交通事故减少了 2/3。库区上行船舶单位千瓦拖带能力提高 3 倍，单位运输成本下降 37%左右，上行船舶需克服的水流速度大幅度减少，而下行船舶变化幅度不大。因此三峡工程蓄水后，航运方面最显著的效益是让天险变成优良航道，航行安全得到保障，这是根本性的改变。长江中游航道也得到一定改善，主要是增加了枯季下泄流量，清水下泄河道中枯水河槽冲刷，浅滩最小水深由 2.9 m 增加到 3.5 m，部分浅滩最小水深达到 3.8～4.0 m。长江三峡上游金沙江 4 大电站已在 2021 年全部建成投入运行，三峡入库水沙条件将会有较大改善，长江航道条件将会进一步得到提升。

4. 三峡工程施工期通航

三峡工程施工期通航长达5～6年，客货运量很大，而且对社会经济发展影响大，航运部门要求在整个施工期内不断航。

但要做到不断航，而且全年能顺利通航，难度很大，其中有两大难题：一是导流明渠通航与大坝施工在交通上有矛盾；二是升船机要提前投入使用难以实现。通过较长时间研究，多次组织专家讨论，最后仍难确定三峡工程施工期保证不断航。对于施工期通航采用导流明渠加临时船闸，再加一线升船机的方案，航运部门感到很满意，但在实施中遇到了问题。在技术设计阶段，设计部门提出升船机无法提前投入运行，施工期不能用上升船机，并向三建委提出报告；关于明渠通航，通过实验研究，施工期明渠流速大、比降大，地方船舶只能通航到15 000 m^3/s，长航船舶只能通航到流量20 000 m^3/s至25 000 m^3/s，因此汛期仅临时船闸，通过能力满足不了船舶通航要求。三建委对此十分重视，召开专题办公会议决定，采用绞滩换推措施以扩大明渠通航流量达35 000 m^3/s及以上。

上述情况说明，施工期通航论证的决定方案，实施中发生了较大变化，经过三建委办公室组织协调修改，使施工期通航基本得到保障。施工期航运，不但没有碍航萎缩，反而获得一定程度发展。

航运专家为施工期通航做了大量实验研究工作，考虑到三峡工程施工期长、客货运量持续快速增加，施工与通航矛盾突出。航运部门要求整个施工期不断航，主要原因是葛洲坝水利枢纽在施工期的翻坝运输损失很大，要吸取教训，另外航运部门还坚持要求明渠通航。这两点要求与施工专家组和设计单位争议很大，因为明渠通航拦断了左岸与坝体施工的运输通道，给施工安排造成很大困难，所以施工专家组不同意。最后经国务院三峡办批准，同意明渠通航，加临时船闸，再加升船机早期投入运行的施工期通航方案。

其实施工期三期通航各种通航方式都存在不同程度的困难：

(1) 升船机要在施工后期投产运行，设计施工时间过短，难度较大。

(2) 明渠通航方案虽好，但汛期流速大，长航船舶最高通航流量只能到 20 000 m^3/s，地方船舶只能到 10 000 m^3/s，当流量大于等于 20 000 m^3/s 时，即使大马力船也无法自航通过。

(3) 三峡船闸初期 135m 蓄水后，要抬高蓄水位，初期抬高到 156 m 时五级船闸的第一闸需抬高 10 m(这件事在初步设计讨论时没有进行深入讨论)，双线船闸只能单线运行。蓄水后，在货运量迅速增加的情况下突然改为单线运行，对整个长江干线航运影响甚大，成为施工期通航最困难时期。

三峡工程中施工期通航共分为三期，一期为主航道通航，直到大江截流。大江截流前三个月因进行大量砂石抛填，将近 60 m 深潭的河床底抬高了 30～40 m，对通航有一定干扰。二期为导流明渠和临时船闸通航，直到下闸蓄水，永久船闸开始通航。三期为永久船闸第 1 和第 2 闸首加高，船闸单线运行，即船闸完建直到 2007 年 5 月永久船闸双线通航。

三峡工程工程规模大，施工期长，要做到施工期顺利通航难度很大，在论证和初设中曾提出施工不断航，实际很难做到。

4.1 导流明渠通航

在三峡工程论证中，围绕导流明渠通航与不通航，开展了多次讨论。针对明渠汛期通航的困难，最后国务院三建委办公室《关于三峡施工期通航问题办公会议》(1996 年 10 月)同意交通部门的意见，会议决定采取绞滩换推设施，将明渠通航流量由 20 000 m^3/s 提高到 35 000 m^3/s，由交通部组织实施，扩大明渠通航流量，全面解决二期工程历时 6 年的施工期通航。导流明渠是利用原天然洪水河槽，开挖成长约 3 km、断面规则的泄洪渠道。

1998 年 10 月和 12 月作者(刘书伦)去宜昌坝区实地调查，研究了近期船舶通过明渠的实际情况和明渠 10 月份地形测图，认为明渠通航条件和绞滩换推设施运行都比较好，能扩大明渠通航流量，决定研究调整明渠通航有关规定。1999 年汛期大洪水期间，明渠进水口河段进一步冲刷，明渠通航条件得到根本改善，船舶大部分走明渠，不愿意过临时船闸。因此施工期的每年非汛期，临时船闸都要停运几个月。

1999 年 3 月 15 日国务院三建办召开关于三峡工程施工期通航问题会议，提出：(1) 因为绞滩和换推措施得到落实并已投入运行，据近期运行情况，明渠通航流量可以提高，决定适当修订明渠船舶通航标准；(2) 关于建设投资问题，1997 年在三建委办公室协调下决定绞滩和换推方案所需基建投资由三峡总公司和交通部共同分担。

4.1.1 绞滩助推与明渠通航流量

导流明渠为底宽 350 m 的复式断面，高渠底高程 58 m、低渠底高程 45 m(图 4.1-1)。导流明渠在各级流量(Q)下，水流流速、比降变化很大，每年汛期流急坡陡。通过河工模型试验得到各级流量下的流速与比降(表 4.1-1，图 4.1-2 至图 4.1-5)，可见，当流量 20 000 m^3/s 时，渠道中最大流速 4.66 m/s，航线上流速 3.95 m/s，随流量增大，流速急增，船舶航行困难。1998 年绞滩助推实施中，水流流速、比降观测结果与表 4.1-1 基本一致，但 1999 年测图地形和流速有明显变化。

表 4.1-1　各流量级明渠内流速与比降

流量(m^3/s)	航线上		渠中心	
	坝上 100 m 处流速(m/s)	坝上 120～240 m 间比降(‰)	流速(m/s)	比降(‰)
20 000	3.95	1.41	4.66	1.33
25 000	4.94	2.25	4.07	1.67
30 000	5.73	2.58	6.70	2.00
35 000	6.59	3.33	7.45	2.08

按设计规定，长航船舶通航上限流量为 20 000 m^3/s，每年平均历时 98 d，地方船舶上限流量为 10 000 m^3/s，每年历时 187 d，超过上限流量的由临时船闸通过。但临时船闸通过能力计算不足，为此，三建委的办公会议决定，采取绞滩和大马力推轮助推措施，扩大明渠通过能力，将明渠的通航上限流量提高到 35 000 m^3/s，具体建设项目由交通部组织实施。

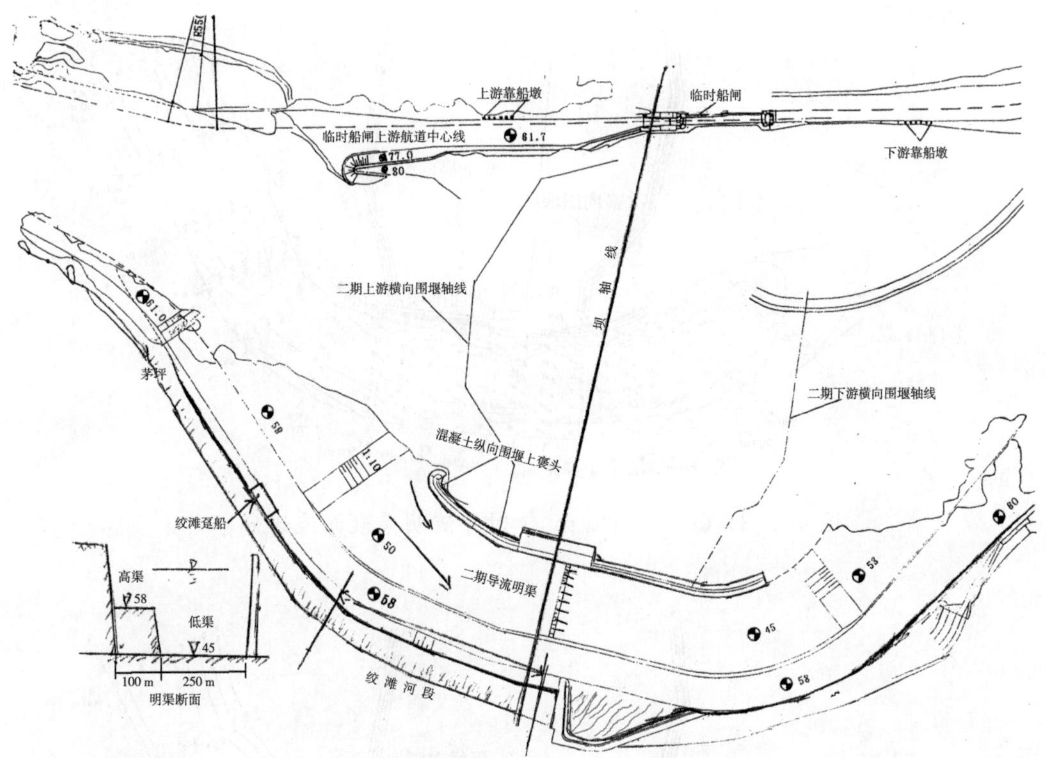

图 4.1-1　三峡导流明渠通航平面布置图

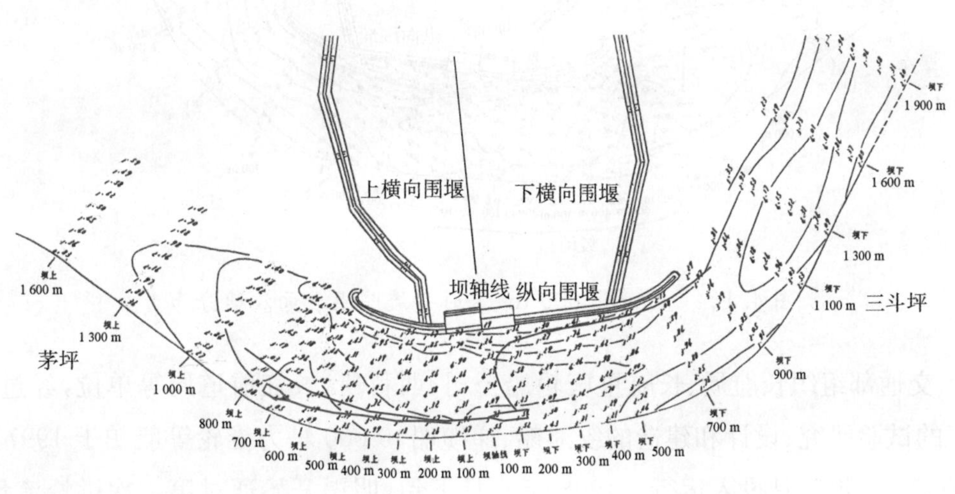

图 4.1-2　$Q=20\ 000\ \mathrm{m^3/s}$ 时导流明渠表面流速分布

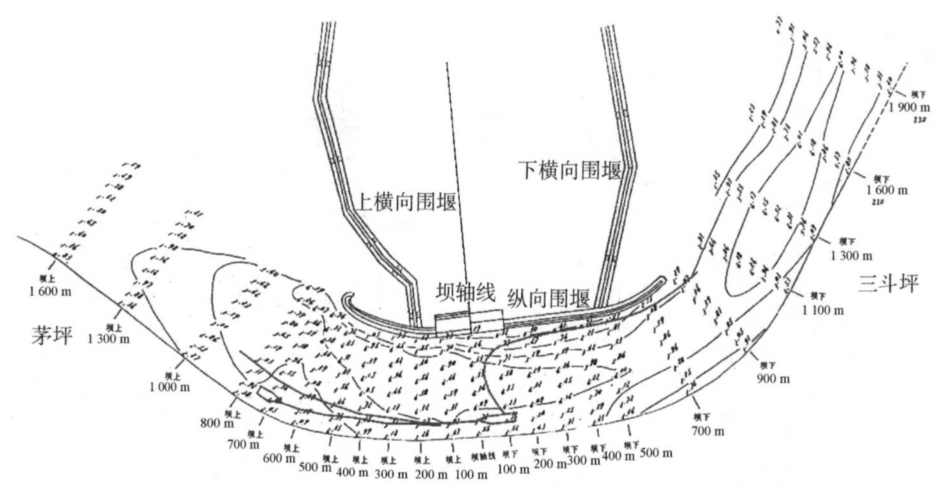

图 4.1-3　Q=25 000 m^3/s 时导流明渠表面流速分布

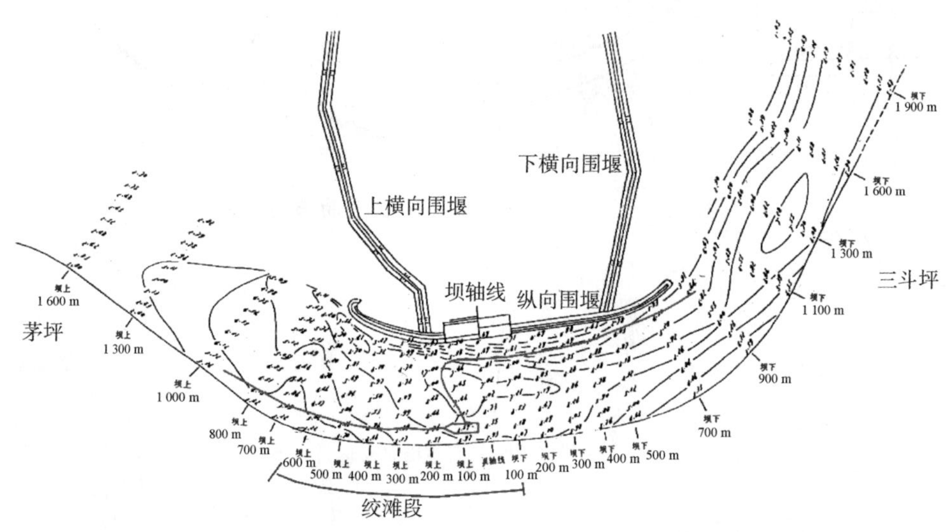

图 4.1-4　Q=35 000 m^3/s 时导流明渠表面流速分布

交通部组织长航局、长航重庆轮船公司、西科所、长江航道局等单位，经过近2年的试验研究、设计和建造的绞滩船、递缆船、6 000 马力推轮等船舶于1997年完成，1998年5月投入运行。1998年6月下旬，明渠开始通过第一次洪峰流量，7月、8月、9月三个月间共通过8次洪峰，流量超过30 000 m^3/s 的历时共90 d，超过35 000 m^3/s 达68 d，超过45 000 m^3/s 达46 d。当流量35 000～40 000m^3/s 时，船舶因流速大无法到达坝区。整个汛期流量20 000～35 000 m^3/s 总计历时

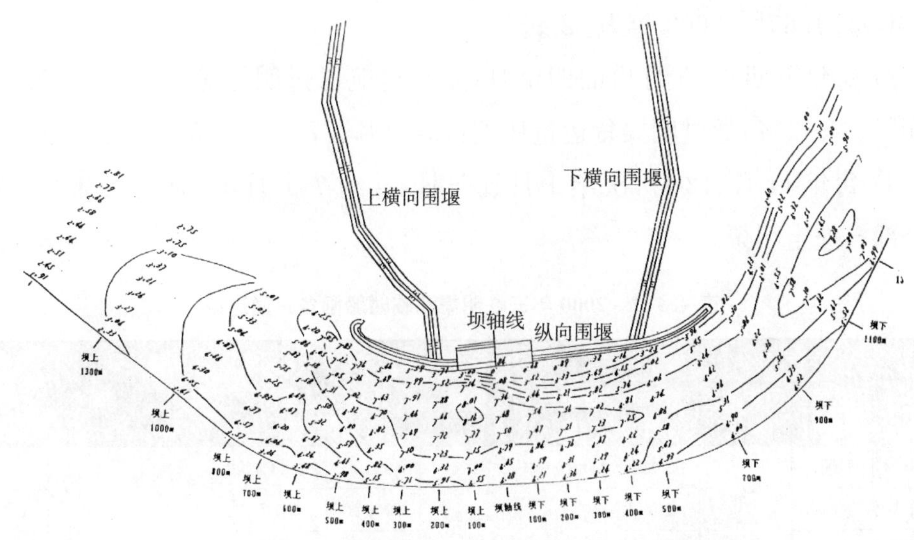

图 4.1-5　Q=40 000 m^3/s 时导流明渠流速分布

仅 20 多 d,通过临时船闸和明渠的船舶也大幅度减少。长航的部分船队和客船采取绞滩或助推经明渠上驶,少数地方船舶经临时船闸上驶,坝区通航正常,未出现压船。

1998 年 10 月作者(刘书伦)去现场调研,发现流量 35 000～38 000 m^3/s 时,航线上实测流速有明显变化。7 月份航线上最大流速 6.3～6.5 m/s,9 月份降低到 5.4 m/s,已有少数船舶能自航通过。作者(刘书伦)和船长讨论后一致认为:大洪水冲刷了明渠进口和出口河床,使得明渠通航水流条件得到明显改善,除继续观测外应研究调整 1999 年明渠通航有关规定。为此,三建委办公室在 1999 年 3 月,对明渠通航提出了一些修改意见,并加强观测分析。1999 年汛期,再次发生大洪水,汛后明渠进口段和出口段的水深测图表明,在导流明渠坝轴以上 200～500 m 河段,已冲刷出两个大冲刷深坑,冲刷深度 6～8.5 m,明渠下游出口高家溪一带也发生大量冲刷,使弯曲半径大幅增加。大量冲刷后,局部河段流速比降明显减少,航道尺度增加,通航条件得到明显改善,各类船舶因明渠通航条件改善,都希望走明渠。

4.1.2　导流明渠通航效果分析

2000 年开始,各月船舶通过临时船闸、葛洲坝船闸和明渠情况见表 4.1-2 至表 4.1-4。2000—2002 年,三年实际通过明渠和临时船闸船舶的比例如下。

(1) 船舶自航通过明渠的艘次占总艘次的比例:2000 年全年为 90.54%、

2001 年为 91.89%、2002 年为 82.93%。

(2) 每年汛期 6—9 月份的四个月,船舶自航通过明渠艘次比例:73.21%、77.70%、84.71%;通过明渠货运量比例:73.11%、77.97%、85.61%。

(3) 每年 11 月、12 月,次年 1 月到 5 月,共约 7 个月,临时船闸基本无船通过,全部自航走明渠。

表 4.1-2　2000 年三峡明渠和临时船闸各月通过量

月份	运行闸次		通过船舶				货运量			
	葛闸(闸次)	临闸(闸次)	葛闸(艘次)	临闸(艘次)	临闸占比(%)	明渠占比(%)	葛闸(万 t)	临闸(万 t)	临闸占比(%)	明渠占比(%)
1 月	1 083	关闭	5 372	关闭		100.00	84	关闭		100.00
2 月	1 000		4 582			100.00	64.7			100.00
3 月	1033		6 150			100.00	101.3			100.00
4 月	1 132		6 841			100.00	118.3			100.00
5 月	1 186		6 551			100.00	113.1			100.00
6 月	1 149	122	6 234	562	9.02	90.98	106.2	9.02	8.49	91.51
7 月	883	263	4 569	1 485	32.50	67.50	94.5	26.9	28.47	71.53
8 月	1 107	295	5 274	1 607	30.47	69.53	99.3	30.99	31.21	68.79
9 月	1 082	337	5 577	2 147	38.50	61.50	109.8	43.3	39.44	60.56
10 月	1 131	120	5 591	590	10.55	89.45	108.6	11.47	10.56	89.44
11 月	917	关闭	5 097	关闭		100.00	98.3	关闭		100.00
12 月	982		5 699			100.00	110.7			100.00
全年	12 685	1 137	67 537	6 391	9.46	90.54	1 208.8	121.68	10.07	89.93
6—10 月			27 245	6 391	10.16	89.84	518.4	121.68	23.47	76.53
7—9 月			15 420	5 239	33.98	66.02	303.6	101.19	33.33	66.67
6—9 月			21 654	5 801	26.79	73.21	409.8	110.21	26.89	73.11

注:"葛闸"为葛洲坝船闸;"临闸"为三峡临时船闸(下同)。

表 4.1-3　2001 年三峡明渠和临时船闸各月通过量

月份	运行闸次		通过船舶				货运量			
	葛闸(闸次)	临闸(闸次)	葛闸(艘次)	临闸(艘次)	临闸占比(%)	明渠占比(%)	葛闸(万 t)	临闸(万 t)	临闸占比(%)	明渠占比(%)
1 月	993	关闭	4 995	关闭		100.00	99.1	关闭		100.00
2 月	1 051		5 222			100.00	98			100.00
3 月	1 134		6 188			100.00	122.7			100.00
4 月	1 263		6 720			100.00	141.17			100.00
5 月	1 301		7 241			100.00	147.4			100.00

续表

月份	运行闸次		通过船舶				货运量			
	葛闸（闸次）	临闸（闸次）	葛闸（艘次）	临闸（艘次）	临闸占比(%)	明渠占比(%)	葛闸（万 t）	临闸（万 t）	临闸占比(%)	明渠占比(%)
6月	1 160	97	6 087	539	8.85	91.15	124.87	10.1	8.09	91.91
7月	1 170	201	5 850	1 189	20.32	79.68	118	22.7	19.24	80.76
8月	1 172	166	5 843	963	16.48	83.52	117.9	17.5	14.84	85.16
9月	1 112	419	5 381	2 474	45.98	54.02	109.1	53.2	48.76	51.24
10月	1 268	113	6 128	759	12.39	87.61	138.2	19.2	13.89	86.11
11月	933	关闭	6 559	关闭		100.00	141.9	关闭		100.00
12月	1 227		6 834			100.00	155.4			100.00
全年	13 784	996	73 048	5 924	8.11	91.89	1 513.74	122.70	8.11	91.89
6—10月			29 289	5 924	20.23	79.77	608.07	122.70	20.18	79.82
7—9月			17 074	4 626	27.09	72.91	345.00	93.40	27.07	72.93
6—9月			23 161	5 165	22.30	77.70	469.87	103.50	22.03	77.97

表 4.1-4　2002 年三峡明渠和临时船闸各月通过量

月份	运行闸次		通过船舶				货运量			
	葛闸（闸次）	临闸（闸次）	葛闸（艘次）	临闸（艘次）	临闸占比(%)	明渠占比(%)	葛闸（万 t）	临闸（万 t）	临闸占比(%)	明渠占比(%)
1月		关闭	6 897	关闭		100.00	154.7	关闭		100.00
2月			4 887			100.00	105.89			100.00
3月			6 994			100.00	150.74			100.00
4月			6 918			100.00	156.6			100.00
5月			7 146	59	0.83	99.17	154.86	0.75		99.52
6月	1 318	253	6 359	1 496	23.53	76.47	147.94	35.7	24.13	75.87
7月	1 401	116	6 096	581	9.53	90.47	154.45	15.3	9.91	90.09
8月	1 109	289	4 646	1 534	33.02	66.98	116.11	35	30.14	69.86
9月	1 438	2	6 592	12	0.18	99.82	180.38	0.18	0.10	99.90
10月	1 422	193	6 360	841	13.22	86.78	175.96	19.6	11.14	88.86
11月	739	509	3 382	3 442	101.77	不再通航	130.56	136.6	104.63	此后明渠不再通航
12月	805	577	4 139	4 112	99.35		174.49	169.2	96.97	
全年	14 313	1 948	70 416	12 018	17.07	82.93	1 802.68	411.58	22.83	77.17
6—10月			62 895	4 464	7.10	92.90	1 497.63	105.78	7.06	92.94
7—9月			17 334	2 127	12.27	87.73	450.94	50.48	11.19	88.81
6—9月			23 693	3 623	15.29	84.71	598.88	86.18	14.39	85.61

4.1.3 导流明渠通航的几点认识

为什么每年汛期大流量条件下，船舶能自航通过明渠，而且自航船舶通过艘次占总艘次的73.20%～84.70%？为什么1998年、1999年流量为23 000～28 000m^3/s时就需要绞滩助推，而到1999年汛后，流量30 000～35 000 m^3/s时，船舶仍能自航？为什么2000年后每年1—5月和11月、12月，临时船闸停运，没有船舶通过？这些事实说明导流明渠不但船舶能自航通过，而且比较好走，因此大部分船舶汛期选择走明渠。

明渠通航条件的大幅度改善，有人认为是明渠设计优化的结果，有人认为是明渠上下游连接段航道整治的效果，其实都不对，在明渠工程完工后的第一个汛期(即1998年6月、7月)，当流量为25000 ～40000 m^3/s时，明渠的水流条件和绞滩助推状况根本没有改善，实际观测的水流流速、比降分布与河工模型实验的结果基本一致。明渠通航研究历时8年，进行了大型绞滩设施研制、大型推轮改造、大量河工模型试验等研究工作，解决了一系列关键技术问题。通过实测地形变化与实际通航情况的变化来看，明渠通航条件的大幅度改善也得益于1998年、1999年大洪水的冲刷。作者(刘书伦)1998年6月份在现场，当时船舶上行、下行都很困难，由于新建绞滩设施和新改6 000马力推轮性能优良，达到设计要求，并请高级船长组成指导组，绞滩、助推获得成功。1998年汛期连续7次洪峰，有68 d流量大于35 000 m^3/s，超出通航流量；当流量达到35 000～45 000 m^3/s时，各类船舶很难到达明渠河段，只能停航；流量35 000 m^3/s及以下时，大型客船、船队依靠绞滩助推通过明渠，地方船舶走临时船闸，坝区未出现船舶积压。1998年整个汛期通航安全通畅。1999年再次发生大洪水，明渠继续冲刷，通航水流条件和航道条件大幅度改善，大部分船舶可自航通过明渠。明渠和临时船闸的上下游连接段航道整治仅解决了连接段航道水深不足的问题，取得很好的效果，但对改善明渠的急流、陡坡不起作用。围堰堤头的设计优化，得到一定改善，但挑流仍很严重，大面积水域不能通航(图4.1-4与图4.1-5)。

在三峡导流明渠通航的过程中，我们得到以下认识。

(1) 导流明渠通航是正确的选择。导流明渠通过能力很大，通航条件好于临时船闸。

(2) 1998年、1999年汛期，明渠采用绞滩助推工程方案是成功的。该工程方案解决了因临时船闸通过能力不足造成船舶大量积压的问题。

(3) 导流明渠通航设计要十分重视明渠进口段和出口段的设计，若三峡导流明渠设计的进口段采用渐变断面适当扩大加深，出口段拓宽，增加弯曲半径，就可能得到 1998 年、1999 年洪水冲刷后的效果，这次洪水大冲刷是一次优化设计的体现。导流明渠采用高低渠，对改善弯道水流有一定效果，但不如改变上行航线。实践表明，船舶在明渠上行，航线都是沿纵向围堤上行，过坝轴线后，跨越到右岸继续上行，充分利用弯道中缓流航行，因此高低渠对通航效果并不明显。

(4) 三峡导流明渠通航主要问题是局部水流的坡陡流急。当流量 20 000 m^3/s 时，航线上水流表面流速近 4.0 m^3/s，水面比降 4‰，已接近大型船舶上行能克服的限值；当流量 30 000～40 000 m^3/s 时，水流流速达 6.0～6.3 m/s，一般营运船舶无法通航。要扩大明渠通航流量，就必须研究解决急流中通航关键技术，不但要解决船舶上行问题，还要解决船舶下行时水流速度大于航速时船舶的操纵问题。

为保障明渠通航安全，交通部领导十分重视，列专题进行试验研究，最后经专家委员会研究决定：凡是通过明渠的船舶，必须检验后持证通行。其中有两项检验指标：一是船舶的急流稳定性，二是船体结构检测，这项工作很不容易做到，重庆航运企业也难以执行。

作者(刘书伦)曾在川江青滩现场和上海船舶运输科学研究所做过急流滩绞滩和助推试验研究，对船舶急流中通航有一些认识，认为通航明渠的船舶，都经过川江急流滩险的通航实践，明渠的水流流速、比降与青滩接近，局部河段流速大于航速也能安全航行，安全通航没有问题。实践证明 1998 年和 1999 年大洪水期间，绞滩助推和自航未出现安全问题。作者(刘书伦)全面参加三峡明渠通航试验研究和绞滩助推实施，从中学到很多东西，认为三峡明渠通航将我国急流通航技术提高到了更高水平，大型客船和载货 2 000～3 000 t 的船队，能依靠绞滩助推通过流速 5.5～6.0 m/s 的急流河段，创造世界纪录。

4.2 导流明渠封堵后碍航与断航

按照初步设计，导流明渠封堵后，船舶经临时船闸和升船机通航。但实际情况是：升船机缓建，临时船闸通过能力不足，主要原因是临时船闸设计通过能力，是按每闸次长航船舶占 3/4、地方船舶占 1/4 计算的成果，而实际情况是地方船舶占比≥3/4，因此设计的通过能力明显不足。

按照工程设计，明渠封堵后到初期蓄水，船闸通航需8～9个月，实际2002年10月31日明渠封堵到2003年5月31日下闸蓄水，6月10日蓄水至135 m，6月16日永久船闸开始试通航，共计历时227 d，其中临时船闸单独运行160 d，蓄水断航67 d。这个阶段通航最为困难，影响最大。

2002年11月12日至2003年1月，临时船闸通过能力不足，造成坝区大量压船，最多时曾达400余艘，待闸时间长达10多d，后采取在上引航道增设趸船作为靠船墩，缩短进闸时间，每日增加2～4个闸次，日均达到18.87闸次，每天24 h超负荷运行。11月开始每月通过船舶由541艘增加到3 442艘。

对临时船闸可能出现的通航困难和蓄水期断航67 d的通航问题，三建委办公室在两年前作出了预判与详细布置。在三建委办公室、国家发展改革委、三峡总公司、交通部长航局、长江委设计院、长江三峡通航管理局等领导下，积极开展了各项工作。其间进行了多次讨论协调，主要工作有：临时船闸扩能、翻坝转运建设（客运和滚装船）、扩建茅坪港增加吞吐能力、利用三峡重件码头进行集装箱翻坝、铁路货物分流、长江三峡通航管理局制定通航保障预案，以及对航运企业因碍航断航受到的损失制定经济补偿方案等。这些工作在两年内有序进行，扎实有效。特别是翻坝运输工作完成很出色，航运实现了安全、有序，保障了三峡工程施工按计划进行，将227 d的碍航、断航带来的损失和影响降到最低程度，顺利渡过了碍航、断航期，航运不但没有衰减，反而保持了一定的发展速度。这是三峡施工期通航一项值得称赞的重要成果，在三峡工程建设航运总结性研究中被列为八大成就之一。

4.3 船闸完建期通航及客货运输方案

按初步设计，135 m围堰蓄水发电后，要抬高水库运行水位到156 m，五级船闸的第一级需加高10 m，需将第1和第2闸首人字门底槛高程由131 m加高至139 m，第2闸首人字门抬高8 m，这项工程简称“船闸完建”。三峡船闸完建期，船闸只能单线通航，施工期为一年，计划2006年10月到2007年9月实施。当时三峡船闸已运行三年，上下游航道条件在蓄水后大幅度改善，通过船闸的客货运量迅速增加，2006年已达3 939万t，因此必须尽早实施船闸完建工程。

据国家发展改革委综合运输所对客货运量预测，船闸完建期（2006年10月至2007年9月）船闸客货通过量需求：客运量150万～180万人次，货运量

3 860 万 t,其中上行货物 1 260 万 t,下行货物 2 600 万 t。经详细测算,船闸采取扩能措施后,单线船闸通过能力可达到 1 800 万 t 左右,上行货物经船闸扩能后,基本能满足运输需求,而下行货物至少有 800 万 t 无法经船闸通过,这 800 万 t 货物有部分物资对国民经济影响很大,例如湖北省的电煤运输,还有一些难以替代的应急物资、石油、集装箱等。因此,必须解决这些物资的运输问题,三建委对此提出明确要求,委托国家发展改革委综合运输所研究船闸完建期客货运输解决方案。经过一年时间的扎实工作,国务院三峡办审查批准了综合解决方案。该方案采用扩能、分流、翻坝三大措施和碍航经济补偿。具体工作有以下几个方面。

(1) 提高船闸通过能力

双线船闸突然变为单线船闸运行后,坝区会有大量船舶积压,自 2006 年 9 月到 2006 年 11 月,日均压船 374 艘。经研究,决定采用以下综合措施:

①采用一闸室停泊靠船,每天增加 2～4 个闸次。

②采用大型船舶,增加货船单船量,货船平均实载量由 723 t/艘增加到 1 019 t/艘。

③为了减少船舶在坝区积压,采用上下游应急联动调度机制,控制船舶出港签证数量,并采取分段签证。

④长江三峡通航管理局研究制定 11 个通航保障方案并认真落实。

采用这些措施后,船闸单线运行的通过能力大幅度提高,坝区压船保持 300 艘左右。船闸通航安全、紧张、有序。

(2) 扩大应急翻坝规模

由三峡总公司牵头,成立翻坝运输协调领导小组,决定客运全部翻坝,春运期间,日均输运旅客 7 587 人次,高峰时达万人次,而货物采用滚装船运输翻坝。2006 年 9 月到 2007 年 2 月,滚装船翻坝运输车辆通过量达 15.8 万辆,平均每天滚装车运输 4.0 万～4.5 万 t。

(3) 运输分流

铁路货物分流 201 万 t,滚装车分流 100 万 t。

(4) 煤炭配额运输

下行货物运输中煤炭占 60%～70%,为了保证一些急需物资的运输,对煤炭实施配额运输,在保证电煤运输条件下,每天通过煤炭下水船 26 艘左右。一船一证,凭证过闸。

采用上述有效措施后，在船闸完建期运行的 228 d，做到了船闸运行安全高效，货物通过量超出预期，通过货物总量 2 377 万 t，日均约 10.4 万 t，滚装车翻坝共计 23.1 万车次，折算货运量 816 万 t。船闸完建期通航，也属于施工期通航，是三峡工程施工期通航最困难的一个阶段，我们不要忘记参与此次工作的同志的努力和智慧。

三峡工程施工期通航，自 1995 年开始准备，到 2007 年 5 月船闸完建竣工，历时长达 12 年。在建设过程中，组织领导有力，深入开展试验研究，采用多项创新性成果，多个部门齐心协力，克服了论证初设遗留下来的多项困难问题，按期甚至提前完成了任务，把施工期通航产生的损失降低到较小程度，使三峡及葛洲坝船闸通过的货运量保持了快速增长。

5. 三峡水库调度

随着三峡各分项工程的建设，考虑到三峡移民和泥沙淤积因素，采取逐步分期蓄水的方式，将蓄水期分为围堰发电期、初期运行期和试验性蓄水期。围堰发电期（135 m 蓄水位）是 2003 年 6 月开始到 2003 年 11 月蓄水至 139 m，汛限水位 135 m；初期蓄水期（156 m 蓄水位）是 2006 年 9 月 20 日开始蓄水至 156 m，汛限水位 154 m；试验性蓄水期（175 m 蓄水位）是 2008 年 11 月蓄水至 172.8 m，2009 年 11 月蓄水至 171.4 m，2010 年 10 月末蓄水至正常蓄水位 175 m，以后每年 10 月末或 11 月初蓄水至 175 m。在不同时期水库调度的侧重有所不同。

(1)《三峡（初期运行期）—葛洲坝水利枢纽梯级调度规程

三峡水利枢纽工程 1994 年开工建设，2003 年首台机组发电，在进入初期运行期前，三峡总公司委托长江委在三峡和葛洲坝水利枢纽初步设计的基础上编制梯级调度规程。2006 年 9 月 7 日，国务院三建委发布了《三峡（初期运行期）—葛洲坝水利枢纽梯级调度规程》及其编写说明，内容涉及调度运用参数与指标、水文气象情报与预报、防洪调度、发电调度、航运调度、水工建筑物安全运行、库区及坝下游河道管理、水库调度运行管理等。

同时长江三峡通航管理局对《三峡（围堰发电期）—葛洲坝水利枢纽通航调度规程（2004 年修订本）》（长航运〔2004〕472 号）进行了相应修编，2006 年 8 月 23 日交通部长江航务管理局批复《三峡（初期运行期）一葛洲坝水利枢纽通航调度规程（试行）》。

(2)《三峡水库优化调度方案》

经过试运行，长江委进一步组织编写了《三峡水库优化调度方案》。2009 年 5 月 19 日水利部副部长矫勇在京主持召开了三峡水库优化调度方案部际协调会，就三峡水库优化调度方案听取各相关部门和单位的意见。会后以水建管〔2009〕519 号文发布了《三峡水库优化调度方案》。

2008 年开始实施正常蓄水位 175m 试验性蓄水，2010—2014 年连续 5 年达到正常蓄水位 175m。2010 年、2012 年三峡工程两次经受超过 70 000 m^3/s 入库洪峰考验，经削峰调蓄，有效保障了长江中下游防洪安全；至 2014 年底，三峡电站已累计发电 8 108 亿 kW·h；2011 年三峡船闸过闸货运量超过 1 亿 t，提前 19 年达到设计通过能力；2003—2014 年，三峡水库累计为下游补水 1 495 亿 m^3，改善了枯水期长江中下游沿江生活、生产和生态用水条件，三峡水利枢纽工程已发挥显著效益。

(3)《三峡(正常运行期)—葛洲坝水利枢纽梯级调度规程》(2015 年版)。

随着三峡水利枢纽在 175 m 蓄水位正常运行，需要对初期运行期的一些规程进行进一步的完善。三峡总公司委托原长江设计院编制《三峡(正常运行期)—葛洲坝水利枢纽梯级调度规程》，2015 年 9 月水利部批复了《三峡(正常运行期)—葛洲坝水利枢纽调度规程》(2015 年版)。

同时长江三峡通航管理局相应也对《三峡(初期运行期)—葛洲坝水利枢纽通航调度规程(试行)》进行了修订，2018 年 9 月 12 日交通运输部长江航务管理局发布了《三峡—葛洲坝水利枢纽通航调度规程》的通告。

(4)《三峡(正常运行期)—葛洲坝水利枢纽梯级调度规程》(2019 年修订版)

考虑上游水库群不断建成投运后三峡水库运行条件发生变化，以及国家调度主管机构职能调整等情况，需要对原调度规程进行修订。2019 年 6 月，三峡集团流域枢纽运行管理中心着手准备规程修编文本及相关技术支撑材料；8 月邀请 4 位院士以及调度、泥沙、库区地灾等方面的 13 位专家对三峡正常运行期调度规程修编进行了技术咨询，10 月 15 日正式报送水利部审批。2020 年 5 月 12 日水利部水利水电规划设计总院组织召开《三峡(正常运行期)—葛洲坝水利枢纽梯级调度规程》(2019 年修订版)复审，2020 年 7 月 1 日水利部批准颁布。

以下简单介绍《三峡(正常运行期)—葛洲坝水利枢纽梯级调度规程》(2019 年修订版)、《三峡—葛洲坝水利枢纽通航调度规程》(2018 年版，2018 年

10 月 1 日起施行)的主要技术内容。

5.1 三峡—葛洲坝水利枢纽梯级调度规程

5.1.1 《三峡(正常运行期)—葛洲坝水利枢纽梯级调度规程》(2019 年修订版)主要技术内容

(1) 总则

依据国家法律法规及三峡和葛洲坝水利枢纽初步设计、《三峡水库优化调度方案》,结合三峡水利枢纽 175 m 试验性蓄水期调度运行实践,制定本规程。适用于三峡—葛洲坝梯级水利枢纽正常运行期。

调度原则:兴利调度服从防洪调度,发电调度与航运调度相互协调并服从水资源调度,协调兴利调度与水环境、水生态保护、水库长期利用的关系,提高三峡水利枢纽的综合效益。

三峡水利枢纽特征水位:正常蓄水位 175.0 m、防洪限制水位 145.0 m、枯期消落低水位 155.0 m;葛洲坝水利枢纽正常运行水位 66.0 m、最低运行水位暂定为 63.0 m。

防洪与水资源调度单位:国家防汛抗旱总指挥部(以下简称“国家防总”)和长江防汛抗旱总指挥部(以下简称“长江防总”);发电调度单位为国家电力调度控制中心(以下简称“国调”);航运调度单位为交通运输部长江航务管理局(以下简称“长航局”)和长江三峡通航管理局(以下简称“三峡通航局”);梯级枢纽的运行管理单位为中国长江三峡集团有限公司(以下简称“中国三峡集团”),通航建筑物的运行管理单位在整体竣工验收前专题报国务院研究确定。

三峡水利枢纽入库流量不超过 30 000 m^3/s,且库水位在规定的汛期运用水位变动范围内,原则上由中国三峡集团负责调度;三峡水利枢纽入库流量超过 30 000 m^3/s,但枝城流量小于 56 700 m^3/s,由长江防总负责调度;枝城流量超过 56 700 m^3/s,或需对城陵矶河段进行补偿调度,由长江防总提出调度方案,报国家防总批准。

发电调度服从电网统一调度的原则,国调对三峡电站、葛洲坝电站机组开停机进行许可;当汛期出现大洪水,为满足泄洪要求,泄水设施全开泄洪时,电站参与泄洪,在保障电网安全运行的前提下,发电调度单位要尽力为电力外送创造条件;三峡电站根据电网需要进行调峰、调频运行时,应保障通航安全。

三峡双线连续五级船闸、升船机及葛洲坝三线船闸实行船舶免费过闸。应加强三峡水利枢纽正常运行期间的泥沙冲淤观测，为水库调度提供依据。

(2) 调度运用参数与指标

三峡水利枢纽上游水位以凤凰山站为代表站，下游水位以三斗坪站为代表站。葛洲坝水利枢纽上游水位以 5 号站为代表站，下游水位以 7 号站为代表站，下游通航水位以庙嘴站(资用吴淞)为代表站。2 个枢纽的特征水位见表 5.1-1，三峡—葛洲坝梯级水利枢纽设计洪水采用宜昌站设计成果，见表 5.1-2。

表 5.1-1　三峡、葛洲坝水利枢纽特征水位

名称	三峡枢纽		葛洲坝水利枢纽	
	水位(m)	库容(亿 m^3)	水位(m)	库容(亿 m^3)
校核洪水位	180.4	450.44	67.0	7.41
设计洪水位	175.0	393.00	66.0	7.11
正常蓄水位	175.0	393.00		
防洪限制水位	145.0	171.50		
枯期消落低水位	155.0	228.00		
正常运行水位			66.0	7.11
最低运行水位			62.0	6.00

表 5.1-2　宜昌站设计洪水成果

洪水频率(%)	日平均最大流量(m^3/s)	3 天洪量(亿 m^3)	7 天洪量(亿 m^3)	15 天洪量(亿 m^3)	30 天洪量(亿 m^3)
0.01	113 000	282.1	547.2	1 022.0	1 767.0
0.02	111 000	278.2	540.5	1 009.6	1 747.4
0.1	98 800	247.0	486.8	911.8	1 590.0
0.2	94 600	236.6	467.5	880.3	1 524.1
0.5	88 400	221.0	442.8	833.2	1 449.3
1	83 700	209.3	420.8	796.5	1 393.0
2	79 000	197.6	401.5	759.8	1 327.7
5	72 300	180.7	368.5	702.2	1 234.0
10	66 600	166.5	344.6	656.2	1 158.1
20	60 500	151.2	316.4	603.8	1 070.4

三峡水利枢纽大坝、电站厂房设计洪水标准为 1 000 年一遇，相应下游水位 76.4 m，大坝校核洪水标准为 10 000 年一遇洪水加大 10%。电站厂房校核洪水

标准为 5 000 年一遇，相应下游水位 80.9 m。葛洲坝水利枢纽按坝址洪峰流量 86 000 m^3/s 洪水设计，按坝址洪峰流量 110 000 m^3/s 洪水校核。电站厂房按坝址洪峰流量 86 000 m^3/s 洪水设计，相应下游水位为二江 59.38 m，大江 58.93 m。

通航标准：三峡船闸最大通航流量为 56 700 m^3/s，闸室长度 280 m，宽度 34 m。三峡升船机设计最大通航流量 56 700 m^3/s，承船厢长度 120 m，宽度 18 m。葛洲坝三江 2 号、3 号船闸最大通航流量：需要通过三峡船闸的船舶最大通航流量为 56 700 m^3/s，只通过葛洲坝船闸的船舶最大通航流量为 60 000 m^3/s。葛洲坝大江 1 号船闸最大通航流量为 35 000 m^3/s。葛洲坝 1 号、2 号船闸闸室长度 280 m、宽度 34 m，3 号船闸闸室长度 120 m，宽度 18 m。

三峡—葛洲坝梯级水利枢纽库容曲线及水位面积曲线见表 5.1-3，长江中下游沙市站和城陵矶站防洪控制水位见表 5.1-4。

表 5.1-3　三峡、葛洲坝水位库容曲线

三峡枢纽		葛洲坝水利枢纽	
水位(m)	库容(亿 m^3)	水位(m)	库容(亿 m^3)
135.0	124.00	62.0	6.00
145.0	171.50	63.0	6.25
155.0	228.00	64.0	6.53
165.0	300.20	65.0	6.81
175.0	393.00	66.0	7.11
180.4	450.44	67.0	7.41

表 5.1-4 长江中下游沙市、城陵矶站防洪控制水位

代表站	警戒水位(m)	保证水位(m)
沙市	43.0	45.0
城陵矶(莲花塘)	32.5	34.4

(3) 调度控制水位与流量

三峡水利枢纽汛期水位按防洪限制水位 145.0 m 控制运行，实时调度时库水位可在防洪限制水位上下一定范围内变动。

当预报上游或者长江中游河段将发生洪水时，应及时、有效地采取预泄措施，将库水位降低至防洪限制水位：① 当沙市站水位达到 41.0 m 或城陵矶站水位达到 30.5 m 且预报继续上涨，或三峡水库入库流量达到 25 000 m^3/s 且短期预报将达到

30 000 m^3/s时，若库水位在146.0 m以上，应根据上下游水情状况，及时将库水位降至146.0 m以下；② 当城陵矶站水位达到30.8 m，或短期预报三峡入库流量将达到35 000 m^3/s时，应根据上下游水情状况，及时将库水位降至防洪限制水位运行。

8月31日后，当预报长江上游不会发生较大洪水，且沙市、城陵矶站水位都分别低于40.3 m、30.4 m时，在有充分把握确保防洪安全的前提下，经国家防总同意，9月上旬浮动水位不超过150.0 m。

三峡水利枢纽开始兴利蓄水的时间不早于9月10日。具体蓄水实施计划由中国三峡集团根据每年水文气象预报编制，报国家防总批准后执行：① 当沙市站、城陵矶站水位均低于警戒水位（分别为43.0 m、32.5 m），且预报短期内不会超过警戒水位的情况下，方可实施蓄水方案；② 9月10日，三峡水利枢纽库水位一般不超过150.0 m；③一般情况下，9月底控制水位162.0 m，经国家防总同意后，9月底蓄水位视来水情况可调整至165.0 m，10月底可蓄至175.0 m。在蓄水期间，当预报短期内沙市、城陵矶站水位将达到警戒水位，或三峡入库流量达到35 000 m^3/s并预报可能继续增加时，水库暂缓兴利蓄水，按防洪要求进行调度。

当三峡水库水位已蓄至175.0 m，如预报入库流量将超过18 300 m^3/s，应适当降低库水位运行，避免超土地征收线。三峡水库蓄水到175.0 m后至年底，应尽可能维持高水位运行，实时调度中，可考虑周调节和日调峰需要，在175.0 m以下留有适当的变幅。

1月至5月，三峡水库水位在综合考虑航运、发电和水资源、水生态需求的条件下逐步消落。一般情况下，4月末库水位不低于枯水期消落低水位155.0 m，5月25日不高于155.0 m。如遇特枯水年份，实施水资源应急调度时，可不受以上水位、流量限制。

枯水期，考虑地质灾害治理工程安全及库岸稳定对水库水位下降速率的要求，三峡水库库水位日下降幅度一般按0.6 m控制。三峡水库汛前应逐步消落库水位，6月10日消落到防洪限制水位。对消落期出现特殊情况：遇长江中下游来水特枯，需三峡水库应急补水；发生重大水上安全事故，需要三峡水库采取调度措施予以配合；遇重大地质灾害需要三峡水库进一步放缓或暂停降水位等，三峡水库需启动应急调度措施。具体的应急调度方式根据国家防总或长江防总调度指令执行。

葛洲坝水利枢纽正常运行水位为66.0 m。实时调度中运行库水位允许变化幅度±0.5 m。葛洲坝水利枢纽在配合三峡水利枢纽进行反调节运用时，库水位可在 63.0～66.5 m 间变动。

(4) 防洪调度

防洪调度的主要任务是在保证三峡水利枢纽大坝安全和葛洲坝水利枢纽度汛安全的前提下，对长江上游洪水进行调控，使荆江河段防洪标准达到 100 年一遇，遇 100 年一遇以上至 1 000 年一遇洪水，包括 1870 年同样大洪水时，控制枝城站流量不大于 80 000 m^3/s，配合蓄滞洪区运用，保证荆江河段行洪安全，避免两岸干堤溃决。根据城陵矶地区防洪要求，减少城陵矶地区分蓄洪量。

对荆江河段进行防洪补偿调度方式主要适用于长江上游发生大洪水的情况。如三峡库水位低于 171.0 m，依据水情预报及分析。①沙市站水位低于 44.5 m 时，则在该时段内：如库水位为防洪限制水位，则按泄量等于来量的方式控制水库下泄流量，原则上保持库水位为防洪限制水位；如库水位高于防洪限制水位，则按沙市站水位不高于 44.5 m 控制水库下泄流量，及时降低库水位以提高调洪能力。②沙市站水位达到或超过 44.5 m 时，则控制水库下泄流量，与坝址～沙市区间来水叠加后，使沙市站水位不高于 44.5 m。

当三峡水库水位在 171.0～175.0 m 时，控制补偿枝城站流量不超过 80 000 m^3/s，在配合采取分蓄洪措施条件下控制沙市站水位不高于 45.0 m。汛期需要三峡水库为城陵矶地区拦蓄洪水时，且水库水位不高于 155.0 m，按控制城陵矶水位 34.4 m 进行补偿调节，水库当日下泄量为当日荆江河段防洪补偿的允许水库泄量和第三日城陵矶地区防洪补偿的允许水库泄量二者中的较小值；当三峡水库水位高于 155.0 m 之后，对荆江河段进行防洪补偿调度。

当三峡水库已拦洪至 175.0 m 水位后，实施保枢纽安全的防洪调度方式。原则上按枢纽全部泄流能力泄洪，但泄量不得超过上游来水流量。

(5) 发电调度

根据水库来水、蓄水和下游用水情况，利用兴利库容合理调配水量，充分发挥水库发电效益。三峡电站承担电力系统调峰、调频、事故备用任务；葛洲坝电站在三峡电站调峰时，要配合三峡电站调峰进行反调节，满足航运要求。

(6) 航运调度

调度任务和原则：保障三峡与葛洲坝水利枢纽通航设施的正常运用，保障航运安全和畅通；保障过坝船舶安全、便捷、有序通过；统筹兼顾三峡水利枢纽上游水域交通管制区至葛洲坝水利枢纽下游中水门锚地航段的航运要求，以及三峡库区干流和葛洲坝下游航道的运用，以利于长江干流上下游航运贯通。

运用水位要求：①三峡水利枢纽通航水位运用要求。三峡水利枢纽上游最高通航水位 175.0 m，最低通航水位 144.9 m。下游最高通航水位为 73.8 m，最低通航水位为 62.0 m，一般情况下，下游通航水位不低于 63.0 m。②葛洲坝水利枢纽上游最高通航水位为 66.5 m，最低通航水位暂定为 63.0 m。葛洲坝库水位日变幅最大为 3.0 m，小时变幅小于 1.0 m。③葛洲坝水利枢纽下游，大江航道及船闸，最高通航水位为 50.6 m（资用吴淞）；三江航道及船闸，最高通航水位为 54.5 m；下游最低通航水位应满足过坝船舶安全正常航行的要求，按 39.0 m（庙嘴水位，资用吴淞，下同）控制。

下泄流量运用要求：三峡水利枢纽最大通航流量为 56 700 m^3/s。三峡通航局可根据三峡入库流量预报或枢纽下泄流量，确定超过最大通航流量的停航时机。三峡至葛洲坝河段航道水流条件应满足船舶安全航行的要求。三峡电站日调节下泄流量应逐步稳定增加或减少，汛期应限制三峡电站调峰容量，避免恶化两坝间水流条件。葛洲坝下泄流量应逐步增加或减少，最小下泄流量应满足葛洲坝下游庙嘴水位不低于 39.0 m。

汛期当三峡—葛洲坝梯级枢纽上下游大量船舶积压时，在保证防洪安全的前提下，根据长江防总的指令可相机控制三峡下泄流量，为集中疏散船舶提供条件。

枯水期三峡电站进行日调节，葛洲坝水利枢纽进行航运反调节运行，此时，应充分利用反调节库容，使下泄流量满足葛洲坝下游的航运要求。

过闸调度的基本要求与基本原则：在保障工程安全和船舶安全的前提下，保证三峡和葛洲坝船闸正常运行，合理安排通航、泄流冲沙、清淤、检修等各方面的工作，充分发挥通航效益。

对引航道的碍航淤积解决措施：三峡引航道以机械清淤为主，动水冲沙为辅。葛洲坝引航道采用冲沙与机械清淤。葛洲坝大江、三江航道的冲沙应错时进行，汛期最后一次冲沙宜先大江后三江。

（7）水资源调度

调度任务与原则：应当首先满足城乡居民生活用水，并兼顾生产、生态用水以及航运等需要，注意维持三峡库区及下游河段的合理水位和流量。

调度方式：9 月份蓄水期间，当水库来水流量大于等于 10 000 m^3/s 时，按不小于 10 000 m^3/s 下泄；当来水流量大于等于 8 000 m^3/s 但小于 10 000 m^3/s 时，按来水流量下泄,水库暂停蓄水;当来水流量小于 8 000 m^3/s 时,若水库已蓄水,可根据来水情况适当补水至 8 000 m^3/s 下泄。10 月蓄水期间,一般情况下水库下泄流量按不小于 8 000 m^3/s 控制,当水库来水流量小于 8 000 m^3/s 时,可按来水流量下泄。11 月份和 12 月份,水库最小下泄流量按葛洲坝下游庙嘴水位不低于 39.0 m 且三峡电站发电出力不小于保证出力对应的流量控制。

5 月上旬到 6 月底为“四大家鱼”集中产卵期,在防洪形势和水雨情条件许可的情况下,可有针对性地实施有利于鱼类繁殖的蓄泄调度,为“四大家鱼”的繁殖创造适宜的水流条件。

应急调度:当三峡水库或下游河道发生重大水污染事件和重大水生态事故时,或当长江中下游发生较重干旱或出现供水困难,需实施水资源应急调度时,由国家防总或长江防总下达应急水资源调度指令,中国三峡集团执行。

考虑上游水库群不断建成投运后三峡水库运行条件发生变化,以及国家调度主管机构职能调整等情况,作为三峡水库科学调度的基本遵循。2019 年 6 月份,三峡集团流域运行管理中心正式启动三峡调度规程修编工作,着手准备规程修编文本及相关技术支撑材料。

2019 年 12 月 13 日,长江委在湖北武汉组织召开《三峡(正常运行期)—葛洲坝水利枢纽梯级调度规程》(2019 年修订版)(以下简称《调度规程(修订)》)技术审查会,是对《调度规程(修订)》的初审。2020 年 5 月 12 日进行了复审,7 月 1 日正式获水利部批准,即日执行。

5.1.2 《三峡—葛洲坝水利枢纽通航调度规程》(2018 年版)主要技术内容

(1) 通航调度管理水域

通航调度管理水域范围:上起云阳长江大桥(长江上游航道里程 291.3 km),下至石首长江大桥(长江中游航道里程 375.5 km),全长 541.8 km,分核心水域、近坝水域、控制水域和调度水域。其中核心水域是宜昌长江公路大桥(长江中游航道里程 610.8 km)至庙河(长江上游航道里程 62.5 km)之间的水域。

(2) 通航设施及其运用条件

通航设施:三峡水利枢纽包括双线连续五级船闸(以下简称“三峡船闸”,分为“北线船闸”和“南线船闸”)、三峡升船机、上下游引航道及其靠船墩。葛洲坝水利枢纽包括大江 1 号船闸及其上下航道,三江 2 号船闸、3 号船闸及其上下游引航道、靠船墩。

船闸闸室内及升船机船厢内船舶集泊的最大平面尺度：三峡船闸及葛洲坝1、2号船闸：长266 m，宽32.8 m；葛洲坝3号船闸：长118 m，宽17.2 m；三峡升船机：长110 m，宽17.2 m。

船闸及升船机通航净空高度为18 m，通过三峡升船机船舶的最大吃水控制为2.7 m，运行最大风力为6级。

通航水位：三峡水利枢纽上游最高通航水位为175.0 m，最低通航水位144.9 m，下游最高通航水位为73.8 m，最低通航水位62.0 m，一般不低于63.0 m；葛洲坝上游最高通航水位为66.5 m，最低通航水位63.0 m，大江下游最高通航水位为50.6 m，三江下引航道最高通航水位为54.5 m，最低通航水位39.0 m(庙嘴水位)。葛洲坝库水位日变幅最大为3.0 m，小时变幅小于1.0 m，升船机下游引航道水位小时变幅不超过0.5 m。

通航流量：三峡船闸、升船机最大通航流量为三峡入库流量56 700 m^3/s和出库流量45 000 m^3/s；葛洲坝1号船闸及大江航道的最大通航流量为葛洲坝入库和出库流量35 000 m^3/s；葛洲坝2号、3号船闸及三江引航道最大通航流量为葛洲坝入库和出库流量60 000 m^3/s；当三峡枢纽下泄流量在25 000 m^3/s至45 000 m^3/s时，按照有关规定和标准对两坝间船舶实行限制性通航。

(3) 通航调度规则

调度程序：三峡—葛洲坝水利枢纽通航设施实行“统一调度、联合运行”的调度方式，船舶过闸执行“一次申报、统一计划、分坝实施”的调度程序。

船舶过坝调度原则：安全第一、兼顾效益；重点优先、分类控制；先到先过、合理分流。

5.2 三峡水库运行调度与航运

三峡水库按上述调度方案进行调度运行来，坝前水位变化过程见图5.2-1，可见，坝前水位经过围堰蓄水期、初期蓄水期、175 m试验蓄水期后逐步抬升。实测运行调度的效果分析如下。

5.2.1 历年部分运行调度实况

三峡库区水位控制情况见表5.2-1和图5.2-2，三峡枢纽入出库流量、通航流量及三江水深和年通过货运量见表5.2-2，2016—2018年实际运行调度见表5.2-3，这些实际调度数据表明，三峡水利枢纽基本是按梯级调度规程进行调度的。

表 5.2-1　三峡水库历年运行实况

年份	来水量（亿 m^3）	汛期			蓄水期				消落期	
		6 月 10 日水位(m)	9 月 30 日水位(m)	6 月 10 日至汛末蓄水前最高水位(m)	起蓄水位(m)	时间(m)	最高蓄水位(m)	时间	4 月 30 日水位(m)	5 月 31 日水位(m)
2003	4 044	134.1	135.2	136	135.2	10 月 16 日	139	11 月 26 日	74.1	102.9
2004	4 147	137.6	135.6	137.8	135.5	9 月 29 日	138.9	10 月 7 日	138.2	137.5
2005	4 565	135.5	135.5	135.7	135.5	9 月 29 日	138.9	10 月 5 日	138.3	135.6
2006	2 986	135.4	141.7	135.7	135.2	9 月 18 日	155.7	11 月 28 日	138.6	135.5
2007	4 054	144.6	146.1	146.1	144.8	9 月 24 日	155.8	10 月 31 日	148.3	144.9
2008	4 290	144.8	149.1	146	145.3	9 月 28 日	172.8	11 月 4 日	150.9	146.2
2009	3 881	146.1	157.1	152.9	145.9	9 月 15 日	171.9	11 月 24 日	159.6	150.2
2010	4 067	146.6	162.6	161	160.2	9 月 10 日	175	10 月 26 日	156.3	150
2011	3 395	145.9	166.1	153.8	152.4	9 月 10 日	175	10 月 30 日	156.6	149.8
2012	4 481	146.3	169	163.1	159.3	9 月 10 日	175	10 月 30 日	163	153.1
2013	3 678	146.4	166.6	156.7	157.1	9 月 10 日	175	11 月 11 日	160.2	151.0
2014	4 380	146.0	168.5	164.6	165.1	9 月 15 日	175	10 月 31 日	162.2	146.2
2015	3 816	146.5(6 月 19 日)			156.0	9 月 10 日	175	10 月 28 日		
2016	4 257	145.7(6 月 5 日)			146.0	9 月 10 日	175	11 月 1 日		
2017	4 365	145.4			153.5	9 月 10 日	175	10 月 21 日	159.9(5 月 3 日)	155(5 月 17 日)
2018	4 717	145.2			152.6	9 月 10 日	175	10 月 31 日	161.2	153.0(5 月最低)
2019	4 016	145.0(6 月 6 日)	161.1	155.6(7 月 27 日)	146.7	9 月 10 日	175	10 月 31 日		155(5 月 16 日)
2020	4 733	144.9(6 月 8 日)	162.0(9 月 30 日)	167.7(8 月 22 日)	154.8	9 月 10 日	175	10 月 28 日	157.5(4 月 30 日)	154.9(5 月 9 日)
2021	4 058	145.3(6 月 10 日)	168.0(9 月 30 日)	168.3(9 月 13 日)	168.2(9 月 9 日)	9 月 10 日	175	10 月 31 日	158.7(4 月 30 日)	150.0(5 月 30 日)

表 5.2-2　三峡水库出入库流量、三江水深及年通过货运量

年份	三峡水库入库最大、最小流量(m^3/s)		三峡大坝下泄最大、最小流量(m^3/s)		葛洲坝下泄流量(m^3/s)		三江水深(m)				庙嘴最低水位(m)	年通过货运量(万 t)
	汛期最大	枯水最小	汛期流量	枯水最小	最大	最小	>4.5	3.5~4.0	4.0,4.0~4.2	4.5		
2007	55 000	3 500	47 300	4 470	49 000	4 200					38.40	4 686.0
2008	39 000	3 850	38 100	4 570	40 000	4 300	91	182	92	0	38.55	5 370
2009	55 000	4 100	39 200	4 957	40 000	4 999	128	146	91	0	38.53	6 088.0
2010	70 000	3 500	40 500	4 920	42 000	4 200	92	151	122	0	38.98	7 880
2011	46 500	3 700	28 300	4 300	28 000	5 120	91	131	143	0	39.00	10 032
2012	71 200	3 700	45 800	4 210	47 000	5 185	91	150	124	0	39.03	8 611
2013	49 000	3 700	34 700	4 700	35 000	5 220	97	156	112	0	39.00	9 706.6
2014	55 000	4 000	45 700	4 710	46 000	5 192	98	6	267	0	39.05	10 898
2015	39 000	4 600	31 400	4 866	32 000	5 450	97	0	268	0	39.13	11 057
2016	50 000	5 000	31 000	4 700	33 000	5 600	91	0	274	0	39.11	11 983.5
2017	38 000	4 400	28 500	4 700	31 000	5 600	140		187	38	39.13	12 972

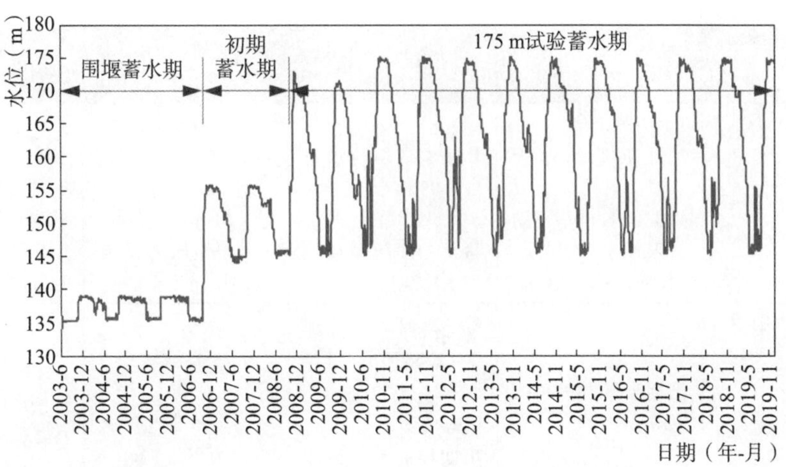

图 5.2-1　三峡水库蓄水运行以来坝前水位变化过程

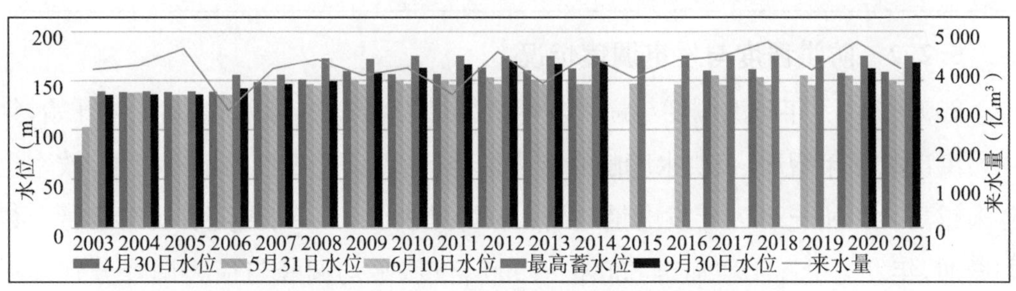

图 5.2-2　三峡库区坝前水位控制情况

2003 年水位逐步抬升，2004 年与 2005 年库水位变幅很小，2006 年至 2010 年从 9 月 10 日开始蓄水，最高蓄水位逐年抬升到 175 m。2007—2017 年的 11 年间庙嘴最低水位控制在 38.40～39.13 m，年通过货运量逐年增加。

表 5.2-3　三峡枢纽 2016—2018 年运行调度(表中水位为坝前水位)

运行方式	试验性蓄水期梯调规程	2016 年实际运行	2017 年实际运行	2018 年实际运行
蓄水期 9 月 10 日至 11 月上旬	9 月 10 日开始蓄水	9 月 10 日起蓄水位 145.96 m 11 月 1 日蓄水至 175 m	9 月 10 日起蓄水位 153.5 m 10 月 21 日蓄水至 175 m	9 月 10 日起蓄水位 152.63 m 10 月 31 日蓄水至 175 m
高水位运行 11 月 1 日至 12 月	11 月至 12 月坝前水位 172～175 m	11 月至 12 月 坝前水位 172～175 m		

续表

运行方式	试验性蓄水期梯调规程	2016 年实际运行	2017 年实际运行	2018 年实际运行
消落期 1月至5月	1月开始消落 5月下旬消落至155 m 6月10日消落至防洪限制水位145～146 m	1月1日坝前水位174.03 m 6月5日坝前水位消落至145.79 m	1月1日坝前水位172.2 m 5月3日消落至159.91 m 6月10日消落至145.35 m	1月1日坝前水位173.62 m 5月17日消落至155 m 6月10日消落至145.24 m
汛期防洪 6月1日至8月	汛期洪水调度由国家防总主持	6月26日29日出现 Q=3.55万 m^3/s Q=5.0万 m^3/s 洪峰 汛期坝前水位最高为7月22日水位	7月20日洪峰 Q=3.2万 m^3/s 坝前水位最高7月10日为157.1 m	7月5日,14日 Q=5.3万 m^3/s Q=6.0万 m^3/s
向下游补水		1—6月向下游补水206.9亿 m^3	1—6月向下游补水198.7亿 m^3	1—6月向下游补水206亿 m^3

5.2.2 防洪调度与发电调度情况

2004—2014 年防洪调度与最大削峰情况见表 5.2-4，可见从 2007 年开始，年内蓄洪次数逐年增加，表明水库削峰能力增强，随着调度规程的不断完善，效率也越来越高。2005—2014 年发电量与最大调峰见表 5.2-5，可见随着机组运行台数的增加，年发电量逐年增加至 830 亿～990 亿度，平均调峰与最大调峰分别逐年增加至 200 万 kW、550 万～700 万 kW。

表 5.2-4 三峡枢纽防洪调度与最大削峰实例

年份	坝前水位(m)	最大调峰流量(m^3/s)	时间	最大下泄流量(m^3/s)	最大削峰(m^3/s)	蓄洪次数	总计蓄洪水量(亿 m^3)
2004	136.42	60 500	9月8日	56 800	3 700	1	4.95
2007	146.10	52 500	7月30日	47 400	5 100	1	10.43
2009	152.89	55 000	8月6日	39 600	16 300	2	56.5
2010	161.02	70 000	7月20日	40 900	30 000	7	264.3
2011	153.84	46 000	9月21日	29 100	25 500	4	187.6
2012	163.11	71 200	7月24日	45 800	28 208	4	228.4
2013	156.04	49 000	7月21日	35 300	14 000	5	118.37
2014	164.63	55 000	9月20日	45 000	22 900	10	175.12
合计						34	1 045.67

表 5.2-5　三峡枢纽 2005—2014 年历年发电量与最大调峰

年份	机组运行台数	年发电量(亿度)	年均耗水率	平均调峰(万 kW)	最大调峰(万 kW)
2005	11～14	490.9	4	47	190
2006	14	492.5	4.3	59	204
2007	14～21	616	4.5	47	316
2008	21～26	808.1	4.98	89	383
2009	26	798.5	5.23	100	524
2010	26	843.7	5.09	91	452
2011	26～30	782.9	5.17	164	550
2012	30～32	987.1	5.97	191	708
2013	32	828.3	5.45	201	540
2014	32	988.2	5.47	164	599

5.2.3　水库调度对航运的影响

水库调度对航运影响主要表现在以下方面：宜昌站枯水期下泄流量、枯水期水库对坝下游河道补水、枯水期庙嘴水位、宜昌站枯水期同流量下水位下降值、宜昌站蓄水期下泄流量控制、汛期两坝间流量及航运应急调度、三峡水库消落期坝前水位控制、三峡水库开始蓄水日期及汛限水位与日期、两坝间联合调度与电站调峰等。

(1) 庙嘴水位 39.0 m 需要的流量

庙嘴在宜昌水文站上游三江河口约 2.5 km 处。交通运输部多次表示不同意下游通航水位以庙嘴水位为代表站，要求通航水位应满足过坝船舶安全正常航行的要求，按以前航道维护、整治采用的葛洲坝水文站的水位，即下游最低按庙嘴水位≥39.0 m(资用吴淞)控制，后经三建委办公室确认。

三峡水库 2007—2017 年庙嘴、宜昌水位与流量见表 5.2-6 与图 5.2-3，可见 2010 年后，庙嘴 39.0 m 水位基本能得以保证。

表 5.2-6　庙嘴、宜昌水位与流量(三峡通航局资料)

年份	庙嘴水位最低(m)	葛洲坝下泄流量(m^3/s)	宜昌最低水位(m)	宜昌最小流量(m^3/s)	庙嘴水位 39 m 需要流量(m^3/s)
2007	38.4	4 280			5 100
2008	38.55	4 300	38.54	4 380	5 060
2009	38.53	4 499	38.82	4 710	5 450
2010	38.98	4 200	38.84	5 080	5 470

续表

年份	庙嘴水位最低(m)	葛洲坝下泄流量(m^3/s)	宜昌最低水位(m)	宜昌最小流量(m^3/s)	庙嘴水位 39 m 需要流量(m^3/s)
2011	39.00	5 120	38.93	5 430	5 500
2012	39.03	5 185	38.93	5 640	5 500
2013	39.00	5 220	38.93	5 680	5 600
2014	39.00	5 192	38.94	5 620	5 800
2015	39.13	5 450	39.03	6 080	5 920
2016	39.11	5 600	39.02	5 960	
2017	39.13	5 600	39.11	6 060	6 000
2018	39.14	5 900	39.32	5 880	5 500
2019	39.36	5 900	39.36	5 950	5 750
2020	39.25	5 900	39.42	6 060	5 750
2021	39.16	5 700	39.37	5 970	

注：宜昌水位、流量指宜昌水文站数值。

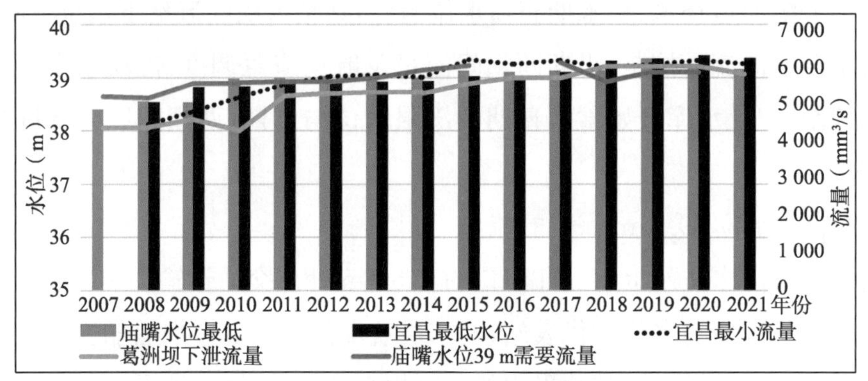

图 5.2-3　庙嘴、宜昌水位与流量逐年变化图

（2）两坝间汛期大流量对通航的影响

两坝间汛期大流量对通航有一定的影响，2012 年两坝间汛期大流量对通航的影响见表 5.2-7，2012 年汛期入库最大流量 71 200 m^3/s，两坝间通航流量大于 35 000 m^3/s 的共 25 d，大于 40 000 m^3/s 的共 19 d，汛期通过船舶的总吨数减少 1/2。2017 年汛期两坝间通航流量最大为 30 000～35 000 m^3/s，仅 1 d，汛期通航条件良好。2018 年汛期 7—8 月份流量 30 000～40 000 m^3/s 历时 35 d，40 000～45 000 m^3/s 历时 12 d，使得当月货物通过量减少约 490 万 t。因此要求：

① 积压船舶较多时采取应急调度，降低通航流量，疏解积压船舶；

② 对过闸船舶的功率配备要满足过坝要求，过闸船舶要有一定储备功率；

③ 考虑汛期配备大马力拖轮助推船，以保证通航安全。

表 5.2-7　2012 年两坝间汛期大流量的通航情况

月份	闸次	艘次	实载货(万 t)	货船总吨(万 t)	集装箱(万箱)	客船(艘)
5 月	715	2 881	793	1 195	4.9	40
6 月	982	4 466	857	1 437	5.5	304
7 月	542	2 034	438	732	3.3	114
8 月	730	3 179	747	1 100	4.78	79
9 月	969	4 279	872	1 428	5.4	316
10 月	962	9 313	826	1 425	4.67	368

对航运来说，要求在水库调度中考虑航运，增加宜昌站枯水期下泄流量以增加长江中下游航道水深；采取联合调度，增加向家坝枯水期下泄流量，以增加重庆至向家坝的航道水深。优化调度方案应尽可能减少对航运的不利影响。对于调度规程中的最大通航流量，实际工作中是做不到的。

(3) 三峡通航流量问题

前述调度规程中，多处提到三峡船闸、升船机的最大通航流量为三峡入库流量 56 700 m^3/s。按目前两坝间及船闸、升船机引航道的通航条件，在此流量条件下，船舶进入航道一是走不动，二是可能发生重大海损事故。三峡枢纽通航过坝，是指船舶从坝下航道正常进入船闸、升船机到上游航道，反之亦然。船闸、升船机的通航流量实际是船闸、升船机本身可在该流量下正常过船的流量。通航是一条线畅通，当流量达 56 700 m^3/s 时，船舶无法进入船闸，此时两坝间已不能通航，葛洲坝上行船舶也无法到达三峡坝段。

总之，三峡调度规程具法律效力，但在什么条件下限航、禁航，要符合实际。

5.2.4　几次水库专项调度实例

专项调度主要有以下几例：

2011 年 5 月实施了应急抗旱调度。

2011 年 6 月 16 日至 19 日实施首次生态调度试行。

2012 年 5 月至 6 月两次生态调度解决四大家鱼产卵问题。

2012 年至 2013 年实施库尾减淤调度试验，观测结果表明效果明显。

2017 年 7 月洞庭湖湘江、资水、沅江水位快速上涨，入长江流量达 50 000 m^3/s。

三峡水库入库流量 25 000 m^3/s，预报城陵矶莲花塘站水位将达到 34.4 m 左右。螺山至大通河段将超警戒水位 1.0～1.5 m，因此实施城陵矶补偿调度，将三峡水库出库流量由 28 000 m^3/s 减为 8 000 m^3/s，三峡水库出库流量从 7 月 30 日至 8 月均保持下泄 8 000 m^3/s。这次调度使洞庭湖及长江干流莲花塘河段水位降低了 1.0～1.5 m，汉口洪峰水位降低 0.6～1.0 m，但下泄流量减至 8 000 m^3/s 后致使荆江河段水位骤降，下游洞庭湖南嘴站水位高于上游沙市水位，形成向上游的反向水面比降，产生水流逆向流动，宜昌至汉口河段水流发生变化。这次城陵矶补偿调度，使 2017 年城陵矶到汉口河段平滩河槽由冲刷变为淤积，淤积量超过 7 669 万 m^3，汉口至湖口河段平滩河槽淤积 984 万 m^3，枯水河槽冲刷 235 万 m^3，表现为冲槽淤滩。

5.2.5 水库向下游河道补水

三峡枢纽每年 9 月 10 日蓄水，10 月末蓄满后，用库中蓄水和上游来水发电。每年水库消落期，为了保证一定发电出力，若来流量不足，需从水库中取水，以满足发电需要，水库因蓄水量减少，枯水位也下降，这种要从水库取水的运行方式称为向坝下游“补水”。

三峡水库 2016—2019 年每年消落期各旬补水量及平均补水流量见表 5.2-8 至表 5.2-11。三峡水库 2004—2014 年每年向坝下游河道补水情况见表 5.2-12，三峡水库 2016—2019 年消落期旬补水流量和庙嘴最低水位、葛洲坝最小下泄流量见表 5.2-13。通过这些表内数据分析，可全面了解每年消落期水库调度运行情况和补水量。三峡水库从 2016 年到 2019 年连续 4 年累计向下游补水 812 亿 m^3，年平均 203.2 亿 m^3，每年 1 月至 6 月，实际补水量为 188.7 亿～210.5 亿 m^3，相差不算很多，但各月各旬之间相差很多，一般 4 月、5 月、6 月补水较多。从总体来看每年补水约 200 亿 m^3，平均补水流量 1 400 m^3/s，如此巨大水量，对增加长江中下游枯水流量，增加浅滩水深十分重要，因此航运部门十分关注消落期水库调度，但“补水”是被动的，受发电和来水量控制。航运部门希望每年约 200 亿 m^3 的补水量通过精细调度，来增加宜昌站枯水期下泄流量，以增加枯水期浅滩最小水深，但很难满足要求。由于各浅滩情况不同，浅滩能增加的水深也不同，设计部门估计的增加水深值偏大很多。我们建议三峡水库在调度中，考虑航运要求，精细优化调度，航运部门也要及时与调度部门联系协调，争取宜昌站最小下泄流量达 7 000 m^3/s，甚至更多一些。

表 5.2-8　三峡水库 2016 年消落期各旬补水量及平均补水流量

日期		库水位(m)	水库蓄水量(亿 m^3)	水库水位降落(m)	水库水量减少(亿 m^3)	平均补水流量(m^3/s)
1月	1日	173.94	382.32			
	11日	173.35	376.44	0.59	5.88	681
	21日	172.82	371.19	0.53	5.25	608
2月	1日	170.86	352.14	1.96	19.05	2 004
	11日	170.57	349.38	0.29	2.76	319
	21日	169.22	336.76	1.35	12.62	1 461
3月	1日	168.29	328.32	0.93	8.44	1 085
	11日	167.15	318.27	1.14	10.05	1 163
	21日	166.76	314.91	0.39	3.36	389
4月	1日	166.91	316.2	−0.15	−1.29	−136
	11日	166.15	309.72	0.76	6.48	750
	21日	164.25	294.15	1.9	15.57	1 802
5月	1日	160.1	262.71	4.15	31.44	3 639
	11日	157.01	241.35	3.09	21.36	2 472
	21日	152.39	211.00	4.62	30.35	3 513
6月	1日	147.89	185.92	4.5	25.08	2 639
	11日	145.79	175.4	2.1	10.52	2 860
2016年1月1日—2016年6月1日				28.15	206.92	1 530

表 5.2-9　三峡水库 2017 年消落期各旬补水量及平均补水流量

日期		库水位(m)	水库蓄水量(亿 m^3)	水库水量减少(亿 m^3)	平均补水流量(m^3/s)
1月	1日	172.16	364.71		
	11日	171.48	358.1	0.68	6.61
	21日	170.83	351.86	0.65	6.24
2月	1日	169.5	339.34	1.33	12.52
	11日	168.12	326.8	1.38	12.54
	21日	167.4	326.41	0.72	0.39
3月	1日	167.03	317.23	0.37	9.18
	11日	165.99	308.38	1.04	8.85
	21日	166.28	310.82	−0.29	−2.44

续表

日期		库水位(m)	水库蓄水量(亿 m^3)	水库水量减少(亿 m^3)	平均补水流量(m^3/s)
4月	1日	163.68	289.61	2.6	21.21
	11日	162.29	278.84	1.39	10.77
	21日	161.59	273.56	0.7	5.28
5月	1日	160.38	264.71	1.21	8.85
	11日	158.25	249.79	2.13	14.92
	21日	153.57	218.61	4.68	31.18
6月	1日	148.47	188.58	5.1	30.03
	11日	145.91	176	2.56	12.58
2017年1月1日—2017年6月1日				188.71	1 357

表 5.2-10 三峡水库 2018 年消落期各旬补水量及平均补水流量

日期		库水位(m)	水库蓄水量(亿 m^3)	水库水量减少(亿 m^3)	平均补水流量(m^3/s)
1月	1日	173.62	379.13		
	11日	172.94	372.37	0.68	6.76
	21日	172.72	370.2	0.22	2.17
2月	1日	171.83	361.49	0.89	8.71
	11日	170.28	346.63	1.55	14.86
	21日	168.41	329.39	1.87	17.24
3月	1日	166.12	309.47	2.29	19.92
	11日	163.58	288.83	2.54	20.64
	21日	161.74	274.69	1.84	14.14
4月	1日	161.96	276.34	−0.22	−1.65
	11日	162.84	283.06	−0.88	−6.72
	21日	161.6	273.64	1.24	9.42
5月	1日	161.25	279.04	0.35	−5.4
	11日	158.8	253.59	2.45	25.45
	21日	153.73	219.66	5.07	33.93
6月	1日	149.99	196.85	3.74	22.81
	11日	145.22	172.59	4.77	24.26
2018年1月1日—2018年6月1日				206.54	1 485

表 5.2-11　三峡水库 2019 年消落期各旬补水量及平均补水流量

日期		库水位(m)	水库蓄水量(亿 m^3)	水库水位降落(m)	水库水量减少(亿 m^3)	平均补水流量(m^3/s)
1月	1日	174.51	388.05			
	11日	172.73	390.30	1.78	−2.25	2 054
	21日	170.89	352.43	1.84	37.87	2 068
2月	1日	170.89	352.43	0	0	0
	11日	170.01	344.09	0.88	8.34	965
	21日	168.88	333.65	1.13	10.44	1 209
3月	1日	169.03	335.01	−0.15	−1.36	
	11日	169.45	338.88	−0.42	−3.87	
	21日	168.47	329.94	0.98	8.94	1 035
4月	1日	165.58	304.96	2.89	24.98	2 628
	11日	162.37	279.45	3.21	25.51	2 953
	21日	159.88	261.15	2.49	18.3	2 118
5月	1日	159.01	255.05	0.87	6.1	706
	11日	156.35	236.93	2.66	18.12	2 097
	21日	152.92	214.39	3.43	22.54	2 609
6月	1日	148.98	193.52	3.94	20.87	2 406
	11日	146.21	177.49	2.77	16.03	1 624
2019年1月1日—2019年6月1日				28.3	210.56	1 504

表 5.2-12　三峡水库 2004—2014 年向下游河道补水量(长江委设计院)

时段	补水天数(d)	补水量(m^3)	估计增加航道水深(m)
2004—2005年	11	8.79	0.74
2006—2007年	80	35.8	0.38
2007—2008年	63	22.5	0.33
2008—2009年	101	56.6	0.4
2009—2010年	141	139.7	0.7
2010—2011年	164	215	1
2011—2012年	150	215	1
2012—2013年	146	210.5	0.79
2013—2014年	180	243.5	0.94

表 5.2-13　三峡水库消落期 2016—2019 年旬补水流量和庙嘴最低水位、葛洲坝最小下泄流量

<table>
<tr><th colspan="2">日期</th><th>2016 年旬补水流量(m^3/s)</th><th>2017 年旬补水流量(m^3/s)</th><th>2018 年旬补水流量(m^3/s)</th><th>2019 年旬补水流量(m^3/s)</th><th>2016 年庙嘴最低水位(m)/葛洲坝最小下泄流量(m^3/s)</th><th>2017 年庙嘴最低水位(m)/葛洲坝最小下泄流量(m^3/s)</th><th>2018 年庙嘴最低水位(m)/葛洲坝最小下泄流量(m^3/s)</th><th>2019 年庙嘴最低水位(m)/葛洲坝最小下泄流量(m^3/s)</th></tr>
<tr><td rowspan="3">1 月</td><td>1 日</td><td></td><td></td><td></td><td></td><td rowspan="3">39.25/
5 700</td><td rowspan="17">9.13/
5 600</td><td rowspan="3">39.21/
6 100</td><td rowspan="3">39.21/
6 110</td></tr>
<tr><td>11 日</td><td>681</td><td>765</td><td>782</td><td>2 054</td></tr>
<tr><td>21 日</td><td>608</td><td>722</td><td>251</td><td>2 068</td></tr>
<tr><td rowspan="3">2 月</td><td>1 日</td><td>2 004</td><td>1 317</td><td>916</td><td>0</td><td rowspan="3">39.11/
5 600</td><td rowspan="3">39.38/
5 900</td><td rowspan="3">39.16/
5 900</td></tr>
<tr><td>11 日</td><td>319</td><td>1 453</td><td>1 720</td><td>965</td></tr>
<tr><td>21 日</td><td>1 461</td><td>736</td><td>1 995</td><td>1 209</td></tr>
<tr><td rowspan="3">3 月</td><td>1 日</td><td>1 085</td><td>464</td><td>2 882</td><td>—</td><td rowspan="3">39.72/
6 700</td><td rowspan="3">39.59/
6 100</td><td rowspan="3">39.46/
6 224</td></tr>
<tr><td>11 日</td><td>1 163</td><td>1 024</td><td>2 389</td><td>—</td></tr>
<tr><td>21 日</td><td>289</td><td>−282</td><td>1 637</td><td>1 035</td></tr>
<tr><td rowspan="3">4 月</td><td>1 日</td><td>−136</td><td>2 232</td><td>−174</td><td>2 628</td><td rowspan="3">40.31/
7 700</td><td rowspan="3">39.55/
6 000</td><td rowspan="3">40.81/
8 900</td></tr>
<tr><td>11 日</td><td>750</td><td>1 247</td><td>−778</td><td>2 953</td></tr>
<tr><td>21 日</td><td>1 802</td><td>611</td><td>1 090</td><td>2 118</td></tr>
<tr><td rowspan="3">5 月</td><td>1 日</td><td>3 639</td><td>1 024</td><td>301</td><td>706</td><td rowspan="3">42.42/
11 200</td><td rowspan="3">41.73/
10 684</td><td rowspan="3">40.95/
9 490</td></tr>
<tr><td>11 日</td><td>2 472</td><td>1 727</td><td>2 020</td><td>2 097</td></tr>
<tr><td>21 日</td><td>3 513</td><td>3 609</td><td>3 927</td><td>2 609</td></tr>
<tr><td rowspan="2">6 月</td><td>1 日</td><td>2 639</td><td>3 128</td><td>2 400</td><td>2 406</td><td rowspan="2"></td><td rowspan="2"></td><td rowspan="2"></td></tr>
<tr><td>11 日</td><td>2 860</td><td>1 491</td><td>2 808</td><td>1 624</td></tr>
</table>

随着上游几个大库相继运行，建议对“上游水库群联合调度”开展航运专题研究，在联合调度规程中，考虑航运需求、优化调度方案，增加向家坝站和宜昌站枯水期下泄流量，适当调整调度规程中涉及航运的有关参数(水位、流量)。

近几年的枯水期水位与水量需要通过上游各站水沙条件的原型观测，验证联合调度分析计算成果。三峡水库及坝下将会出现水沙条件的新阶段，在正常情况下向家坝最小下泄流量 1 800～2 000 m^3/s，宜昌站最小下泄流量达 7 000 m^3/s 是可能实现的，中下游河段将向有利于航运的方向发展。

6. 三峡枢纽运行后上下游水沙条件变化

三峡枢纽 1994 年 12 月正式动工兴建，2003 年 6 月 1 日开始蓄水发电，2003 年 6 月 16 日三峡船闸试通航；2008 年 9 月三峡工程开始 175 m 试验性蓄水，2010 年 10 月 26 日三峡工程成功蓄水至 175 m；2016 年 9 月 18 日三峡水利枢纽升船机试通航；2020 年 11 月 1 日水利部、国家发展改革委公布三峡工程已完成整体竣工验收全部程序。随着三峡枢纽、金沙江下游 4 大电站及岷江、沱江各电站蓄水运行，水库上下游的水沙条件发生了彻底改变，尽管前期论证阶段进行了系统性研究，枢纽运行后，实际情况如何需要进行现场观测与分析，以检验前期研究的预测是否符合实际，研究发现新出现的问题，并提出对策。

2000 年，温家宝总理曾批示：对三峡水库蓄水后泥沙冲淤变化影响，应加强观测研究，此项工作由三峡办牵头。根据批示，三建委管理司副司长黄真理和作者（刘书伦）于 2001 年编制了长江三峡工程 2002—2019 年水文泥沙、河床演变原型观测计划，并立即与水利部和交通部沟通。由水利部负责全河道水文泥沙、河床冲淤变化的原型观测分析，交通部负责航道与浅滩演变观测分析，时间初定 10 年，技术上请泥沙专家组指导。此项工作开展得非常好，以后又延长了 10 年。

三峡工程蓄水后，上游河道相继进行了大规模的水电建设，其发展速度大大超过规划预期。这些大型水电站建设，逐步改变了三峡水库入库水沙条件。系统的原型观测真实地记录和展现了这些水沙条件、河道冲淤、浅滩等变化，以及对航运的影响。虽然有很多成果的变化原因、规律尚不清楚，仅有初步认识，但这些观测成果是真实和宝贵的，有待今后继续研究分析。

我们认真学习了长江委水文局、长江航道规划设计研究院、长江重庆航运勘察设计院等单位提出的原型观测分析报告(以下简称"原观报告"),并得到了一些初步认识,提出了一些问题,在第 6 章至第 8 章中详细阐述,供大家讨论和继续研究。

6.1 三峡大坝上下游各站点位置的河道里程

为后文分析方便,先介绍三峡水库上下游各站里程及基面换算关系。水利部门的沿程里程与航运部门的航道里程略有不同:长江水文局采用的是三峡工程建成后库区和坝下游河道地形图中大断面的里程,其断面布置大部分是水文站点,水文局原观报告中水文泥沙监测资料采用的都是此里程;航运单位采用的是三峡工程蓄水前 1999 年 12 月和 2003 年 12 月长江航道局航道图上的航道里程。这两种里程的确定方法不同,虽然同一地名,但其里程不同。因为每一个地区都有一段很长的河道岸线,航运和水利部门选取的断面位置不同,例如宜昌市,水利部门采用宜昌水文站,航运部门采用宜昌港(10 码头)。其实航运里程在三峡蓄水前与蓄水后也不同,原天然河道枯水航槽中心线不同于蓄水后库区航线,天然河道枯水期航道中心线是弯曲的,成库后航线顺直,航道长度明显缩短。所以,航运部门与水利部门的河道里程不同,不能混淆,下面分别列出,便于查找。

三峡大坝上下游各水位站及断面的河道里程见表 6.1-1 和图 6.1-1 与图 6.1-2,航道里程见表 6.1-2 和图 12.2-1 至图 12.2-2,其中原天然河道航道里程是从宜昌 10 码头开始,宜昌 10 码头距离三峡大坝 46.5 km,则库区航道里程=三峡大坝里程+46.5 km。

表 6.1-1 水利部门(水文局)三峡大坝上下游各站河道里程

位置(坝上游)	里程(km)	位置(坝下游)	里程(km)
三峡大坝	0	宜昌水文站	0
庙河	15.1	胭脂坝头部	9.25
秭归	31.6	胭脂坝尾部	15.5
官渡口	77.4	枝城	60.8
巫山	121.4	藕池口	232.5
大溪	150.2	城陵矶	408.0
奉节水文站	157.0	汉口	659.0
白帝城	156.9	湖口	954.4

续表

位置(坝上游)	里程(km)	位置(坝下游)	里程(km)
关刀峡	171.1	大通	1 182.4
云阳	224.7	南京新生圩	1 402.4
万县水文站	279.0	三峡坝址—葛洲坝坝址	38
万县	291.4	沙市河段全长	51.4
忠县	372.6	公安河段全长	62.5
丰都	431.4	石首河段全长	78.4
清溪场水文站	467.0	监利河段全长	97.1
涪陵	486.5		
李渡	499.0		
长寿水文站	524.0		
寸滩水文站	595.0		
铜锣峡	597.9		
大渡口	631.4		
江津	657.9		
朱沱	720.9		
朱沱水文站	745.0		
宜宾岷江口水文站	953.9		
向家坝水文站	983.7		
向家坝大坝	985.9		
溪洛渡大坝	1 142.5		
白鹤滩大坝	1 337.5		
乌东德大坝	1 520.5		
变动回水区(江津—涪陵)全长	171.4		
常年回水区(涪陵—大坝)全长	486.5		
175m 回水末端(江津塔坪—大坝)全长	683		

注:坝下游各水文站里程是以宜昌水文站(不是三峡大坝)为 0 km 起算。

表 6.1-2　航运部门三峡大坝上下游干线各站航道里程

位置(坝上游)	里程(km)	位置(坝下游)	里程(km)
宜昌	0.0	宜昌港(10 码头)	0.0
秭归	85.5	白沙老	6.0
巴东	114.0	红花套	21.0
奉节	208.5	宜都	36.0
云阳	272.0	白洋	41.0

续表

位置(坝上游)	里程(km)	位置(坝下游)	里程(km)
万县	331.5	枝城	56.0
忠县	421.0	松滋口	72.0
丰都	483.0	姚港	80.0
涪陵	536.5	枝江	91.0
长寿	583.4	江口	100.0
重庆	660.0	涴市	124.0
九龙坡	672.0	沙市(2码头)	148.0
李家沱	676.0	公安	180.0
大渡口	681.3	郝穴	199.0
茄子溪	685.7	新厂	213.0
渔洞溪	691.4	石首	238.0
白沙沱	704.2	调关	275.0
冬笋坝	713.6	塔市驿	300.0
江津	730.0	监利	313.0
兰家沱	741.0	洪山头	334.0
龙门	745.2	广兴洲	345.0
油溪	752.5	荆江门	353.0
金刚沱	760.9	城陵矶	395.0
白沙	771.0	新港	418.0
石门	781.4	螺山	425.0
朱羊溪	793.2	洪湖	447.0
松溉	798.7	陆溪口	471.0
朱沱	805.4	龙口	479.0
羊石盘	822.8	嘉鱼	494.0
王场	831.5	燕窝	511.0
合江	842.3	簰洲	540.0
上白沙	858.4	新滩口	545.0
弥沱	873.7	邓家口	566.0
新路口	881.2	大嘴	577.0
太安	903.2	金口	595.0
罗汉	908.3	沌口	610.0
泸州	913.0	武汉	626.0
纳溪	934.5	阳逻(五码头庙)	655.7
大渡	950.5	鄂州(班轮码头)	721.5

续表

位置(坝上游)	里程(km)	位置(坝下游)	里程(km)
井口	956.5	黄石(轮渡码头)	759.5
江安	977.0	蕲州(接岸标)	793.2
南溪	999.5	搁排矶(矶头)	802.2
罗龙	1 014.3	武穴(码头)	830.0
李庄	1 024.5	九江(码头)	875.9
宜宾	1 044.0	湖口(码头)	900.2
		彭泽(码头)	936.3
		马垱(班轮码头)	952.2
		华阳(长河口)	969.2
		东流(码头)	987.0
		安庆(轮渡码头)	1 029.8
		大通	1 115.3
		铜陵港(大班轮码头)	1 122.5
		荻港	1 178.1
		芜湖	1 225.7
		马鞍山(第三码头)	1 272.4
		南京(中山码头)	1 321.1
		泗源沟	1 371.2
		镇江(松山)	1 404.2
		三江营	1 436.2
		江阴(河口)	1 511.6
		新港镇	1 533.2
		天生港	1 563.4
		狼山	1 578.2
		浏河口	1 645.2
		吴淞(河塘灯桩)	1 669.2

宜昌水位的基面换算：

冻结基面－吴淞基面＝0.364

黄海(85 高程)＝冻结基面－2.07

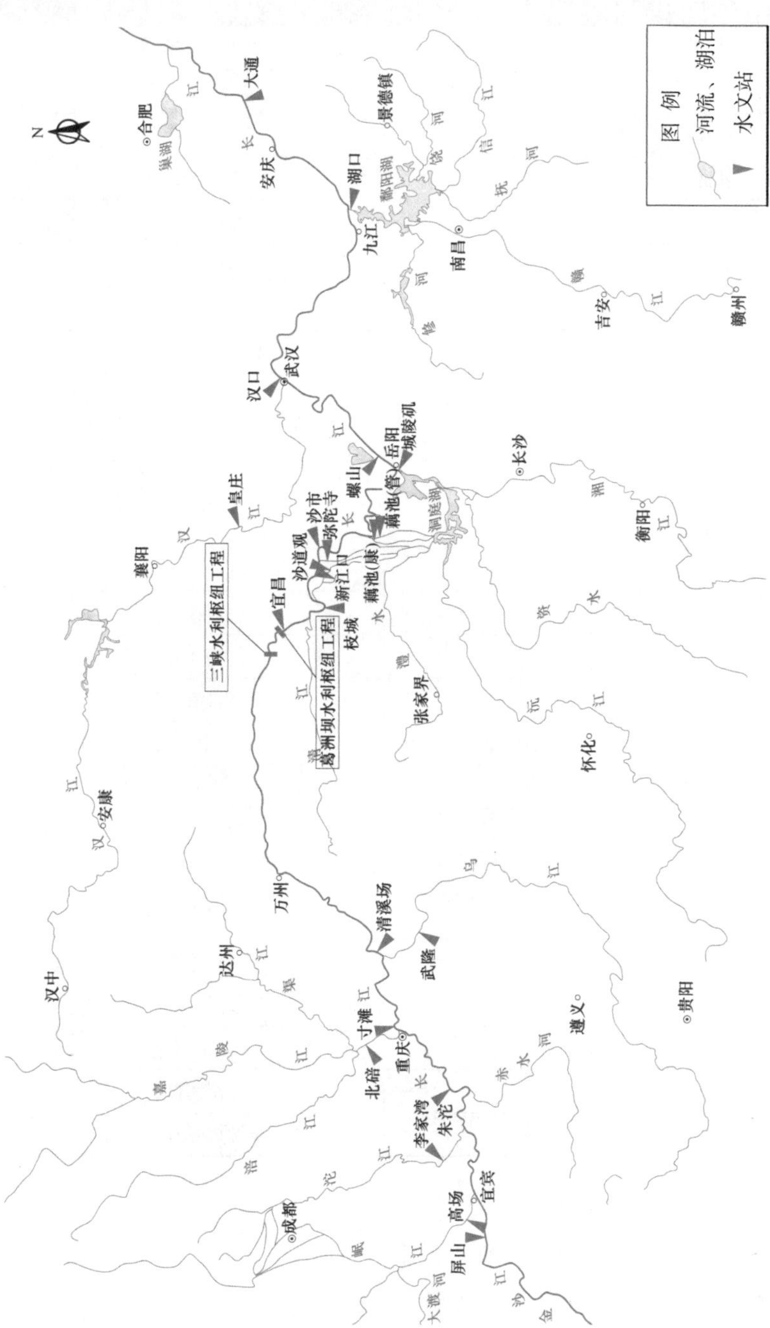

图 6.1-1　长江干线各水文站位置示意图

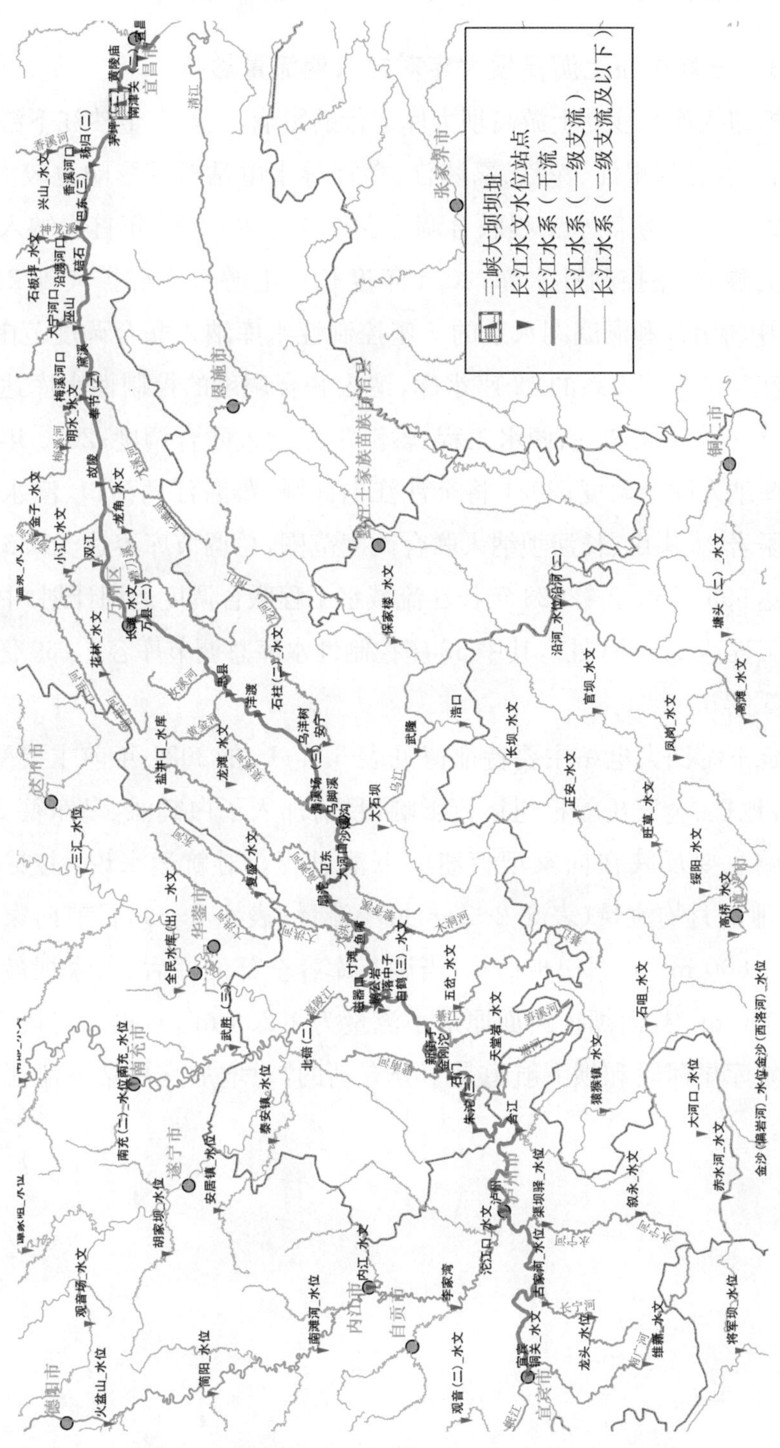

图 6.1-2　三峡库区水文站点分布图

6.2 三峡库区水沙条件变化

6.2.1 三峡枢纽上游高坝大库对枯水期流量影响

三峡枢纽入库水沙受上游高坝大库运行的影响，主要有金沙江下游的 4 个大型电站，同时雅砻江岷江、沱江、嘉陵江、乌江等水电站对其影响也较大(图 6.2-1 至图 6.2-3)。三峡等水工程联合调度在逐年完善，2012 年首次纳入联合调度的是长江上游 10 座控制性水库；2014 年度长江上游水库群扩大到 21 座水库；2017 年将中游清江和洞庭湖水系的 7 座控制性水库纳入联合调度范围；2018 年增加了汉江和鄱阳湖水系的 12 座水库，纳入联合调度的控制性水库达到 40 座；2019 年将大型排涝泵站、引调水工程、蓄滞洪区纳入联合调度；2020 年将金沙江乌东德水库纳入联合调度；2021 将金沙江白鹤滩、雅砻江两河口、澧水江坪河及大渡河猴子岩、大岗山、长河坝纳入联合调度范围，总调节库容达 1 036 亿 m^3，总防洪库容达 695 亿 m^3。《2023 年长江流域水工程联合调度运用计划》中纳入联合调度的水工程达 125 座(处)，其中 53 座控制性水库总调节库容 1 169 亿 m^3，总防洪库容 706 亿 m^3。

金沙江下游四大电站主要特征值见表 6.2-1，在 2021 年前主要受向家坝、溪洛渡、鲁地拉、金安桥等枢纽运行影响，目前加入了白鹤滩、乌东德 2 个电站，但这些影响主要反映在向家坝枢纽的下泄过程。对航运来说，主要是枯水期 1—5 月下泄的月均流量(表 6.2-2)与最小流量(表 6.2-3)，目前向家坝最小下泄流量达 1 600 m^3/s，据初步估算，当调节库容全部发挥后，向家坝最小下泄流量将达 2 000 m^3/s，而坝址断面原最小流量为 1 200 m^3/s，提高将近 2 倍，这对水富至三峡库尾河段和坝下航道是十分有利的，对增加宜昌站下泄流量也是十分有利的。

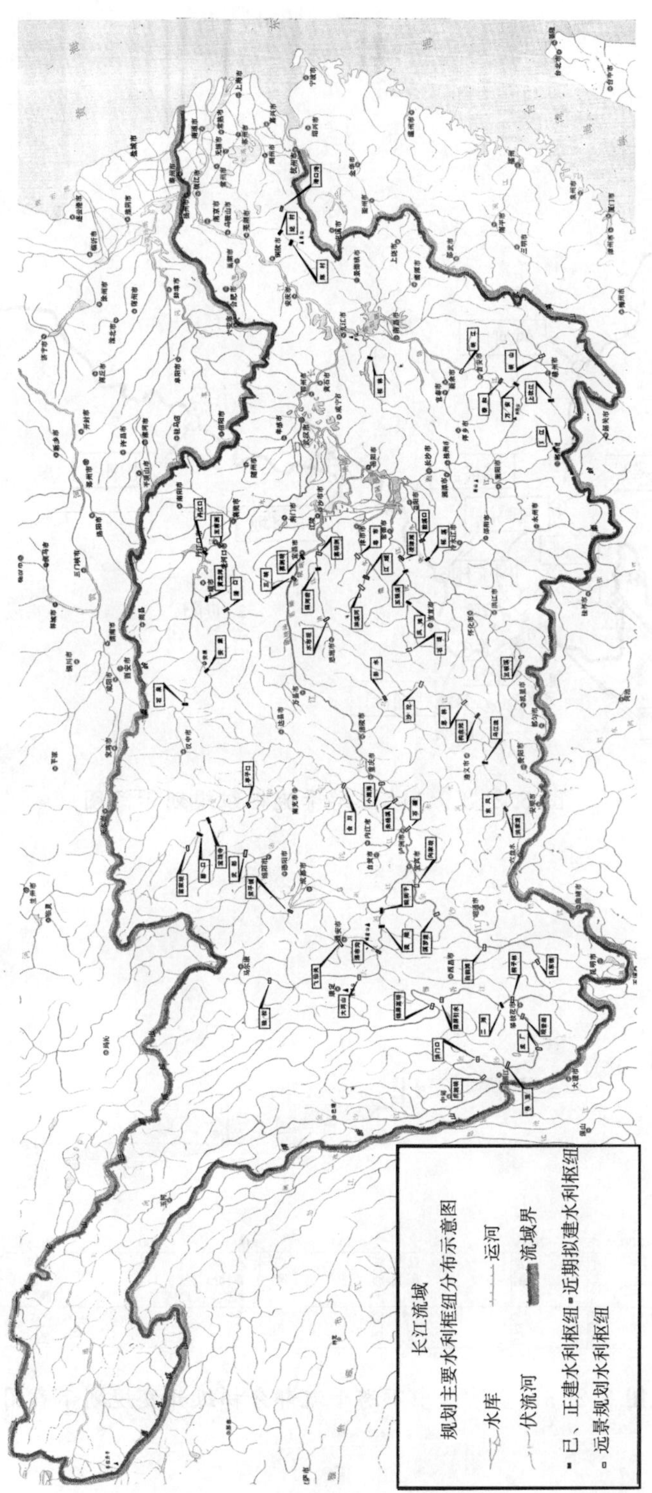

图 6.2-1　长江流域规划主要水利枢纽分布示意图(1992 年)

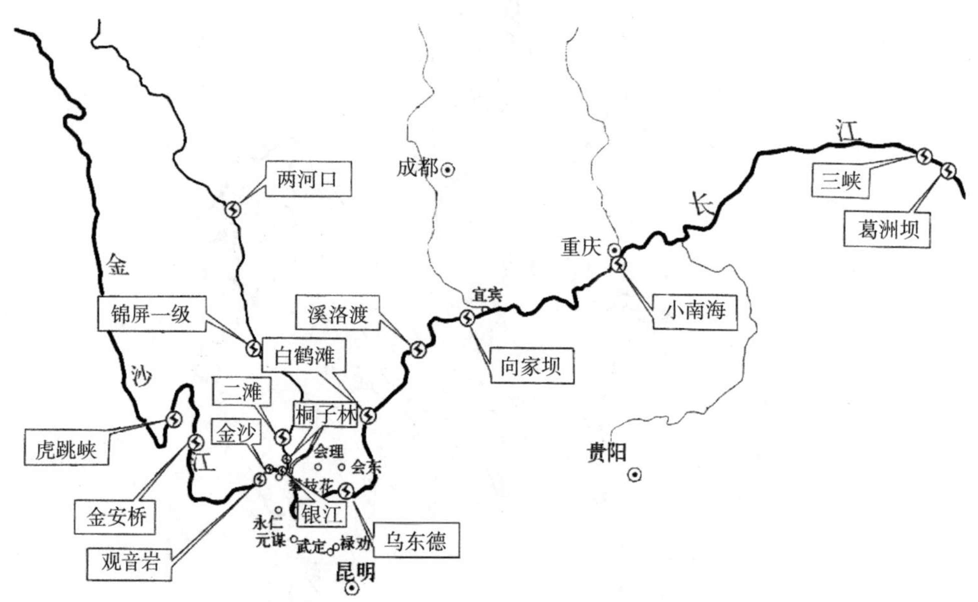

图 6.2-2　三峡上游干流枢纽规划示意图

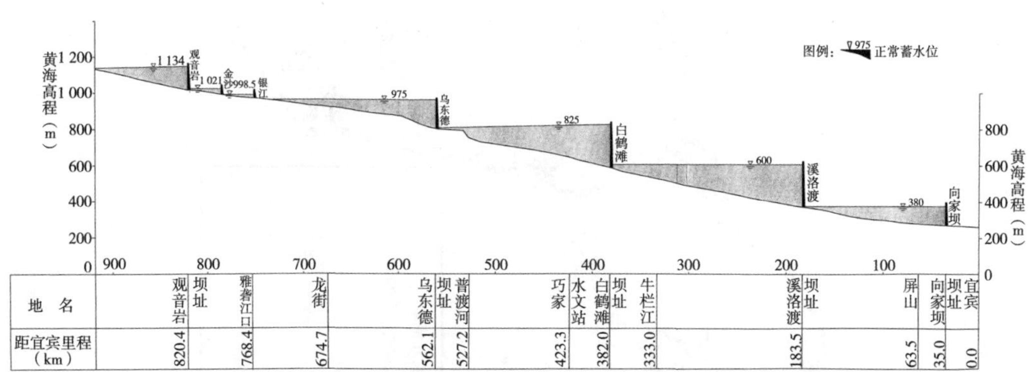

图 6.2-3　金沙江中下游干流部分梯级开发规划示意图

表 6.2-1　金沙江下游四大电站主要特征值

特征值	乌东德	白鹤滩	溪洛渡	向家坝
正常蓄水位(m)	975	825	600	380
防洪限制水位(m)	952	785	560	370
死水位(m)	945	765	540	370
多年平均流量(m^3/s)	3 850	4 190	4 570	4 570
水库调节性能	季调节	年调节	不完全年调节	季调节
调节库容(亿 m^3)	30.2	104.36	64.6	9.03
死库容(亿 m^3)	28.43	85.7	51.1	40.74
装机容量(万 kW)	1 020	1 600	1 260	600
保证出力(万 kW)	327	550	339.5	200.9
发电量(亿 kW·h)	401.1	625.2	571.2	307.5
库长(km)	200	183	194	157
常年回水区长度(km)	153	145	167	156.6
变动回水区长度(km)	47	38	27	10
深水航道长度(km)	103	145	167	157

表 6.2-2　向家坝站和朱沱站近年枯水期下泄月均流量　　单位:m^3/s

向家坝站	1月	2月	3月	4月	5月
2013年	1 924	1 477	1 746	1 908	1 598
2014年	1 857	1 706	1 674	2 306	1 880
2015年	2 496	1 658	2 664	3 540	3 110
2016年	2 087	1 945	2 081	2 389	2 433
2017年	2 699	2 886	2 816	3 076	3 367
2018年	3 547	2 490	2 934	2 166	3 490
朱沱站	1月	2月	3月	4月	5月
2010年	3 832	3 013	3 432	4 170	
2011年	4 787	3 952	4 433	4 470	
2012年	4 124	3 548	3 965	4 394	
2013年	3 795	3 476	4 063	4 985	
2014年	4 084	3 975	4 679	7 036	
2015年	4 668	4 284	4 944	6 551	
2016年	4 882	4 639	5 410	6 761	
2017年	4 641	4 865	5 589	6 771	
2018年	5 600	4 531	4 620	6 246	
2020年	9 968	9 058	13 398	10 635	12 818
2021年	13 477	8 186	9 702	10 464	14 548

表 6.2-3　朱沱站枯水分月下泄最小流量(实测值)　　单位:m^3/s

	1月	2月	3月	4月	5月	年最小流量
2013 年	1 360	1 380	1 390	1 420	1 450	1 360
2014 年	1 600	1 590	1 590	1 590	1 610	1 590
2015 年	1 630	1 620	1 650	1 690	1 670	1 620
2016 年	1 660	1 670	1 680	1 660	1 680	1 660
2017 年	1 673	1 677	1 667	1 638	1 722	1 638
2018 年	1 642	1 675	1 706	1 673	1 681	1 642

2021 年金沙江下游 4 座电站的初始调度如下:乌东德电站 2021 年全部机组发电;白鹤滩电站 2021 年 4 月 5 日开始蓄水发电,坝前水位 660.3 m,4 月 20 日、4 月 30 日分别蓄水到 720 m、740 m,5 月中旬、6—8 月逐步蓄水到 760 m、820 m,并维持在 820 m 上下;向家坝电站 2021 年 3 月 26 日后检修,按不低于 1 500 m^3/s 流量下泄。

金沙江蓄水前的航道一般为古河道,岸坡陡峻,落差约 1 000 m,河道枯水期江面宽 180～280 m,局部达到 350～400 m,最窄处仅 110～150 m,最小弯曲半径约 150 m。乌东德、白鹤滩、溪洛渡均为大调峰电站,电站坝下水位日变幅达 8～9 m,变动回水区段无法通航,近期先实施翻坝运输。作者(刘书伦)于 2018 年 8 月作为评审专家参加这 4 个电站翻坝运输设计讨论会,会议已通过设计方案,乌东德电站近期将开始进行翻坝工程建设。

6.2.2　蓄水前后入库水沙条件变化

在论证阶段对水库来水来沙发展趋势曾进行了专题研究,主要研究结论认为长江干流来水来沙今后基本上在多年平均值的上下摆动,没有明显增加的趋势,但实际情况发生了很大变化。

(1) 三峡工程论证和初设入库水沙条件中,径流量采用寸滩＋武隆两站年平均径流量之和为 4 015 亿 m^3,数学模型和河工模型试验采用寸滩＋武隆两站 1961—1970 系列年年均径流量之和为 4 196 亿 m^3;平均输沙量采用寸滩＋武隆两站年均输沙量之和,则入库年均输沙量为 4.93 亿 t,数学模型和物理模型采用 1961—1970 系列年水沙资料中寸滩＋武隆两站年均输沙量之和为 5.09 亿 t。

(2) 三峡工程论证和初设坝址年均径流量,采用宜昌站 1878—1990 年长系列均值为 4 510 亿 m^3,输沙量采用宜昌站 1950—1986 年均值为 5.26 亿 t。

三峡枢纽运行前后库区和上游河道各站历年径流量见表 6.2-4,朱沱站各月旬流量见表 6.2-5，寸滩站枯季月均流量见表 6.2-6，历年输沙量见表 6.2-7，年平均砾卵石推移量见表 6.2-8。从这些表中分析可知：枢纽运行后 2003—2018 年年径流量略有减少，变化率为 −7%左右，但入库沙量急剧减少，变化率为 −85%～−54%，砾卵石推移量也急剧减少，特别是 2014 年溪洛渡、向家坝投入运行后，寸滩年均砾卵石推移量一般为 5 万 t 以下。如 2018 年为丰水年，入库径流 4 294 亿 m^3，比多年平均的 3 800 亿 m^3 偏多 13%，较蓄水后 2003—2018 年均值偏多 17.8%。2018 年入库沙量 1.43 亿 t，较蓄水前 1956—1990 年均值偏小约 70%。2019 年入库沙量仅约 0.69 亿 t，较蓄水前 1956—1990 年均值偏小约 86%。

表 6.2-4　三峡枢纽和上游各站历年径流量

年份	三峡入库	向家坝	高场	朱沱	北碚	寸滩	武隆
集水面积(km^2)	934 496	458 800	135 378	694 725	156 736	866 559	83 035
1990 年前(亿 m^3)	3 858	1 440	882	2 659	704	3 520	495
1991—2002 年(亿 m^3)	3 733	1 506	815	2 672	529	3 339	532
1991—2002 年变化率	−3%	5%	−8%	0	−25%	−5%	7%
2003—2018 年(亿 m^3)	3 645	1 383	799	2 569	637	3 300	439
2003—2018 年变化率	−6%	−4%	−9%	−3%	−10%	−6%	−11%
2017 年(亿 m^3)	3 728	1 447	792	2 653	622.9	3 303	452
2018 年(亿 m^3)	4 294	1 638	1 011	3 161	694	3 873	439
2019 年(亿 m^3)	4 016	1 344	947	2 748	802	3 577	466
2020 年(亿 m^3)	4 733	1 586	1 086	3 179	886.7	4 221	666.8
2021 年(亿 m^3)	4 058	1 229	816.7	2 440	1 101	3 605	517.4
2021 年变化率	5%	−15%	−7%	−8%	56%	2%	5%
注：变化率为本时段与 1990 年前均值相比							

表 6.2-5　朱沱站 3—4 月各月旬流量变化　　单位：m^3/s

年份	3 月			4 月		
	上旬	中旬	下旬	上旬	中旬	下旬
2009 年	2 983	3 050	2 550	2 991	3 184	4 077
2010 年	2 551	2 944	2 521	2 603	2 743	3 842
2011 年	3 369	3 561	3 823	3 560	3 427	3 256
2012 年	3 152	3 086	3 167	3 101	3 534	3 524
2013 年	3 421	3 260	2 959	3 795	4 826	3 209

续表

年份	3月			4月		
	上旬	中旬	下旬	上旬	中旬	下旬
2014年	3 766	3 330	3 679	5 877	4 753	4 463
2015年	3 799	3 802	4 805	5 353	5 205	4 961
2016年	4 086	4 431	5 085	4 714	5 890	5 235
2017年	4 572	5 374	4 015	3 516	5 555	5 420
2018年	3 907	4 094	4 847	4 765	4 181	4 583
2019年	5 763	4 750	4 168	4 341	4 430	5 328
2020年	5 088			4 313		
2021年	3 685			4 244		

表6.2-6　寸滩站枯季月均流量　　单位：m^3/s

年份	1月	2月	3月	4月	年最小流量	流量<3 300 m^3/s(d)
2010年	3 832	3 013	3 432	4 170	2 770	50
2011年	4 787	3 952	4 433	4 470	3 530	0
2012年	4 124	3 548	3 965	4 394	3 240	1
2013年	3 795	3 476	4 063	4 985	3 220	11
2014年	4 084	3 975	4 679	7 036	3 360	0
2015年	4 668	4 284	4 944	6 551	3 550	0
2016年	4 882	4 639	5 410	6 761	3 780	0
2017年	4 641	4 865	5 587	6 771	3 590	0
2018年	5 600	4 531	4 620	6 246	3 150	4
2019年					3 580	0

表6.2-7　三峡水库和上游各站历年输沙量　　单位：万t

年份	三峡入库	向家坝	高场	朱沱	北碚	寸滩	武隆
1990年前	48 000	24 600	5 260	31 600	13 400	46 100	3 040
1991—2002年	35 100	28 100	3 450	29 300	3 920	33 700	2 040
变化率	−27%	14%	−34%	−7%	−71%	−27%	−33%
2003—2018年	15 400	8 920	2 410	12 100	2 820	14 300	455
变化率	−68%	−64%	−54%	−62%	−79%	−69%	−85%
2014年	5 540	221	1 190	3 460	1 450	5 190	634
2015年	3 200	60	479	2 120	954	3 280	728
2016年	4 200	217	1 070	3 780	103	4 250	328
2017年	3 440	148	1 400	2 740	558	3 470	140
2018年	14 300	166	3 100	6 820	7 220	13 300	249

续表

年份	三峡入库	向家坝	高场	朱沱	北碚	寸滩	武隆
2019 年	6 850	72.3	3 490	4 490	2 170	6 390	191
2020 年	19 400	125	6 630	9 820	8 920	18 700	654
2021 年	8 270	109	1 170	2 290	5 720	7 350	261
变化率	−82.8%	−99.6%	−77.8%	−92.8%	−57.3%	−84.1%	−91.4%
近 6 年年平均值	10 452	124.06	3 158	5 232	4 917.6	9 842	299
变化率	−78.2%	−99.5%	−40.0%	−83.4%	−63.3%	−78.8%	−90.2%

注：(1) 变化率为各时段均值分别与 1990 年前均值的相对变化；
(2) 近 6 年年平均值为溪洛渡、向家坝投入运行后，2014—2019 年的 6 年年平均值。

表 6.2-8　三峡水库和上游各站多年平均砾卵石推移量　单位：万 t

站名	年份	砾卵石推移量	沙质推移质
朱沱	1975—2002 年	26.9	
	2003—2016 年	11.2	
	2003—2017 年	10.6	
	2003—2018 年	10.1	
	2017 年	2.27	0.495
	2018 年	2.23	0.291
	2019 年	0.476	
	2020 年	1.78	
	2021 年	0.058	0.413
寸滩	1968—2002 年	22.0	
	2003—2016 年	3.67	
	2003—2017 年	3.67	
	2003—2018 年	4.26	
	2017 年	3.75	
	2018 年	13.1	0.013 5
	2019 年	4.61	
	2020 年	4.42	
	2021 年	2.46	0.044
万县	1973—2002 年	34.1	0.166
	2003—2016 年		
	2003—2017 年	0.156	
	2018 年	0.003 05	
	2020 年	0.000 33	
	2021 年	0.000 297	

注：卵石 $D>20$ mm，沙质推移质 $D=1\sim10$ mm，砾卵石 $D>2.0$ mm，泥沙 D 一般为 $0.062\sim0.125$ mm。

(3) 自 2014 年到 2020 年 7 年间的入库沙量年均值偏小 83%，表明来沙量减少已是颠覆性的。2014 年至 2020 年朱沱站枯水期流量大幅度增加见表表 6.2-9，2014 年后，三峡水库上游河道入库水沙条件发生重大变化，直接影响三峡水库和宜昌以下长江干线河道的水沙条件和河道演变，需引起关注。

表 6.2-9　朱沱站枯水期流量变化

时间段	多年平均年保证率流量和增加率		
	90%	95%	98%
1954—1999 年(m^3/s)			2 240
溪洛渡建成后 2014—2020 年(m^3/s)	3 850	3 570	3 330
二滩建成后 2000—2020 年(m^3/s)	3 080	2 860	2 600
溪洛渡建成后至 2020 年增加流量(m^3/s)	1 361	1 170	1 090
二滩建成后至 2020 年增加流量(m^3/s)	647	460	360
溪洛渡建成后流量增加率	51%	49%	49%
二滩建成后流量增加率	21%	19%	16%

6.2.3　库区水位变化

三峡水库是河道型水库，通过对各时期的水位分析，才能了解三峡水库的面貌和主要特征。按照三峡枢纽调度规程，水库运行分汛期、消落期和蓄水期。现列出三峡水库 2011 年、2016 年运行实例，通过这两年的实例分析，可揭示三峡水库的一些基本特征和各个时期水库水位、流量的变化，对研究水库各河段的冲淤变化有所帮助。

(1) 库区汛期水位变化

每年 6 月 16 日坝前水位需降至汛限水位 145 m，直到 9 月 10 日开始蓄水这段时间为汛期，主要实施防洪调度，进行削峰、拦洪，水位流量变化大而且频繁。2016 年 6—9 月汛期库区沿程各站水位、流量及蓄水量情况见表 6.2-10 至表 6.2-13，通过分析各站水位，可得出汛期削峰、拦洪的一些情况，可见水库在汛期呈河道特征，因此三峡水库与冲积河流的水库是完全不同的。2016 年汛期坝前月均水位变幅 3.0～15.9 m，但重庆的水位变幅在 7 m 左右，汛期库区水面比降变化较为频繁。但具体到某一天的沿程落差，自上游向坝是沿程减小的，2016 年 6 月 25 日的重庆羊角滩、寸滩、长寿、清溪场、丰都、忠县、万县、奉节、巫山、巴东至坝前水位落差依次是 24.03 m、22.41 m、9.81 m、4.69 m、2.5 m、1.92 m、1.47 m、0.94 m、0.58 m、0.16 m。

进一步结合入库流量分析，如距大坝 436.5 km 的丰都站，非汛期当流量 8 000 m^3/s 及以下，坝前水位 156～174 m 时丰都到大坝的水位差非常小。汛期当流量 15 000 m^3/s 以上，水面比降逐渐随流量增加而增大，而且越往上游水面比降越大；当流量 35 000～40 000 m^3/s，丰都到大坝平均水面比降 0.11‱，丰都到长寿平均水面比降达 0.81‱，恢复天然河流特征，局部礁石群河段出现坡陡流急的急流滩险，产生碍航。

表 6.2-10　2016 年汛期库区最低、最高水位

站名		6 月	7 月	8 月	9 月
重庆	最低(m)	164.65	166.24	165.84	164.40
	最高(m)	171.72	174.00	172.65	171.65
	水位变幅(m)	7.07	7.76	6.81	7.25
寸滩(最低)		163.14	163.14	167.70	164.28
长寿(最低)		152.29	152.29	156.63	152.60
坝前	最低(m)	145.19	149.08	145.75	145.71
	最高(m)	148.17	158.46	152.82	161.62
	水位变幅(m)	2.98	9.38	7.07	15.91
水库蓄水量(亿 m^3)		170～186	170～186	195～236	175～185

表 6.2-11　2016 年汛期库区水位及流量

寸滩		丰都水位(m)	长寿水位(m)	奉节水位(m)	巫山水位(m)	巴东水位(m)	坝前水位(m)
水位(m)	流量(m^3/s)						
		147.50	146.77	146.35	146.12	145.79	145.60(6 月 11 日)
167.73	17 300	148.30	147.17	146.63	146.24	145.70	145.62(6 月 20 日)
168.74	19 400	148.59	147.17	146.49	146.06	145.54	145.38(6 月 21 日)
172.46	28 100	154.30	152.28	151.45	150.85	150.00	149.71(7 月 2 日)
169.41	20 900	153.20	152.31	151.65	151.06	150.43	150.17(8 月 4 日)
168.69	19 900	151.00	148.64	147.68	147.06	146.16	145.83

表 6.2-12　2016 年 6—9 月三峡库区各站水位、入库流量及蓄水量(单位:水位 m、流量 m^3/s)

日期	重庆水位	寸滩水位	流量	长寿水位	清溪场水位	丰都水位	忠县水位	万县水位	奉节水位	巫山水位	巴东水位	坝上水位	入库流量	蓄水量(亿 m^3)
6 月 1 日	169.65	163.14	9 000	152.29	149.49	148.80	148.55	148.55	148.31	148.15		147.89		186.0
6 月 6 日	165.55	164.02	10 400	152.41	148.50	147.30	147.18	146.96	146.68	146.50	146.43	146.29	15 500	
6 月 9 日	169.35	167.75	17 300	155.19	149.51	147.50	147.04	146.70	146.34	146.18	145.99	145.75	20 000	
6 月 11 日	166.42	164.90	11 900	153.27	148.88	147.50	147.08	146.77	146.35	146.12	145.79	145.60	16 500	174.46
6 月 16 日	166.98	165.45	12 900	153.17	148.38	147.00	146.66	146.44	146.13	146.01	145.76	145.56	15 000	
6 月 18 日	167.88	166.42	14 600	154.99	149.69	147.70	146.96	146.56	146.17	145.93	145.75	145.56	19 500	174.27
6 月 20 日	169.31	167.73	17 300	155.19	150.38	148.30	147.67	147.17	146.63	146.24	145.70	145.62	22 500	
6 月 21 日	170.30	168.74	19 400	157.18	151.59	148.80	147.89	147.17	146.49	146.06	145.54	145.38	30 000	
6 月 22 日	167.30	165.86	13 600	155.20	150.71	148.50	147.77	147.25	146.70	146.33	145.93	145.73	22 000	
6 月 23 日	166.53	165.03	12 100	153.57	149.42	147.80	147.31	146.99	146.50	146.31	145.99	145.76	18 000	175.26
6 月 29 日	170.43	168.96	19 900	158.74	154.44	151.00	149.75	148.64	147.68	147.06	146.16	145.83	35 500	
7 月 2 日	173.90	172.46	28 100	162.42	157.21	154.30	153.32	152.28	151.45	150.85	150.00	149.71	40 000	195.36
7 月 9 日	170.58	169.06	20 100	158.71	154.33	152.60	152.23	151.79		150.99	150.76	150.53	25 000	
7 月 15 日	172.00	170.51	23 400	159.22	155.16	153.90	153.84	153.60	153.30	153.00	152.96	152.78	32 000	
7 月 21 日	173.62	172.22	26 200	164.41	161.24	166.00	159.63	159.22	158.75	158.37	158.13	157.93	35 000	236.2
7 月 30 日	171.78	170.36	22 400	161.34	158.13	156.90	156.60	156.13	155.52	154.99	154.48	154.27	26 000	223.2
8 月 4 日	170.85	169.41	20 900	159.13	154.99	153.20	152.91	152.31	151.65	151.06	150.43	150.17	25 000	
8 月 12 日	170.09	169.41	19 100	156.63	151.47	149.30	148.85	148.47	148.04	147.72	147.40	147.18	21 500	182.3
8 月 20 日	167.04	168.61	13 100	153.53	148.58	147.10	146.79	146.60	146.29	146.13	146.07	145.83	15 500	175.6
8 月 26 日	166.89	165.31	12 600	153.10	148.56	147.10	146.88	146.67	146.41	146.29	146.09	145.95	13 800	
8 月 31 日	165.84	164.28	10 900	152.60	148.79	148.00	147.84	147.71	147.50	147.39	147.29	147.24	12 000	

续表

日期	重庆水位	寸滩水位	流量	长寿水位	清溪场水位	丰都水位	忠县水位	万县水位	奉节水位	巫山水位	巴东水位	坝上水位	入库流量	蓄水量（亿 m^3）
9月2日	165.76	164.10	10 600	152.40	148.65	147.90	147.76	147.65	147.44	147.32	147.19	147.09	11 202	
9月10日	168.01	166.49	14 800	153.41	148.42	147.15	146.83	146.70	146.47	146.36	146.31	146.28	14 200	
9月13日	166.44	164.94	12 000	153.85	150.57	150.50	149.62	149.52	149.32	149.21	149.14	149.07	13 200	
9月16日	166.00	164.47	11 100	153.79	151.26	150.70	150.61	150.53	150.35	150.22	150.20	150.19	11 800	177.83
9月20日	166.25	164.71	11 500	154.00	151.82	151.30		151.21		150.91		150.82	12 000	200.83

表 6.2-13　2016 年三峡水库汛期 6—9 月各站水位、水位差及流量(单位:水位 m、流量 m^3/s)

		重庆羊角滩		寸滩		长寿		清溪场		丰都		忠县		万县		奉节		巫山		巴东		三峡大坝坝前水位	入库流量	出库流量	寸滩流量
距大坝(km)		613.3		606.4		536.5		479.9		436.5		286		286		163		124.5		66.4					
		水位	△10	水位	△9	水位	△8	水位	△7	水位	△6	水位	△5	水位	△4	水位	△3	水位	△2	水位	△1				
6月	7	165.92	20.3	164.39	18.77	152.55	6.93	148.24	2.62	146.9	1.28	146.7	1.08	146.43	0.81	146.11	0.49	145.85	0.23	145.82	0.2	145.62	15 000	11 000	17 750
	8	166.87	21.44	165.31	19.88	152.89	7.46	148.17	2.74	146.7	1.27	146.49	1.06	146.28	0.85	145.98	0.55	145.73	0.3	145.66	0.23	145.43	15 500	12 600	17 565
	17	168.43	23.24	166.89	21.7	154.25	9.06	148.9	3.71	147	1.81	146.55	1.36	146.21	1.02	145.81	0.62	145.57	0.38	145.39	0.2	145.19	17 800	15 600	18 478
	18	167.88	22.32	166.42	20.86	154.99	9.43	149.69	4.13	147.7	2.14	146.96	1.4	146.56	1	146.17	0.61	145.93	0.37	145.75	0.19	145.56	19 500	14 600	17 682
	22	167.3	21.57	165.86	20.13	155.2	9.47	150.71	4.98	148.5	2.77	147.77	2.04	147.25	1.52	146.7	0.97	146.33	0.6	145.93	0.2	145.73	22 000	13 600	23 276
	23	166.53	20.77	165.03	19.27	153.57	7.81	149.42	3.66	147.5	1.74	147.31	1.55	146.99	1.23	146.58	0.82	146.31	0.55	145.99	0.23	145.76	18 000	12 100	23 395
	25	170.53	24.03	168.91	22.41	156.31	9.81	151.19	4.69	149	2.5	148.42	1.92	147.97	1.47	147.44	0.94	147.08	0.58	146.66	0.16	146.5	31 000	19 800	24 195
	26	171.72	25.41	170.19	23.88	159.09	12.78	153.82	7.51	150.9	4.59	149.79	3.48	148.86	2.55	147.97	1.66	147.41	1.1	146.6	0.29	146.31	35 000	22 700	31 081
7月	10	169.33	18.09	—	—	157.46	6.22	—	—	152.8	1.56	—	—	152.28	1.04	151.98	0.74	151.64	0.4	—	—	151.24	21 000	17 500	20 314
	11	168.99	17.49	—	—	156.95	5.45	—	—	152.8	1.3	—	—	152.47	0.97	152.14	0.64	151.85	0.35	—	—	151.5	20 200	16 760	20 614
	20	174	17.75	—	—	162.93	6.68	—	—	158	1.75	—	—	157.41	1.16	156.93	0.68	156.58	0.33	—	—	156.25	36 000	28 100	21 598
	21	173.62	15.69	—	—	164.41	6.48	—	—	160	2.07	—	—	159.22	1.29	158.75	0.82	158.37	0.44	—	—	157.93	35 000	26 200	24 053
	25	171.46	14.85	—	—	162.05	5.44	—	—	158.7	2.09	—	—	158.2	1.59	157.65	1.04	157.2	0.59	—	—	156.61	24 000	20 700	28 826
	26	171.3	15.23	—	—	162	5.93	—	—	158.3	2.23	—	—	157.73	1.66	157.17	1.1	156.67	0.6	—	—	156.07	24 800	21 700	28 562
8月	1	173.65	25.83	—	—	160.56	12.74	—	—	151.9	4.08	—	—	150.2	2.38	149.45	1.63	148.39	0.57	—	—	147.82	48 000	27 100	30 000
	2	173.9	24.19	—	—	162.42	12.71	—	—	154.3	4.59	—	—	152.28	2.57	151.45	1.74	150.85	1.14	—	—	149.71	40 000	28 100	29 700
	3	173.98	23.13	—	—	159.82	8.97	—	—	154	3.15	—	—	153	2.15	152.32	1.47	157.75	6.9	—	—	150.85	25 000	23 300	30 508
	4	170.85	20.68	—	—	159.13	8.96	—	—	153.2	3.03	—	—	152.31	2.14	151.65	1.48	151.06	0.89	—	—	150.17	25 000	20 900	30 300
	8	170.7	22.4	—	—	158.56	10.26	—	—	151.6	3.3	—	—	150.37	2.07	149.68	1.38	149.15	0.85	—	—	148.3	24 800	20 600	28 287
	9	169.07	20.84	—	—	156.87	8.64	—	—	150.1	1.87	—	—	149.79	1.56	149.27	1.04	148.84	0.61	—	—	148.23	21 000	17 600	24 947
	17	168.45	22.58	—	—	154.91	9.04	—	—	147.7	1.83	—	—	146.85	0.98	146.47	0.6	146.26	0.39	—	—	145.87	19 520	19 800	16 300
	18	167.73	21.76	—	—	154.59	8.62	—	—	147.8	1.83	—	—	146.95	0.98	146.58	0.61	146.36	0.39	—	—	145.97	18 500	14 400	18 474
	25	166.65	20.8	—	—	153.14	7.29	—	—	147	1.15	—	—	146.52	0.67	146.27	0.42	146.13	0.28	—	—	145.85	13 800	12 200	15 130
	26	166.89	20.94	—	—	153.1	7.15	—	—	147.1	1.15	—	—	146.67	0.72	146.41	0.46	146.26	0.31	—	—	145.95	13 800	12 600	14 877
	29	167.22	5.91	—	—	162.3	0.99	—	—	161.55	0.24	—	—	161.71	0.4	161.53	0.22	161.33	0.02	—	—	161.31	14 500	10 600	10 816
	30	167.25	5.63	—	—	162.6	0.98	—	—	161.9	0.28	—	—	162.01	0.39	161.82	0.2	161.71	0.09	—	—	161.62	13 500	13 200	10 804

续表

距大坝(km)		重庆羊角滩		寸滩		长寿		清溪场		丰都		忠县		万县		奉节		巫山		巴东		三峡大坝坝前水位	入库流量	出库流量	寸滩流量
		613.3		606.4		536.5		479.9		436.5		286		286		163		124.5		66.4					
		水位	△10	水位	△9	水位	△8	水位	△7	水位	△6	水位	△5	水位	△4	水位	△3	水位	△2	水位	△1				
	17	165.3	14.84	—	—	153.65	3.19	—	—	150.9	0.44	—	—	150.86	0.4	150.67	0.21	150.55	0.09	—	—	150.46	11 600	10 100	11 261
	18	165.24	14.7	—	—	153.49	2.95	—	—	151	0.46	—	—	150.95	0.41	150.79	0.25	150.66	0.12	—	—	150.54	11 000	9 910	11 029
9月	8	166.65	20.94	—	—	152.45	6.74	—	—	146.6	0.89	—	—	146.25	0.54	146.03	0.32	145.91	0.2	—	—	145.71	12 500	12 300	13 515
	9	166.65	20.84	—	—	153.08	7.27	—	—	146.78	0.97	—	—	146.39	0.58	146.15	0.34	146.02	0.21	—	—	145.81	13 800	12 500	13 670
	2	165.76	18.67	—	—	152.4	5.31	—	—	147.9	0.81	—	—	147.65	0.56	147.44	0.35	147.32	0.23	—	—	147.09	11 200	10 600	13 850
	3	165.4	18.38	—	—	152.38	5.36	—	—	147.8	0.78	—	—	147.57	0.55	147.35	0.33	147.22	0.2	—	—	147.02	11 200	10 200	13 731

说明：△1 至△10 为各站水位与坝前水位之差，距大坝里程为航道里程。

(2) 水库消落期水位变化

三峡水库蓄水到正常蓄水位 175 m 后,基本上来多少流量就下泄多少,以维持水库高水位运行。到次年 1 月 1 日,一般枯水位为 172～174 m,以后来流量减少,为了保证发电出力,需从水库中取水补充。水库取水量也就是向下游河道的补水流量,称补水量,每年可向下游补水约 200 亿 m^3,水库水位累计消落 27 m 左右。2011 年水库消落期(1—5 月)各站水位、流量变化见表 6.2-14,可见在水库消落期枯水位水面比降非常小。大坝到寸滩距离 606.4 km,当坝前水位 170 m 时,水位差仅 4～5 cm;坝前水位 164 m 时,水位差 0.5～0.6 m;坝前水位 161 m 时,水位差 1.3～1.5 m,入库流量一般为 4 000～6 000 m^3/s。

航运部门关心的是水库水位消落速度和枯水期宜昌站下泄流量,希望枯水位在 1—4 月水位下降速度不要太快,更希望枯水期最小流量能够增加。因而消落期间调度要考虑航运需求,既要放慢速度,又要考虑坝下游需要增加最小流量,因此有一定难度,需要在上游水库联合调度中考虑航运要求,尽可能在枯水期增加向家坝和宜昌站的下泄流量。

(3) 蓄水期水位变化

每年 9 月 10 日开始蓄水,因来水量每年不同,起蓄水位也不相同,但到 10 月 31 日,一般年份可蓄到正常蓄水位 175 m。航运部门要求蓄水期下泄流量要按调度规程控制,保证 9 月和 10 月各旬的下泄流量在一定变化范围,以满足坝下游航道缓慢冲刷成槽和通航要求。

表 6.2-14　2011 年三峡水库消落期各站水位与流量

单位:水位,m;流量,m^3/s

日期		重庆水位	寸滩水位	寸滩流量	长寿水位	清溪场水位	丰都水位	忠县水位	万县水位	奉节水位	巫山水位	巴东水位	三峡大坝水位	入库流量	宜昌流量
1月	1	174.73	174.69	4 190	174.64	174.66	174.67	174.84	174.9	174.78	174.61	174.6	174.64	5 600	5 860
	2	174.71	174.69	4 280	174.58	174.61	174.5	174.79	174.81	174.66	174.55	174.63	174.6	5 700	5 840
	16	173.85	173.76	5 170	173.63	173.66	173.65	173.82	173.87	173.69	173.57	173.62	173.61	5 900	7 190
	17	173.65	173.58	5 030	173.45	173.5	173.55	173.66	173.69	173.58	173.43	173.51	173.48	5 900	6 970
	29	171.69	171.62	5 180	171.52	171.47	171.45	171.63	171.7	171.51	171.42	171.52	171.47	5 500	7 390
	30	171.58	171.49	5 100	171.39	171.33	171.29	171.48	171.54	171.37	171.27	171.36	171.33	5 500	6 740
2月	4	170.76	170.72	3 970	170.73	170.64	170.68	170.83	170.89	170.72	170.62	170.74	170.68	4 300	—
	5	170.6	170.55	4 030	170.53	170.47	170.48	170.65	170.71	170.53	170.44	170.51	170.5	4 300	—
	11	169.41	169.33	3 570	169.29	169.3	169.32	169.5	169.51	169.39	169.28	169.35	169.33	3 800	—
	12	169.18	169.2	3 600	169.27	169.13	169.1	169.3	169.33	169.21	169.11	169.18	169.14	4 000	—
	18	168.49	168.32	4 070	168.24	168.2	168.2	168.35	168.37	168.21	168.09	168.16	168.12	4 300	—
	19	168.19	168.14	3 640	168.03	168.01	168	168.18	168.22	168.09	167.99	168.07	168.03	4 400	—
	23	167.49	167.45	3 510	167.33	167.32	167.4	167.49	167.54	167.4	167.3	167.39	167.36	4 000	—
	24	167.39	167.29	3 860	167.21	167.15	167.15	167.32	167.36	167.22	167.1	167.2	167.16	4 100	—
	27	166.98	166.88	3 810	166.67	166.71	166.6	166.89	166.94	166.78	166.69	166.75	166.67	4 600	—
	28	166.85	166.77	3 760	166.59	166.56	166.54	166.75	166.79	166.59	166.48	166.54	166.47	4 600	—

续表

日期		重庆水位	寸滩水位	寸滩流量	长寿水位	清溪场水位	丰都水位	忠县水位	万县水位	奉节水位	巫山水位	巴东水位	三峡大坝水位	入库流量	宜昌流量
3月	4	166.47	166.34	4 060	166.11	166.06	166.00	166.25	166.28	166.11	166.00	166.10	166.02	4 900	5 780
	5	166.49	166.35	4 450	166.02	165.97	166.00	166.17	166.24	166.06	165.98	166.08	166.00	5 800	5 840
	11	165.90	165.79	3 950	165.53	165.46	165.50	165.67	165.70	165.58	165.50	165.58	165.55	5 100	5 900
	12	165.88	165.71	4 180	165.41	165.35	165.30	165.56	165.59	165.45	165.38	165.44	165.44	5 100	5 760
	21	164.98	164.70	4 200	164.25	164.20	164.20	164.39	164.38	164.20	164.11	164.15	164.11	6 000	6 880
	22	164.89	164.64	4 210	164.11	164.07	164.10	164.25	164.26	164.10	164.01	164.05	164.02	5 800	6 740
	27	164.89	164.59	5 490	163.63	163.55	163.55	163.72	163.73	163.59	163.50	163.54	163.54	6 600	6 980
	28	164.69	164.37	4 940	163.52	163.46	163.50	163.65	163.68	163.54	163.44	163.49	163.46	6 800	6 850
4月	4	163.72	163.40	4 960	162.44	162.38	162.40	162.56	162.59	162.40	162.29	162.35	162.32	6 500	—
	5	163.90	163.52	4 990	162.46	162.34	162.40	162.56	166.59	162.42	162.30	162.36	162.32	6 100	—
	11	163.12	162.54	4 840	161.42	161.34	161.35	161.50	161.54	161.38	161.26	161.31	161.23	6 500	—
	12	163.25	162.66	5 210	161.27	161.16	161.15	161.30	161.34	161.09	161.07	161.10	161.08	6 300	—
	15	162.99	162.25	4 960	160.53	166.41	160.40	160.57	160.59	160.43	160.34	—	160.33	6 400	—
	16	162.45	161.72	4 490	160.24	160.18	160.17	160.33	160.34	160.19	160.08	—	160.13	6 200	—
	19	162.00	161.25	4 190	159.66	159.57	159.60	159.76	159.79	159.60	159.50	159.56	159.49	6 000	—
	20	161.74	160.87	4 180	159.35	159.24	159.40	159.44	159.46	159.29	159.17	159.22	159.15	5 800	—
	22	162.23	161.16	4 920	158.82	158.68	158.69	158.85	158.87	158.70	158.61	158.68	158.62	6 600	—
	23	161.96	160.87	4 550	158.57	158.48	158.46	158.65	158.66	158.51	158.41	158.48	158.47	6 600	—
	28	160.25	160.23	4 370	157.37	157.22	157.25	157.40	157.41	157.25	157.15	157.20	157.17	5 600	—
	29	161.10	159.81	4 050	157.00	156.94	156.95	157.11	157.11	156.96	156.86	157.00	159.93	5 400	—

续表

日期		重庆水位	寸滩水位	寸滩流量	长寿水位	清溪场水位	丰都水位	忠县水位	万县水位	奉节水位	巫山水位	巴东水位	三峡大坝水位	入库流量	宜昌流量
5月	4	162.64	161.31	5 800	156.68	156.38	156.30	156.51	156.54	156.38	156.27	156.29	156.23	6 500～6 610	—
	5	161.59	160.21	4 380	156.21	156.02	156.05	156.15	156.17	156.00	155.91	156.95	155.91	6 000～7 860	—
	9	161.62	160.14	4 280	155.30	155.13	155.10	155.25	155.25	155.06	154.97	155.02	154.97	6 000～6 550	—
	10	162.40	160.94	5 290	155.15	154.95	154.90	155.05	155.02	154.80	154.72	154.76	154.69	6 700～7 750	—
	21	163.07	161.62	6 200	154.34	153.91	153.80	153.89	153.89		153.52	—	153.43	7 800～9 460	—
	22	163.32	161.92	6 650	154.38	153.68	153.55	153.67	153.70	—	153.36	—	153.30	9 300～9 460	—
	30	163.81	162.48	7 460	152.48	151.01	150.70	150.83	150.77	150.60	150.44	150.46	150.37	8 800～10 600	—
	31	163.71	162.38	7 310	152.15	150.54	150.30	150.34	150.30	150.15	149.98	150.02	149.89	10 000～12 100	—

6.3 三峡枢纽下游水沙条件变化

6.3.1 坝下游各站水沙条件变化

三峡水库 2003 年蓄水运行，2008—2012 年三峡枢纽 175m 试验性蓄水，2013—2019 年溪洛渡和向家坝水电站相继投入运行。经过水库的调节，枯季补水使得流量有所增加，汛期削峰运行使得洪峰流量减少，因而径流过程相对坦化。上游下泄的泥沙经过库区的拦截与缓流淤积、絮凝，过坝后含沙量急剧减少，因而三峡坝下游水沙条件发生了明显变化。

坝下沿程各站年均径流量、历年最枯流量、各月平均流量变化见表 6.3-1 至表 6.3-4，可见，枢纽运行以来年均径流量减少 1%～4%，汛期流量减少，但每年最枯流量有所增加(图 6.3-2)，由 2003 年宜昌—监利河段约 3 000 m^3/s 逐年增加，至 2010 年已增加到 5 000 ～6 000 m^3/s，此后逐渐趋于小幅波动；长江下游大通站 2003—2017 年实测水位-流量关系基本为单一曲线，数据分布与 2003 年以前的基本一致，可认为三峡水利枢纽运行后对本站水位-流量关系目前无明显影响；三峡水利枢纽 2008 年试验性蓄水期(172～175 m 蓄水)，特别是溪洛渡、向家坝水电站蓄水运行后，各站枯水流量与 2007 年比较均有明显增加；2016 年汉口站流量 10 000m^3/s 时水位比 2015 年升高 0. 12 m，2019 年与 2008 年比较，沙市水位下降 1.0 m，大埠街下降最多为 1. 83 m，枝城站下降仅 0. 02 m，宜昌站上升了 0. 58 m。其中监利站的水沙受洞庭湖影响。

表 6.3-1　三峡坝下沿程各站年均径流量　单位：10^8 m^3

年份	宜昌	枝城	沙市	监利	螺山	汉口	大通
2002 年前	4 369	4 450	3 942	3 576	6 460	7 111	9 052
2019 年	4 466	4 473	4 059	3 942	6 768	7 132	9 334
2020 年	5 442	5 614	4 978	4 750	8 156	8 794	11 180
2021 年	4 723	4 823	4 352	4 228	6 850	7 467	9 646
2003—2020 年	4 188	4 283	3 907	3 779	6 222	6 929	8 782
与 2002 年前相比的变化率(%)	−4	−4	−1	6	−4	−3	−3

表 6.3-2 三峡坝下游沿程各站历年最枯流量(长江航道设计院成果) 单位:m^3/s

年份	宜昌	枝城	沙市	监利	螺山	汉口	九江	大通
2003 年	2 950	3 220	3 270	3 520	8 050	9 650	10 700	13 900
2004 年	3 670	3 890	4 150	3 920	5 340	7 290	7 920	8 380
2005 年	3 730	4 100	4 400	4 130	7 390	9 640	9 720	9 730
2006 年	3 890	4 390	4 500	4 370	6 500	8 330	8 710	9 650
2007 年	4 030	4 540	4 550	4 630	6 770	7 780	8 440	10 000
2008 年	4 380	4 770	4 730	5 080	6 660	8 080	8 760	10 300
2009 年	4 710	5 280	5 280	5 770	7 610	9 310	9 830	10 900
2010 年	5 000	5 410	5 660	5 830	6 780	9 150	9 030	11 200
2011 年	5 430	5 660	5 990	5 800	7 100	9 700	9 790	12 900
2012 年	5 640	5 960	5 970	6 180	7 810	10 300	10 300	11 400
2013 年	5 680	5 950	6 060	6 080	9 660	10 800	10 800	14 300
2014 年	5 620	5 580	5 830	5 930	8 200	9 120	9 320	10 400
2015 年	6 080	6 370	6 190	6 450	8 120	9 590	10 200	11 300
2016 年	5 960		6 280		10 200	11 300	11 700	16 200
2017 年	6 060		6 110		9 410	10 200	10 900	12 200
2018 年	6 200		6 220			9 810	10 000	11 400
2019 年	5 970		5 840			11 000	11 700	15 200
2003—2007 年	3 940	4 338	4 466	4 426	6 532	8 224	8 710	9 612
2008—2012 年	5 308	5 652	5 792	5 932	7 792	9 852	9 950	12 140
2013—2019 年	5 982	5 975	6 078	6 190	8 983	10 170	10 637	12 783

说明:宜昌站 2017 年实测最小流量 5 800 m^3/s,最低水位 39.38 m(冻结),表中数据为根据水位关系曲线适线处理后的值。

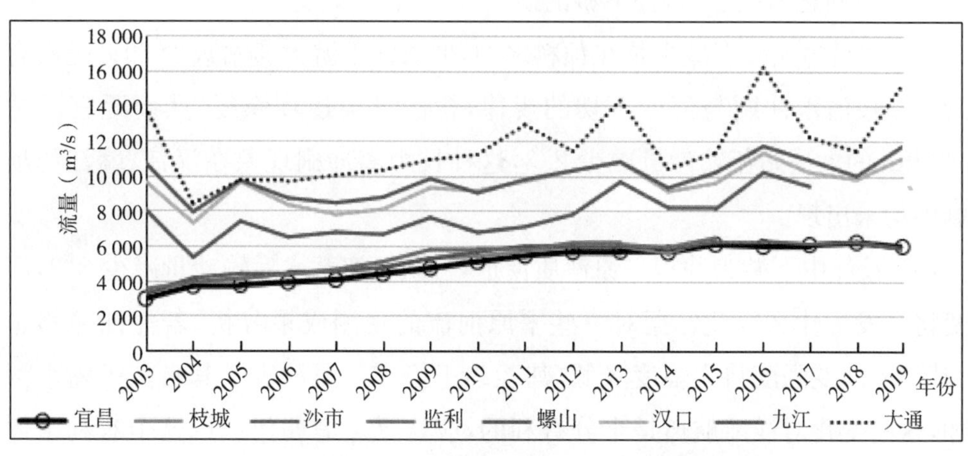

图 6.3-1 三峡坝下游沿程各站最枯流量逐年变化

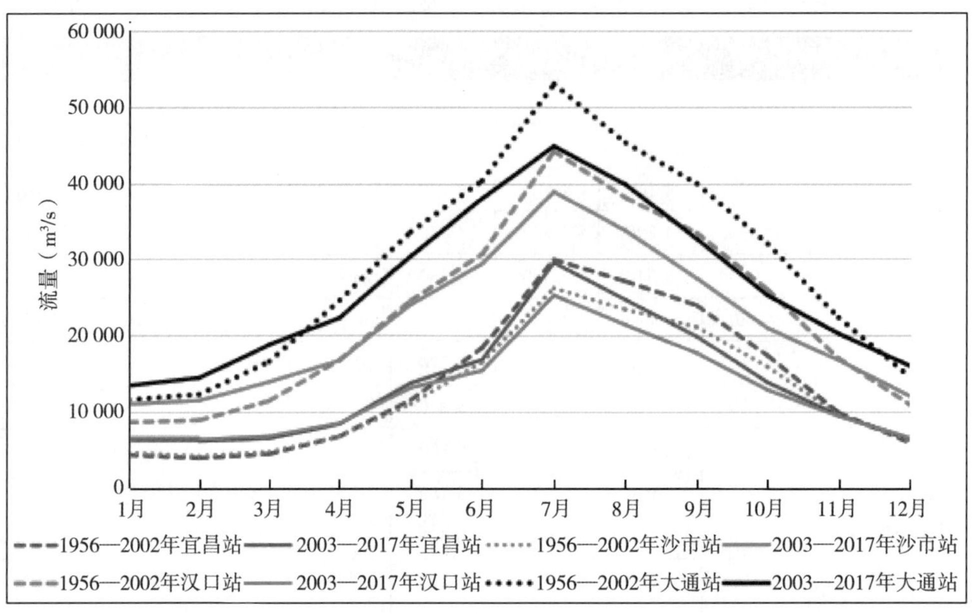

图 6.3-2　三峡水库运行前后坝下游沿程各站月均流量变化

三峡枢纽蓄水前后长江中下游各站历年输沙量、推移质输移量、宜昌站年均砾卵石输移量见表 6.3-5 至表 6.3-7 与图 6.3-3，从图表中成果分析可得到以下认识：

(1) 三峡枢纽蓄水后，泥沙大部分拦蓄在水库内，宜昌以下各站年输沙量大幅减少，其中宜昌站年输沙量与蓄水前的 2002 年比较减少 90%～98%，长江下游大通站 2003—2020 年减少 69%。蓄水后宜昌站沙质推移质大幅减少，往下游枝城、沙市、监利逐渐恢复，再往下游的螺山、汉口有所减弱。

(2) 宜昌站大幅度减少是在预料之中，但长江下游大通站减少 69%是没有预测到的。按清水冲刷与河床下切的规律，含沙量会逐步恢复，然而距宜昌站约 1 182 km 的大通站年输沙量减少 2/3，这种长距离冲刷现象在汉江、赣江的坝下冲刷中均未出现。

(3) 长江中下游为冲积平原沙质河道，三峡枢纽蓄水后输沙量减少 2/3，河床演变将会发生什么变化？据对一些平原河流的观测成果分析，若泥沙输移非常少，其洲滩演变强度将大幅度降低，甚至趋于稳定。泥沙少了其自然平衡水深会增加，这些变化对浅滩航道是十分有利的，应认真考虑如何利用这个有利条件与时机，但同时也要研究新的浅滩维护和整治工程方法。

表 6.3-3　坝下游沿程各站月均流量

单位：m^3/s

	年份	1月	2月	3月	4月	5月	6月	7月	8月	9月	10月	11月	12月	年均流量
宜昌	1956—1990年	4 190	3 760	4 230	6 530	11 600	18 000	29 400	26 500	26 000	18 400	9 960	5 800	13 800
	1991—2002年	4 510	4 090	4 690	6 950	11 400	18 700	30 500	27 700	21 900	16 200	9 700	5 970	13 600
	2003—2008年	4 570	4 330	5 150	7 020	10 900	16 800	26 400	23 400	23 800	13 600	9 270	5 590	12 600
	2009—2017年	6 184	6 205	6 540	8 287	13 153	17 037	26 779	22 859	19 848	12 240	8 817	6 359	12 868
	2018年	8 109	8 032	7 818	9 803	17 148	16 489	35 461	27 800	15 968	15 509	10 390	6 859	15 024
枝城	1991—2002年	4 600	4 250	4 840	6 990	11 600	19 000	31 300	27 500	22 000	16 300	9 580	5 830	13 700
	2003—2008年	4 890	4 650	5 500	7 430	11 200	17 200	26 500	23 600	24 000	13 700	9 400	5 950	12 900
	2009—2017年	6 590	6 571	6 907	8 724	13 484	17 316	26 787	22 755	20 127	12 708	9 160	6 696	13 155
	2018年	8 463	8 237	8 173	10 109	17 319	16 510	35 539	27 961	16 197	15 695	10 651	7 259	15 176
沙市	1956—1990年	4 300	3 870	4 380	6 460	10 900	15 900	25 500	22 600	22 500	16 400	9 520	5 870	12 400
	1991—2002年	4 910	4 480	5 050	6 990	11 100	17 000	26 900	24 200	19 700	15 200	9 680	6 230	12 700
	2003—2008年	5 030	4 750	5 680	7 440	10 900	15 600	23 100	20 500	21 000	12 900	9 290	6 140	11 900
	2009—2017年	6 540	6 479	6 772	8 336	12 975	15 512	22 898	20 043	17 842	11 760	9 113	6 588	12 076
	2018年	8 050	7 826	7 858	9 612	15 455	14 873	29 781	23 613	14 087	13 713	9 707	6 795	13 447
螺山	1956—1990年	6 540	6 980	9 370	15 300	23 300	28 200	38 300	32 400	31 300	24 200	15 200	9 030	
	1991—2002年	8 310	8 610	11 200	15 700	22 100	29 200	43 300	37 000	29 200	22 000	14 200	9 480	
	2003—2008年	8 040	8 850	11 800	13 500	20 400	27 100	33 800	29 800	29 500	17 500	13 900	8 520	
	2009—2017年	9 331	9 154	11 514	15 250	22 642	29 220	35 312	30 292	25 529	16 513	13 567	10 308	
汉口	1956—1990年	7 660	7 860	10 300	16 400	25 300	30 200	41 500	35 700	34 500	27 600	17 500	10 600	22 200
	1991—2002年	9 550	9 840	12 500	17 100	23 800	31 100	46 800	40 400	32 300	24 300	16 300	11 100	23 000
	2003—2008年	9 740	10 300	13 500	15 300	22 400	29 400	37 400	34 100	33 700	21 100	16 100	10 500	21 200
	2009—2017年	11 406	11 066	13 879	18 881	25 436	31 828	40 449	33 119	26 938	19 913	15 972	12 519	21 795
	2018年	11 807	12 950	14 265	15 820	24 265	26 867	38 635	33 865	21 720	21 768	17 970	12 877	21 067

续表

	年份	1月	2月	3月	4月	5月	6月	7月	8月	9月	10月	11月	12月	年均流量
大通	1956—1990年	9 910	10 700	15 000	23 400	34 000	39 400	48 300	41 300	38 400	33 000	22 900	13 700	27 600
	1991—2002年	13 200	13 800	18 100	25 800	33 100	41 200	57 600	49 200	41 400	30 900	21 700	15 200	30 200
	2003—2008年	12 000	13 600	18 100	21 200	28 900	37 000	42 300	39 100	38 500	26 800	19 300	13 400	25 900
	2009—2017年	14 650	14 459	20 282	25 878	34 016	43 072	50 501	41 972	32 445	25 375	20 037	16 309	28 240
	2018年	13 629	15 175	17 845	19 857	28 155	33 780	41 700	38 306	26 943	23 500	21 293	18 097	24 856

表 6.3-4　坝下游枝城站历年月均流量

单位：m^3/s

年份	1月	2月	3月	4月	5月	6月	7月	8月	9月	10月	11月	12月
1956—1966年	4 380	3 850	4 470	6 530	12 000	18 100	30 900	29 700	25 900	18 600	10 600	6 180
1967—1972年	4 220	3 900	4 860	7 630	13 900	18 100	28 200	23 400	24 200	18 300	10 400	5 760
1973—1980年	4 050	3 690	4 020	7 090	12 700	20 500	27 700	26 500	27 000	19 400	9 940	5 710
1981—1998年	4 400	4 110	4 700	7 070	11 500	18 300	32 600	27 400	25 100	17 700	9 570	5 800
1999—2002年	4 760	4 440	4 810	6 630	11 500	21 200	30 400	27 200	24 100	17 100	10 500	6 130
2003—2018年	6 170	6 023	6 570	8 620	13 131	17 521	27 333	23 401	20 790	13 134	9 469	6 528
2003—2017年	6 018	5 876	6 463	8 520	12 852	17 589	26 786	23 097	21 097	12 963	9 390	6 480
2003—2016年	5 960	5 770	6 290	8 290	12 600	17 500	27 100	21 900	11 400	9 850	11 000	7 950
2015年	6 630	6 780	8 090	10 300	126 000	17 700	20 700	16 200	20 600	13 800	9 530	7 310
2016年	8 220	7 670	8 740	13 500	17 500	21 900	27 900	21 900	11 400	9 880	11 000	7 950
2017年	6 880	7 330	8 830	11 800	15 900	19 400	21 900	18 900	19 400	21 800	10 500	7 400
2018年	8 463	8 237	8 173	10 109	17 319	16 510	35 539	27 961	16 197	15 695	10 651	7 259
2019年	8 704	7 313	8 706	10 937	16 223	19 570	24 687	25 152	15 807	14 429	10 585	7 435
2020年	8 394	7 459	10 061	10 612	10 806	22 013	36 671	40 535	26 690	19 881	10 829	8 387
2021年	9 323	7 279	7 470	11 849	15 039	14 566	27 177	23 771	29 247	18 200	11 441	7 560
2015—2019年与1999—2002年比值	+1.63	+1.68	+1.76	+1.71	+1.38							+1.22

表 6.3-5　三峡枢纽蓄水前后长江中下游各站历年输沙量　　单位：万 t

年份	宜昌	枝城	沙市	监利	螺山	汉口	大通
2002 年前	49 200	50 000	43 400	35 800	40 900	39 800	42 700
2008 年	3 200	3 900	4 900	7 600	9 150	10 100	13 000
2009 年	3 510	4 090	5 060	7 060	7 720	8 740	11 100
2010 年	3 280	3 790	4 800	6 020	8 370	11 100	18 500
2011 年	623	975	1 810	4 480	4 500	6 860	7 180
2012 年	4 260	4 830	6 170	7 440	9 810	12 800	16 200
2013 年	3 000	3 170	4 020	5 640	8 380	9 280	11 700
2014 年	940	1 220	2 760	5 270	7 350	8 160	12 000
2015 年	371	568	1 420	3 310	5 950	6 300	11 600
2016 年	847	1 130	2 090	3 290	6 620	6 790	15 200
2017 年	331	550	1 620	2 900	5 110	6 980	104
2018 年	3 620	4 160	4 950	7 320	7 260	7 960	8 310
2019 年	879	1 120	1 880	4 250	5 230	5 730	10 500
2020 年	4 680	5 510	5 870	7 510	9 610	8 860	16 400
2021 年	1 110	1 400	1 780	4 230	5 820	6 440	10 200
2003—2013 年年均	4 660	5 600	6 660	8 110	9 500	11 200	14 300
2003—2013 年年变化率	−90.5%	−88.8%	−84.7%	−77.4%	−76.8%	−71.9%	−66.5%
2003—2020 年年均	3 490	4 220	5 220	6 840	8 440	9 670	13 400
2003—2020 年年变化率	−93%	−92%	−88%	−81%	−79%	−76%	−69%

注：变化率为与 2002 年进行对比。

（4）三峡枢纽蓄水后，宜昌站沙质推移质也大幅度减少。2003—2019 年宜昌站多年平均值为 9.7 万 t，较蓄水前的 1981—2002 年年均值减少 93%。

据水文局原观成果表明：①水沙条件发生变化，宜昌及坝下游各站 2003—2007 年年输沙量分别减少 67%～91%，2008 年后年输沙量各站继续减少达到 71%～96%。②枯水流量增加，2003 年宜昌站最枯流量 2 950 m^3/s，试验性蓄水前（2008 年前），枯水流量平均为 3 940 m^3/s，2008—2012 年年均最枯流量达到 5 308 m^3/s，2013 年以来最枯流量多年平均值达到 5 982 m^3/s。③宜昌站水位下降，当流量为 6 000 m^3/s 时，2003—2007 年下降 0.22 m，2008—2018 年累计下降 0.50 m，沙市 2018 年水位下降达 2.47 m。④坝下各站悬沙中值粒径变化见表 6.3-8，可见三峡运行来，沿程悬沙中值粒径略有粗化。

表 6.3-6　三峡枢纽蓄水前后长江中游各站历年推移质输移量　　单位:万 t

年份	宜昌	枝城	沙市	监利	螺山	汉口	九江
1973—1979 年年均	1 057.0						
1981—2002 年年均	137.0						
2012 年	0.16	69	190	295	162	218	29.4
2014 年	0.003	17.9	164	310	124	127	30.6
2015 年	1.7	16.3	151	230	199	127	28.4
2016 年	0.03	10.5	189	177	134	127	
2017 年		37.6	103	183	158	126	
2018 年	0.03	12.9	169	433	155	155	46.8
2019 年	0.06	8.0	115	272	157	179	48.4
2021 年	0.105	4.8	128	318	191	445	76
2003—2019 年年均	9.7	203	228	309	146	158	35.2

表 6.3-7　三峡枢纽蓄水前后宜昌站年均砾卵石输移量

年份	年均砾卵石输移质量(万 t)
1974—1979 年	30.8～227,多年平均砾卵石推移质为 81
1981—2002 年	17.46
2003—2009 年	4.4
2004 年	0.21
2005 年、2011 年、2013—2019 年	0.0(未观测到)
2020 年	0.09
2021 年	0.043

表 6.3-8　坝下各站悬沙中值粒径变化　　单位:mm

年份	黄陵庙	宜昌	枝城	沙市	监利	螺山	汉口	大通
2002 年前		0.009	0.009	0.012	0.009	0.012	0.010	0.009
2003—2020 年	0.006	0.006	0.009	0.016	0.047	0.013	0.015	0.011
2021 年	0.008	0.007	0.010	0.013	0.020	0.011	0.011	0.021

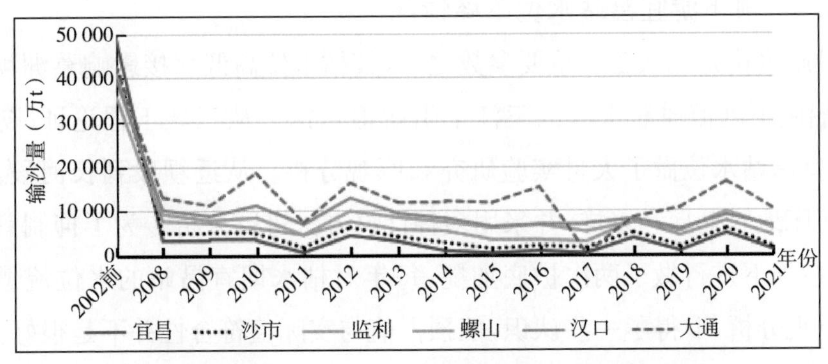

图 6.3-3　三峡坝下沿程各站输沙量逐年变化

中下游各站年径流量与输沙量还受洞庭湖、鄱阳湖的影响（表 6.3-9），2003—2020 年城陵矶径流量减少 16%、湖口减少 1%，城陵矶输沙量减少 55%、湖口增加 11% 。

表 6.3-9　中下游各站年径流量与输沙量(受洞庭湖、鄱阳湖影响)

	时段	城陵矶	湖口
径流量(亿 m^3)	2002 年前	2 964	1 520
	2003—2020 年	2 482	1 510
	变化率	−16%	−1%
	2018 年	1 990	1 035
	2019 年	2 873	1 938
	2020 年	3 404	1 547
	2021 年	2 670	1 361
	变化率 1	−10%	−10%
	变化率 2	8%	−10%
输沙量(万 t)	2002 年前	3 950	945
	2003—2020 年	1 780	1 050
	变化率	−55%	+11%
	2018 年	575	391
	2019 年	1 180	525
	2020 年	1 100	341
	2021 年	1 120	352
	变化率 1	−72%	−63%
	变化率 2	−37%	−66%

注:变化率 1 和 2 分别为 2021 年与 2002 年前均值、2003—2020 年均值的相对变化。

6.3.2 坝下游宜昌站水位下降情况

宜昌站水位是三峡工程重要参数之一，其枯水位高低直接影响葛洲坝2号船闸、3号船闸下闸槛通航水深和三江下引航道水深。从三峡工程论证、初设到施工期，对宜昌站水位做了大量实验研究和原观分析。从近坝段到长河段，进行了坝下游河床地质勘探和采样，并采用多种计算方法进行分析。为了抑制宜昌站水位下降，在坝下进行做了两次护底加糙，每年对枯水期宜昌站的水位流量进行了详细的原观分析，取得了一些认识，但预报值与实际值符合性并不是很好。

三峡枢纽蓄水前后宜昌站逐月径流量、输沙量变化见表6.3-10与图6.3-4，可见逐月径流量变化趋势仍为枯季流量增加、汛期洪峰消减，输沙量急剧减少。

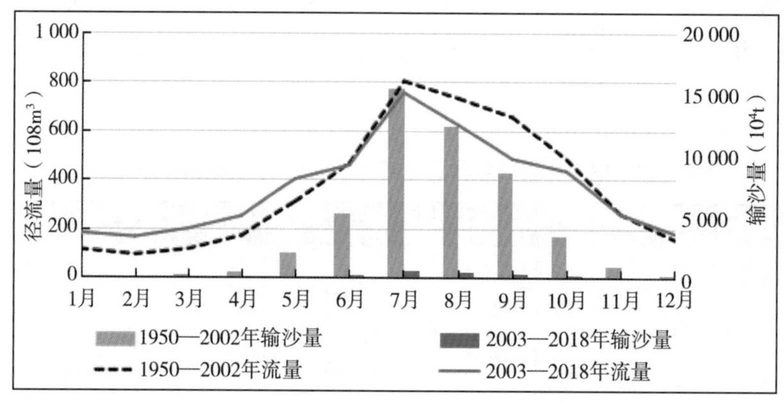

图6.3-4　三峡枢纽蓄水前后宜昌站逐月径流量、输沙量对比

葛洲坝水利枢纽的大江截流工程在1981年1月胜利合龙，1985年4月一期工程竣工验收，1989年二期工程竣工验收，到2003年三峡枢纽蓄水运行，宜昌站各年汛后枯水水位-流量关系见表6.3-11，可见2003年前葛洲坝水利枢纽运行引起宜昌站枯水位下降大概1.25 m。2003年三峡枢纽蓄水运行后，流量6 000 m³/s时水位进一步逐年下降，到2014年逐步稳定；2008年与2018年比较，累计下降0.5 m，平均年降5 cm；2019年、2020年水位与2018年相同，连续3年水位保持稳定，2021年2月同流量下水位继续下降仅0.04 m，水位下降明显趋缓。

表 6.3-10　三峡枢纽蓄水前后宜昌站逐月径流量、输沙量变化表

项目		1月	2月	3月	4月	5月	6月	7月	8月	9月	10月	11月	12月	全年
径流量 (10^8m^3)	1950—2002年	114.30	93.65	115.60	171.30	310.40	466.50	804.00	734.10	657.00	483.20	259.70	157.20	4 366.95
	2003—2016年	149.80	132.50	159.70	204.50	330.40	443.80	719.10	620.80	543.40	324.00	234.20	162.20	4 024.40
	2016年	210.30	179.80	224.40	336.20	458.30	562.50	706.60	563.30	287.50	259.20	275.80	200.10	4264.00
	2017年	174.00	166.70	223.40	292.60	414.30	502.10	598.40	509.20	494.60	561.90	272.40	193.50	4 403.10
	2018年	217.20	194.30	209.40	254.10	459.30	427.40	949.80	744.60	413.90	415.40	269.30	183.70	4 738.40
输沙量 (10^4t)	1950—2002年	55.60	29.30	81.20	449.00	2 110.00	5 230.00	15 500.00	12 400.00	8 630.00	3 450.00	968.00	198.00	49 101.10
	2003—2016年	5.43	4.31	5.51	10.20	35.80	132.00	1 460.00	1 170.00	894.00	75.00	12.70	6.10	3 811.05
	2016年	4.21	4.51	6.72	10.10	21.20	189.00	402.00	178.00	14.30	8.06	6.14	4.02	848.26
	2017年	3.51	3.36	5.44	6.38	14.10	36.30	84.10	47.70	79.50	42.60	6.77	3.83	333.59
	2018年	4.37	3.85	4.18	5.08	12.11	25.00	31.10	41.50	32.40	8.33	5.39	3.67	362.9

表 6.3-11　宜昌站各年汛后枯水位-流量关系(同流量的水位下降值,水文局成果,冻结基面)

年份	流量											
	4 000 m^3/s		5 000 m^3/s		5 500 m^3/s		6 000 m^3/s		6 500 m^3/s		7 000 m^3/s	
	水位(m)	累计下降(m)	水位(m)	累计下降(m)	水位(m)	累计下降(m)	水位(m)	累计下降(m)	水位(m)	累计下降(m)	水位(m)	累计下降(m)
1973	40.05	0	40.67	0	41	0	41.34	0	41.65	0	41.97	0
1997	38.95	1.10	39.51	1.16	39.8	1.20	40.10	1.24	40.37			
1998	39.48	0.57	40.14	0.53	40.49	1.30	40.03	1.31	40.33	0.46	41.52	0.45
2002	38.81	1.24	39.41	1.26	39.7	1.20	40.03	1.31	40.33	1.32	40.68	1.29
2003	38.81	1.24	39.46	1.11	39.8	0.51	40.1	1.24	40.39	1.26	40.68	1.29
2004	38.78	1.27	39.41	1.26	39.7	1.30	40.03	1.31	40.33	1.32	40.63	1.34
2005	38.77	1.28	39.35	1.32	39.65	1.50	39.93	1.41	40.21	1.44	40.49	1.48
2006	38.73	1.32	39.31	1.36	39.6	1.40	39.88	1.46	40.12	1.53	40.36	1.61
2007	38.73	1.32	39.31	1.36	39.61	1.30	39.90	1.44	40.14	1.51	40.4	1.57
2008			39.31	1.36	39.6	1.40	39.88	1.46	40.12	1.53	40.39	1.58
2009			39.02	1.65	39.37	1.63	39.71	1.63	40.01	1.64	40.31	1.66
2010					39.36	1.64	39.68	1.66	39.96	1.69	40.28	1.69
2011					39.24	1.76	39.52	1.82	39.8	1.85	40.08	1.89
2012					39.2	1.76	39.51	1.83	39.75	1.90	39.99	1.98
2013					39.2	1.80	39.48	1.86	39.71	1.94	39.99	1.98
2014							39.43	1.91	39.67	1.98	39.89	2.08
2015							39.36	1.98	39.59	2.06	39.83	2.14
2016							39.36	1.98	39.59	2.06	39.83	2.14
2017							39.45	1.89	39.67	1.98	39.92	2.05

续表

年份	流量											
	4 000 m^3/s		5 000 m^3/s		5 500 m^3/s		6 000 m^3/s		6 500 m^3/s		7 000 m^3/s	
	水位（m）	累计下降（m）	水位（m）	累计下降（m）	水位（m）	累计下降（m）	水位（m）	累计下降（m）	水位（m）	累计下降（m）	水位（m）	累计下降（m）
2018							39.38	1.96	39.62	2.03	39.86	2.11
2019							39.38	1.96	39.63	2.02	39.88	2.09
2020							39.38	1.96	39.62	2.03	39.86	2.11
2021							39.34	2.00	39.60	2.05	39.86	2.11

注：1. 高程系统：冻结基面＝资用吴淞＋0.364，冻结基面－2.07＝85 高程；
2. 水位下降值为本年水位与 1973 年比较得出的水位累计下降值。

大多专家认为宜昌站枯水位下降的主要因素是坝下游河道一些起控制性的断面冲刷所致，但将这些断面的冲刷与宜昌站枯水位变化进行同步性和相关性对比，并未发现直接相关。

通过 20 年的大量工作和连续观测研究，三峡蓄水运行后，葛洲坝下游河道冲刷引起宜昌站枯水位变化的主要影响因素和量化关系，目前尚未取得一致认识。现列举近期(2016—2019 年)长江委水文局的原观成果，在进行分析后提出以下几个问题。

(1) 2016 年 10 月—2017 年 2 月实测了宜昌站的水位和流量，从水位-流量关系(表 6.3-11)中得出流量为 6 000 m^3/s 时，2015 年、2016 年水位均为 39.36 m，水位没有下降。采用 2015 年 11 月—2016 年 11 月的河道地形，计算得出宜昌到枝城河段冲刷为 473 万 m^3。2016 年 11 月的地形是代表河道冲刷后的地形，2016 年 10 月的水位流量是河道冲刷后实测的，为什么河道冲刷后水位保持稳定?

(2) 2017 年汛后 10 月—2018 年 2 月实测了宜昌站水位和流量，从水位-流量关系得出流量为 6 000 m^3/s 时相应的水位为 39.45 m，较 2016 年还上升了 9 cm。采用 2 次河道地形计算得出宜昌至枝城河段冲刷为 335 万 m^3，冲刷量变了，宜昌站水位较 2015 年和 2016 年反而上升了 9 cm。

(3) 2018 年汛后 10 月至 2019 年 2 月实测了宜昌站水位和流量，从水位-流量关系中得出流量为 6 000 m^3/s 时相应的水位为 39.38 m，较 2017 年下降 7 cm。采用 2017 年 11 月与 2018 年 10 月河道地形图计算得出宜昌至枝城河段冲淤平衡，其中宜昌河段淤积 16 万 m^3，宜都河段冲刷 16 万 m^3。2018 年 10 月后的水位流量观测值是在河道冲刷平衡的地形条件下测量的，水位应保持稳定，为什么同流量下水位下降 7 cm?

(4) 坝下游河道长距离冲刷，引起水位降落后往上游传递而影响宜昌站水位。有些专家提出，宜昌站水位下降可能是宜枝河段以下河道冲刷、水位降落逐步往上游传递，因此需要研究枝城以下河道冲刷和枯水位变化。长江航道设计院李明博士在三峡航道原观报告中，对三峡枢纽蓄水后宜昌到沙市河段(173 km)沿程 16 把水尺历年的枯水位进行了计算分析，得出 2003—2019 年枯水流量 6 000 m^3/s时沿程各水尺的水位及累计水位下降值，自下游至上游宜昌站分别是沙市－2.3 m、大埠街－2.61 m、枝江－1.57 m、昌门溪－0.91 m、芦家河的姚港－0. 74 m、毛家发屋－0. 68 m，陈二口－0. 38 m、枝城－0. 34 m、宜都－0. 54 m、红花套－0. 64 m、宜昌－0. 65 m。近期沙市和大埠街因沙质河床冲刷较多，水位下降值增率较大，但上游陈二口和枝城累计下降值仅－0. 38～－0. 34 m，说明陈二口和枝城对下游水位往上游传递起一定控制作用。

(5) 坝下游航道整治工程和近坝段护底加糙工程对宜昌水位有一定影响。为了抑制宜昌水位下降，曾在葛洲坝下游 9 km 的胭脂坝河段进行两次护底加糙试验工程。以后在下游枝江口进行航道整治工程的规模都不算小(如枝城大桥下护滩带、芦家河右槽进口整治工程、昌门溪到枝江 10 条护滩带、下游江口镇对岸护滩带 5 条和七星台护滩带等)，都认为对抑制宜昌水位下降有很好作用，但实施后未得出具体数据来证明其效果。

(6) 关于各水尺(站)的水位-流量关系，宜昌站和其他各水尺和水文站的枯水位及下降值，均采用该水尺(站)的水位-流量关系确定其水位。水位-流量关系是各主要水文站实测的成果，其精度影响各站的水位值，枯水期进行水位-流量测量，其观测次数不多，流量测量精度不高，水位-流量关系存在一定误差是正常的。此外，与测量的河床断面稳定性也有关系，因此采用水位-流量关系得出的流量值有一定误差，会影响水位值的波动。

(7) 河道采砂对宜昌水位下降的影响。有些专家认为大坝下游河道的一些关键部位被冲刷破坏，导致了宜昌水位下降，但至今仍没有发现这些部位。一般情况下，河道的关键部位在一些断面较小的卡口处，那里水流流速较大，河床的抗冲能力较强，不容易被冲刷破坏，但宜昌以下没有这样明显的卡口断面。若在河道的关键部位进行大量采砂，河道断面会扩大、河道阻力减少，将引起河道水位的下降。

(8) 为什么在全河段冲淤平衡、无明显冲刷条件下，宜昌水位下降 7 cm？有些专家提出可能是宜枝河段以下的河道冲刷，水位下降后往上游传递，因此应观测枝城下游河段的河道冲淤变化和水位变化。现将汛后同流量下各站历年水位降低值和近年各站年最枯水位值列于表 6. 3-12，可见沙市站水位下降值最多，在 2018 年流量为 6 000 m^3/s 时达 2. 47 m，且还没有趋稳的迹象，而宜昌站在流量为 6 000m^3/s 时，到 2015 年已出现趋稳的迹象，2018—2020 年连续几年保持稳定，2021 年 2 月水位下降仅 0. 04 m，这是十分可喜的现象。

表 6.3-12 坝下游各站汛后枯水期同流量水位下降值(与2003年比较)

单位:m

	宜昌			枝城					沙市				螺山					汉口			
流量 (m^3/s)	5 000	6 000	7 000	6 000	7 000	8 000	9 000	10 000	6 000	7 000	10 000	14 000	8 000	10 000	14 000	16 000	18 000	10 000	15 000	20 000	25 000
2004年	0.05	0.07	0.05	0.01	0.00	−0.02	−0.06	−0.10	0.31	0.32	0.34	0.25	0.42	0.44	0.55	0.59	0.53	0.17	0.51	0.63	0.49
2006年	0.15	0.22	0.19	0.15	0.18	0.20	0.21	0.19	0.44	0.4	0.30	−0.04	0.47	0.47	0.43	0.51	0.45	0.35	0.52	0.55	0.33
2008年	0.15	0.22	0.32	0.19	0.25	0.29	0.31	0.33	0.43	0.36	0.28	0.23	0.52	0.42	0.50	0.58	0.61	0.53	0.61	0.57	0.33
2010年		0.42	0.28	0.35	0.41	0.45	0.48	0.50	1.01	0.82	0.69	0.42	0.57	0.47	0.60	0.66	0.71	0.63	0.5	0.31	0.21
2012年		0.59	0.29	0.43	0.54	0.62	0.68	0.72	1.3	1.2	1.09	0.75	0.73	0.79	0.81	0.83	0.75	1.11	0.98	0.78	0.29
2014年		0.67	0.37	0.47	0.59	0.69	0.78	0.85	1.6	1.43	1.28	0.95	0.99	0.99	1.02	1.06	1.01	1.05	1.05	0.91	0.68
2015年		0.74	0.4	0.47	0.59	0.69	0.78	0.85	1.74	1.64	1.47	1.14	0.98	0.91	0.74	0.73	0.69	1.1	0.95	0.71	0.44
2016年		0.74	0.6		0.53	0.63	0.70	0.74	2.01	1.93	1.70	1.06		1.21	1.05	1.01	0.96	0.98	0.87	0.69	0.43
2017年		0.65	0.69		0.56	0.66	0.73	0.80	2.3	2.23	1.99	1.49		1.48	1.32	1.28	1.23	1.21	1.15	1.05	0.77
2018年		0.72	0.69		0.61	0.67	0.74	0.80	2.47	2.43	2.21	1.77		1.64	1.48	1.41	1.29	1.35	1.33	1.23	0.83
2019年		0.72	0.79		0.58	0.69	0.78	0.84	2.8	2.65	2.32	1.82		1.78	1.63	1.57	1.47	1.5	1.47	1.17	0.74
2020年		0.72	0.85		0.61	0.72	0.84	0.92	2.84	2.76	2.47	1.84		1.61	1.60	1.62	1.58	1.57	1.47	1.21	0.82
2021年		0.76	0.85		0.61	0.72	0.82	0.90		2.82	2.49	1.85		1.73	1.66	1.65	1.58	1.67	1.53	1.26	0.86

6.3.3 坝下游沿程各站水位下降情况

坝下游各站水位变化受多种因素影响:一是枯水期水位因枯水流量增加而抬高,二是坝下游河道冲刷造成水位下降,二者可抵消一部分。实际的航道水深,要根据实测水位和航道底高程来确定,因此需要研究坝下游各站的最低水位,特别是各站在同流量下的水位降落值。

坝下各站同流量水位累计下降值见表 6.3-13 与图 6.3-5,可见荆江河段沙市站水位累计下降值最大,且还没有趋稳的态势。受到河道冲刷,河床下切,同流量下水位降低。2016 年当流量 6 000 m^3/s 时,宜昌水位下降 0.74 m;沙市站下降 2.01 m;螺山站、汉口站在流量 10 000 m^3/s 时,水位分别下降 1.21 m 和 0.98 m。2019 年汛后宜昌站、沙市站在流量 6 000 m^3/s 时累计下降分别为 0.72 m、2.80 m,螺山站、汉口站在流量 10 000 m^3/s 时累计下降分别为 1.78 m、1.56 m。同流量下的水位下降将引起航道水深减少,但枯水流量增加会使航道水深增加,实际的航道水深是两项综合作用的结果,因此各滩航道水深增减不同。

2009 年以来每年枯水期(1—3 月)的补水流量约 1 700～2 000 m^3/s,对中下游枯水位增高有显著的作用,宜昌站、沙市站、螺山站、汉口站月均水位相应增加,但受到河道冲刷河床下切影响,同流量下水位降低,两者作用效果会相互抵消一部分。

表 6.3-13 坝下各站同流量下历年水位累计下降值(冻结基面) 单位:m

站名	宜昌站		枝城站		沙市站		螺山站		汉口站	
流量	6 000	7 000	6 000	7 000	6 000	7 000	8 000	10 000	10 000	15 000
1973 年水位	41.34	41.97								
2002 年水位	40.03	40.65								
2003 年水位	40.1 (−1.24)	40.68 (−1.29)								
2004 年	0.07	0.05	0.01	0.00	0.31	0.32	0.42	0.44	0.17	0.51
2005 年	0.17	0.19	0.02	0.02	0.31	0.31	0.29	0.3	0.25	0.52
2006 年	0.22	0.32	0.15	0.18	0.44	0.4	0.47	0.47	0.35	0.52
2007 年	0.2	0.28	0.2	0.25	0.48	0.44	0.47	0.47	035	0.59
2008 年	0.22	0.29	0.19	0.25	0.43	0.36	0.52	0.42	0.53	0.61
2009 年	0.39	0.37	0.34	0.41	0.76	0.73	0.54	0.42	0.66	0.71
2010 年	0.42	0.4	0.35	0.41	1.01	0.82	0.57	0.47	0.63	0.5
2011 年	0.58	0.6		0.49	1.28	1.15	0.59	0.67	0.9	0.96

续表

站名	宜昌站		枝城站		沙市站		螺山站		汉口站	
流量	6 000	7 000	6 000	7 000	6 000	7 000	8 000	10 000	10 000	15 000
2012 年	0.59	0.69	0.43	0.54	1.3	1.2	0.73	0.79	1.11	0.98
2013 年	0.62	0.69	0.47	0.58	1.5	1.34	0.79	0.81	1.18	1
2014 年	0.67	0.79	0.47	0.59	1.6	1.43	0.99	0.99	1.05	1.05
2015 年	0.74	0.85	0.47	0.59	1.74	1.64	0.98	0.91	1.1	0.95
2016 年	0.74	0.85		0.53	2.01	1.93		1.21	0.98	0.87
2017 年	0.65	0.76		0.56	2.3	2.23		1.48	1.21	1.15
2018 年	0.72	0.82		0.61	2.47	2.43		1.64	1.35	1.33
2019 年	0.72	0.80		0.58	2.80	2.65		1.78	1.56	1.45
2020 年	0.72	0.85		0.61	2.84	2.76		1.61	1.57	1.47
2021 年	0.76	0.85		0.61		2.82		1.73	1.67	1.53

注:“()”内是宜昌站同流量下水位与 1973 年比较的累计水位下降值,其他是与 2003 年比较的累计水位下降值。

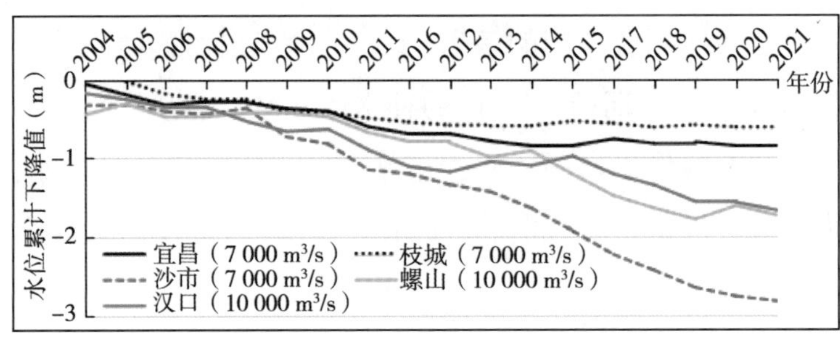

图 6.3-5 坝下各站逐年水位下降情况

从宜昌站枯水位历年变化的平均值来分析,大致可以看出其变化趋势。我们认为近三年宜昌站水位下降呈现放缓趋势,基本保持稳定。宜昌站枯水期水位的维持主要靠枯水流量,如果要满足庙嘴水位保持不低于 39.0 m 的要求,那么主要是靠增加枯水下泄流量。现在枯水流量一般能保持 6 000 m^3/s,据水文局测量成果,2019 年汛后宜昌站最小流量 5 950 m^3/s(2019 年 11 月 28 日),相应最低水位为 39.36 m(冻结吴淞),最小下泄流量 5 750 m^3/s,庙嘴水位为 39.0 m。

长江航道设计院的成果认为:(1) 试验性蓄水以来,在枯水补水作用下,宜昌—枝城水尺在最枯水位总体表现为上升,枝城以下水位总体为下降。(2) 宜昌站 2008—2012 年水位上升了 0.39 m,2013—2019 年水位累计上升了 0.19 m,2013—2019 年枝城以下水位一直下降,下降幅度为 0.21～1.73 m,其中大埠街水尺为－1.73 m。(3)根据2020年汛后10月，2021年2月宜昌站实测水位-流量关系，当流量6 060 m^3/s(2020年11月28日、2021年2月10日)时相应最低水位39.42 m，流量6 000 m^3/s时，水位39.38 m，水位下降1.96 m(与1973年比)，与2003年比较下降0.72 m，与2019年、2018年持平。宜昌站枯水位近三年下降不明显，直到2021年2月水位下降仅0.04 m，宜昌站汛后同流量下水位近几年保持稳定是向好的态势。因此当前急需研究金沙江、乌东德、白鹤滩等水电站投入运行后，宜昌站枯水流量可能的增加值，同时还应继续研究坝下游芦家河等浅滩航道整治和航道加大疏浚维护对宜昌水位的影响。

6.4 长江上中下游航道维护水深

6.4.1 水库变动回水区设计最低通航水位问题

研究水库的回水影响，以往做法比较简单，将坝前水位上延，与上游某断面水位相交，即认为是水库回水的影响范围。实际观测表明，上游某一个浅滩从开始受回水影响到完全淹没有一个较长过程——从开始消落，该浅滩水面比降逐步增加，直到恢复天然状态，这个过程较长。判断该浅滩是否受水库回水影响，建议采取观测该滩水面线的方法，采用该浅滩天然条件下的水面线与蓄水后的水面线进行对比，当该浅滩某级流量的水面线完全恢复天然状态后，才能认为该滩已脱离回水影响，即该浅滩全河段的水面比降恢复到原天然状态。

水库变动回水区设计最低通航水位的确定，内河通航标准和相关规范中都有明确规定。标准采用包络线法是合适的，但分析计算比较繁琐，在汛前5—6月，来流量不稳定，坝前蓄水位变幅较大，变化较快，往往计算结果不符合实际。因此我们建议要采用沿程多设水尺来进行现场观测才比较可靠，并在连续观测的基础上进行统计分析，以此来确定设计最低通航水位。通过三峡多年原型观测，有以下几点认识：

(1) 变动回水区各滩的年最低水位，一般是指在完全退出库区回水影响后，来流量较少时的水位。各滩的低水位是用坝前水位与来流量组合，采用水面线计算方法，自下而上逐断面进行计算取得的，受坝前水位和来流量及沿程河道糙率影响。而河道糙率往往随水位变化，因此计算结果往往存在偏差。

(2) 三峡库区每年3—6月水位为消落期，特别是5月下旬到6月10日，由于要在6月10日达到汛限水位，因而短期内向下游放水，使得坝前水位变化较频繁，每年也无明显的规律，靠理论计算很难符合实际。

(3) 在三峡库区的变动回水区，各滩的低水位出现时间短暂，不连续。这一特征与天然河道完全不同，原天然河道低水位平缓连续，若某年最低水位过程线平缓而且时间很长，则该年就会出现较低水位。因此采用年最低水位平均值或保证率、频率法等都比较合适。这种最低水位是不连续的，例如 2018 年重庆朝天门羊角滩站的年最低水位：3 月 20 日为水位 163.24 m，流量 4 760 m^3/s；4 月 23 日为水位 163.21 m，流量 5 100 m^3/s；5 月 12 日为水位 163.18 m，流量 6 000 m^3/s。

可以看出最低水位数值相近，但时间相距 1～2 个月，其流量也相差很大，主要原因是受坝前水位(水库回水)的影响。在这种情况下，设计最低通航水位如何确定，需重新研究，建议不要采用最低水位或包络线法，而采用历时保证率法。

变动回水区各站年最低水位见表 6.4-1 与图 6.4-1，可见三峡变动回水区沿程各站由于受回水影响，各站在最低水位时不一定是年最小流量，因此不能采用天然河流的同一枯水流量推求各站的最低通航水位的方法。我们认为长航局曾批准的和 2013 年研究推荐的三峡库区变动回水区设计最低通航水位均不能采用，特别是朝天门至涪陵河段，因为朝天门枯水位除受坝前水位影响外，嘉陵江来流量也是影响因素之一。2020 年变动回水区低水位受大洪水影响，2021 年消落水位受向家坝电站检修影响。

表 6.4-1　变动回水区各站年最低水位(吴淞)　　单位：m

年份	九龙滩		朝天门(羊角滩)		寸滩		王家滩(骑马桥)	
	水位(m)	日期(月-日)	水位(m)	日期(月-日)	水位(m)	日期(月-日)	水位(m)	日期(月-日)
2010 年	165.047	2—28	161.920	5—20			152.650	5—30
2011 年	165.569	4—20					152.710	5—31
2012 年	165.919	4—27					155.690	5—26
2013 年	165.469	3—27					154.560	5—28
2014 年	165.709	3—19	161.920	5—20	160.280	5—18	152.280	6—1
2015 年	166.973	3—20	162.372	5—21	160.698	5—21		
2016 年	167.081	4—30	162.730				153.170	5—31
2017 年	165.210	4—8	163.240	5—31	161.100	5—31	152.720	5—31
2018 年	165.336	3—20	163.180	5—12	162.100	5—12	154.400	5—31
2019 年	166.0	5—5	162.92	5—5	161.7	5—8	154.5	5—28
2020 年	165.05	5—7	161.24	5—12	159.5	5—12	153.01	5—31

续表

年份	九龙滩		朝天门(羊角滩)		寸滩		王家滩(骑马桥)	
	水位(m)	日期(月-日)	水位(m)	日期(月-日)	水位(m)	日期(月-日)	水位(m)	日期(月-日)
2021 年	165.75	4—7	162.3	5—24	160.94	5—24	152.42	5—29
设计水位	163.460		160.600		159.370		150.780	

说明:设计水位是近年经长航局批准可供使用的。

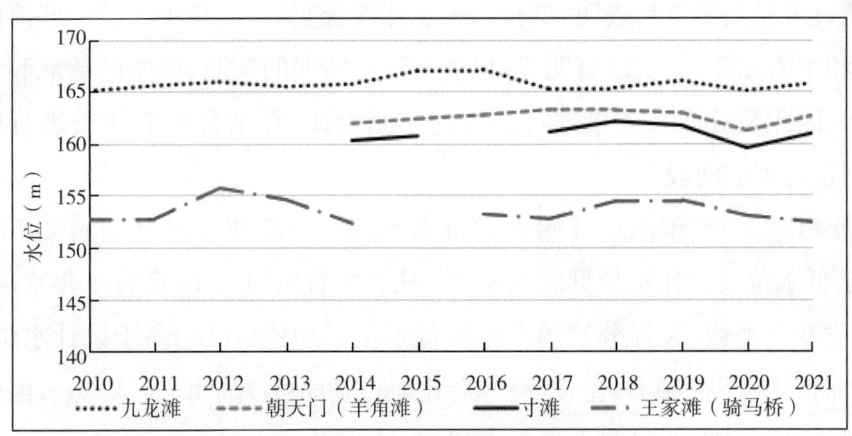

图 6.4-1 变动回水区各站年最低水位变化

综上,我们建议对设计最低通航水位开展专题研究,赞同从通航实际效益与维护费用综合分析,不要求枯水期航行中满载,时间也不要求百分之百保证,倾向采用历时保证率法。变动回水区最低通航水位的分析计算在通航标准中规定是采用包络线方法,需计算多个坝前水位与来流量的水面线。而坝前水位受三峡水库调度影响,来流量也不是天然条件下的流量,并受上游枢纽调度影响,理论计算是很难完全符合实际的,因此不建议采用包络线法。由于设计最低通航水位对精度和可靠性要求较高,只有在实际连续观测分析,积累大量有效资料的基础上做出来的成果才能实用。作者(刘书伦)研究过多条天然河流的最低通航水位,由于其枯水流量大部分来自地下径流,因此变化过程平缓而且有规律,而变动回水区在枯水期流量均通过水电站,有时供电发生变化,流量相应发生改变,难以预测,需较长时间才能发现一定规律。特别有些河段,其最低水位并不是出现在相应发生改变的枯水期,例如三峡水库长寿到铜锣峡河段,最低水位发生在流量 5 000～10 000 m^3/s 时,日变化很大,因此很难准确计算其最低水位。三峡水库入库泥沙、流量过程在近些年都发生了重大变化：由于边界条件的大幅度改变，大部分河段设计最低通航水位与实际相差 30～50 cm，以前做的数模、物模成果只能作为参考，因此现在要重新认识三峡枢纽运行后的航运有关问题，就必须要依靠仔细认真的原观资料分析。

6.4.2 坝下游各站航道设计最低水位与航行基面

葛洲坝下游和向家坝电站下游曾由多家单位进行数模计算和河工模型试验研究，通过现场实测资料表明，试验结果总体符合实际，但在坝下游一些滩险计算的水位和水面比降，差值还很明显，可能与计算断面的选取、糙率的选取和计算方法有关。因此要对计算成果进行必要的实测验证，并结合船舶驾驶进行比较分析，特别是近坝的河段。

三峡枢纽 2008 年汛后开始 175 m 蓄水，从 2009 年 1 月开始到 2013 年底，5 年间最低水位及设计水位见表 6.4-2。从表中看出，175 m 运行 5 年来，各站年最低水位变化平稳，大部分站的 5 年最低水位平均值(*A*)均高于设计水位，但相差不多，而与航行基面(*B*)比较，有些会比航行基面(*B*)高 1.0～2.0 m，因此不能用航行基面(*B*)作为设计最低通航水位。

表 6.4-2 坝下游各站年最低水位及设计水位(冻结吴淞) 单位：m

年份	宜昌	枝城	沙市	监利	螺山	汉口	九江	大通
2003 年	38.11	36.86	30.03	23.91	19.10	14.61	8.69	4.62
2004 年	38.58	37.28	30.49	23.56	18.18	13.55	7.70	3.92
2005 年	38.52	37.31	30.68	24.48	19.09	14.34	8.76	4.68
2006 年	38.64	37.79	30.61	24.11	18.74	13.70	8.12	4.41
2007 年	3.76	37.47	30.54	24.14	18.87	13.67	8.02	4.25
2008 年	38.88	37.59	30.98	24.31	18.91	13.69	8.02	4.18
2009 年	39.21	37.79	31.17	24.67	19.15	14.03	8.16	4.33
2010 年	39.18	37.87	31.08	24.75	18.90	13.81	8.28	4.45
2011 年	39.28	37.82	31.04	24.84	19.30	14.52	8.80	4.71
2012 年	39.28	37.79	31.26	24.89	19.45	14.27		4.58
2013 年	39.20	37.73	31.01		19.91	14.64		5.15
2009—2013 年均值(*A*)	39.23	37.80	31.11	24.67	19.30	14.12		4.644
98%的最低设计水位	38.68	37.168	30.473	23.964	18.988	13.815		
航行基面(*B*)	39.35	37.43	31.56	23.04	16.75	12		3.348
A−*B*	−0.12	0.37	−0.45	1.63	2.55	2.12		1.29

由长江航道局自设水尺观测、长江水文局资料分析以及长江航道规划设计院采用的水位-流量关系差值计算，得到了坝下各站历年枯水位见表 6.4-3 至表 6.4-5 与图 6.4-2，可见枝城站最枯水位年际间变化最小，下游芦家河年际间变化也较小，大埠街、沙市近年水位下降较多，往上游传递受到芦家河、枝城控制节点影响，下降影响较小。由于受原观手段限制，流量数值不是很准，我们不赞成研究时采用最低水位或最小流量值，这是因为水位或流量最低值存在偶然性，代表性不强，用保证率表示更为合适。

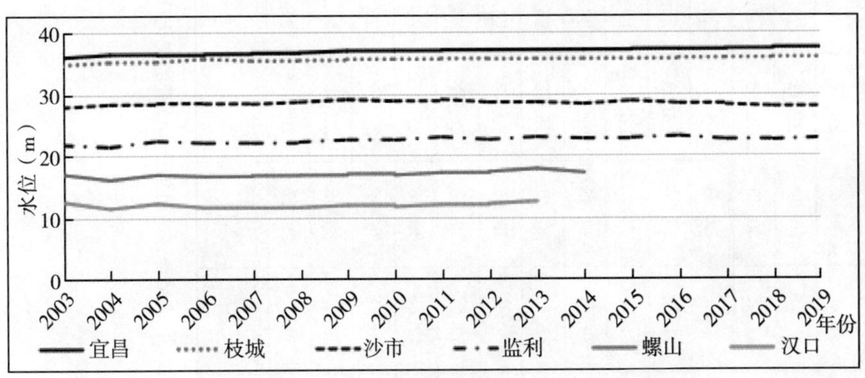

图 6.4-2　坝下各站历年低水位变化

表 6.4-3　坝下中游河段历年最低水位(长江航道局自设水尺原观测成果,黄海 85 高程系统)

单位:m

年份	宜昌	红花套	宜都	枝城	毛家花屋	下曹家河	大埠街	沙市	郝穴	石首	监利	城陵矶
2008 年	36.75	36.12	35.72	35.46	34.63	31.39	30.8	28.76				
2009 年	37.03	36.3	35.86	35.63	34.77	31.75	30.97	29.13	27.09	25.25	22.57	18.63
2010 年	37.05	36.05	35.78	35.63	34.69	31.46	30.75	28.86	26.6	24.87	22.52	18.19
2011 年	37.14	36.36	35.89	35.71	34.8	31.5	30.7	29.1	26.97	25.23	23.01	19.03
2012 年	37.14	36.37	35.95	35.66	34.76	31.32	30.76	28.63	26.59	24.95	22.57	18.52
2013 年	37.14	36.3	35.85	35.66	34.79	31.73	30.7	28.64	26.72	25.12	23.01	19.23
2014 年	37.15	36.18	35.78	35.67	34.58	30.89	30.35	28.35	26.45	24.78	22.74	18.49
2015 年	37.24	36.24	35.87	35.66	34.61	31.14	30.49	28.83	26.76	25.05	22.83	18.47
2016 年	37.23	36.29	35.94	35.79	34.63	30.9	30.05	28.42	26.52	24.97	23.13	18.57
2017 年	37.32	16.36	35.95	35.81	34.49	30.67	29.72	28.21	26.29	24.85	22.59	18.26
2018 年	37.51	36.5	36.05	35.9	34.61	30.58	29.36	27.92	26.15	24.53	22.51	18.09
2019 年	37.33	36.4	35.91	35.66	34.44	30.38	28.97	27.76	25.99	24.53	22.29	18.74
2020 年	37.39	36.33	35.87	35.72	34.32	30.2	28.65	27.53	25.74	24.16	22.42	18.02
2021 年	37.67	36.40	36.09	35.76	34.53	30.50	29.17	28.01	26.33	24.77	22.80	18.70
2021 年与 2003 年比较累计下降	1.33			0.76	0.37	0.39	1.16					

注:1. 冻结基面−2.07=85 高程(宜昌站);2. 冻结基面−0.364=吴淞高程(宜昌站);3. 应结合各站历年最小流量的变化分析;4. 宜昌自设水尺位置位于宜昌水文站下游,与宜昌水文站水位不同。

表 6.4-4　坝下中游河段历年低水位(长江水文局成果,黄海 85 高程)

单位:m

站名		2003 年	2004 年	2005 年	2006 年	2007 年	2008 年	2009 年	2010 年	2011 年	2012 年	2013 年	2014 年	2015 年	2016 年	2017 年	2018 年	2019 年	累计水位下降
宜昌	冻结高程	38.11	38.58	38.52	38.64	38.76	38.82	39.1	39.12	39.21	39.21	39.21	39.22	39.31	39.3	39.39	39.58	39.46	
	A	36.04	36.51	36.45	36.57	36.69	36.75	37.03	37.05	37.14	37.14	37.14	37.15	37.24	37.23	37.32	37.51	37.33	−0.65
	B	38.04	38	37.9	37.87	37.89	37.85	37.74	37.61	37.57	37.52	37.49	37.41	37.38	37.33	37.34	37.45	37.39	
宜都	*A*						35.72	35.86	35.78	35.89	35.95	35.85	35.78	35.87	35.94	35.95	36.05	35.91	
	B						36.34	36.28	36.19	36.14	36.09	36.03	35.95	35.94	35.94	35.94	36.01	36	
枝城	*A*	34.79	35.21	35.24	35.72	35.4	35.46	35.63	35.63	35.71	35.66	35.66	35.67	35.66	35.79	35.81	35.9	35.66	
	B	36.14	36.19	36.14	36.12	36.03	36.02	35.98	35.97	35.93	35.92	35.8	35.76	35.73	35.77	35.78	35.81	35.76	−0.38
陈二口	*B*	35.38	34.42	34.43	34.45	35.32	35.35	35.27	35.29	35.21	35.14	35.08	35.05	35.06	35.05	35.05	35.04	35.04	
毛家花屋	*A*						34.63	34.77	34.69	34.8	34.76	34.79	34.58	34.61	34.63	34.49	34.61	34.44	
	B	35.16	35.18	35.14	35.11	35.09	35.08	35.1	34.96	34.95	34.95	34.93	34.7	34.68	34.68	34.62	34.6	34.48	−0.68
大埠街	*A*						30.8	30.97	30.75	30.7	30.76	30.7	30.35	30.49	30.05	29.72	29.36	28.99	
	B	31.81	31.76	31.72	31.5	31.41	31.42	31.43	31.23	31.16	31.05	30.87	30.64	30.5	30.31	29.78	29.44	29.2	−2.61
沙市	*A*	27.96	28.42	28.61	28.54	28.47	28.76	29.13	28.86	29.1	28.63	28.64	28.35	28.83	28.42	28.21	27.92	27.76	
	B	30.08	29.75	29.8	29.65	29.6	29.63	29.61	29.32	29.14	28.83	28.64	28.52	28.5	28.31	28.22	27.95	27.78	−2.3
监利	*A*	21.84	21.47	22.41	22.09	22.07	22.24	22.57	22.52	23.01	22.57	23.01	22.74	22.83	23.13	22.59	22.51	22.8	
	B									22.89	22.78	22.76	22.8	22.78	22.76	22.63	22.55	22.62	
城陵矶	*A*							18.63	18.19	19.03	18.52	19.23	18.49	18.47	18.57	18.26	18.09	18.74	
	B									18.69	18.66	18.65	18.67	18.64	18.64	18.38	18.26		
螺山	*A*	17.03	16.11	16.94	16.67	16.8	16.84	17.06	16.83	17.23	17.38	17.84	17.23						
汉口	*A*	12.54	11.48	12.27	11.63	11.6	11.62	11.96	11.74	12.05	12.2	12.57							

注:*A*—历年实测最低水位;*B*—各站同流量下历年水位变化。冻结高程−2.07=黄海高程,冻结基面=吴淞+0.364。

表 6.4-5　流量 6 000 m^3/s 时坝下中游河段历年计算枯水位(长江航道规划设计院,黄海 85 高程)

单位:m

年份	宜昌	宜都	枝城	陈二口	毛家发屋	昌门溪	枝江	大埠街	沙市	监利	城陵矶
2003 年	38.04		36.14	35.38	35.16	34.20	33.08	31.81	30.08		
2004 年	38.00		36.19	34.42	35.18	34.21	33.07	31.76	29.75		
2005 年	37.90		36.14	34.43	35.14	34.15	33.05	31.72	29.80		
2006 年	37.87	36.54	36.12	34.45	35.11	34.04	32.87	31.50	29.65		
2007 年	37.89	36.35	36.03	35.32	35.09	34.00	32.72	31.41	29.60		
2008 年	37.85	36.34	36.12	35.35	35.08	33.98	32.70	31.42	29.63		
2009 年	37.74	36.28	35.98	35.27	35.10	34.01	32.72	31.43	29.61		
2010 年	37.61	36.14	35.97	35.29	34.96	33.93	32.51	31.23	29.32		
2011 年	37.57	36.14	35.93	35.21	34.95	33.86	32.46	31.16	29.14	22.89	18.69
2012 年	37.52	36.09	35.92	35.14	34.95	33.71	32.42	31.06	28.83	22.78	18.66
2013 年	37.49	36.03	35.80	35.08	34.93	33.69	32.35	30.87	28.64	22.76	18.65
2014 年	37.41	35.95	35.76	35.05	34.70	33.64	32.28	30.64	28.52	22.80	18.67
2015 年	37.38	35.94	35.73	35.06	34.68	33.60	32.28	30.50	28.50	22.78	18.64
2016 年	37.33	35.94	35.77	35.05	34.68	33.59	32.10	30.31	28.31	22.76	18.64
2017 年	37.34	35.94	35.78	35.05	34.58	33.47	32.79	29.78	28.22	22.63	18.38
2018 年	37.45	36.01	35.81	35.04	34.53	33.38	31.61	29.44	27.95	22.55	18.26
2019 年	37.39	36.00	35.76	35.04	34.48	33.29	31.51				
2018 年与 2003 年比较累计下降	−0.59	0.53	0.33	0.34		0.78	1.20	2.37	2.13		

注:采用各年汛后水位-流量关系差值计算得出。

6.4.3 长江航道分月维护水深

三峡枢纽运行后，长江中下游河段出现了床面冲刷下切、枯水期水位下降的情况，对于航道水深的变化分析，需要结合各浅滩的历年最低水位、枯水流量、同流量下水位降落值等实测成果，不能简单套用。

1. 变动回水区航道分月维护水深

变动回水区航道可分为二段，上游一段为娄溪沟(航道里程 675 km)到羊角滩(朝天门，航道里程 659.5 km)。三峡蓄水后，分月维护水深如表 6.4-6 所示。

表 6.4-6 娄溪沟到朝天门分月维护水深 单位:m

时段	分月维护水深											
	1月	2月	3月	4月	5月	6月	7月	8月	9月	10月	11月	12月
2005 年	2.7	2.7	2.7	2.7	2.9	3.0	3.0	3.0	3.0	3.0	2.9	2.7
2006—2010 年	2.7	2.7	2.7	2.7	3.0	3.0	3.0	3.0	3.0	3.0	3.0	2.7
2011—2014 年	2.7	2.7	2.7	2.7	3.2	3.5	3.7	3.7	3.7	3.5	3.2	2.7
2015—2021 年	2.9	2.9	2.9	2.9	3.2	3.5	3.7	3.7	3.7	3.5	3.2	2.9

第二段是重庆朝天门到涪陵河段，总长 123.5 km。2010 年开始，3 月至 6 月维护水深提高到 3.5 m，2 月以及 7 月至 10 月维护水深提高到 4.0 m，枯季(1 月、11 月、12 月)维护水深提高到 4.5 m(表 6.4-7)。2010—2019 年重庆朝天门至涪陵河段维护尺度 3.5 m×100 m×800 m，实际航道水深为 3.5～4.5 m，通航 5 000 t 级船舶(表 6.4-7)。近期按通航 5 000 t 级船舶实施航道整治工程，竣工后全年航道维护尺度达到 4.5 m×(100～150)m×1 000 m。

表 6.4-7 重庆朝天门到涪陵河段分月维护水深 单位:m

时段	分月维护水深											
	1月	2月	3月	4月	5月	6月	7月	8月	9月	10月	11月	12月
2005 年	2.9	2.9	2.9	2.9	3.2	3.5	3.5	3.5	3.5	3.5	3.5	3.2
2006—2007 年	2.9	2.9	2.9	2.9	3.2	3.5	4.0	4.0	4.0	4.0	4.0	4.0
2008 年	3.2	2.9	2.9	2.9	3.2	3.5	4.0	4.0	4.0	4.0	4.0	4.0
2009 年	3.2	2.9	2.9	2.9	3.2	3.5	4.0	4.0	4.0	4.0	4.5	4.5
2010—2021 年	4.5	4.0	3.5	3.5	3.5	3.5	4.0	4.0	4.0	4.0	4.5	4.5

2005—2019 年三峡库区航道实际维护水深见表 6.4-8，可见航道部门经过努力，都按要求完成了维护工作。下一步规划为：近期通过航道整治使朝天门至三峡大坝维护尺度达到 4.5 m×150 m×1 000 m，后期宜宾至重庆朝天门达到

3.5 m×80 m×800 m。2020—2021 年涪陵李渡至重庆朝天门河段航道维护尺度提升为 4.0 m×100 m×800 m，2021 年九龙坡至朝天门河段航道整治工程已竣工，航道标准尺度为 3.5 m×150 m×1 000 m。

表 6.4-8　三峡库区航道（江津—涪陵河段）实际维护水深　　单位：m

河段	年份	江津-涪陵河段分月维护水深											
		1 月	2 月	3 月	4 月	5 月	6 月	7 月	8 月	9 月	10 月	11 月	12 月
江津至朝天门	2005 年	2.7	2.7	2.7	2.7	2.9	3.0	3.0	3.0	3.0	3.0	2.9	2.7
	2006—2010 年	2.7	2.7	2.7	2.7	3.0	3.0	3.0	3.0	3.0	3.0	3.0	2.7
	2011—2014 年	2.7	2.7	2.7	2.7	3.2	3.5	3.7	3.7	3.7	3.5	3.2	2.7
	2015—2019 年	2.9	2.9	2.9	2.9	3.2	3.5	3.7	3.7	3.7	3.5	3.2	2.9
朝天门至长寿	2005 年	2.9	2.9	2.9	2.9	3.2	3.5	3.5	3.5	3.5	3.5	3.5	3.2
	2006—2007 年	2.9	2.9	2.9	2.9	3.2	3.5	4.0	4.0	4.0	4.0	4.0	4.0
	2008 年	3.2	2.9	2.9	2.9	3.2	3.5	4.0	4.0	4.0	4.0	4.0	4.0
	2009 年	3.2	2.9	2.9	2.9	3.2	3.5	4.0	4.0	4.0	4.0	4.5	4.5
	2010—2019 年	4.5	4.0	3.5	3.5	3.5	3.5	4.0	4.0	4.0	4.0	4.5	4.5
长寿至涪陵	2005 年	2.9	2.9	2.9	2.9	3.2	3.5	3.5	3.5	3.5	3.5	3.5	3.2
	2006—2007 年	2.9	2.9	2.9	2.9	3.2	3.5	4.0	4.0	4.0	4.0	4.0	4.0
	2008 年	3.2	2.9	2.9	2.9	3.2	3.5	4.0	4.0	4.0	4.0	4.0	4.0
	2009 年	3.2	2.9	2.9	2.9	3.2	3.5	4.0	4.0	4.0	4.0	4.5	4.5
	2010—2019 年	4.5	4.0	3.5	3.5	3.5	3.5	4.0	4.0	4.0	4.0	4.5	4.5
涪陵至三峡大坝	2011—2019 年	全年航道维护尺度 4.5 m×150 m×1 000 m											
江津至宜宾	2015—2019 年	2.9 m×50 m×560 m											

2. 长江中下游 2006—2019 年宜昌至安庆段航道分月维护情况

2006—2012 年、2016 年、2017 年、2019 年的宜昌至安庆段分月维护水深见表 6.4-9 至表 6.4-12，长江中游航道分月维护水深选取真实航道维护最小尺度，是满足标准航宽条件下的最小尺度，偏保守，是三峡枢纽蓄水运行后，葛洲坝枯水下泄流量增加，航道进行疏浚维护和航道整治后的实际综合效果的反映，其中三峡工程的影响是最主要的。

表 6.4-9 长江中游宜昌—武汉河段 2006—2012 年分月航道维护水深计划表 单位：m

河段	年份	1月	2月	3月	4月	5月	6月	7月	8月	9月	10月	11月	12月
宜昌—大埠街	2006	2.9	2.9	2.9	3.2	3.5	4.0	4.0	4.0	3.5	3.2	2.9	2.9
	2007	2.9	2.9	2.9	3.2	3.8	4.5	4.5	4.5	4.0	3.2	2.9	2.9
	2008	2.9	2.9	2.9	3.2	3.8	4.5	4.5	4.5	4.0	3.2	2.9	2.9
	2009	2.9	2.9	2.9	3.2	3.8	4.5	4.5	4.5	4.0	3.2	3.0	3.0
	2010	3.0	3.0	3.0	3.2	3.8	4.5	4.5	4.5	4.0	3.2	3.2	3.2
	2011	3.2	3.2	3.2	3.2	3.8	4.5	4.5	4.5	4.0	3.2	3.2	3.2
	2012	3.2	3.2	3.2	3.5	4.0	5.0	5.0	5.0	4.0	3.2	3.2	3.2
大埠街—城陵矶	2006	2.9	2.9	2.9	3.2	3.5	4.0	4.0	4.0	3.5	3.2	2.9	2.9
	2007	2.9	2.9	2.9	3.2	3.8	4.5	4.5	4.5	4.0	3.2	2.9	2.9
	2008	2.9	2.9	2.9	3.2	3.8	4.5	4.5	4.5	4.0	3.2	2.9	2.9
	2009	2.9	2.9	2.9	3.2	3.8	4.5	4.5	4.5	4.0	3.2	3.0	3.0
	2010	3.0	3.0	3.0	3.2	3.8	4.5	4.5	4.5	4.0	3.2	3.2	3.2
	2011	3.2	3.2	3.2	3.2	3.8	4.5	4.5	4.5	4.0	3.2	3.2	3.2
	2012	3.2	3.2	3.2	3.8	4.5	5.0	5.0	5.0	4.0	3.2	3.2	3.2
城陵矶—武汉	2006	3.2	3.2	3.2	3.8	4.0	4.0	4.0	4.0	4.0	3.8	3.2	3.2
	2007	3.2	3.2	3.5	4.0	4.0	4.5	4.5	4.5	4.5	4.0	3.5	3.2
	2008	3.2	3.2	3.5	4.0	4.0	4.5	4.5	4.5	4.5	4.0	3.5	3.2
	2009	3.2	3.2	3.5	4.0	4.0	4.5	4.5	4.5	4.5	4.0	3.5	3.2
	2010	3.2	3.2	3.5	4.0	4.0	4.5	4.5	4.5	4.5	4.0	3.7	3.5
	2011	3.5	3.5	3.7	4.0	4.0	4.5	4.5	4.5	4.5	4.0	3.7	3.5
	2012	3.5	3.5	3.7	4.5	4.5	5.0	5.0	5.0	5.0	4.5	3.7	3.5

表 6.4-10 长江宜昌至湖口段 2016 年分月维护水深 单位：m

航段	1月	2月	3月	4月	5月	6月	7月	8月	9月	10月	11月	12月
宜昌下临江坪—大埠街	3.5	3.5	3.5	3.5	4.0	5.0	5.0	5.0	4.0	3.5	3.5	3.5
大埠街—荆江 4 号码头	3.5	3.5	3.6	3.8	4.5	5.0	5.0	5.0	4.0	3.5	3.5	3.5
荆江 4 号码头—城陵矶	3.8	3.8	3.8	3.8	4.5	5.0	5.0	5.0	4.0	3.8	3.8	3.8
城陵矶—武汉	4.0	4.0	4.0	4.5	4.5	5.0	5.0	5.0	5.0	4.5	4.0	4.0
武汉—湖口	4.5	4.5	4.5	4.5	5.0	6.0	6.0	6.0	6.0	5.0	4.5	4.5

表 6.4-11　长江宜昌至安庆段 2017 年分月维护水深　　单位：m

航段	1月	2月	3月	4月	5月	6月	7月	8月	9月	10月	11月	12月
宜昌下临江坪—大埠街	3.5	3.5	3.5	3.5	4.0	5.0	5.0	5.0	4.0	3.5	3.5	3.5
大埠街—荆江 4 号码头	3.5	3.5	3.5	3.8	4.5	5.0	5.0	5.0	4.0	3.5	3.5	3.5
荆江 4 号码头—城陵矶	3.8	3.8	3.8	3.8	4.5	5.0	5.0	5.0	4.0	3.8	3.8	3.8
城陵矶—武汉	4.0	4.0	4.0	4.5	4.5	5.0	5.0	5.0	5.0	4.5	4.0	4.0
武汉—上巢湖	4.5	4.5	4.5	4.5	5.0	6.0	6.0	6.0	6.0	5.0	4.5	4.5
上巢湖—安庆	4.5	4.5	4.5	4.5	5.0	6.0	6.0	6.0	6.0	5.0	5.0	5.0

表 6.4-12　长江干线航道宜昌—武汉河段 2019 年分月维护水深　　单位：m

航段	1月	2月	3月	4月	5月	6月	7月	8月	9月	10月	11月	12月
宜昌下临江坪—大埠街	3.5	3.5	3.5	3.5	4.0	5.0	5.0	5.0	4.0	3.5	3.5	3.5
大埠街—荆州 4 号码头	3.5	3.5	3.5	3.8	4.5	5.0	5.0	5.0	4.0	3.5	3.5	3.5
荆州 4 号码头—城陵矶	3.8	3.8	3.8	3.8	4.5	5.0	5.0	5.0	4.0	3.8	3.8	3.8
城陵矶—汉口	4.2	4.2	4.2	4.5	4.5	5.0	5.0	5.0	5.0	4.5	4.2	4.2

2017 年长江航道局投入 10 艘大型挖泥船对宜昌至安庆河段内 13 处浅滩进行维护疏浚。枝江上浅区两处疏浚 19.28 万 m^3；大埠街至安庆河段累计疏浚 831 万 m^3，其中太平口水道累计疏浚 678 万 m^3、燕窝水道 55 万 m^3，另外疏浚瓦口子、藕池口、八卦洲、嘉鱼、巴河、戴家洲、九江、东流、安庆等水道共计约 100 万 m^3，每处浅滩疏浚 8 万～20 万 m^3。太平口水道是重点疏浚的浅滩，2016 年 8 月 3 日起对太平口水道进行疏浚，吸盘 2 号和吸盘 3 号挖泥船自 8 月 3 日到 2017 年 2 月累计疏浚近 1 000 万 m^3，保证维护水深 3.5 m，航宽大于 140 m，突破维护疏浚记录。2018 年开始，用疏浚井法开辟沿岸槽获得成功，年疏浚工程量逐年下降。

芦家河水道分别于 2016 年和 2017 年 1 月进行疏浚。2018—2019 年在毛家花屋一带发生局部卵石输移，出现局部浅包，难以保证最小维护航道尺度 3.5 m×150 m×750 m，坡陡流急现象仍然存在，对上行船舶有影响。三峡枢纽蓄水运行后，枯水流量增加，水位有所抬升；河道冲刷使航槽降低、水位下降，航道水深增加。但各浅滩情况不同，航道水深增加值也不同，原初设认为中游航道最小水深能自然增加 0.5 m 以上是不符合实际的。因此需加强航道维护疏浚，进行必要的航道整治。

3. 2021 年长江干线航道分月维护水深

2020 年流域性大洪水后，2021 年长江干线航道的分月维护水深见表 6.4-13，可见个别航段的维护水深有所提升。

表 6.4-13　长江干线航道 2021 年分月维护水深

单位：m

河段			分月维护水深												备注
			1 月	2 月	3 月	4 月	5 月	6 月	7 月	8 月	9 月	10 月	11 月	12 月	
宜宾合江门—重庆羊角滩			2.9	2.9	2.9	2.9	3.2	3.5	3.7	3.7	3.7	3.5	3.2	2.9	
重庆羊角滩—涪陵李渡长江大桥			4.5	4.0	3.5	3.5	3.5	3.5	4.0	4.0	4.0	4.0	4.5	4.5	
涪陵李渡长江大桥—三峡坝上禁航线			5.5	5.5	5.5	5.5	5.5	4.5	4.5	4.5	4.5	5.5	5.5	5.5	1—5 月及 10—12 月试运行
三峡坝上禁航线—宜昌下临江坪			4.5	4.5	4.5	4.5	4.5	4.5	4.5	4.5	4.5	4.5	4.5	4.5	
其中	三峡升船机航道		3.5	3.5	3.5	3.5	3.5	3.5	3.5	3.5	3.5	3.5	3.5	3.5	试运行
	葛洲坝三江航道		4.0	4.0	4.0	4.0	4.5	4.5	4.5	4.5	4.5	4.0	4.0	4.0	1—6 月及 12 月试运行
宜昌下临江坪—枝江大埠街			3.5	3.5	3.5	3.5	4.0	5.0	5.0	5.0	4.0	3.5	3.5	3.5	
枝江大埠街—荆州港四码头			3.5	3.5	3.5	3.8	4.5	5.0	5.0	5.0	4.0	3.5	3.5	3.5	
荆州港四码头—岳阳城陵矶			3.8	3.8	3.8	3.8	4.5	5.0	5.0	5.0	4.0	3.8	3.8	3.8	
岳阳城陵矶—武汉长江大桥			4.2	4.2	4.2	4.5	4.5	5.0	5.0	5.0	5.0	4.5	4.2	4.2	
武汉长江大桥—安庆吉阳矶			5.0	5.0	5.0	5.0	5.5	7.0	7.0	7.0	6.5	5.5	5.0	5.0	
安庆吉阳矶—芜湖高安圩			6.0	6.0	6.0	6.5	7.5	8.5	9.0	9.0	8.0	7.0	6.5	6.0	
其中	安庆南水道	黄湓闸以上	2.5	2.5	2.5	3.5	3.5	4.5	4.5	4.5	4.5	3.5	3.5	2.5	试运行
		黄湓闸以下	4.5	4.5	4.5	5.0	5.0	6.0	6.0	6.0	6.0	5.0	5.0	4.5	
	成德洲东港		4.5	4.5	4.5	5.0	5.0	6.0	6.0	6.0	6.0	5.0	5.0	4.5	
芜湖高安圩—芜湖长江大桥			7.5	7.5	7.5	7.5	7.5	8.5	9.0	9.0	8.0	7.5	7.5	7.5	
芜湖长江大桥—南京燕子矶			9.0	9.0	9.0	9.0	9.0	10.5	10.5	10.5	10.5	9.0	9.0	9.0	
其中	裕溪口水道		3.0	3.0	3.0	3.0	4.5	4.5	4.5	4.5	4.5	3.0	3.0	3.0	试运行
	太平府水道	姑溪河口以上	3.0	3.0	3.0	4.0	4.0	4.5	4.5	4.5	4.5	4.0	4.0	3.0	
		姑溪河口以下	3.5	3.5	3.5	4.5	4.5	5.0	5.0	5.0	5.0	4.5	4.5	3.5	
	乌江水道		4.5	4.5	4.5	5.0	5.0	6.0	6.0	6.0	6.0	5.0	5.0	4.5	

续表

河段			分月维护水深												备注
			1月	2月	3月	4月	5月	6月	7月	8月	9月	10月	11月	12月	
南京燕子矶—南京新生圩			10.5	10.5	10.5	10.5	10.8	10.8	10.8	10.8	10.8	10.8	10.5	10.5	
其中	宝塔水道		4.5	4.5	4.5	4.5	4.5	4.5	4.5	4.5	4.5	4.5	4.5	4.5	
南京新生圩—江阴长江大桥—长江口			12.5	12.5	12.5	12.5	12.5	12.5	12.5	12.5	12.5	12.5	12.5	12.5	
其中	仪征捷水道		4.5	4.5	4.5	4.5	4.5	4.5	4.5	4.5	4.5	4.5	4.5	4.5	
	太平洲捷水道		3.5	3.5	3.5	3.5	3.5	3.5	3.5	3.5	3.5	3.5	3.5	3.5	
	福姜沙南水道		10.5	10.5	10.5	10.5	10.5	10.5	10.5	10.5	10.5	10.5	10.5	10.5	
	白茆沙北水道		4.5	4.5	4.5	4.5	4.5	4.5	4.5	4.5	4.5	4.5	4.5	4.5	实际水深
	北支水道	北支口—灵甸港	维护自然水深												
		灵甸港—启东引水闸	2.5	2.5	2.5	2.5	2.5	2.5	2.5	2.5	2.5	2.5	2.5	2.5	试运行
		启东引水闸—三条港	3.0	3.0	3.0	3.0	3.0	3.0	3.0	3.0	3.0	3.0	3.0	3.0	
		三条港—五仓港	4.0	4.0	4.0	4.0	4.0	4.0	4.0	4.0	4.0	4.0	4.0	4.0	
		五仓港—戤滧港	5.0	5.0	5.0	5.0	5.0	5.0	5.0	5.0	5.0	5.0	5.0	5.0	
		戤滧港—连兴港	6.0	6.0	6.0	6.0	6.0	6.0	6.0	6.0	6.0	6.0	6.0	6.0	
	长江口南槽航道		6.0	6.0	6.0	6.0	6.0	6.0	6.0	6.0	6.0	6.0	6.0	6.0	建设试通航

注：1. 葛洲坝三江航道试运行水深未考虑葛洲坝船闸泄水波影响，且庙嘴水位不低于 39 m，三江航道底部高程不高于 35 m；
2. 南京新生圩至江阴长江大桥河段为航行基准面以下水深；江阴长江大桥以下为理论最低潮面下水深。

7. 三峡枢纽运行后库区及上游河道冲淤变化

三峡枢纽运行后，库区水深流缓，泥沙容易落淤，回水变动区受枢纽调度影响，枯季落淤，汛期冲刷，因而三峡枢纽运行后库区及上游河道都将出现与以往不同的冲淤变化。河床泥沙冲淤量的计算，主要有 2 种计算方法：一是水文站所测悬沙量，二是河道地形断面法，2 种方法的结果往往不同，悬沙是以单位 t 表示，地形法是以单位 m^3 表示。

7.1 库区上游河道冲淤变化

三峡库区上游水富至江津河段基本不受三峡水库运行影响，但会受向家坝枢纽运行影响。向家坝水电站是金沙江下游水电开发(图 6.2-2 与图 6.2-3)最末的一个梯级电站，上距溪洛渡水电站坝址 157 km，下离水富城区 1.5 km、宜宾市区 30 km。2002 年 10 月，向家坝水电站经国务院正式批准立项，2006 年 11 月 26 日正式开工建设，2014 年 7 月 10 日全面投产发电。2013 年以来向家坝枯水期下泄月均流量表 6.2-1 与表 6.2-2，向家坝最小下泄流量目前已达 1 600 m^3/s，上游 4 大水库联合调度后将达 2 000 m^3/s 左右。目前金沙江 4 大电站全部开始蓄水运行，同时河道禁止采砂，水沙情况和航道条件将会进一步改变。以下依据长江水文局原型观测成果，对向家坝至宜宾河段及宜宾至江津河段进行分析。

7.1.1 向家坝至宜宾河段

向家坝至宜宾河段长 29.8 km(图 7.1-1),是向家坝枢纽坝下近坝河段,通航条件较差,曾列为首批航道整治项目,河床由石、砂、砂卵石组成,其中砂卵石占 40%,细砂占 60%,卵石最大粒径 280 mm,中值粒径 0.25~0.48 mm,逐年冲刷粗化。目前经过清水冲刷(表 7.1-1)和大量采砂,枯水期流量增加了 300~400 m^3/s,航道条件得到明显改善。向家坝建设与运行初期(2008—2014 年)向家坝至宜宾河段年冲刷量为 362.5 万 m^3,2008 年 3 月—2018 年 10 月累计冲刷 2 642.5 万 m^3,平均 240.2 万 m^3/a,冲刷强度平均 8.1 万 $m^3/(km \cdot a)$,但其中大部分是采砂所致。连续采砂 10 多年,使砂卵石浅滩变化很大。2018 年与 2019 年采砂得到初步控制,年冲刷有所减少,甚至 2020 年还出现了淤积。

随着航道条件的明显改善和船舶大型化,2 000~3 000 t 的一般大型船舶能行驶到坝下水富港作业。2018 年 10 月一艘 8 000 t 级散货船驶入水富港试航,以探索将水富港建成可泊 3 000 t 级以上船舶的云南出川大港。

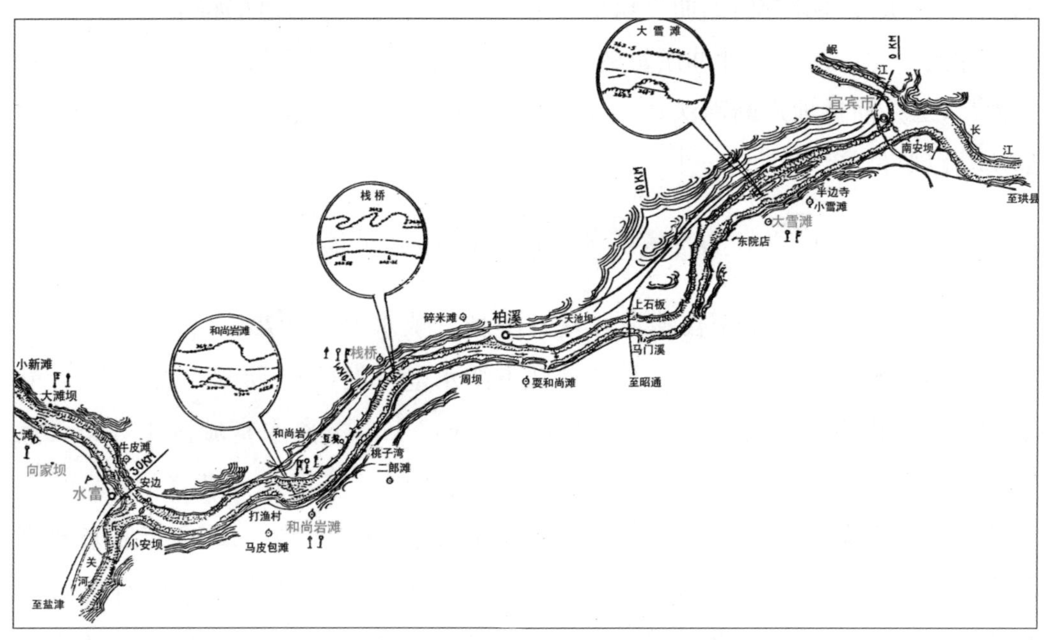

图 7.1-1 向家坝至宜宾河段示意图

表 7.1-1　向家坝至宜宾河段冲淤量

时段	年份	冲淤量(万 m^3)
2008 年 3 月—2012 年 11 月	累计/年平均	−1 388.0/−347.0
2012 年 10 月—2013 年 10 月	2013 年	−331.0
2013 年 11 月—2014 年 10 月	2014 年	−409.6
2014 年 10 月—2016 年 10 月	2015 年	−95.5
2015 年 10 月—2016 年 10 月	2016 年	−213.5
2016 年 10 月—2017 年 11 月	2017 年	−147.1
2017 年 11 月—2018 年 10 月	2018 年	−57.8
2018 年 10 月—2019 年 11 月	2019 年	−103.6
2019 年 11 月—2020 年 11 月	2020 年	+156.6
2008 年 3 月—2018 年 10 月累计		−2 642.5
2008 年 3 月—2019 年 11 月累计		−2 746.1
2008 年 3 月—2020 年 11 月累计		−2 589.5

7.1.2　宜宾至江津河段

宜宾至江津河段位于四川宜宾、泸州两市，全长 296 km，经过一、二期航道整治，航道等级由通航 500 t 级提高到通航 1 000 t 级的Ⅲ级航道，近期计划按Ⅱ级航道标准再进行整治，航道尺度标准提升到 3.5 m×100 m，可通航 2 500～3 000 t 级船舶，已完成工可研。但是现在由于河床冲刷及大量采砂，其航道冲刷量远大于工可设计值，而且枯水流量增加，使航道条件得到明显改善，现在宜宾港和泸州港均能通航 2 000～3 000 t 级船舶。

宜宾至江津河段历年冲淤量见表 7.1-2 和图 7.1-1，从表中统计分析可知，2012 年 10 月至 2021 年 10 月间冲刷强度为 5.2 万 m^3/(km·a)，其实冲刷量大部分是采砂所致，2016 年以来加强控制采砂后，冲刷量则明显减少。

表 7.1-2　宜宾至江津河段历年冲淤量　　单位：万 m^3

时段	年份	宜宾—朱沱 233 km 河段	朱沱—江津 63 km 河段	宜宾—江津 296 km 河段
2012 年 10 月—2013 年 10 月	2013 年	−2 601.2	−535.9	−3 137.1
2013 年 10 月—2014 年 10 月	2014 年	−1 538.6	−1 093.0	−2 631.6
2014 年 10 月—2015 年 10 月	2015 年	−5 174.1	−1 971.6	−7 145.7
2015 年 10 月—2016 年 10 月	2016 年	385.0	−2 053.9	−1 668.9
2016 年 11 月—2017 年 10 月	2017 年	61.3	−43.7	17.6

续表

时段	年份	宜宾—朱沱 233 km 河段	朱沱—江津 63 km 河段	宜宾—江津 296 km 河段
2017 年 10 月—2018 年 10 月	2018 年	−345.2	−387.9	−733.1
2018 年 10 月—2019 年 10 月	2019 年	−125.0	+6.0	−119.0
2019 年 10 月—2020 年 10 月	2020 年	+1 594.0	+130.0	+1 724.0
2020 年 10 月—2021 年 4 月	2021 年	−468.0	−36.0	−221.0
2021 年 4 月—2021 年 10 月		+283.0		
2012 年 10 月—2018 年 10 月	累计	−9 212.8	−5 998.6	−15 299.4
2012 年 10 月—2021 年 10 月	累计	−7 928.8	−5 898.6	−13 915.4

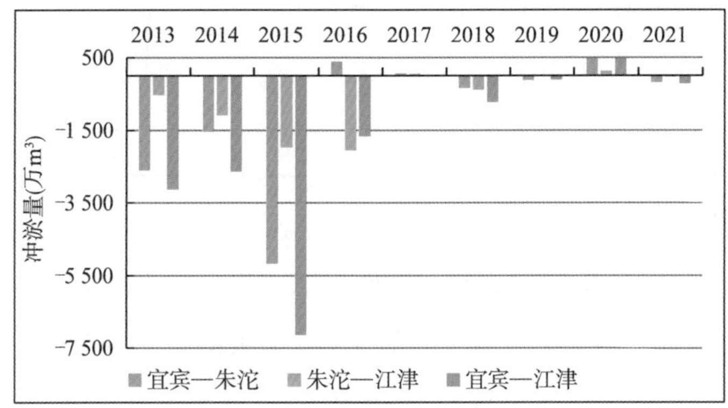

图 7.1-1　宜宾至江津河段历年冲淤量图

宜宾至朱沱河段，河床质主要由砂卵石组成，约占 60%，最大粒径 176 mm，一般沙质河床数占 40%。中值粒径多为 0.2～0.4 mm，或 0.06～0.3 mm，大部分为 0.25～0.45 mm。朱沱至江津河段，河床质主要由砂卵石组成，沙质河床占 46%，卵石质占 54%，最大粒径 167 mm，一般中值粒径为 0.29～0.36 mm。

金沙江的乌东德、白鹤滩两大水电站已相继蓄水运行，估计这段航道不久将会进一步改善。我们认为乌东德、白鹤滩水电站蓄水运行后，航道条件会有较大的变化，基本能满足通航 3 000 t 级船舶航行的要求，需要整治的是个别滩险，以满足集装箱的联运。建议认真研究金沙江 4 座大电站运行后的航道变化，可先加强疏浚维护，然后再研究航道整治工程。

7.2 水库变动回水区冲淤变化

7.2.1 江津—大渡口河段

该河段总长 26.5 km,是三峡水库末端,在三峡工程论证过程中,很多专家担心上游河道砾卵石推移质会在此河段大量堆积,经过近 10 多年的原型观测(表 7.2-1),我们发现上游河道砾卵石推移质逐年减少,而不是增加。2008 年 11 月—2018 年 11 月,本河段 10 年累计冲刷 4 053 万 m^3(含采砂,高水位下),其中主槽冲刷 5 025 万 m^3,边滩淤积 972 万 m^3。2018 年主槽冲刷 113 万 m^3,边滩淤积 56 万 m^3,冲刷强度 2.15 万 $m^3/(km·a)$。该河段的几处卵石浅滩未发生明显变化,最末段占碛子浅滩,枯水期演变规律与原天然状态完全一样,仅有少量卵石下移,每年需维护疏浚,近年因上游卵石输移量减少,浅滩情况有所好转。

表 7.2-1 江津—大渡口河段冲淤量 单位:万 m^3

时段	高水位下冲淤量	低水位下冲淤量
2008.11—2009.06	−266	−226
2009.06—2009.09	+285	+67
2009.09—2009.11	−220	−170
2009.11—2010.04	−9	+122
2010.04—2010.06	+166	+158
2010.06—2010.11	+186	+3
2010.11—2011.10	−616	−586
2011.11—2012.04	−193	−26
2012.04—2012.10	−23	+289
2012.10—2013.05	−476	−518
2013.05—2013.10	−807	−902
2013.10—2014.04	+290	−205
2014.04—2014.10	−681	−657
2014.10—2015.10	−320	−543
2015.10—2016.11	−1 070	−1 508
2016.11—2017.10	−242	−210
2017.10—2018.10	−57	−113
2018.11—2019.11	−190	−184
2008.11—2018.11	−4 053	−5 025
2008.11—2019.11	−4 243	−5 209

续表

时段	高水位下冲淤量	低水位下冲淤量
2019.11—2020.11	+255	+166
2020.10—2021.10	−150	−175

作者(刘书伦)曾调查过嘉陵江、渠江流域的15座中小型水库,虽然这些河道中河床布满卵石,但在库区、坝前未发现卵石大量堆积。调查发现卵石仅在大洪水时产生输移,数量很少,当卵石进入水库泥沙淤积区时,沙子被冲走,卵石分散下沉,洪水后流速减小,泥沙淤积覆盖,唯有渠江上游2个采用低矮溢流坝的梯级,有大量卵石输移到坝前,部分卵石甚至到达电站上游引水口。此河段原型观测的成果分析再次证明:现在该河段的卵石运动虽然仍有很多问题没有搞清楚,但总体认为,卵石输移量很少,且为局部间断式移动,不是悬沙的输移方式,也不是沙质推移质输移的方式。传统的一些分析计算公式在试验室中是可以应用,但在实际河道中各地差别很大,有很多因素未考虑,不宜简单计算就得出结论。卵石运动的起动、止动公式中,除水流水深因素外,还要考虑河床地形,河床质组成结构、紧密度等,是十分复杂的,目前虽有很多研究成果,但计算成果很难符合实际。我们对卵石运动的取样只能取得某一时段经过的卵石,但怎样进来的?到哪里去了?是无法准确知道的。

7.2.2 大渡口—铜锣峡河段

大渡口至铜锣峡河段全长35.5 km,位于三峡水库变动回水区中段,而重庆主城区干流河段就位于大渡口至铜锣峡之间,其中朝天门以上20 km,朝天门以下14 km。三峡枢纽175 m蓄水后重庆主城区干流河段冲淤量见表7.2-2和图7.2-1,可见朝天门以上河段的冲刷量相对大一些,朝天门以下河段除2010年、2012年、2015年、2017年、2019年、2021年出现淤积外,都是以冲刷为主,其实是采砂强度的不同造成的。该河段泥沙淤积冲刷演变详见“7.4.2 重庆港泥沙淤积问题”。

表7.2-2　三峡枢纽175 m蓄水后重庆主城区干流河段冲淤量　单位:万 m^3

时段	朝天门以下	朝天门以上	合计	嘉陵江	总计
2008.09—2008.12	−37.4	−24.6	−62.0	—	—
2008.12—2009.11	−51.8	−78.2	−130.0	—	—
2009.11—2010.12	130.8	135.4	266.2	—	—

续表

时段	朝天门以下	朝天门以上	合计	嘉陵江	总计
2010.12—2011.12	−130.0	−1.3	−131.3	—	—
2011.12—2012.10	94.1	−252.9	−158.8	—	—
2012.10—2013.10	−103.2	−361.8	−465.0	—	—
2013.10—2014.10	−65.9	−374.4	−440.3	—	—
2014.10—2015.10	43.4	−183.2	−139.8	—	—
2015.10—2016.12	−87.9	−62.6	−150.5	—	—
2016.12—2017.12	57.8	−195.0	−137.2	—	—
2017.12—2018.12	−30.8	−263.3	−294.1	10.1	−284.0
2018.12—2019.12	84.7	−219.8	−135.1	−59.2	−194.3
2019.12—2020.12	−9.6	108.0	98.4	94.0	192.4
2020.12—2021.12	38.0	71.0	109.0	45.4	154.4
2008.09—2018.12 累计	−180.9	−1 661.9	−1 842.8	—	—
2008.11—2021.12 累计	−67.8	−1 702.7	−1 770.5	—	—

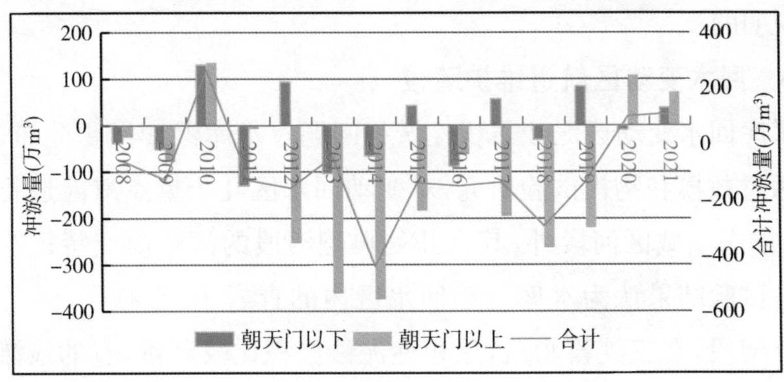

图 7.2-1　三峡枢纽 175m 蓄水后重庆主城区干流河段冲淤量

7.2.3　铜锣峡—李渡—涪陵河段

该河段位于三峡水库变动回水区下段，其间有著名的上下洛碛、王家滩、青岩子等著名滩险，每年汛期铜锣峡到李渡全长 98.9 km，基本恢复天然河道状态，部分河段累积性淤积比较明显，其中 2003—2011 年累积性淤积 2 326 万 m^3，2011—2017 年该河段大量采砂，估计采砂总量 2 000 万～2 500 万 m^3，2006—2018 年累计冲刷 2 201 万 m^3(据河道地形测图比较)，说明 2006 年以后河道虽有淤积，但因大量采砂抵消后，总体仍表现冲刷。据原型观测成果，该河段每年汛期冲淤变化与原天然河道相似，但汛末即转入蓄水，原天然河道汛期淤积、枯水期冲刷部位，现在蓄水后不会发生冲刷。例如，王家滩北槽和柴盘子急弯河段，原天然河道汛期淤积随水位下降，水位归槽后，水面比降急剧加大，产生弯道环流从而大量冲刷，现在汛后转为蓄水，水面比降变缓，淤积泥沙难以冲走，产生累积性淤积。其中的青岩子浅滩在河工模型试验中已比较清楚看到这种现象：三峡水库运行5～10年后，弯道可能淤平，航道发生易位；蓄水后的原型观测资料分析表明，这种累积性淤积开始几年发展很快，以后逐渐减缓，近5年由于来沙量减少，冲淤变化更缓慢，整个青岩子河段尚未出现航槽易位，大量采砂后淤积地方变为冲刷。2015年在常年回水区——忠县附近的黄花城河段，原左航槽已完全淤满，被迫开启右航槽，实施双航道分期通航。

三峡水库变动回水区河段，在论证和初设期间，曾做过大量试验研究，有些浅滩如青岩子、兰竹坝、土脑子等累积性淤积比较严重：在蓄水初期，累积性淤积明显，但随上游来沙大量减少及大量采砂，该河段总体上不是大量累积性淤积，而是因大量采砂在地形图上表现冲刷。这些情况是以前试验研究没有预测到的，也是应该特别说明的。

7.2.4 回水变动区航道维护疏浚

三峡水库回水变动区泥沙累积性淤积问题及水库泥沙淤积分布，在论证和初设中曾做过数模和物模试验研究，对变动回水区几个重点滩险进行了河工模型试验，除重庆主城区河段外，其余几处典型河段的河床演变特征与试验成果基本一致。试验结果认为水库变动回水区内的青岩子、土脑子、兰竹坝、忠州、三湾等重点河段，在三峡蓄水后，累积性泥沙淤积比较严重，有的浅滩可能产生航槽易位，因此提出了相应的航道整治方案。但实测资料表明泥沙的累积性淤积发展速度逐年放缓，到现在尚未出现航槽易位，仅有部分浅滩每年需采取疏浚维护(表7.2-4)，对需进行炸礁的部分，在蓄水前实施了炸礁工程，收到很好的效果。

变动回水区河段历年冲淤变化见表7.2-3和图7.2-2，表中数值说明变动回水区河段自2012年后都是冲刷，实际情况是有累积性淤积的，但因采砂量大，结果仍表现是冲刷。大量河道采砂破坏了河道演变规律，因此变动回水区是否有累积性淤积难以说清楚。

表 7.2-3 变动回水区河段历年冲淤量

时段	江津至大渡口	大渡口至铜锣峡	铜锣峡至涪陵	合计
里程(km)	26.5	33.5	111.4	173.4
2003 年 3 月—2006 年 10 月	冲淤基本平衡			
2008 年 10 月—2012 年 10 月(亿 m^3)	−0.069	0.022	0.196	0.149
2013 年秋—2014 年(亿 m^3)	−0.039	−0.044	−0.128	−0.211
2015 年(亿 m^3)	−0.032	−0.014	−0.124	−0.17
2016 年(亿 m^3)	−0.107	−0.015	−0.021	−0.143
2017 年(亿 m^3)	−0.024	−0.014	−0.025	−0.063
2018 年(亿 m^3)	−0.006	−0.029	−0.007	−0.042
2019 年(亿 m^3)	−0.019	−0.014	−0.014	−0.047
2021 年(亿 m^3)	−0.015	0.011	0.061	0.057
2008 年 10 月—2019 年 10 月(亿 m^3)	−0.542	−0.078	−0.515	−0.052

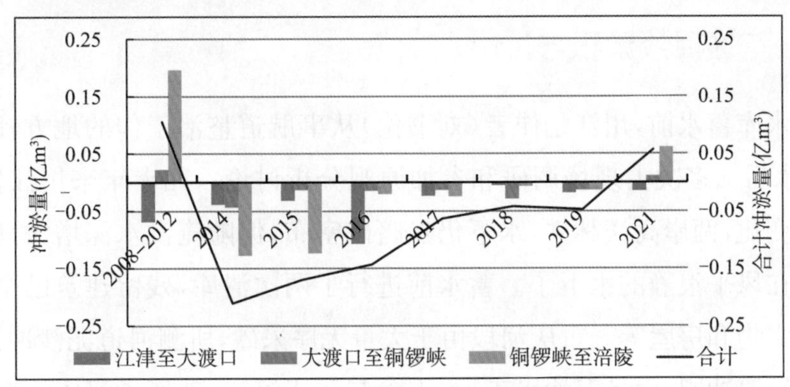

图 7.2-2 变动回水区河段历年冲淤量(亿 m^3)

2010—2018 年三峡库区维护疏浚量见表 7.2-4,结果表明:占碛子位于江津附近,每年处于天然河道状态约 237 d,枯水出浅碍航;胡家滩、三角碛(九龙滩)枯水期处于重庆主城区河段,每年恢复天然状态约 164～170 d,恢复天然状态时,部分砂卵石输移往往会导致淤积碍航,需要提前疏浚。2017 年三峡水库淤积仅 3 117 万 t,也是最低的一年,这些数据与以往研究成果有很大不同,因此需要分析。

表 7.2-4　三峡库区维护疏浚量　　单位：m³

时段	浅滩名称									
	占碛子	胡家滩	三角碛（九龙滩）	朝天门	广元坝	木洞	洛碛	王家滩	码头碛	黄花城
2010—2011 年	32 794	61 024								
2011—2012 年	33 145		60 865							
2012—2013 年	7 900		69 167					106 714		158 009
2013—2014 年	18 862						31 936			
2014—2015 年	4 810		45 570				37 096			
2015—2016 年										
2016—2017 年				62 917				47 650		
2017—2018 年					106 846			17 091	96 811	
2018—2019 年					25 354	29 415				
合计疏浚量	97 511	61 024	175 602		132 200	29 415	69 032	171 455	96 811	158 009

7.3　库区泥沙淤积与讨论

三峡水库蓄水前，川江是作者（刘书伦）从事航道整治工作的地方，跌爬历时18年，蓄水后又多次去现场调研和参加原观分析讨论。几十年来川江发生了翻天覆地的变化，两岸高楼林立，水下仍然暗礁密布，但随淹没水深增大，曾经的凶险都淹没在风平浪静的水下了。蓄水前进行了两次清库，残留建筑已全部清除，包括一些文物和房屋等。重庆河段由于大量无序采砂，所测河道泥沙冲淤量已不是实际的河道冲刷，而且泥沙采走后，不参与河床演变，破坏了河床演变规律，因此一些大量采砂河段，已无法进行河演分析，需进行连续跟踪观测，以逐步认识该河段的冲淤变化。

7.3.1　库区泥沙淤积

1. 淤积总量

涪陵以下的库区，表现为累积性淤积。库区淤积量采用了两种方法进行计算，分别为每年进出水库悬沙的差值（表 7.3-1. 表 7.3-2 和图 7.3-1），以及采用库区两次实测地形资料进行计算。截至 2022 年底三峡枢纽已蓄水运行近 20 年，从原型观测成果可得到以下几点认识。

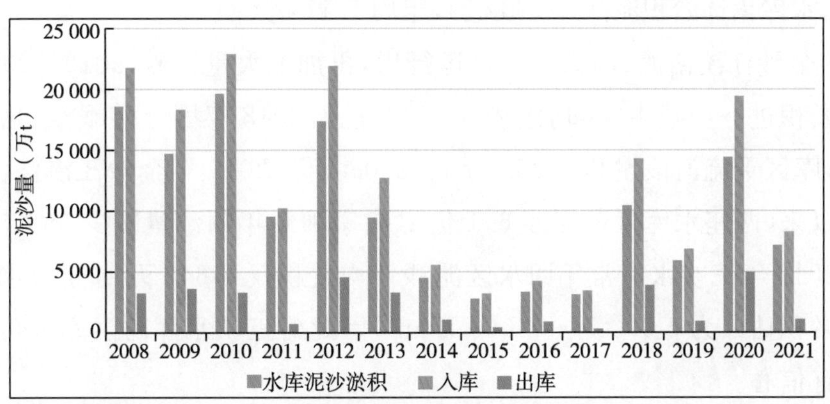

图 7.3-1　三峡水库进出水库泥沙量及淤积量(进出库差值计算)

表 7.3-1　三峡水库泥沙淤积(进出水库悬沙的差值计算)

年份	水库泥沙淤积(万 t)	入库(万 t)	出库(万 t)	排沙比(%)
2008 年	18 560	21 780	3 220	14.8
2009 年	14 700	18 300	3 600	19.7
2010 年	19 620	22 900	3 280	14.3
2011 年	9 508	10 200	692	6.8
2012 年	17 370	21 900	4 530	20.7
2013 年	9 420	12 700	3 280	25.8
2014 年	4 490	5 540	1 050	19.0
2015 年	2 775	3 200	425	13.3
2016 年	3 336	4 220	884	20.9
2017 年	3 117	3 440	323	9.4
2018 年	10 420	14 300	3 880	27.1
2019 年	5 914	6 850	936	13.7
2020 年	14 430	19 400	4970	25.6
2021 年	7 160	8 270	1 110	13.4
2003 年 6 月—2019 年 12 月累计	183 250	240 400	57 150	23.8
2008 年 10 月—2019 年 12 月累计	103 080	126 010	22 930	18.2

(1) 从河道地形测图分析,蓄水初期 2003—2008 年水库入库泥沙和泥沙淤积量比较正常。2003 年 3 月—2006 年 10 月常年回水区泥沙淤积累计 4.71 亿 t,年均 1.18 亿 t,2006 年 10 月—2008 年 10 月累计淤积 3.55 亿 t,年均 1.78 亿 t。

(2) 175 m 试验性蓄水后,库区来沙和库区泥沙淤积明显减少。2008 年 10 月—2018 年 11 月,累计淤积泥沙 9.48 亿 t,年均 0.95 亿 t,2003 年蓄水后到

2018 年，水库累计淤积泥沙 17.73 亿 t，年均 1.11 亿 t。

(3) 金沙江溪洛渡、向家坝蓄水运行后，再加上大量采砂，2019—2021 年水库泥沙淤积进一步减少，年均淤积仅 1.08 亿 t，2018 年因上游岷江、嘉陵江大量输沙，库区干流河段淤积 7 253 万 t。2008 年至 2019 年金沙江溪洛渡、向家坝蓄水以来，两座水库拦蓄泥沙 6.1 亿 t，向家坝站年输沙量减少 95%～99%。2014—2019 年三峡水库常年回水区泥沙年均淤积仅 3 642 万 t，今后水库多年平均年淤积估计为 5 000 万～8 000 万 m^3，因此对三峡水库防洪库容可长期保留更加有信心。

(4) 从入库泥沙、出库泥沙和年输沙量分析。2003 年 6 月—2018 年 12 月三峡水库累计淤积泥沙 17.73 亿 t，年均 1.11 亿 t，在论证初设的结论中，三峡水库运行初期 10～20 年，预计水库年均淤积泥沙 3.3 亿～3.2 亿 t，2003 年以来实际运行结果为 1.08 亿 t/a，仅为初设的 34%。2013 年到 2021 年的 12 年水库累计淤积泥沙为 6.11 亿 t，年均泥沙淤积 0.68 亿 t，每年水库泥沙淤积不足 1.0 亿 t。

(5) 三峡水库常年回水区上段的清溪场到万县，每千米悬沙淤积量大于下段万县到大坝，因为清溪场到万县段其间有不少宽阔河段，而万县—大坝河段，在 175 m 蓄水后和金沙江向家坝蓄水后，泥沙淤积比例明显减少。

(6) 各蓄水期水库泥沙淤积量有明显差异，大致可分为三个阶段。①蓄水初期：2003 年 3 月—2008 年水库干流累计泥沙淤积 7.937 亿 t，其中常年回水区淤积 7.848 亿 t，变动回水区淤积 890 万 t。2003 年 3 月—2006 年 10 月的水库泥沙淤积 5.436 亿 t，2006 年 10 月到 2008 年 10 月，泥沙淤积 2.502 亿 t，年均泥沙淤积量由 1.6 亿 t 下降到 1.25 亿 t，多年平均为 1.5 亿 t/a。②175 m 试验性蓄水后：2008 年 10 月—2018 年 10 月三峡水库干流累计淤积泥沙 7.621 亿 t，多年年均淤积 7 621 万 t/a，2003 年 3 月—2018 年 10 月累计淤积 15.559 亿 t，多年平均 0.995 亿 t/a。采用输沙量法计算：2003 年 6 月到 2018 年 12 月累计三峡水库淤积泥沙 17.735 亿 t，年均 1.108 亿 t/a。③金沙江溪洛渡、向家坝蓄水运行后：2014—2019 年三峡水库干流累计淤积 15 026 万 m^3（采用地形法计算），其中常年回水区累计淤积 21 856 万 t，年均淤积 3 642 万 t/a。

表 7.3-2 三峡水库 2004—2021 年各段泥沙淤积量((悬沙淤积)

年份及时段	入库沙量(万 t)	库区淤积量(万 t)	出库沙量(万 t)	寸滩—朱沱		寸滩—清溪场		清溪场—万县		万县—大坝		水库排沙比%
				151.2 km		124.2 km		184.2 km		286 km		
				冲淤量(万 t)	占比(%)	冲淤量(万 t)	占比(%)	冲淤量(万 t)	占比(%)	冲淤量(万 t)	占比(%)	
2003(6—12 月)	20 821	12 421	8 400					4 950	39.9	7471	60.1	40.3
2004	16 600	10 230	6 370					3 630	35.5	6 600	64.5	38.4
2005	25 400	15 100	10 300					4 890	32.4	10 210	67.6	40.6
2006	10 210	9 319	891			590	6.3	4 789	51.4	3 940	42.3	8.7
2007	22 040	16 959	5 081			370	2.2	9 610	56.7	6 979	41.2	23.1
2008	21 780	18 560	3 220			2 870	15.5	8 420	45.4	7 270	39.2	14.8
2009	18 300	14 700	3 600	860	5.9	−750	−5.1	7 700	52.4	6 890	46.9	19.7
2010	22 900	19 620	3 280	1 220	6.2	2 260	11.5	7 870	40.1	8 270	42.2	14.3
2011	10 200	9 508	692	850	8.9	483	5.1	5 777	60.8	2 398	25.2	6.8
2012	21 900	17 370	4 530	780	4.5	2118	12.2	7 602	43.8	6 870	39.6	20.7
2013	12 700	9 420	3 280	490	5.2	94	1.0	3 626	38.5	5 210	55.3	25.8
2014	5 540	4 490	1 050	−280	−6.2	234	5.2	3 246	72.3	1 290	28.7	19.0
2015	3 200	2 775	425	−206	−7.4	−112	−4.0	2 388	86.1	705	25.4	13.3
2016	4 220	3 336	884	−363	−10.9	448	13.4	2 163	64.8	1 088	32.6	20.9
2017	3 440	3 117	323	−172	−5.5	570	18.3	1 962	62.9	757	24.3	9.4
2018	14 300	10 420	3 880	740	7.1	349	3.3	3 111	29.9	6 220	59.7	27.1
2019	6 850	5 910	936	270	4.6	321	5.4	3 105	52.5	2 214	37.5	13.7
2020	19 400	14 430	4 970	40	0.3	2 754	19.1	5 306	36.8	6 330	43.9	25.6
2021	8 270	7 160	1 110	660	9.2	791	11.0	3 049	42.6	2 660	37.2	13.4
累计	268 071	204 845	63 222	4 889	2.4	13 390	6.5	93 194	45.5	93 372	45.6	23.6
淤积强度(万 t/km)				32.3		107.8		505.9		326.5		

注:"—"表示冲刷,其余为淤积。

三峡水库泥沙淤积是大家关心的重点。一是防洪库容和水库长期使用问题。二是变动回水区泥沙累积性淤积产生碍航问题。在三峡工程论证和初步设计过程中,曾做过大量试验研究,其研究成果十分丰富,也很明确。现在三峡水库已运行近 20 年,观测表明入库泥沙大量减少,全河道大量采砂,来沙量和水库泥沙淤积量发生重大变化,这些变化是以前没有预料到的,有些专家认为现在这种现象是暂时,短时间波动,仍然保持原来的一些认识和分析判断。我们不同意这些论点,认为目前来沙量和水库泥沙淤积量大幅度减少的趋势是明显的,应认真研究这些观测成果,重新认识长江三峡水库淤积问题,充分利用这些有利条件。

2. 淤积强度与分布

三峡水库蓄水以来变动回水区与常年回水区的泥沙淤积量及沿程分布见表 7.3-3 与表 7.3-4,表明:变动回水区以冲刷为主(采砂的影响较大),常年回水区以泥沙淤积为主。2008 年 10 月—2018 年 10 月兵书宝剑峡淤积强度为 71.4 万 m^3/(km・a)、巫峡 3.64 万 m^3/(km・a)、瞿塘峡 4.06 万 m^3/(km・a)。若峡谷河段河宽平均 300 m,则年平均淤厚仅分别为 0.238 m(兵书宝剑峡)、0.12 m(巫峡)及 0.13 m(瞿塘峡)。近坝河段,距大坝 1.9 km 处深泓最大淤积厚度 57.9 m,淤后河底高程 59.6 m,高于原天然河道 20 m,蓄水前大坝坝址设计最低通航水位为 40.55 m(即当地 0 水位)。近 10 年(2008—2018 年)水库泥沙淤积速度明显变缓。上述变动回水区的冲刷其实大部分是采砂造成的,考虑已逐步禁止采砂,河道地形的冲刷量会减少,估计今后水库年淤积在 5 000 万~8 000 万 m^3。

表 7.3-3 三峡水库变动回水区与常年回水区河道泥沙冲淤量及沿程分布(地形法)

时段	变动回水区				常年回水区				合计
	江津—大渡口	大渡口—铜锣峡	铜锣峡—涪陵	小计	涪陵—丰都	丰都—奉节	奉节—大坝	小计	
2003 年 3 月—2006 年 10 月累计(亿 m^3)			−0.017	−0.017	0.02	+2.698	2.735	5.453	+5.436
2006 年 10 月—2008 年 10 月累计(亿 m^3)		+0.098	+0.008	+0.106	−0.003	+1.294	+1.104	+2.396	+2.502
2014 年(亿 m^3)	−0.039	−0.044	−0.128	−0.211	−0.017	−0.013	+0.324	+0.294	+0.083
2015 年(亿 m^3)	−0.039	−0.014	−0.124	−0.177	−0.08	+0.019	+0.059	−0.002	−0.179
2016 年(亿 m^3)	−0.107	−0.015	−0.021	−0.143	+0.039	+0.253	+0.01	+0.302	+0.159
2017 年(亿 m^3)	−0.024	−0.014	−0.025	−0.063	−0.032	+0.205	+0.044	+0.217	+0.154
2018 年(亿 m^3)	−0.006	−0.029	−0.007	−0.042	+0.006	+0.44	+0.321	+0.767	+0.725

续表

时段	变动回水区				常年回水区				合计
	江津—大渡口	大渡口—铜锣峡	铜锣峡—涪陵	小计	涪陵—丰都	丰都—奉节	奉节—大坝	小计	
2019年(亿 m^3)	−0.019	−0.014	−0.014	−0.047	−0.0004	+0.509	+0.099	+0.608	+0.561
2020年(亿 m^3)	+0.026	+0.010	+0.043	+0.079	+0.066	+0.651	+0.269	+0.986	+1.065
2021年(亿 m^3)	−0.015	+0.011	+0.061	+0.057	+0.074	+0.373	+0.146	+0.593	+0.650
2003年3月—2021年10月累计(亿 m^3)	−0.414	−0.177	−0.103	−0.694	+0.553	+11.419	+6.557	+18.529	+17.835
2003年3月—2021年10月,18年7个月的年均冲淤强度(亿 m^3/a)				−0.037				0.975	0.939
2008年10月—2019年10月累计(亿 m^3)	−0.424	−0.296	−0.199	−0.919	0.396 6	6.402	2.303	9.102	8.183
2008年10月—2019年10月共11年的年均冲淤强度(亿 m^3/a)				−0.084				0.827	0.744

表 7.3-4　三峡库区干流河道泥沙淤积量及冲淤强度

时间段			2003年3月—2018年10月(15.5年)			2008年10月—2018年10月(10年)		
河段	间距(km)	水情	累计冲淤量(万 m^3)	每千米冲淤量(万 m^3/km)	冲淤强度(万 m^3/km)	累计冲淤量(万 m^3)	每千米冲淤量(万 m^3/km)	冲淤强度(万 m^3/km)
大坝—庙河	15.1	高水	17 472	1 157.1	74.7	6 875	455.3	45.5
		低水	16 664	1 103.5	71.2	6 392	423.3	42.3
庙河—秭归	16.5	高水	3 489	211.5	13.7	1 178	71.4	7.1
		低水	3 380	204.8	13.2	1 096	66.4	6.6
秭归—官渡口	45.8	高水	16 446	359.1	23.2	5 685	124.1	12.4
		低水	16 216	354.1	22.9	591	122.1	12.2
官渡口—巫山	44	高水	5 131	116.6	7.5	1 603	36.4	3.6
		低水	5 013	113.9	7.4	1 572	35.7	3.6
巫山—大溪	28.8	高水	6 304	218.9	14.1	1 772	61.5	6.2
		低水	6 112	212.2	13.7	1 632	56.7	5.7
大溪—白帝城	6.7	高水	577	86.1	5.6	272	40.6	4.1
		低水	559	83.4	5.4	273	40.7	4.1
白帝城—关刀峡	14.2	高水	11 006	775.0	50.0	4 644	327.0	32.7
		低水	10 300	725.3	46.8	3 975	279.9	28.0

续表

时间段			2003 年 3 月—2018 年 10 月（15.5 年）			2008 年 10 月—2018 年 10 月（10 年）		
河段	间距(km)	水情	累计冲淤量(万 m^3)	每千米冲淤量(万 m^3/km)	冲淤强度(万 m^3/km)	累计冲淤量(万 m^3)	每千米冲淤量(万 m^3/km)	冲淤强度(万 m^3/km)
关刀峡—云阳	53.6	高水	3 393	63.3	4.1	2 171	40.5	4.1
		低水	3 405	63.5	4.1	2 084	38.9	3.9
云阳—万县	66.7	高水	31 183	467.5	30.2	18 385	275.6	27.6
		低水	30 431	456.2	29.4	17 507	262.5	26.3
万县—忠县	81.2	高水	39 056	481.0	31.0	23 178	285.4	28.5
		低水	38 084	469.0	30.3	21 784	268.3	26.8
忠县—丰都	58.8	高水	25 225	429.0	27.7	15 200	258.5	25.9
		低水	25 660	436.4	28.2	15 411	262.1	26.2
丰都—涪陵	55.1	高水	4 142	75.2	4.9	3 972	72.1	7.2
		低水	3 735	67.8	4.4	3 219	58.4	5.8
涪陵—李渡	12.5	高水	262	21.0	1.4	349	27.9	2.8
		低水	150	12.0	0.8	265	21.2	2.1
李渡—铜锣峡	98.9	高水	−2 201	−22.3	−1.4	−3 185	−32.2	−3.2
		低水	−2 996	−30.3	−2.0	−3 883	−39.3	−3.9

注："−"表示冲刷

3. 干流不同形态河段的淤积分析

对三峡水库干流河道泥沙冲淤分布，长江水文局进行了高水位、低水位、宽谷、窄深分析。在常年回水区，重点河段的泥沙淤积量和淤积强度见表 7.3-6 与表 7.3-7。我们认为三峡水库干流河道泥沙冲淤是比较复杂的，需认真进行多方面观测分析。

(1) 不同蓄水时期水库泥沙淤积量每年差别较大，影响因素较多，在不同时期有明显差别，大致情况如下：初期蓄水期（2003 年 6 月—2008 年 9 月）水库泥沙淤积量多年平均为 15 270 万 t/a；175 m 试验蓄水后（2008 年 10 月—2019 年 12 月）水库泥沙淤积量多年平均为 9 228 万 t/a；溪洛渡、向家坝蓄水后（2014—2019 年）水库泥沙淤积量多年平均为 5 008 万 t/a，溪洛渡、向家坝两座水库蓄水后共淤积泥沙约 6 亿 m^3，每年平均约 5 000 万～6 000 万 m^3，因此向家坝站年下泄泥沙量减少 99%；2008 年 10 月—2020 年 10 月，水库泥沙淤积总计 92 520 万 m^3，多年平均 7 710 万 m^3/a（折合 9 631 万 t/a）。

表 7.3-5　三峡库区泥沙淤积较多和较少河段的淤积量及沿程分布

（一）泥沙淤积量较多的河段					
区段		大坝—庙河	白帝城—关刀峡	万县—忠县	忠县—丰都
间距/km		15.1	14.2	81.2	58.8
特征河段			奉节臭盐碛边滩	忠州三湾(黄花城)河段	兰竹坝全河段
累计淤积量（万 m^3）	2008 年 10 月—2018 年 10 月	6 875	4 644	23 178	15 200
每千米淤积量（万 m^3/km）	2008 年 10 月—2018 年 10 月	455	327	285	259
累计淤积量（万 m^3）	2003 年 3 月—2018 年 10 月	17 472	11 006	39 056	25 225
每千米淤积量（万 m^3/km）	2003 年 3 月—2018 年 10 月	1 157	775	481	429
淤积强度[（万 m^3/(km·a)]	2008 年 10 月—2018 年 10 月	46	33	29	26
淤积强度[（万 m^3/(km·a)]	2003 年 3 月—2018 年 10 月	72	48	30	27
（二）泥沙淤积量较小的河段					
区段		大溪—白帝城	官渡口—巫山	庙河—秭归	
间距/km		6.7	44.0	16.5	
特征河段		瞿塘峡	巫峡	兵书宝剑峡	
累计淤积量（万 m^3）	2008 年 10 月—2018 年 10 月	272.0	1 603.0	1 178.0	
每千米淤积量[（万 m^3/(km·年)]	2008 年 10 月—2018 年 10 月	40.6	36.4	71.4	
累计淤积量（万 m^3）	2003 年 10 月—2018 年 10 月	577.0	5 131.0	3 489.0	
每千米淤积量[（万 m^3/(km·a)]	2003 年 10 月—2018 年 10 月	86.1	116.6	211.5	
淤积强度[（万 m^3/(km·a)]	2008 年 10 月—2018 年 10 月	4.1	3.6	7.1	
淤积强度[（万 m^3/(km·a)]	2003 年 3 月—2018 年 10 月	5.4	7.3	13.2	

(2) 典型的特征河段。淤积量较多和较少的特征河段见表 7.3-5。其中淤积量较多的河段如大坝前的宽阔河段、瞿塘峡进口的臭盐碛边滩到关刀峡河段、忠县下游的忠州三湾(黄花城)河段以及丰都县下游兰竹坝河段。淤积量和淤积强度较小的河段，主要在峡谷河段，如瞿塘峡、巫峡和兵书宝剑峡。以前曾有专家担

心峡谷河段泥沙淤积后可能形成急流河段，现在原观证明，峡谷的泥沙淤积相对较少，不可能形成洪水急流河段。

三峡水库是大型山区型河道水库，有礁石、卵石等固定边界，水流条件复杂，与其他大型水库不同，要切实掌握其河道的地形地貌和河床质的组成。三峡水库河段长达 600 km，各河段河道情况不同，万县以下近 300 km 是以礁石边界为主的河床，丰都到涪陵河段也是，河床形态不规则，其他河道在礁石边界河床中还有多处卵石边滩，河段较宽或宽窄相间。这些不规则河道使水库泥沙淤积分布变化大，纵横向淤积不均匀，不宜用概化断面，这些特征与冲积性河流完全不同。因此将河道泥沙淤积分布的一些细节列出，供大家分析。三峡工程论证和初设中采用汉江丹江口水库、黄河三门峡水库实际成果进行类比分析只能作为参考，不能完全作为依据；对水库变动回水区航道的整治方法，也不能直接采用。

4. 三峡水库水面线变化与各河段过水断面面积变化

三峡水库干流各时期沿程水位变化见 6.2.3 节，这些流量水位观测成果是可信的，反映了各级流量和坝前水位下水库的河道阻力，即综合糙率，反映了什么条件下是水库，什么条件下是河道，什么条件下是过渡期(各河段受水库蓄水影响都有一段水面比降变化的过渡期)。河道泥沙淤积后过水断面面积有所减少(表 7.3-7)，通过过水断面面积变化可以估计断面平均流速，判断可能的冲淤变化(表 7.3-8)。当在汛期大流量情况下，坝前水位降为汛限水位，峡谷河段流速仍然较大，这样可以解释为什么这些河段泥沙淤积很少。

表 7.3-6　三峡库区干流不同形态河段冲淤量（长江委水文局成果）

河段起止地名	起止断面号	河段形态	河长(km)	时段											
				2003.03—2006.10（万 m^3）	2006.10—2008.10（万 m^3）	2008.10—2009.10（万 m^3）	2009.10—2010.10（万 m^3）	2010.10—2011.10（万 m^3）	2011.10—2012.10（万 m^3）	2012.10—2013.10（万 m^3）	2013.10—2014.10（万 m^3）	2014.10—2015.10（万 m^3）	2015.10—2016.11（万 m^3）	2016.11—2017.10（/万 m^3）	2003.03—2020.10 累计（万 m^3）
大坝—官渡口	大坝—S70	宽谷	77.4	17 203	6 466	3 963	1 219	676	1 963	1 220	2 078	149	−616	752	39 818
官渡口—巫山	S70—S93	窄深	44	1 954	1 574	954	−13	392	−413	228	269	55	237	−186	5 053
巫山—大溪	S93—S107	宽谷	28.8	3 332	1 200	760	−16	152	328	10	204	205	79	94	6 603
大溪—白帝城	S107—S111	窄深	6.7	60	245	109	7	83	−59	68	11	45	24	−44	592
白帝城—关刀峡	S111—S118	宽谷	14.2	4 805	1 557	1 063	518	339	423	480	677	134	378	−176	12 049
关刀峡—云阳	S118—S142	窄深	53.6	1 209	13	1 101	514	383	−1 145	1 434	−436	264	54	−93	3 985
云阳—涪陵	S142—S267	宽谷	261.8	25 970	12 901	16 004	11 814	5 478	9 608	9 504	137	−872	2 870	1 819	111 272
涪陵—李渡镇	S267—S273	窄深	12.5	−169	82	−122	213	175	−132	12	−49	−90	222	42	153
李渡镇—铜锣峡	S273—S323	宽谷	89	—	904	−324	1 731	−473	−323	−849	−1 222	−1 088	−568	−239	−2 198
		窄深	9.9		80	110	343	−35	−95	−30	−7	−59	139	−49	400
大坝—李渡镇	大坝—S273		499	54 364	24 038	23 832	14 256	7 678	10 573	12 956	2 891	−110	3 248	2 208	179 525
大坝—铜锣峡	大坝—S323		597.9		25 022	23 618	16 330	7 170	10 155	12 077	1 662	−1 257	2 819	1 920	177 727
宽谷和窄深河段淤积量	宽谷		471.2	51 310	23 028	21 466	15 266	6 172	11 999	10 365	1 874	−1 472	2 143	2 250	167 544
	占总淤积量百分比(%)		78.8	94.4	92	90.9	93.5	86.1	118	85.8	112.8	117.1	76	117.1	94.3
	窄深		126.7	3 054	1 994	2 152	1 064	998	−1 844	1 712	−212	215	676	−330	10 183
	占总淤积量百分比(%)		21.2	5.6	8	9.1	6.5	13.9	−18	14.2	−12.8	−17.1	24	−17.1	5.7

注：冲淤量是通过河段内具有代表性的同一断面进行比较计算的，该断面水面高程为坝前水位 145 m、175 m 时的水面高程。

表 7.3-7　三峡水库干流各河段断面过水面积

河段	间距(km)	坝前水位 145 m 断面过水面积(m^2)						坝前水位 175 m 断面过水面积(m^2)		
		2003 年 3 月	2018 年 10 月	2020 年 10 月	2021 年 10 月	2003—2021 年末过水面积变化	2003—2021 年末断面面积变化率/%	2003 年 3 月	2018 年 10 月	ΔA
大坝—庙河	15.1	96 060	87 240	85 571	85 354	−10 706	−11.1	158 522	143 984	−14 538
庙河—秭归	16.5	48 966	48 069	47 863	47 801	−1 165	−2.4	68 719	68 056	−663
秭归—官渡口	45.8	54 052	51 147	51 045	50 983	−3 069	−5.7	77 501	74 385	−3 116
官渡口—巫山	44	32 128	31 582	31 596	31 605	−523	−1.6	45 968	45 929	−39
巫山—大溪	28.8	46 250	42 468	42 384	42 341	−3 909	−8.5	70 188	65 932	−4 256
大溪—白帝城	6.7	27 392	27 214	27 206	27 141	−251	−0.9	40 665	41 273	608
白帝城—关刀峡	14.2	55 801	45 040	44 466	44 155	−11 646	−20.9	88 789	75 859	−12 930
关刀峡—云阳	53.6	32 824	32 053	31 946	31 921	−903	−2.8	51 243	50 546	−697
云阳—万县	66.7	39 284	34 621	33 989	33 825	−5 459	−13.9	64 634	59 535	−5 099
万县—忠县	81.2	33 077	28 905	28 370	28 193	−4 884	−14.8	62 065	56 894	−5 171
忠县—丰都	58.8	25 593	21 459	21 202	21 062	−4 531	−17.7	54 368	49 744	−4 624
丰都—涪陵	55.1	20 204	19 808	19 732	19 553	−651	−3.2	40 763	42 579	1 816
涪陵—李渡	12.5	14 923	14 632	14 576	14 529	−394	−2.6			

注：ΔA 为 175 m 蓄水时 2018 年 10 月与 2003 年 3 月面积差。

表 7.3-8　三峡库区干流泥沙冲淤量及分布(断面法)

单位:万 m^3

河段起止地名		大坝—庙河	庙河—秭归	秭归—官渡口	官渡口—巫山	巫山—大溪	大溪—白帝城	白帝城—关刀峡	关刀峡—云阳	云阳—万县	万县—忠县	忠县—丰都	丰都—涪陵	涪陵—李渡镇	李渡镇—铜锣峡	大坝—李渡镇	大坝—铜锣峡	备注
起止断面号		大坝 S1—S40	S40—S49	S49—S70	S70—S93	S93—S107	S107—S111	S111—S118	S118—S142	S142—S172	S172—S214	S214—S242	S242—S267	S267—S273	S273—S323	大坝—S273	大坝—S323	
间距(km)		15.1	16.5	45.8	44	28.8	6.7	14.2	53.6	66.7	81.2	58.8	55.1	12.5	98.9	499	597.9	
统计时段 1996 年 12 月—2003 年 3 月	高水	214	154	614	177	314	74	223	464	−540	−228	473	−225			1 714	1 714	蓄水前
	低水	221	201	694	169	436	47	199	316	41	127	299	−96			2 654	2 654	
2003 年 3 月—2006 年 10 月	低水	7 418	1 744	8 041	1 954	3 332	60	4 805	1 209	8 155	11 289	6 329	197	−169		54 364	54 364	135~139 m 蓄水期
2006 年 10 月—2008 年 10 月	高水	3 179	567	2 720	1 574	1 200	245	1 557	13	4 643	4 589	3 696	−27	82	984	24 038	25 022	156 m 蓄水期
	低水	2 854	540	2 584	1 487	1 148	226	1 520	112	4 769	5011	3 920	319	54	887	24 544	25 431	
2008 年 10 月—2017 年 10 月	高水	5 338	1 333	4 734	1 523	1 816	244	3 836	2 077	16 129	21 400	14 923	3 909	271	−3 037	77 533	74 496	175 m 试验性蓄水期
	低水	4 834	1 245	4 675	1 461	1 646	251	3 360	1 964	15 336	20 089	15 216	3 253	208	−3 420	73 538	70 118	
2016 年 11 月—2017 年 4 月	高水	272	−36	−372	−593	−315	−70	−376	−758	−494	−639	−746	−400	−57	−440	−4 584	−5 024	2017 年
	低水	260	76	−160	−397	−148	−37	−246	−694	−586	−549	−693	−352	−42	−345	−3 568	−3 913	
2017 年 4 月—2017 年 10 月	高水	346	1	541	407	409	27	199	666	1 060	2 300	660	78	99	153	6 793	6 946	
	低水	296	−31	447	303	298	23	153	587	888	1 750	548	−83	75	61	5 254	5 315	
2016 年 11 月—2017 年 10 月	高水	618	−34	169	−186	94	−44	−176	−93	566	1 661	−86	−323	42	−287	2 208	1 921	
	低水	556	45	287	−94	150	−14	−93	−107	303	1 201	−145	−435	33	−284	1 687	1 403	
2008 年 10 月—2019 年 10 月	高水	6 857	1 169	5 852	1 749	2 077	298	5 047	2 549	20 382	21 571	15 920	3 968/	303	−3 280	83 774	80 494	
2008 年—2020 年	高水	8 476	1 501	6 171	1 525	2 071	286	5 687	2 763	22 810	27 921	17 039	4 630	240	−2 782	101 120	98 338	
2020 年 10 月—2021 年 10 月	高水	220	59	381	−7	133	66	610	237	1 139	1 549	807	735	74	539	6 003	6 542	2021 年
	低水	241	64	326	−39	125	51	510	205	1 131	1 492	792	572	59	376	5 529	5 905	
2008 年 10 月—2021 年 10 月	高水	8 696	1 560	6 551	1 516	2 203	350	6 296	3 000	23 950	29 471	17 846	5 364	313	−2 242	107 116	104 874	175 m 试验性蓄水期
	低水	8 156	1 466	6 407	1 469	2 001	339	5 418	2 849	22 972	27 640	17 667	4 198	216	−3 226	100 798	97 572	
2003 年 3 月—2021 年 10 月	高水	19 293	3 870	17 313	5 044	6 736	654	12 657	4 222	36 749	45 348	27 871	5 535	226	−1 258	185 518	184 260	总蓄水期
	低水	18 427	3 749	17 032	4 909	6 482	624	11 743	4 171	35 897	43 939	27 925	4 715	102	−2 339	179 715	177 376	

7.3.2 库区蓄清排浑及排沙比

三峡枢纽运行后，大量泥沙淤积在水库内，水库能否长期保持有效库容是大家十分关注的问题。在论证和初设时，泥沙专家认为三峡水库采用“蓄清排浑”方式运行，可以长期保持有效库容，其根据是通过数模计算和国内水库调查总结，三峡论证时的水库排沙比为30%～40%，蓄水开始1～2年达到38%～40%，结论明确，大家也确信无疑。三峡水库蓄水到现在已近20年，水库泥沙淤积情况怎样？水库排沙比多少？根据长江委水文局三峡水库原观分析报告，主要认识如下。

三峡水库2004—2019年水库泥沙淤积与排沙比见表7.3-9和图7.3-3，可见，水库运用初期（135～156 m蓄水运用期），水库排沙比较大，随蓄水位增高到175 m后，排沙比明显减少。2003年6月—2019年年均排沙比23.8%，其中蓄水初期（2003—2008年）水库年均排沙比26.9%，2008年175m试验性蓄水后，2008—2019年年均排沙比18.2%。

蓄清排浑的水库调度方式对减少水库泥沙淤积十分有利，有些人认为蓄清排浑可以把汛期泥沙全部或大部分排出至水库下游，但实际情况是汛期入库泥沙大部分仍淤积在库内。

表7.3-9　三峡库区历年泥沙淤积量与排沙比

年份及时段	入库沙量(万 t)	出库沙量(万 t)	库区总淤积量(万 t)	水库排沙比(%)
2003年6—12月	20 821	8 400	12 421	40.3
2004	16 600	6 370	10 230	38.4
2005	25 400	10 300	15 100	40.6
2006	10 210	891	9 319	8.7
2007	22 040	5 090	16 950	23.1
2008	21 780	3 220	18 560	14.8
2009	18 300	3 600	14 700	19.7
2010	22 900	3 280	19 620	14.3
2011	10 200	692	9 508	6.8
2012	21 900	4 532	17 368	20.7
2013	12 700	3 280	9 420	25.8
2014	5 540	1 050	4 490	19.0
2015	3 200	425	2 775	13.3
2016	4 220	884	3 336	20.9
2017	3 440	323	3 117	9.4

续表

年份及时段	入库沙量(万 t)	出库沙量(万 t)	库区总淤积量(万 t)	水库排沙比(%)
2018	14 300	3 880	10 420	27.1
2019	6 850	936	5 914	13.7
2020	19 400	4 970	14 430	25.6
2021	8 270	1 110	7 160	13.4
累计	268 071	63 233	204 838	23.6
2003 年 6 月—2006 年 8 月累计	73 031	25 961	47 070	35.5
2003 年 6 月—2019 年 12 月累计	240 400	57 150	183 250	23.8
2003 年 6 月—2019 年 12 月年均	14 570	3 464	11 106	23.8
2008 年 10 月—2019 年 12 月累计	126 010	22 930	103 080	18.2
2008 年 10 月—2019 年 12 月年均	11 281	2 053	9 228	18.2
2014—2019 年累计	37 550	7 498	30 052	20.0
2014—2019 年年均	6 258	1 250	5 008	20.0

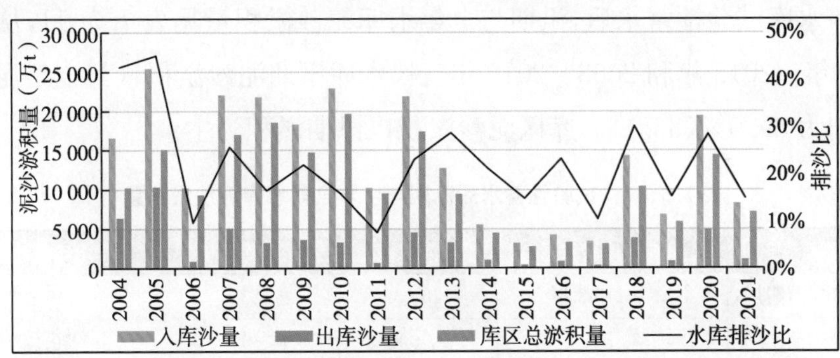

图 7.3-3　三峡库区历年泥沙淤积与排沙比

三峡水库汛期(6 月 10 日—9 月 10 日)水库泥沙排沙比见表 7.3-10,从表中可知,2008—2019 年汛期入库总沙量 126 939 万 t,出库总沙量 24 236 万 t,总体排沙比约 19.1%,说明汛期排沙比略大于全年排沙比。

表 7.3-10　试验性蓄水以来三峡水库汛期泥沙排沙比

年份	汛期水库淤积量(万 t)	汛期入库沙量(万 t)	汛期入库径流量(亿 m^3)	汛期淤积量在全年中占比(%)	汛期出库沙量(万 t)	坝前平均水位(m)	坝前最高洪水位(m)	寸滩洪峰流量(m^3/s)	汛期排沙比(%)	全年排沙比(%)	全年水库泥沙淤积量(万 t)
2008	14 391	17 042	1 693	77.5	2 651	145.6	145.9	33 400	15.6	14.8	18 560
2009	13 523	17 041	1 730	92.0	3 518	147.15	152.76	52 800	20.6	19.7	14 700

续表

年份	汛期水库淤积量(万 t)	汛期入库沙量(万 t)	汛期入库径流量(亿 m^3)	汛期淤积量在全年中占比(%)	汛期出库沙量(万 t)	坝前平均水位(m)	坝前最高洪水位(m)	寸滩洪峰流量(m^3/s)	汛期排沙比(%)	全年排沙比(%)	全年水库泥沙淤积量(万 t)
2010	18 063	21 298	1 977	92.1	3 235	153.15	160.85	62 400	15.2	14.3	19 620
2011	8 605	9 233	1 337	90.5	628	150.19	153.62	32 300	6.8	6.8	9 508
2012	15 898	20 349	2 171	91.5	4 451	152.54	162.95	63 200	21.9	20.7	17 370
2013	8 861	12 037	1 691	94.1	3 176	149.14	155.78	44 100	26.4	25.8	9 420
2014	2 546	3 250	1 733	56.7	704	150.06	163.2	29 400	21.7	19	4 490
2015	2 112	2 407	1 335	76.1	295	147.89	153	28 800	12.3	13.3	2 775
2016	2 502	3 280	1 571	75.0	778	148.86	158.44	27 500	23.7	20.9	3 338
2017	2 396	2 604	1 513	76.9	208	148.74	156.81	29 100	8.0	9.4	3 117
2018	9 696	13 482	2 032	93.1	3 786	150.21	156.73	57 100	28.1	27.1	10 420
2019	4 110	4 916	4 916	69.5	806	147.18	155.55	41 200	16.4	13.7	5 910

三峡水库试验性蓄水后，汛期与全年水库泥沙淤积量见表 7.3-11，从表中可知，2008 年—2013 年和 2008—2019 年三峡水库汛期泥沙淤积量与全年泥沙淤积量比分别为 89.0%、86.1%，库区泥沙淤积以汛期淤积为主。

表 7.3-11　试验性蓄水后汛期与全年汛期水库泥沙淤积量　单位：万 t

时段	汛期水库淤积量	汛期入库沙量	汛期出库沙量	全年水库泥沙淤积量
2008—2019 年汛期	102 703	126 939	24 236	119 228
2008—2013 年汛期	79 341	97 000	17 659	89 178

水库内洪水传播。当坝前水位 155 m 以下时，入库洪峰从寸滩到达坝前的传播时间 18～30 h，平均 22 h；当坝前水位 155～165 m，传播时间约 18 h。2012 年 7 月 22 日—27 日，入库最大洪峰流量 71 200 m^3/s，出库流量基本控制在 43 000 m^3/s 左右，拦蓄洪水 51 亿 m^3，7 月 23 日至 27 日，坝前水位最高涨至 163.11 m。7 月份入库流量大于 40 000 m^3/s 共 14 d。7 月 27 日加大下泄流量至 45 000 m^3/s，坝前水位快速下降。7 月 31 日降至 159 m，入库流量 34 500 m^3/s，下泄流量达 35 000 m^3/s 时则可以恢复通航，疏解积压船舶。

2009—2019 年水库运行 11 年水库泥沙淤积总计 100 698 万 t，年均淤积 9 154 万 t/a，但其中汛期泥沙淤积总计 88 312 万 t，年均 8 028 万 t/a，汛期水库泥沙淤积量占全年约 88%，就是说每年汛期有 72%～95%的泥沙淤积在水库内。这说明水库泥沙淤积主要仍在汛期，汛期虽然采用排沙调度，但效果有限，而且水库汛期进行防洪调度、削峰、蓄洪是不可避免的，因此减少水库泥沙淤积应重视上游水土保持和水库拦沙，不能夸大蓄清排浑的作用。在库区淤积平衡前，汛期不可能排泄出大部分泥沙。

7.3.3 上游建库后对三峡水库泥沙淤积的影响

在三峡工程施工期，关于上游建库后对三峡水库泥沙淤积的影响进行了专题研究，研究结果认为金沙江下游向家坝、溪洛渡等枢纽建成后三峡入库年输沙量会有减少，减少幅度为15%～20%。泥沙减少后对水库泥沙淤积有利，可作为水库长期使用的安全富余值考虑，但对水库变动回水区中重庆港等泥沙淤积问题，没有明确结论。有些专家认为上游入库年输沙量减少对重庆港和变动回水区泥沙淤积不会产生影响，理由是这些河段都是砂卵石、悬沙，不参与河床演变。根据重庆主城区、三峡河道原型观测成果分析，重庆主城区河段，其砂卵石边滩冲淤演变中，泥沙颗粒分布很广，粒径中有细沙、中沙、粗沙，几乎汇聚了各种粒径的宽级配。表层因在枯水时或其他时候冲刷粗化而看不见中、细沙，而悬沙是参与河床演变的。

溪洛渡、向家坝运行后，入库径流量、输沙量实测值与预测值比较：从表6.2-4和表6.2-7中入库水沙历年径流变化率一般为－7%～－5%，极值为－11%和＋12%，寸滩站（大站）为－6%～－5%。三峡蓄水后2003—2017年与1990年前后比较年径流变化率为－7%，若采用2003年—2017年与论证值比较则为－10%，径流量有所减少。

入库历年输沙量变化：三峡蓄水后2003—2017年与1990年前比较减少－68%，与蓄水前1991—2002年年均值比较减少－56%。2014—2019年的年均输沙量与1990年前均值比较减少－87%，与蓄水前1991—2002年年均值比较减少82.2%。2020年乌东德水电站蓄水，2021年白鹤滩水电站蓄水，金沙江输沙量进一步减少，因此近6年的年均输沙量比较有代表性，可以成为三峡水库入库沙量的主要参考值。

根据三峡原观近20年成果和嘉陵江、岷江、乌江等近数十年的研究成果，有几点是比较清楚的：① 河流上游和两岸水土保持坚持了30多年，很有成效，估计今后除大地震外，不会逆转。地震和滑坡会明显增加产沙量，但大颗粒一般都会留在支流河道内，进入干流河道很少，而且所需时间较长。② 上游各河道大型水电站拦沙效果是明显的，如溪洛渡、乌东德、白鹤滩以及乌江、大渡河等水电站拦沙量很大，以后将会继续拦沙。③ 近几年河道采砂现象明显减少，但已采砂的河床长期很难恢复。

综上分析，来水来沙年际间有一定波动是正常的，并有一定范围。入库径流量 3 602 亿 m^3，较 1990 年前的变化率为 −7.0% 是正常的，今后一般将在 3 600 亿 m^3 上下波动。入库年输沙量可能 6 000 万～8 000 万 m^3/a。

由于三峡以上河道两岸水土保持工程的实施，以及三峡上游各大型水库的相继修建运行，使得入库年输沙量减少了 80%左右，这不是一般的年际波动，这种边界条件的变化是颠覆性的。在三峡论证阶段，坝区和三峡水库河工模型试验和数模研究的水沙边界条件是采用沙量偏大的“60 系列”。当时的大讨论、大辩论和艰苦探索的场景都让人记忆犹新。目前新的边界条件下的泥沙运动情况，需要重新认识。

三峡水库来沙的大幅度减少已改变以前几十年实验研究的基础。不仅是三峡水库，更重要的是大坝下游长河道冲刷，长江干流中下游是冲积性河流，若输沙量大幅度减少，河道将会发生哪些变化？我们要充分利用近期的原型观测成果，而且要连续地进行原型观测，不断更新观测成果，深入学习，重新认识长江，改善航道通航条件。

7.3.4 变动回水区河道采砂问题

根据长江水文局三峡水库变动回水区采砂调查（表 7.3-12）与江津至涪陵河段 2007—2016 年采砂坑（表 7.3-13）的调查，以及 2017 年江津至大坝河段采砂引起的地形变化冲刷 2 530 万 m^3，2018 年江津至大坝河段采砂引起的地形变化冲刷 1 105 万 m^3 的分析结果可见，该段采砂量巨大，也无规律。这种盗采难以统计实际的采砂数量，采砂后的河床地形不是河道自然冲淤变化的地形，并且采走的砂量没有参与下游河道冲淤变化，无法进行河道演变的冲淤计算分析。因此我们建议应该划分出采砂严重区域，不纳入河道演变分析中，以免得出错误的结论，如重庆主城区河道采砂较为严重的区域。

表 7.3-12 三峡水库变动回水区部分采砂调查

年份	地点	采砂范围(km)	采砂量(万 t)		总计(万 t)
			砂	砾卵石	
1993 年	长江长寿—程家溪	202	455	195	650
	嘉陵江朝天门—盐井	75	245	105	350
	长江沙溪口—大渡口	135	100	115	215
	区段合计		800	415	1 215

续表

年份	地点	采砂范围(km)	采砂量(万 t)		总计(万 t)
			砂	砾卵石	
2002 年	长江铜锣峡—沙溪口	179	417	100	517
	嘉陵江朝天门—渠河嘴	104	290	67	357
	长江沙溪口—泸州	98	91	286	377
	区段合计		798	453	1 251
2013 年	永川	10	2	15	17
	江津	171	228	812	1 040
	巴南	56	28	83	111
	南岸	23	70	137	207
	九龙坡	21	66	226	292
	大渡口	35	34	218	252
	重庆主城区	71	131	307	438
	江北	35	20	38	58
	渝北	16	32	220	252
	长寿	40	18	10	28
	涪陵	80	87	185	272
	区段合计		716	2 251	2 967

表 7.3-13 江津至涪陵河段 2007—2016 年采砂坑

采砂坑体积/万 m^3	采砂坑(个)	平均深度(m)	最大深度(m)	采砂总体积/亿(m^3)
<100	58	7	17.6	0.35
100～200	22	7.7	20.9	0.30
200～500	12	8.8	28.1	0.37
>500	8	10.4	26.3	0.59
合计				1.61

7.4 三峡水库泥沙与航运问题

三峡蓄水后，河道的通航条件发生根本性变化，船舶航线也发生重大变化，航道也由弯曲狭窄变得顺直宽阔，但三峡水库干流河道的泥沙淤积对航运影响也很大，在三峡工程论证和设计中，对下述问题曾做过大量实验和专题研究：库尾卵石推移质淤积、变动回水区泥沙累积性淤积、重庆港泥沙淤积、设计最低通航水位以及三峡水库与上游河道通航水位衔接等。

7.4.1 水库典型浅滩河段河道冲淤演变

(1) 洛碛—长寿河段

该河段总长约 30 km，其中长寿—王家滩河段有过江大桥和两座大型工厂(四川维尼纶厂和重庆钢铁公司)。蓄水初期 135 m 基本为天然状态，2006 年开始 156 m 蓄水后，受水库回水影响，2006 年 10 月—2008 年，冲淤基本平衡，累计冲刷 40 万 m^3。2006 年 10 月—2018 年 10 月，累计冲刷 1 576 万 m^3。其中 2008 年 10 月—2013 年 10 月累计淤积 375.4 万 m^3。2014 年—2018 年 10 月据地形图计算累计冲刷 1 812 万 m^3，年均冲刷 362 万 m^3，实际是大量采砂引起的，不是真正的冲刷。

航道疏浚维护和航道原观观测表明，本河段每年有冲有淤，但数量不多，累计淤积不严重。由于需通航 5 000t 级船舶，且船舶数量较多，曾进行过多次疏浚，并在王家滩的一定水位期开辟双航槽。本河段是变动回水区中最麻烦的一段，将实施航道整治工程。

(2) 青岩子河段

该河段全长约 15 km。1996—2006 年，累计冲刷 113.5 万 m^3，年均冲刷 11 万 m^3。156 m 蓄水运行后，受回水影响，2006—2012 年，累积性淤积严重，7 年累计泥沙淤积 710 万 m^3，年均淤积约 101.4 万 m^3；2013—2018 年，累计冲刷 1 865 万 m^3，年均冲刷 310.8 万 m^3，其实这些冲刷值是大量采砂的结果。

该河段我们曾开展过河工模型试验，通过试验研究分析得出：三峡蓄水后，该河段累积性泥沙淤积严重，需采取航道整治工程。三峡蓄水后到 2012 年测图表明，累积性泥沙淤积确实是比较严重的。但 2013 年后由于大量采砂，使航道呈现为冲刷，这是定性的改变，说明河道采砂足以破坏河道演变的规律。本河段近年通航尚未出现异常，但仍需跟踪观测。

(3) 土脑子河段

该河段全长 5 km。2003 年 3 月—2006 年 10 月累计淤积 462 万 m^3；2006 年 10 月—2008 年 10 月累计淤积 591 万 m^3，年均淤积 295.5 万 m^3；2008 年 10 月—2013 年 10 月累计淤积 1 303 万 m^3，年均淤积 260.6 万 m^3；2003 年 3 月—2013 年 10 月累计淤积 2 356 万 m^3，年均淤积约 224 万 m^3。

针对严重的泥沙淤积，航道部门适时进行了航标调整及疏浚维护，但受来沙量减少及局部采砂等影响，累积性淤积明显减弱。2003 年 3 月—2018 年 10 月累计淤积

1 974 万 m^3,年均淤积约 126.7 万 m^3。现在看来泥沙淤积碍航时期可能已渡过。

(4) 凤尾坝河段

该河段全长 5.5 km,位于大坝上游 431.3 km 处,有左右两槽为良好航道。2003 年 3 月—2013 年 10 月累计淤积 2 462 万 m^3,年均淤积约 234 万 m^3,2014—2018 年受上游来沙量减少和部分采砂的影响,泥沙累积性淤积速度减缓,5 年累计淤积 144.5 万 m^3,年均约 29 万 m^3。2003 年 3 月—2018 年 11 月累计淤积 2 619.6 万 m^3,年均约 169 万 m^3,淤积强度约为 30.7 万 m^3/(km·a)。

(5) 兰竹坝河段

该河段总长 6.1 km,有左右两槽,是川江著名的浅险滩,作者(刘书伦)曾主持该滩航道整治的设计和施工,对情况十分清楚。据原型观测分析,2003 年 3 月—2013 年 10 月累计淤积 4 861 万 m^3,年均淤积 460.8 万 m^3。其淤积部位与原研究结果完全一致,左槽和左岸大面积淤积,航槽改走河道中洲。2013 年以后,同样因来沙量少和受采砂的影响,累积性淤积速度大幅下降,2014 年—2018 年 10 月累计淤积 488.2 万 m^3,年均 97.6 万 m^3。该河段泥沙淤积是在预料之中,出乎意料的是 2013 年以后累积性淤积速度大大放缓,河道中形成顺直优良航道。

(6) 黄花城河段

该河段总长 5.1 km,也是川江著名的忠州三湾最下游的一个大弯道,有 2 个河槽,中间高出洪水 10 多 m,称为黄花城。忠州三湾的三个大湾都是著名枯水浅滩,作者(刘书伦)曾参加其疏浚维护和整治工作。三峡蓄水后,该河段泥沙淤积速度非常快,到 2011 年左槽上段进口泥沙淤积高程已达 148 m。当坝前水位降到 150～155 m 时,左槽水浅不能通航,于是立即开辟右槽,以后一直改为双槽交替通航。该河段泥沙淤积量为:2003 年 3 月—2013 年 10 月河段总体淤积 10 479 万 m^3,年均约 998 万 m^3;2014—2018 年累计淤积 1 194 万 m^3,年均 238.8 万 m^3;2003 年 3 月—2018 年 10 月累计淤积 12 157 万 m^3,年均约 780 万 m^3;2020 年入库径流量较多年平均值偏多 24%,入库沙量偏多 47%,本河段泥沙淤积量达 805.9 万 m^3,是三峡水库淤积强度最大的河段(臭盐碛、兰竹坝、忠州三湾)之一。本河段为弯曲航道,实测断面流速分布有明显差异,造成淤积主要分布集中在左岸与左槽,其冲淤演变较为复杂,需继续认真观测研究。

(7) 库尾河段卵石浅滩问题

前期论证预警库尾卵石推移质淤积可能造成重大碍航,大家十分关注,通过连续原型观测，未发现库尾有大量卵石堆积，而且朱沱、寸滩卵石推移质数量明显减少，库尾卵石浅滩（例如占碛子、九龙坡等）在库水位消落到天然状态后，其砂卵石输移与往年天然状态相近，未发现明显改变。

嘉陵江13个梯级运行多年后，库尾大量卵石滩的卵石推移不明显，未出现大量卵石堆积，演变与原天然相近，这些情况说明卵石输移与沙质推移质不同，我们对卵石运动的特征、规律和认识尚浅，实际上卵石输移是短暂、不连续运动，是局部的，影响因素较多，而原型观测技术有局限性，河工模型试验又难以反映各种不同情况，因此对卵石输移需要继续深入研究。从客观上分析，现有河道的卵石边滩，是长时间积累而成的，能移动的仅是其中很少一部分，卵石输移的去向是复杂的。作者（刘书伦）参与过大渡河沙湾到乐山河段的卵石浅滩整治，那里的卵石表层光滑松散且易动，36 km河段的80多个洲滩，通过航道整治仍能保持每年冲淤平衡，洲滩形态和主航道维持不变，这说明卵石浅滩并不可怕。

（8）变动回水区泥沙累积性淤积问题

根据原型观测成果分析，变动回水区河段每年汛期基本恢复天然河道状态，其冲淤变化受固定边界控制，与原天然河道相似。每年汛末9月份开始蓄水，自下段到上段逐步受蓄水影响，水面比降、水流流速发生改变。以前汛后转为冲刷的河段冲刷减弱，有的地方甚至发生淤积，产生累积性淤积，如青岩子、兰竹坝等弯曲河段累积性淤积比较严重。在蓄水初期累积性淤积速度很快，但随上游来沙量大量减少，淤积速度减缓，尤其近五年上游来沙量大幅减少，累积性淤积虽仍明显，但因采砂量过大，有的河道地形呈现为冲刷，使得对变动回水区河道进行冲淤分析十分困难，难以准确确定其冲淤变化。但三峡水库变动回水区均为礁石或砂卵石河床，河道的边界条件固定，一些典型重点浅滩若不受大量采砂影响，其冲淤部位和形态与以前试验研究成果基本一致，但碍航程度较轻。从水库历年航道疏浚维护情况也可以看出，水库泥沙碍航淤积量比预期少很多。

7.4.2 重庆港泥沙淤积问题

重庆港泥沙淤积问题是三峡工程论证中的主要问题之一。重庆港的核心港区是九龙坡水陆联运货物港区和朝天门客运港区。三峡工程航运规划目标是使万吨级船队自武汉直达九龙坡港。三峡工程175 m蓄水方案实施后，该港区位于变动回水区上段，每年9月份开始蓄水，将直接影响该港区河段航道走沙，产生累积性泥沙淤积，严重影响港口码头正常作业。为此在20世纪80年代和90年代曾进行系统试验研究，2002 年后又系统进行了原型观测和试验研究。重庆港泥沙淤积问题可分两个方面进行论述：重庆主城区河段试验研究与重庆主城区河段蓄水后原型观测。

重庆主城区河段位于三峡水库 175 m 变动回水区内，主要包括长江干流大渡口至铜锣峡段及支流嘉陵江井口至朝天门段（图 7.4-1），全长约 60 km，其中长江干流朝天门以上 20 km，朝天门以下 14 km，嘉陵江 26 km。受地质构造作用的影响，重庆主城区河段在平面上呈连续弯曲的河道形态，其中长江干流段有 6 个连续弯道，嘉陵江段有 5 个弯道。弯道段之间由较顺直的过渡段连接，弯道段与顺直过渡段所占比例约为 1 ∶ 1。重庆主城区主要有九龙坡（CY30—CY34，长 2.364 km）、猪儿碛（CY15—CY23，长 3.717 km）、寸滩（CY07—CY10，长 2.578 km）、金沙碛（CY41—CY46，长 2.671 km）和胡家滩（CY38—CY40，长 2.85 km）等 5 个重点港区河段。

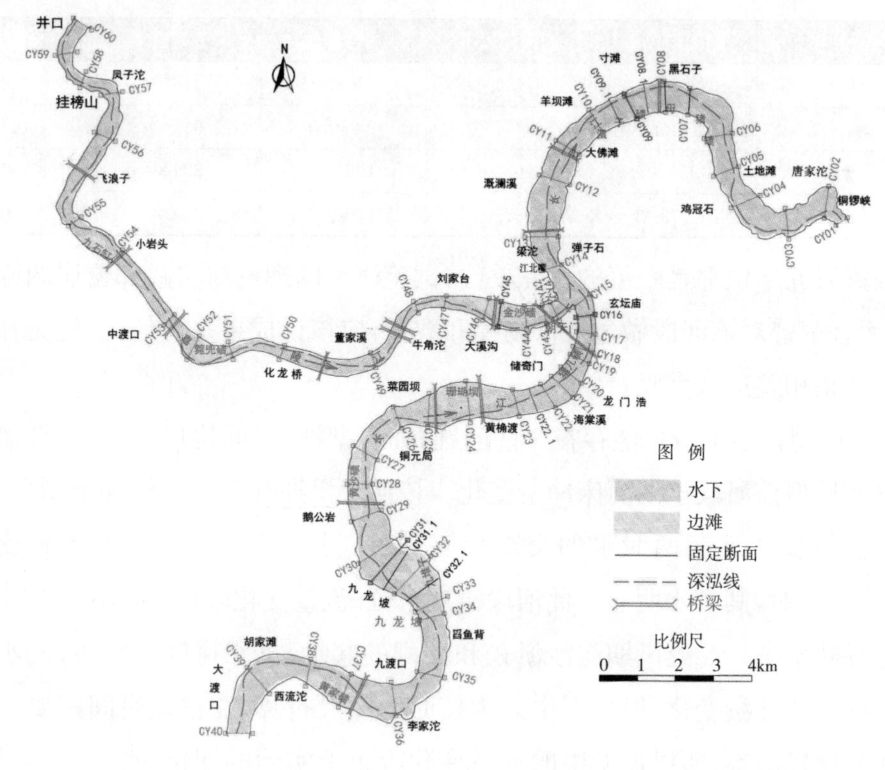

图 7.4-1　重庆主城区河段图

1. 重庆主城区河段河道演变试验研究

在 1985—1990 年三峡工程论证期间，长科院、南京水科院、西科所都进行了河工模型试验，1995 年南科院、长科院、清华大学、西科所 4 家单位同时进行了重庆主城区河段泥沙冲淤对防洪、航运影响试验和对策研究，研究成果十分丰富。其中具有代表性的是 1999—2000 年四家进行的大型泥沙模型。模型采用统一的水沙资料，假设三峡枢纽按 135 m、156 m、175 m 蓄水运行，其中 135～156 m 共 10 年，175 m 蓄水运行 20 年。各家试验研究成果见表 7.4-1 与表 7.4-2。

表 7.4-1　三峡水库运行 30 年末重庆主城区河段泥沙淤积量　单位：万 m^3

单位	朝天门以上	朝天门以下	合计	嘉陵江	全河段
南京水科院	3 674.0	2 073.0	5 747.0	769.0	6 516.0
长科院	1 621.2	597.8	2 219.0	390.7	2 609.7
西科所	4 645.8	1 530.2	6 176.0	701.9	6 887.9
清华大学	1 355.0	1 465.0	2 820.0	405.0	3 225.0

表 7.4-2　三峡水库运行 20 年末重庆主城区河段泥沙淤积量　单位：万 m^3

单位	朝天门以上	朝天门以下	合计	嘉陵江	全河段
西科所	2 574.0	1 450.0	4 024	448.5	4 472.5
南京水科院	2 470.0	1 366.0	3 836.0	651.0	4 487.0
清华大学	950.0	905.0	1 855.0	325.0	2 180.0
长科院	1 373.4	487.8	1 861.2	258.9	2 120.1

四家研究单位都是一流的研究单位，试验研究的理论与实践都位居国际先进水平，而且都曾对该河段做过大量物模和数模，应该说成果是可信的，但为什么四家研究成果相差这么大呢？

(1) 模型试验本身可能存在一些问题，如模型沙、时间比尺、水沙条件概化等不能真实模拟该河段汛期河床冲淤变化。该河段汛期存在两个外部限制条件：一是嘉陵江与长江汛期两股水的交汇相互影响；另一是当铜锣峡峡谷流量大于 15 000 m^3/s 时，其壅水明显。此河段汛期水位、流量变化较快，且幅度大，模型不能完全反映出来。此处汛期泥沙淤积和冲刷的起动、沉积速度非常快，几小时就能发生明显的冲淤变化，但模型中因为按时间比尺折算，在很短时间内要发生冲淤变化就比较困难，所以模型中的冲淤变化跟不上实际的变化（水流运动时间比尺 λ_{t_1} 与河床冲淤变形时间比尺 λ_{t_2} 不同）。在此条件下，模型沙的选择就比较关键，长科院和清华是选用塑料沙，而南科院是电木粉，西科所是荣昌精煤粉。

此外，模型设计中的比尺和变率也有影响。山区性河流洪水涨很快，模型中采用概化的来水来沙，也不能反映汛期洪水的实际涨落状态，而洪水变率对泥沙运动影响明显。河工模型试验和数模计算是目前认识该河段泥沙冲淤变化的方法之一，但不能排除和减小原型观测成果作用，不宜把模型试验成果预报视为100%准确。

(2) 在论证和初步设计中，曾通过调查分析国内外已建大型水库的坝下游河道冲刷量与库区淤积量关系来推测三峡库区淤积，认为其与丹江口水库性质相类似，可作参考。丹江口水库在1960—1982年水库内累积淤积泥沙12.15亿t，下游河道长距离冲刷，河道冲刷总量在1960—1982年为6.5亿t。因此得出相关的冲淤比6.5/12.15=0.535，即下游河道冲刷与水库泥沙淤积的比是53.5%，并认为三峡水库可按50%计算，即坝下游河道冲刷量为水库泥沙淤积量的50%。

根据水文局原观报告，三峡水库坝下冲刷量并不是泥沙淤积量的50%，而且坝下游河道冲刷量远大于水库泥沙淤积量。2008年10月—2018年10月，三峡水库年均淤积8 164万m^3/a，同期三峡枢纽坝下游河道年均冲刷17 800万m^3/a，不是50%，而是233%。

(3) 关于上游建库2030年可减少入库泥沙16.2%的结论，与现在实测成果相差甚远。长江科学院2005年12月提出的研究报告为：考虑溪洛渡、向家坝、亭子口三座枢纽，在三峡水库运行12年后建成，投入运行。溪洛渡、向家坝水库投入运行后，三峡水库运用30年末库区淤积泥沙69.1亿m^3，运用50年末淤积102.3亿m^3。现在实际情况已发生较大变化。

上述实例表明，像三峡这样的大型枢纽河段，河道泥沙工程试验研究仍存在试验成果精度问题。

2. 重庆主城区河段原型观测分析

重庆港的泥沙淤积问题十分重要，除进行大量试验研究外，蓄水前后进行了大量原观，特别是三峡175 m蓄水后，长江委水文局加密了原观工作，重庆航运工程勘察设计院和长江航道局也进行了详细的浅滩测量分析和浅滩疏浚维护。但在原观成果中，每年因为大量无序采砂，测量中无法将冲刷、淤积和采砂量准确分开。地形图上反映的冲淤变化和具体数量都包括采砂量，采砂经过多次调查，虽有部分成果，但难以准确确定其数量。而在主要观测成果中，只能依靠地形测图计算，其结果是准确的，但到底是受冲刷还是采砂的影响并不清楚。

在175 m蓄水初期，重庆主城区岸边和水涵累积性淤积是明显的。岸边边坡也有些泥沙淤积，而河道中主槽基本无泥沙淤积。在水库消落期，九龙坡、朝天门等以上浅滩河段，有砾卵石输移，局部可能有淤积，其冲淤变化与原天然河道相同。经过几年的疏浚维护，近年又进行了筑坝整治，碍航淤积量越来越少，随着金沙江、溪洛渡、向家坝水电站蓄水运行，枯水期流量增加，重庆港泥沙淤积问题已得到解决。此外，重庆港的核心作业区发生变化，九龙坡和朝天门码头的功能进行了调整，主要港区迁移至果园港和寸滩港。需要特别说明的是现在公布的重庆主城区河段泥沙冲淤量中，包含了采砂的数量，不是实际的河道冲刷。

长江委水文局和重庆航运工程勘察设计院均曾做过大量重庆主城区的原型观测和分析工作。河道冲淤情况可分为三个阶段：第一阶段是蓄水前 1980—2003 年；第二阶段是 2003—2008 年，三峡 135～156 m 蓄水阶段，该时段重庆主城区基本处于天然状态，回水仅能影响到寸滩以下；第三阶段是 2008 年 175 m 试验性蓄水开始，2008 年 1 月初蓄水到 172 m。2003—2019 年重庆主城区河段的冲淤情况见表 7.4-3，可见，2008 年 9 月—2012 年 10 月 15 日累积冲淤量具有代表性，其采砂量不大，据 2011—2012 年 2 年的采砂调查：大渡口—朝天门 2011 年采砂 38.9 万 t，2012 年采砂 76.1 万 t，合计 115 万 t；朝天门—铜锣峡 2011 年采砂 79.7 万 t，2012 年采砂 65.3 万 t，合计 145 万 t。该段 2008 年 9 月—2012 年 10 月实测地形冲刷 216 m，说明采砂量与地形测图量基本一致，冲淤变化很小。

表 7.4-3　重庆主城区河段的冲淤量　　单位：万 m^3

年份	时段	长江干流朝天门以上	朝天门以下	嘉陵江	全河段
蓄水前	1980 年 2 月—2003 年 5 月	−485	−466	−296	−1 247
2003—2008 年	2003 年 5 月—2006 年 9 月	−90.0	−108	−250	−448
	2006 年 9 月—2008 年 9 月	−23	+354	+36	+367
	1980 年 2 月—2008 年 9 月	−599	−220	−509	−1 328
2008 年以后	2008 年 9 月—2010 年 12 月	+31.3	−88.4		−57.1
	2008 年 9 月 5 日—2012 年 1 月 15 日	−221.6	+5.7	−12.5	−228.4
	2008 年 9 月—2014 年 12 月	−1 009.8	−160.6	−203.5	−1 373.9
	2008 年 9 月—2017 年 12 月	−1 398.6	−150.1	−240.6	−1 789.3
	2008 年 9 月—2018 年 12 月	−1 661.9	−180.9	−230.5	−2 073.3
	2008 年 9 月—2019 年 12 月	−1 881.7	−96.2	−289.7	−2 267.6
	2008 年 9 月—2020 年 12 月	−1 773.7	−105.8	−195.7	−2 075.2

续表

年份	时段	长江干流朝天门以上	朝天门以下	嘉陵江	全河段
2016年	2015年12月—2016年12月	+2.0	−76	−23	−97
2017年	2016年12月—2017年12月	−195.0	+58.0	+1.0	−136.0
2018年	2017年12月—2018年12月	−263.3	−30.8	+10.1	−284.0
2019年	2018年12月—2019年12月	−219.8	+84.7	−59.2	−194.3
2020年	2019年12月—2020年12月	+108.0	−9.6	+94.0	+192.4
2021年	消落期(2020年12月13日—2021年5月25日)	+38.8	+57.2	−41.8	+54.2
	汛期(2021年5月25日—2021年10月9日)	+30.1	−8.3	+60.8	+82.6
	蓄水期(2021年10月9日—2021年12月14日)	+2.2	−11.3	+26.4	+17.3
	全年(2020年12月13日—2021年12月14日)	+71.1	+37.6	+45.4	+154.1

（1）三峡枢纽蓄水前

三峡蓄水前20余年，该河段冲多淤少，总体累计结果是冲刷的，而且三段都是冲刷的，但冲淤强度不大。

（2）试验性蓄水初期

蓄水初期，2003—2008年重庆主城区全河段有冲有淤；2003—2006年全河段冲多淤少，总体冲刷；2006—2008年全河段冲少淤多，总体是淤积。由表7.4-3可见，6年来，总体冲淤变化不大，全河段累积冲刷仅81万 m^3，这就表明其仍保持天然河道状态，年际间有冲有淤，但多年平均变化不大。

（3）正式蓄水期

175 m试验性蓄水初期2008—2010年，2年多总体冲淤量不很大，累积冲刷仅约57万 m^3。2010年以后河道的冲刷量实为人工采砂造成(详见7.4.3节)，甚至采砂量可能远大于泥沙淤积。

2008年9月三峡开始175m试验性蓄水，2008年9月—2018年12月重庆主城区河段累积冲刷泥沙2 073万 m^3，其中主槽冲刷2 250万 m^3，边滩淤积177万 m^3。这些数据均包括采砂量，到2019年，累积冲刷2 267.6万 m^3。

由采砂引起的地形变化来计算的冲刷量往往小于采砂量。采砂量与冲刷量完全不同，采砂是将泥沙取走了，这部分泥沙不再参与河床演变，破坏了以前的河道演变规律，特别是对形成浅滩的推移质影响很大。

通过长期航道维护和实地调查，175 m 蓄水后开始的几年，岸边一些洼地、水涵处局部淤积明显，主槽淤积的泥沙基本冲光。当其恢复天然枯水航道后，上游有少量砾卵石下移，有时会产生碍航，与原天然航道枯水期一致。重庆主城区干线航道，因近期通航大型船舶，本身又是港区，因此最近对朝天门到九龙坡河段进行了航道整治。同时，九龙坡水陆联运码头的功能近几年进行了调整，集装箱等主要货物均改在寸滩和果园港进行装卸。以前大家关注的重庆港泥沙淤积问题，现在已得到缓解。但不都是大量冲刷造成的，这里有采砂的贡献。

(4) 河道冲淤变化分析

通过地形测量进行分析计算(表 7.4-4)是准确可信的，但局部地形不是水流冲刷的结果，而是人工采砂挖走后形成的，这部分采砂地形，按水流冲刷地形计算是错误的，特别是重庆主城区河段，因为结合重庆主城区上下游河段的冲淤来看，有的年份重庆主城区冲刷量全是采砂量。在多次原型观测报告和工程竣工报告中，都在河道泥沙冲刷量后加括号标注“含采砂”，给人感觉是大量冲刷中包含有部分采砂，其实这是不准确的，也不妥当。

表 7.4-4 重庆主城区河段冲淤量(按实测地形计算) 单位：万 m^3

时段	长江干流		嘉陵江	全河段	备注
	朝天门以下	朝天门以上			
1980 年 2 月—2003 年 5 月	−465.0	−485.2	—	—	
1980 年 2 月—2003 年 5 月累积	−465.0	−485.2	—	—	—
2008 年 9 月 13 日—2009 年 9 月 11 日	−89.0	−103.0	−100.0	−292.0	2009 年
2009 年 11 月 11 日—2010 年 12 月 16 日	131.0	135.0	79.0	345.0	2010 年
2010 年 12 月 16 日—2011 年 12 月 19 日	−130.0	−1.0	−30.0	−161.0	2011 年
2011 年 12 月 19 日—2012 年 10 月 15 日	+95.0	−253.0	+38.0	−120.0	2012 年
2012 年 10 月 15 日—2013 年 12 月 9 日	−106.0	−439.0	−103.0	−648.0	2013 年
2013 年 12 月 9 日—2014 年 12 月 18 日	−61.0	−349.0	−88.0	−498.0	2014 年
2014 年 12 月 18 日—2015 年 12 月 18 日	+29.0	−196.0	−16.0	−183.0	2015 年
2015 年 12 月 18 日—2016 年 12 月 15 日	−76.0	+2.0	−22.0	−96.0	2016 年
2008 年 9 月—2016 年 12 月	−208.0	−1204.0	−242.0	−1654.0	2008 年—2016 年累计
2008 年 9 月—2017 年 12 月	−150.1	−1398.6	−240.6	−1789.3	2008 年—2017 年累计
2016 年 12 月—2017 年 12 月	+58.0	−195.0	+1.0	−136.0	2017 年
2017 年 12 月—2018 年 12 月	−30.8	−263.3	+10.1	−284.0	18 年采砂影响+疏浚−390 万 m^3

续表

时段	长江干流		嘉陵江	全河段	备注
	朝天门以下	朝天门以上			
2018 年 12 月—2019 年 12 月	84.7	−219.8	−59.2	−194.3	—
2018 年 12 月—2020 年 12 月	−9.6	108.0	94.0	192.4	—
2008 年—2018 年 12 月	−180.9	−1 661.9	−230.5	−2 073.3	2008 年—2018 年 12 月累计
2008 年 9 月—2019 年 12 月	−96.2	−1881.7	−289.7	−2267.6	—
2003 年 5 月—2008 年 9 月	+246.0	−113.0	−214.0	−81.0	—
2008 年 9 月—2012 年 10 月	+7.0	−222.0	−13.0	−228.0	—
2008 年 9 月—2020 年 12 月	−105.8	−1 773.7	−195.7	−2 075.2	—

据长江委水文局采砂调查，2008—2017 年 12 月胡家滩累积冲刷 505 万 m^3，采砂引起的地形变化为 625 万 m^3，采砂量大于累积冲刷量。若扣除采砂量(表 7.4-5)，重庆主城区干流河段，2008 年 9 月 20 日—2016 年 12 月 15 日累积淤积 1 196.7 万 m^3。而 2008 年 9 月 20 日—2016 年 12 月 15 日实测地形计算河道冲淤量为冲刷 1 653 万 m^3，说明采砂量远大于实际冲刷量，而采砂的部位大部分在边滩上，其位置与实际冲刷位置不同。

表 7.4-5　重庆主城区河段扣除采砂影响后冲淤量　单位：万 m^3

年份	时段	长江干流		嘉陵江	全河段	按实测地形图计算冲淤量
		朝天门以下	朝天门以上			
2009 年	2008 年 9 月—2009 年 9 月 12 日	+185.1	−5.6	−16.9	+162.6	−292.0
2010 年	2009 年 9 月 12 日—2010 年 9 月 10 日	+267.3	+66.3	−72.2	+261.4	+345.0
2011 年	2010 年 9 月 10 日—2011 年 9 月 18 日	+101.8	+13.9	+90.2	+205.9	−160.0
2012 年	2011 年 9 月—2012 年 9 月 8 日	+239.0	+84.4	+38.6	+362.0	−121.0
2013 年	2012 年 9 月—2013 年 9 月 10 日	+187.5	−5.5	−32.5	+149.5	−647.0
2014 年	2013 年 9 月 10 日—2014 年 9 月 5 日	+91.7	+30.8	+6.8	+129.3	−499.0
2015 年	2014 年 9 月 5 日—2015 年 9 月 16 日	+102	−38.1	+50.8	+114.7	−183.0
2016 年	2015 年 9 月 16 日—2016 年 10 月 4 日	+6.0	−123.7	−68.6	−186.3	−96.0
	2016 年 10 月 4 日—2016 年 12 月 15 日	+1.5	+83	+22.6	+107.1	−96.0
	2008 年 9 月 20 日—2016 年 12 月 15 日	+1 181.9	+56	−41.2	+1 196.7	−1 653.0

采砂影响难以准确计算，仅能作为定性分析。2008年9月至2016年12月重庆主城区的河道冲淤情况，结合上下游河道冲淤变化来看，所谓“冲刷”是采砂引起的，实际可能仅有部分泥沙淤积，其中水涵和岸边洼地是有累积性淤积的。

7.4.3 上游大型水库联合调度和通航水位衔接问题

(1) 上游大型水库联合调度的影响

金沙江下游4座大型电站在2021年6月已全部建成并开始蓄水发电，现正在研究制定长江上游大型水库联合调度规程，交通运输部门已列专题，并争取水库联合调度中考虑航运要求。

金沙江下游4座大型电站调节容量很大，电站日调节变幅7～8 m，水库每年消落水位差30～60 m，故变动回水区通航问题无法通过航道整治解决。向家坝建设期采用翻坝运输，近期4座大型电站也拟采用翻坝运输，2018年作者(刘书伦)作为专家参加了翻坝运输方案设计的审查，审查结论认为翻坝运输方案考虑了库水位变化和两省的航运要求，是切实可行的。随着水位需求进一步跃升，也存在金沙江攀枝花以下直航的可能。

金沙江下游河段先后建设的溪洛渡、向家坝、白鹤滩、乌东德水电站都已蓄水运行。据近4年原型观测成果和专题研究表明，当4座大型水电站投入运行并与上游大型电站联合运行后，可大幅度增加向家坝和宜昌站枯水期下泄流量，大幅度减少下泄泥沙量，这种重大变化是三峡工程论证和设计中没有预料到的。当时做过上游建库对三峡工程的影响，但预测建大坝群的规模较小，实现的时间遥远。

航运部门要求三峡上游大型电站联合调度中将枯水期下泄流量尽可能增大一些，以增加宜宾到重庆、宜昌到武汉两河段碍航浅滩的水深，进一步改善长江干线航道的航道条件。航道整治和维护也应结合输沙量减少、枯水流量增加的有利条件，并结合新的水沙条件进行。我们认为当前主要是观测分析，航道整治宜以疏浚为主，新水沙条件对长江航道的影响是渐变而复杂的，建议认真观测分析研究，逐步进行，不宜超越，更不能想当然，用老一套的办法来处理。

(2) 通航水位衔接问题

关于上游河道通航水位衔接问题，在三峡论证时已有结论。长江干流重庆以上至金沙江向家坝枢纽，河段总长414 km，曾做过三级和七级航道渠化梯级开发方案，当时小南海枢纽已完成初步设计，并做了部分施工前期工作，但后来宣布停建。近期航运部门提出采取航道整治办法，将航道等级提高到Ⅱ级或Ⅰ级。

进入乌江的通航水位，近期建成白马枢纽后可达到基本衔接，现在主要问题是构皮滩、思林、沙陀、彭水 4 座升船机通过能力单向仅 125 万～300 万 t/a，需要重建或增建通航设施。

嘉陵江梯级渠化建设现已基本完成，最下段是规模较大的草街枢纽，其下游最低通航水位 176.3 m，与三峡水库水位是不衔接的，草街枢纽至朝天门河段有 68 km。每年 1 月嘉陵江河口朝天门水位站消落到 172 m 左右时，草街枢纽坝下游航道水深严重不足，多数浅滩水深不够，不能通航 1 000 t 级船舶，500 t 级船舶(队)满载航行也有困难，因此建议在坝下游适当位置修建低水头闸坝和船闸。

8. 三峡枢纽运行后坝下游河道冲淤变化

按第5章介绍的调度规程，三峡水利枢纽一般于9月10日开始蓄水，起蓄库水位一般不超过150.0 m，9月底控制水位在162.0～165.0 m，10月底可蓄至175.0 m，并尽可能维持高水位运行至年底。第二年1月至5月，在综合考虑航运、发电和水资源、水生态需求的条件下逐步消落，一般4月末库水位不低于枯水期消落低水位155.0 m，5月25日不高于155.0 m，库水位日下降幅度一般按0.6 m控制，6月10日消落到防洪限制水位145.0 m。可见经过调度后，汛期拦洪削峰、枯季因“补水”而下游航道流量增加，年流量过程相对坦化；同时经水库拦截，下泄的沙量急剧减少。向家坝水电站2012年10月初期蓄水，溪洛渡水电站2013年5月初期蓄水，使得三峡入库沙量进一步减少。入库泥沙的减小导致三峡水库出库泥沙量和下游输沙量进一步减少，坝下游河道冲刷将进一步发展。

8.1 长江中游(宜昌至湖口)河道冲淤变化

宜昌至湖口为长江中游，河道全长955 km，采用长江委水文局原观成果分别对宜昌—城陵矶、城陵矶—汉口、汉口—湖口三段进行分析。

8.1.1 宜昌—城陵矶河段

宜昌—城陵矶河段全长396.6 km(图8.1-1)，流经宜—枝河段和荆江河段，是受三峡运行影响最为显著的河段。宜昌至枝城为沙质河床或夹砂卵石河床，2003年床沙平均中值粒径0.638 mm，荆江河段主要为细砂河床，其间有沙质、砂卵质、砂卵砾质河床。2003年以后的历年冲淤量见表8.1-1、表8.1-2与图8.1-

1,可见运行初期 2003—2005 年河槽冲刷较为剧烈,输沙量急剧减少,此后稍缓,但仍持续冲刷,但 2016—2017 年冲刷再次加大。宜昌至枝城床沙平均中值粒径在 2009 年和 2010 年的 10 月分别增大到 19. 4 mm、30. 4 mm,较 2003 年增幅达 29 倍与 47 倍,河床逐渐粗化,逐步演变为卵石夹沙河床,其中大部分河段已经成为卵石河床。荆江河段的沙质河床也逐年粗化,床沙平均中值粒径(表 8. 1-3)由 2003 年的 0. 197 mm,增加到 2009 年和 2010 年的 0. 241 mm 和 0. 227 mm。宜昌—枝城、枝城—藕池口(上荆江)、藕池口(下荆江)—城陵矶 2002 年 10 月—2020 年 11 月基本河槽平均冲刷依次为 260. 69 万 m^3/km、410. 54 万 m^3/km 和 261. 50 万 m^3/km,上荆江的冲刷量最大。2002 年 10 月—2021 年 10 月宜昌至城陵矶河段平滩河槽冲刷 14. 33 亿 m^3,枯水河槽冲刷 13. 06 亿 m^3,枯水河槽年均冲刷强度约 16. 85 万 m^3/(km · a),冲刷基本发生在枯水河槽,基本河槽年均冲刷强度从大到小依次为上荆江 21. 94 万 m^3/(km · a)、下荆江 14. 49 万 m^3/(km · a)、宜昌至枝城 13. 95 万 m^3/(km · a)。

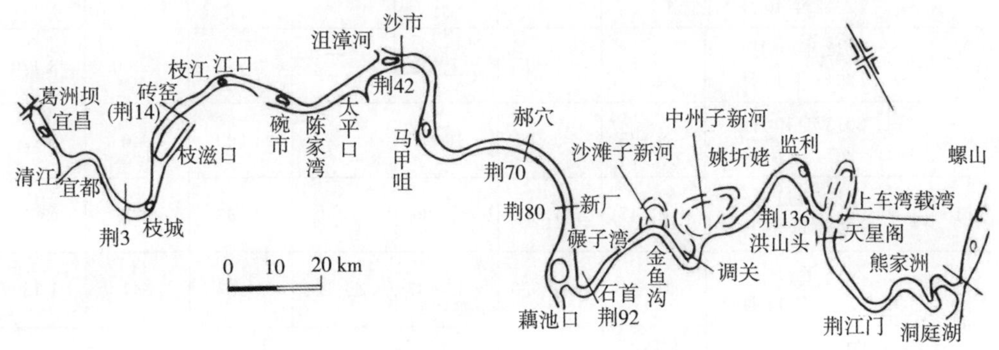

图 8. 1-1 宜昌—城陵矶河段河势图

表 8. 1-1 宜昌—城陵矶河段历年河槽冲淤量

年份	时段	枯水河槽(万 m^3)	基本河槽(万 m^3)	平滩河槽(万 m^3)	洪水河槽(万 m^3)	宜昌年径流量($10^8 m^3$)	宜昌年输沙量(万 t)	枝城年输沙量(万 t)
2002 年前多年平均						4 392	49 200	50 000
2003 年	2002 年 10 月—2003 年 10 月	−9 311	−10 326	−13 585		4 120	9 760	13 100
2004 年	2003 年 10 月—2004 年 10 月	−10 641	−12 454	−15 033		4 164	6 400	8 040

续表

年份	时段	枯水河槽（万 m^3）	基本河槽（万 m^3）	平滩河槽（万 m^3）	洪水河槽（万 m^3）	宜昌年径流量（$10^8 m^3$）	宜昌年输沙量（万 t）	枝城年输沙量（万 t）
2005 年	2004 年 10 月—2005 年 10 月	−8 553	−8 879	−9 678		4 617	11 000	11 700
2006 年	2005 年 10 月—2006 年 10 月	−1 911	−1 925	−2 672		2 864	910	1 200
2007 年	2006 年 10 月—2007 年 10 月	−7 100	−7 010	−5 696		4 026	5 270	6 800
2008 年	2007 年 10 月—2008 年 10 月	−903	−740	−103		4 209	3 200	3 900
2009 年	2008 年 10 月—2009 年 10 月	−8 869	−9 203	−9 738		3 843	3 510	4 090
2010 年	2009 年 10 月—2010 年 10 月	−6 041	−5 875	−6 022		4 070	3 280	3 790
2011 年	2010 年 10 月—2011 年 10 月	−8 727	−8 530	−8 354		3 412	623	975
2012 年	2011 年 10 月—2012 年 10 月	−4 963	−5 591	−5 749		4 674	4 260	4 830
2013 年	2012 年 10 月—2013 年 10 月	−7 478	−7 390	−7 493		3 777	3 000	3 170
2014 年	2013 年 10 月—2014 年 10 月	−8 936	−9 680	−10 615		4 609	940	1 220
2015 年	2014 年 11 月—2015 年 11 月	−4 747	−4 531	−4 326		3 968	371	568
2016 年	2015 年 11 月—2016 年 11 月	−10 948	−10 939	−11 637	−11 154	4 287	847	1 130
2017 年	2016 年 11 月—2017 年 11 月	−11 030	−11 293	−11 637	−12 669	4 427	331	550
2018 年	2017 年 11 月—2018 年 10 月	−7 795	−8 362	−8 728	−9 201	4 764	3 620	4 160
2019 年	2018 年 10 月—2019 年 10 月	−5 157	−5 255	−5 299	−6 360	4 491	879	1 120
2020 年	2019 年 10 月—2020 年 11 月	−3 952	−3 919	−3 560		5 472	4 680	5 510
2021 年	2020 年 11 月—2021 年 10 月	−3 580	−3 791	−3 900		4 723	1 110	1 400
	2002 年 10 月—2021 年 10 月累计	−130 642	−135 693	−143 825				

注：表中（−）为冲刷，其余为淤积

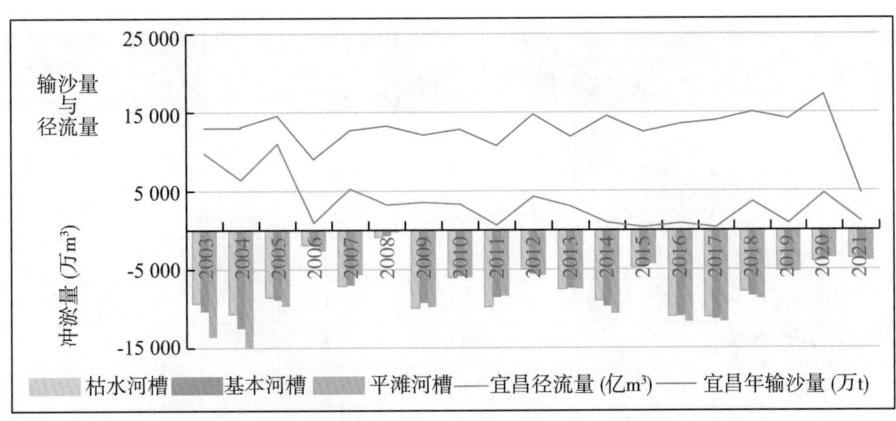

图 8.1-2　宜昌—城陵矶河段历年冲淤量

表 8.1-2　宜昌至城陵矶河道各河段历年河槽冲淤量

河段	时段	枯水河槽（万 m^3）	基本河槽（万 m^3）	平滩河槽（万 m^3）	基本河槽年均冲淤强度[万 m^3/(km·a)]
宜昌—枝城（60.8 km）	2002 年 10 月—2003 年 10 月	−2 911	−3 026	−3 765	−50
	2003 年 10 月—2004 年 10 月	−1 641	−1 754	−2 054	−29
	2004 年 10 月—2005 年 10 月	−2 173	−2 279	−2 309	−37
	2005 年 10 月—2006 年 10 月	−45	−23	−10	+0
	2006 年 10 月—2007 年 10 月	−2 199	−2 297	−2 301	−38
	2007 年 10 月—2008 年 10 月	−218	+11	+71	0
	2008 年 10 月—2009 年 10 月	−1 286	−1 514	−1 533	−25
	2009 年 10 月—2010 年 10 月	−1 112	−1 056	−1 039	−17
	2010 年 10 月—2011 年 10 月	−784	−824	−811	−14
	2011 年 10 月—2012 年 10 月	−813	−841	−807	−14
	2012 年 10 月—2013 年 10 月	+51	+140	+167	+2
	2013 年 10 月—2014 年 10 月	−1 278	−1 387	−1 395	−23
	2014 年 11 月—2015 年 11 月	−179	−179	−144	−3
	2015 年 11 月—2016 年 11 月	−438	−466	−473	−8
	2016 年 11 月—2017 年 11 月	−348	−340	−335	−6
	2017 年 11 月—2018 年 10 月	−29	−27	0	0
	2018 年 10 月—2019 年 10 月	+54	+54	+51	+1
	2019 年 10 月—2020 年 11 月	+185	+218	+222	+4
	2020 年 11 月—2021 年 10 月	−219	−260	−251	−1
	2002 年 10 月—2020 年 11 月累计	−15 164	−15 850	−16 465	

续表

河段	时段	枯水河槽（万 m^3）	基本河槽（万 m^3）	平滩河槽（万 m^3）	基本河槽年均冲淤强度[万 m^3/(km·a)]
枝城—藕池口（上荆江）（171.7 km）	2002 年 10 月—2003 年 10 月	−2 300	−2 100	−2 396	−12
	2003 年 10 月—2004 年 10 月	−3 900	−4 600	−4 982	−27
	2004 年 10 月—2005 年 10 月	−4 103	−3 800	−4 980	−22
	2005 年 10 月—2006 年 10 月	+895	+806	+675	+5
	2006 年 10 月—2007 年 10 月	−4 240	−4 347	−3 997	−25
	2007 年 10 月—2008 年 10 月	−623	−574	−250	−3
	2008 年 10 月—2009 年 10 月	−2 612	−2 652	−2 725	−15
	2009 年 10 月—2010 年 10 月	−3 649	−3 779	−3 856	−22
	2010 年 10 月—2011 年 10 月	−6 210	−6 225	−6 305	−36
	2011 年 10 月—2012 年 10 月	−3 394	−3 941	−4 290	−23
	2012 年 10 月—2013 年 10 月	−5 840	−5 873	−5 853	−34
	2013 年 10 月—2014 年 10 月	−5 167	−5 385	−5 632	−31
	2014 年 11 月—2015 年 11 月	−3 054	−3 095	−3 169	−18
	2015 年 11 月—2016 年 11 月	−7 979	−8 105	−8 258	−47
	2016 年 11 月—2017 年 11 月	−6 414	−6 465	−6 556	−38
	2017 年 11 月—2018 年 10 月	−5 252	−5 288	−5 345	−31
	2018 年 10 月—2019 年 10 月	−1 530	−1 590	−1 675	−9
	2019 年 10 月—2020 年 11 月	−3 641	−3 476	−3 137	−20
	2020 年 11 月—2021 年 10 月	−1 077	−1 096	−1 101	−2
	2002 年 10 月—2020 年 11 月累计	−69 013	−70 489	−72 731	
藕池口—城陵矶（下荆江）（175.5 km）	2002 年 10 月—2003 年 10 月	−4 100	−5 200	−7 424	−30
	2003 年 10 月—2004 年 10 月	−5 100	−6 100	−7 997	−35
	2004 年 10 月—2005 年 10 月	−2 277	−2 800	−2 389	−16
	2005 年 10 月—2006 年 10 月	−2 761	−2 708	−3 337	−15
	2006 年 10 月—2007 年 10 月	−661	−366	−602	−2
	2007 年 10 月—2008 年 10 月	−62	−177	+76	−1
	2008 年 10 月—2009 年 10 月	−4 996	−5 065	−5 526	−29
	2009 年 10 月—2010 年 10 月	−1 280	−1 040	−1 127	−6
	2010 年 10 月—2011 年 10 月	−1 733	−1 481	−1 238	−8
	2011 年 10 月—2012 年 10 月	−656	−809	−652	−5
	2012 年 10 月—2013 年 10 月	−1 689	−1 699	−1 807	−10
	2013 年 10 月—2014 年 10 月	−2 491	−2 908	−3 588	−17
	2014 年 11 月—2015 年 11 月	−1 514	−1 257	−1 013	−7
	2015 年 11 月—2016 年 11 月	−2 531	−2 368	−2 346	−13

续表

河段	时段	枯水河槽（万 m^3）	基本河槽（万 m^3）	平滩河槽（万 m^3）	基本河槽年均冲淤强度[万 m^3/(km·a)]
藕池口—城陵矶（下荆江）（175.5 km）	2016 年 11 月—2017 年 11 月	−4 268	−4 488	−4 746	−26
	2017 年 11 月—2018 年 10 月	−2 514	−3 047	−3 383	−17
	2018 年 10 月—2019 年 10 月	−3 681	−3 719	+3 675	−21
	2019 年 10 月—2020 年 11 月	−496	−661	−655	−4
	2020 年 11 月—2021 年 10 月	−2 284	−2 435	−2 548	−3
	2002 年 10 月—2020 年 11 月累计	−42 810	−45 893	−44 079	
荆江河段（347.2 km）	2002 年 10 月—2003 年 10 月	−6 400	−7 300	−9 820	−21
	2003 年 10 月—2004 年 10 月	−9 000	−10 700	−12 979	−31
	2004 年 10 月—2005 年 10 月	−6 380	−6 600	−7 369	−19
	2005 年 10 月—2006 年 10 月	−1 866	−1 902	−2 662	−5
	2006 年 10 月—2007 年 10 月	−4 901	−4 713	−4 599	−14
	2007 年 10 月—2008 年 10 月	−685	−751	−174	−2
	2008 年 10 月—2009 年 10 月	−7 608	−7 717	−8 251	−22
	2009 年 10 月—2010 年 10 月	−4 929	−4 819	−4 983	−14
	2010 年 10 月—2011 年 10 月	−7 943	−7 706	−7 543	−22
	2011 年 10 月—2012 年 10 月	−4 050	−4 750	−4 942	−14
	2012 年 10 月—2013 年 10 月	−7 529	−7 572	−7 660	−22
	2013 年 10 月—2014 年 10 月	−7 658	−8 293	−9 220	−24
	2014 年 11 月—2015 年 11 月	−4 568	−4 352	−4 182	−13
	2015 年 11 月—2016 年 11 月	−10 510	−10 473	−10 604	−30
	2016 年 11 月—2017 年 11 月	−10 682	−10 953	−11 302	−32
	2017 年 11 月—2018 年 10 月	−7 766	−8 335	−8 728	−24
	2018 年 10 月—2019 年 10 月	−5 211	−5 309	+2 000	−15
	2019 年 10 月—2020 年 11 月	−4 137	−4 137	−3 792	−12
	2020 年 11 月—2021 年 10 月	−3 361	−3 531	−3 649	−3
	2002 年 10 月—2020 年 11 月累计	−111 823	−116 382	−115 606	

表 8.1-3　荆江河段床沙中值粒径变化统计表　　单位:mm

河段	年份									
	2000 年	2001 年	2003 年	2004 年	2005 年	2006 年	2007 年	2008 年	2009 年	2010 年
枝江河段	0.240	0.212	0.211	0.218	0.246	0.262	0.264	0.272	0.311	0.261
太平口水道	0.215	0.190	0.209	0.204	0.226	0.233	0.233	0.246	0.251	0.251
公安河段	0.206	0.202	0.220	0.204	0.223	0.225	0.231	0.214	0.237	0.245

续表

河段	年份									
	2000 年	2001 年	2003 年	2004 年	2005 年	2006 年	2007 年	2008 年	2009 年	2010 年
石首河段	0.173	0.177	0.182	0.182	0.183	0.196	0.204	0.207	0.203	0.212
监利河段	0.166	0.159	0.165	0.174	0.181	0.181	0.194	0.209	0.202	0.201
荆江河段	0.200	0.188	0.197	0.196	0.212	0.219	0.225	0.230	0.241	0.227

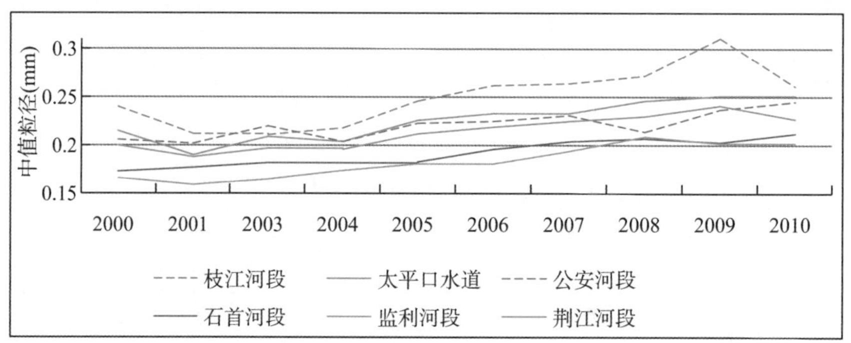

图 8.1-3　荆江河段床沙中值粒径变化

8.1.2　城陵矶—汉口河段

城陵矶—汉口河段全长 251.0 km(图 8.1-4),是受三峡运行影响较为明显的河段。床沙大多为现代冲积层,床沙组成以细沙为主,其次是极细沙。三峡水库自蓄水运用以来,存在床沙粗化的趋势(表 8.1-4 和图 8.1-5):2003—2009 年床沙平均中值粒径由 0.159 mm 增加为 0.183 mm,2010 年中值粒径又略减小为 0.165 mm(为 2005 年的水平)。2003 年以后的历年冲淤量见表 8.1-5 与图 8.1-6,可见运行前期的 2003—2013 年,河槽冲淤不大,真正影响在 2014 年以后逐步显现出来,冲淤主要发生在枯水河槽。2002 年 10 月—2021 年 11 月基本河槽冲刷 4.95 亿 m^3,年均冲刷强度由宜昌—城陵矶河段的 14.22 万 m^3/(km·a)降为 10.38 万 m^3/(km·a)。2002 年 10 月至 2021 年 4 月平滩河槽累计冲刷 5.02 亿 m^3,其中枯水河槽为 4.68 亿 m^3,占 93.2%。

表 8.1-4　城陵矶至汉口河段床沙中值粒径变化统计表　　单位:mm

河段	年份						
	2003 年	2004 年	2005 年	2006 年	2007 年	2009 年	2010 年
白螺矶河段	0.165	0.175	0.178	0.202	0.181	0.197	0.187
界牌河段	0.161	0.183	0.173	0.189	0.180	0.194	0.181

续表

河段	年份						
	2003 年	2004 年	2005 年	2006 年	2007 年	2009 年	2010 年
陆溪口河段	0.119	0.126	0.121	0.124	0.126	0.157	0.136
嘉鱼河段	0.171	0.183	0.177	0.173	0.182	0.165	0.146
簰洲河段	0.164	0.165	0.170	0.174	0.165	0.183	0.157
武汉河段(上)	0.174	0.177	0.173	0.182	0.183	0.199	0.185
城陵矶至汉口河段	0.159	0.168	0.165	0.174	0.170	0.183	0.165

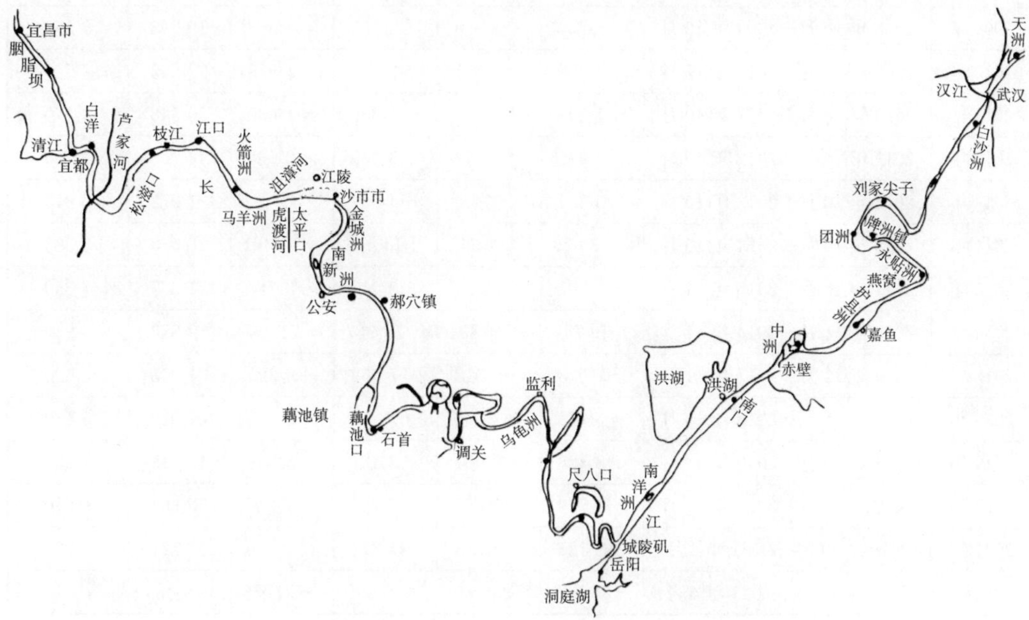

图 8.1-4 城陵矶—汉口河段河势图

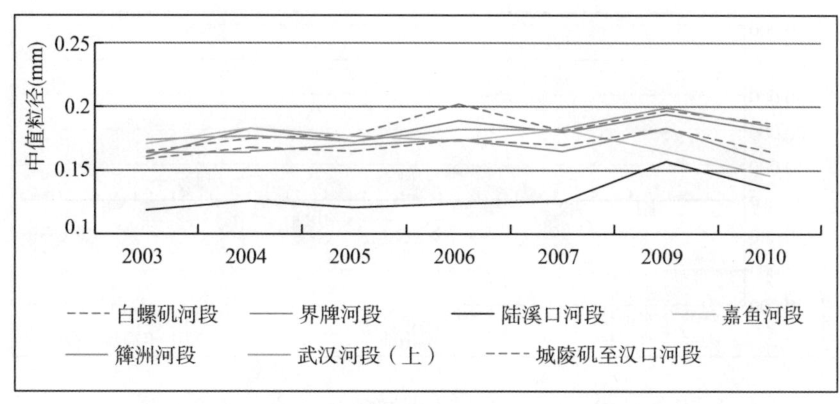

图 8.1-5 城陵矶至汉口河段床沙中值粒径变化

表 8.1-5　城陵矶—汉口河段历年河槽冲淤量

年份	时段	枯水河槽（万 m^3）	基本河槽（万 m^3）	平滩河槽（万 m^3）	洪水河槽（万 m^3）	螺山年均流量(m^3/s)	螺山年输沙量(万 t)
蓄水前	2001 年 10 月—2003 年 10 月	−1 374	−2 548	−4 798		20 485	40 900
2004 年	2003 年 10 月—2004 年 10 月	+1 034	+2 033	+2 445	+1 665	20 202	14 600
2005 年	2004 年 10 月—2005 年 10 月	−4 743	−4 713	−4 789	−5 294	18 962	12 300
2006 年	2005 年 10 月—2006 年 10 月	+2 017	+1 263	+1 152	+573	20 386	14 700
2007 年	2006 年 10 月—2007 年 10 月	−3 443	−3 261	−3 370	−4 742	14 736	5 810
2008 年	2007 年 10 月—2008 年 10 月	−104	+1295	+3 562	+5 625	18 033	95 20
2009 年	2008 年 10 月—2009 年 10 月	−383	−1 489	−2 183	−4 397	19 295	9 150
2010 年	2009 年 10 月—2010 年 10 月	−3 349	−2 851	−2 857	−1 813	17 555	7 720
2011 年	2010 年 10 月—2011 年 10 月	+1 204	+1 050	+1 586	+1 630	20 548	8 370
2012 年	2011 年 10 月—2012 年 10 月	−2 499	−2 792	−3 309	−3 062	14 755	4 500
2013 年	2012 年 10 月—2013 年 10 月	+3 334	+3 808	+4 734		21 972	9 810
2014 年	2013 年 10 月—2014 年 10 月	−13 523	−14 245	−14 066	−15 461	18 068	8 380
2015 年	2014 年 10 月—2015 年 11 月	−2 991	−2 794	−3 017	−2 777	21 277	7 350
2016 年	2015 年 11 月—2016 年 11 月	−19 742	−21 834	−21 937	−21 497	19 378	5 950
2017 年	2016 年 11 月—2017 年 11 月	+7 628	+8 018	+7 669	+6 320	21 908	6 620
2018 年	2017 年 11 月—2018 年 10 月	−6 974	−7 773	−7 754	−8 066	21 020	5 110
2019 年	2018 年 10 月—2019 年 10 月	−3 428	−3 031	−3 421	−5 386	19 495	7 260
2020 年	2019 年 10 月—2020 年 11 月	−1 739	−1 689	−1 724	−194	25 863	9 610
2021 年	2020 年 11 月—2021 年 4 月	+2 185	+2 043	+1 873		21 721	5 820
累计	2002 年 10 月—2021 年 4 月	−46 836	−49 508	−50 199	−55 058		

注：表中(−)为冲刷，(+)为淤积

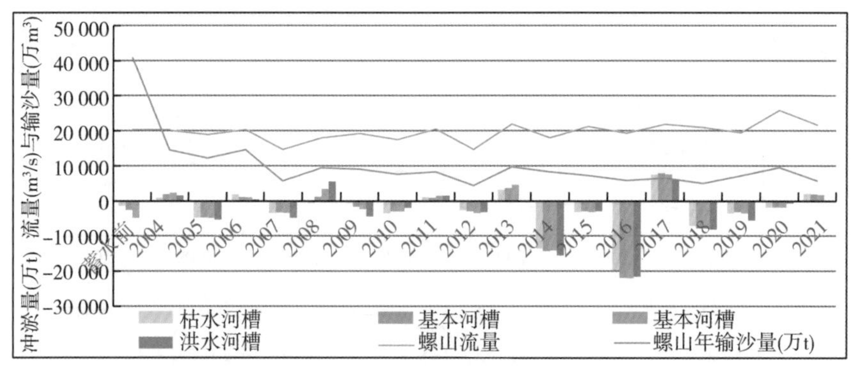

图 8.1-6　城陵矶—汉口河段历年冲淤量变化

8.1.3 汉口—湖口河段河道

汉口—湖口河段全长 326.8 km，也受三峡运行影响。2003 年以后的历年冲淤量见表 8.1-7 与图 8.1-7，可见运行前期仅 2005 年与 2009 年河槽发生了明显冲淤，其余年份冲淤较少，真正对本河段的影响也是在 2014 年以后，河段床沙略有所粗化(表 8.1-8 与图 8.1-8)，床沙平均中值粒径由 2003 年的 0.140 mm 变为 2009 年的 0.159 mm 及 2010 年的 0.164 mm，粗化不明显。2002 年 10 月—2021 年 4 月基本河槽冲刷 6.97 亿 m^3，年均冲刷强度为 11.22 万 $m^3/(km \cdot a)$，较城陵矶—汉口河段的 10.38 万 $m^3/(km \cdot a)$略有增大。

表 8.1-7 汉口—湖口历年河槽冲淤量

年份	时段	枯水河槽(万 m^3)	基本河槽(万 m^3)	平滩河槽(万 m^3)	洪水河槽(万 m^3)	汉口年均流量(m^3/s)	汉口年输沙量(万 t)
蓄水前	2001 年—2003 年 10 月	+7 226	+1 531	−867		22 549	39 800
2004 年	2003 年 10 月—2004 年 10 月	+1 623	+916	+1 196	+926	21 477	13 600
2005 年	2004 年 10 月—2005 年 10 月	−13 718	−15 145	−14 987	−14 756	23 602	17 400
2006 年	2005 年 10 月—2006 年 10 月	+893	+109	−21	−1 374	16 936	5 760
2007 年	2006 年 10 月—2007 年 10 月	+1 306	+1 703	+1 783	+1 766	20 453	11 400
2008 年	2007 年 10 月—2008 年 10 月	−1 050	+1 908	+2 910	+4 159	21 331	10 100
2009 年	2008 年 10 月—2009 年 10 月	−8 793	−11 401	−11 875	−12 913	19 907	8 740
2010 年	2009 年 10 月—2010 年 10 月	+214	+1 977	+2 367	+2 182	23 694	11 100
2011 年	2010 年 10 月—2011 年 10 月	−7 326	−5 679	−4 898	−4 627	17 425	6 860
2012 年	2011 年 10 月—2012 年 10 月	−5 328	−3 358	−3 508	−4 387	23 992	12 800
2013 年	2012 年 10 月—2013 年 11 月	+1 063	+1 632	+2 708	—	20 161	9280
2014 年	2013 年 10 月—2014 年 10 月	−9 413	−9 356	−9 848	−12 143	22 920	8 160
2015 年	2014 年 10 月—2015 年 11 月	−3 547	−3 835	−3 897	−4 316	21 410	6 300
2016 年	2015 年 10 月—2016 年 11 月	−11 424	−13 515	−13 472	−13 548	23 741	6 790
2017 年	2016 年 11 月—2017 年 11 月	+235	+257	+984	+2 033	23 380	6 980
2018 年	2017 年 11 月—2018 年 10 月	−9 848	−11 452	−11 693	−12 087	21 230	7 960
2019 年	2018 年 10 月—2019 年 10 月	−4 498	−5 927	−6 627	−8 619	22 615	5 730
2020 年	2019 年 10 月—2020 年 11 月	−3 603	−2 238	−1 635	−1 162	27 886	8 860
2021 年	2020 年 11 月—2021 年 4 月	+1 110	+2 199	+2 405		23 678	6 440
累计	2002 年 10 月—2021 年 4 月	−65 339	−69 674	−68 975	−76 228		

注：表中(—)为冲刷，(+)为淤积

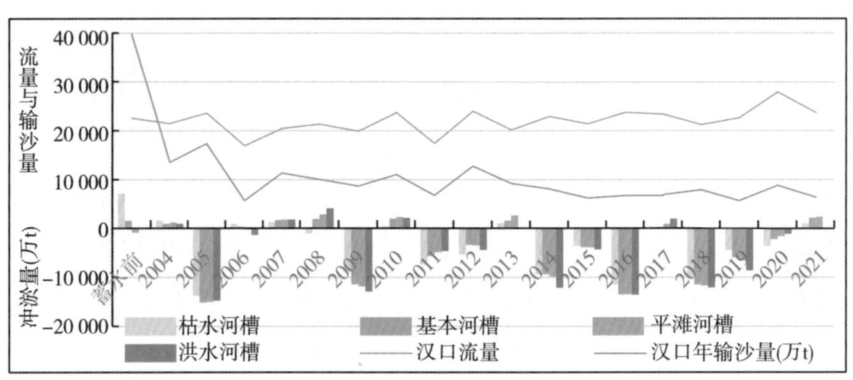

图 8.1-7　汉口—湖口河段历年冲淤量变化

表 8.1-8　汉口至湖口河段床沙中值粒径变化统计表　　单位:mm

河段	时间						
	2003 年	2004 年	2005 年	2006 年	2007 年	2009 年	2010 年
武汉河段(下)	0.129	0.145	0.154	0.147	0.156	0.154	0.165
叶家洲河段	0.153	0.168	0.157	0.166	0.177	0.173	0.177
团风河段	0.121	0.109	0.093	0.104	0.106	0.112	0.109
黄州河段	0.158	0.164	0.145	0.155	0.174	0.172	0.191
戴家洲河段	0.106	0.145	0.157	0.134	0.150	0.174	0.181
黄石河段	0.160	0.161	0.165	0.170	0.204	0.177	0.179
韦源口河段	0.148	0.158	0.147	0.163	0.163	0.135	0.142
田家镇河段	0.148	0.154	0.149	0.159	0.153	0.157	0.174
龙坪河段	0.105	0.160	0.144	0.133	0.133	0.155	0.156
九江河段	0.155	0.157	0.143	0.187	0.169	0.156	0.161
张家洲河段	0.159	0.175	0.154	0.171	0.162	0.181	0.169
汉口至湖口河段	0.140	0.154	0.146	0.154	0.159	0.159	0.164

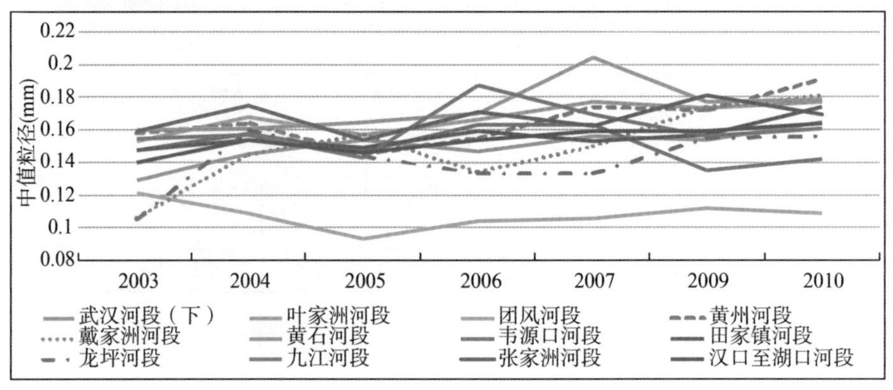

图 8.1-8　汉口至湖口河段床沙中值粒径

8.1.4 宜昌至湖口冲淤沿程变化

从前面分析可见，三峡枢纽运行对坝下游河道的影响是逐年向坝下游延伸，以下分析宜昌—湖口河段(图 8.1-9)沿程的冲淤变化。

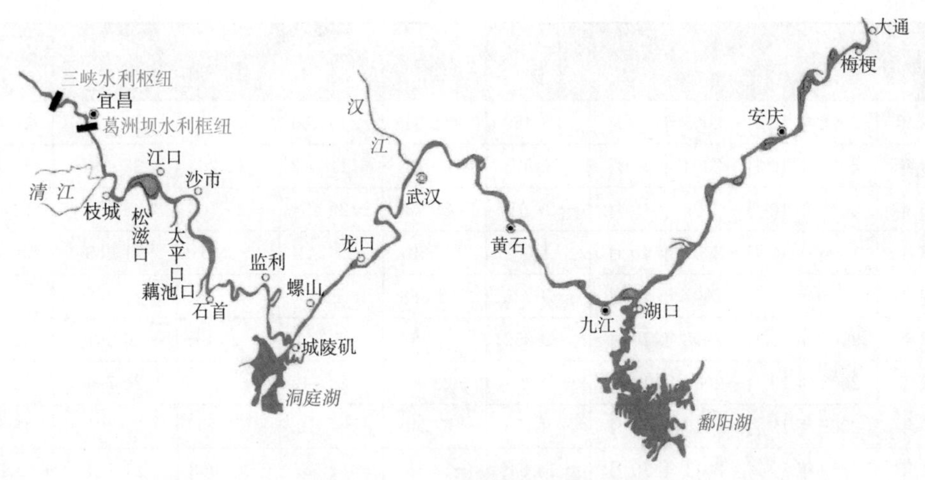

图 8.1-9 宜昌—湖口河段示意图

三峡运行以来历年冲淤量变化见表 8.1-9 至表 8.1-13 和图 8.1-10 至图 8.1-12。蓄水初期的 2003—2007 年，宜昌—枝城首先出现明显冲刷，然后逐步向上荆江、下荆江延伸，2014 年左右城陵矶—湖口出现明显冲刷，冲刷强度的变化特点与冲刷量的沿程变化基本一致。2003—2020 年间，可能因枯水期流量的增加，中枯水水流动力增强，冲刷以枯水河槽为主，枯水河槽冲刷量占平滩河槽的 70%～140%，占洪水河槽的 40%～130%。2002 年 10 月—2020 年 10 月各河段平滩河槽的年均冲淤强度依次为上荆江 22.29 万 $m^3/(km\cdot a)$、下荆江 13.22 万 $m^3/(km\cdot a)$、宜昌—枝城 14.25 万 $m^3/(km\cdot a)$、汉口—湖口 11.32 万 $m^3/(km\cdot a)$、城陵矶—汉口 10.70 万 $m^3/(km\cdot a)$。

据长江委水文局的观测成果，冲刷也集中在枯水河槽，砂卵石河段冲刷强度明显大于沙质河段，但到 175 m 蓄水后，砂卵石河段可能床面粗化完成，冲刷强度减弱，沙质河段冲刷增强。长江重庆航道勘察设计院原观报告① 分析认为：分汉河段河床冲刷主要表现为江心洲低滩冲刷、高滩崩退；弯曲河段在三峡蓄水后呈现“凸冲凹淤”特点；河宽较大的顺直河段，在三峡蓄水后河势稳定，但在河道岸线

① 参考 2004—2020 年的《三峡库区航道泥沙原型观测报告》。

逐渐崩退、河道展宽的河段，主流摆动幅度加大，局部滩槽不稳现象凸显。例如斗湖堤水道、大马洲水道，随着护岸守护工程实施，不利变化得到控制。

表 8.1-9　宜昌至湖口历年河道冲淤量

年份	时段	枯水河槽/万 m³	基本河槽/万 m³	平滩河槽/万 m³	洪水河槽/万 m³	大通年均流量/(m³/s)	大通年输沙量/万 t
2003 年	2002 年 10 月—2003 年 10 月	−3 459	−11 343	−19 250		29 325	20 600
2004 年	2003 年 10 月—2004 年 10 月	−7 973	−9 505	−11 392	−12 264	25 000	14 700
2005 年	2004 年 10 月—2005 年 10 月	−27 014	−28 737	−29 454	−29 706	28 586	21 600
2006 年	2005 年 10 月—2006 年 10 月	−1 052	−550	−1 541	−3307	21 835	8 480
2007 年	2006 年 10 月—2007 年 10 月	−9 235	−8 568	−7 281	−9 539	24 442	13 800
2008 年	2007 年 10 月—2008 年 10 月	−2 052	+2 463	+6 374	—	26 291	13 000
2009 年	2008 年 10 月—2009 年 10 月	−18 070	−22 121	−23 842	—	24 794	11 100
2010 年	2009 年 10 月—2010 年 10 月	−9 176	+6 749	−6 512	—	32 407	18 500
2011 年	2010 年 10 月—2011 年 10 月	−14 849	−13 159	−11 666	−10 968	21 154	7 180
2012 年	2011 年 10 月—2012 年 10 月	−12 690	−11 741	−12 566	−13 748	31 805	16 200
2013 年	2012 年 10 月—2013 年 11 月	−3 081	−1 950	−52	—	24 981	11 700
2014 年	2013 年 10 月—2014 年 10 月	−31 872	−33 281	−34 529	−39 910	28 288	12 000
2015 年	2014 年 10 月—2015 年 11 月	−11 285	−11 160	−11 240	−10 595	28 980	11 600
2016 年	2015 年 10 月—2016 年 11 月	−42 114	−46 288	−46 486	−46 199	33 137	15 200
2017 年	2016 年 10 月—2017 年 11 月	−3 637	−3 018	−2 984	−4 316	29 737	10 400
2018 年	2017 年 10 月—2018 年 11 月	−24 617	−27 587	−28 175	−29 354	25 457	8 310
2019 年	2018 年 10 月—2019 年 10 月	−13 083	−14 213	−15 347	−20 365	29 598	10 500
2020 年	2019 年 10 月—2020 年 11 月	−9 294	−7 846	−6 919	−4 220	35 452	16 400
2021 年	2020 年 11 月—2021 年 4 月	−285	+451	+378	—	30 587	10 200
累计	2002 年 10 月—2019 年 10 月	−235 259	−234 009	−255 943	−230 271	—	—
	2002 年 10 月—2021 年 4 月	−244 838	−241 404	−262 484	−234 491	—	—

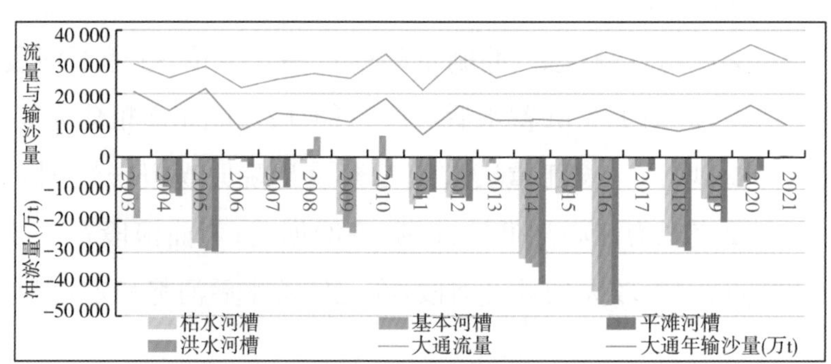

图 8.1-10　宜昌—湖口河段历年冲淤量变化

表 8.1-10　宜昌至湖口河段河道年冲淤量和冲淤强度(平滩河槽)

项目	时段	宜昌—枝城(60.8 km)	上荆江(171.7 km)	下荆江(175.5 km)	荆江(347.2 km)	城陵矶—汉口(251 km)	汉口—湖口(295.4 km)	城陵矶—湖口(546.4 km)	宜昌—湖口(954.4 km)
河道冲淤量(万 m^3)	2018 年 10 月—2019 年 10 月	51	−1 675	−3 675	−5 350	−3 421	−6 627	−10 048	−15 347
	2008 年 10 月—2019 年 10 月	−6 273	−53 664	−29 101	−82 765	−44 555	−59 759	−104 314	−193 352
年均冲淤量(万 m^3/a)	2018 年 10 月—2019 年 10 月	−570	−4 879	−2 646	−7 525	−4 050	−5 433	−9 483	−17 578
	2008 年 10 月—2020 年	−6 051	−56 791	−29 756	−86 547	−46 279	−61 394		−200 271
	2008 年—2020 年 11 月	−504	−4 733	−2 480	−7 213	−3 857	−5 116		−16 690
	2002 年—2019 年 10 月	−979	−4 094	−2 916	−7 010	−2 797	−3 875	−6 672	−14 661
年均冲淤强度[万 m^3/(km·a)]	2008 年 10 月—2019 年 10 月	−9.4	−28.4	−15.1	−43.5	−16.1	−18.4	−17.4	−18.4
	2002 年 10 月—2019 年 10 月	−16.1	−23.8	−16.6	−40.4	−11.1	−13.1	−12.2	−15.4
	2019 年	0.8	−9.8	−20.9	−30.7	−13.6	−22.4	−18.4	−16.1

表 8.1-11　宜昌至湖口各河段历年河道冲淤量

单位:万 m^3

时段	宜昌—枝城(60.8 km)		上荆江(171.1 km)		下荆江(175.5 km)		宜昌—城陵矶(396.6 km)	城陵矶—汉口(251 km)	汉口—湖口(298.4 km)	宜昌—湖口(954.4 km)
	枯水河槽	平滩河槽	枯水河槽	平滩河槽	枯水河槽	平滩河槽	枯水河槽	枯水河槽	枯水河槽	枯水河槽
2002 年 10 月—2003 年 10 月	−2 911	−3 765	−2 300	−2 396	−4 100	−7 424	−9 311	−1 374	+7 226	−3 459
2003 年 10 月—2004 年 10 月	−1 641	−2 054	−3 900	−4 982	−5 100	−7 997	−10 641	+1 034	+1 623	−7 975
2004 年 10 月—2005 年 10 月	−2 173	−2 309	−4 103	−4 980	−2 277	−2 389	−8 553	−4 743	−13 718	−27 014
2005 年 10 月—2006 年 10 月	−45	−10	+895	+675	−2 761	−3 337	−1 911	+2 071	+893	+1 052
2006 年 10 月—2007 年 10 月	−2 199	−2 301	−4 240	−3 997	−661	+602	−7 100	−3 443	+1 306	−9 237
2007 年 10 月—2008 年 10 月	−218	+71	−623	−250	−62	+76	−903	−104	−1 050	−2 057
2008 年 10 月—2009 年 10 月	−1 286	−1 533	−2 612	−2 725	−4 996	−5 526	−8 894	−383	−8 793	−18 045
2009 年 10 月—2010 年 10 月	−1 112	−1 039	−3 649	−3 856	−1 280	−1 127	−6 041	−3 349	+214	−9 176
2010 年 10 月—2011 年 10 月	−784	−811	−6 210	−6 305	−1 733	−1 238	−8 727	+1 204	−7 326	−14 849
2011 年 10 月—2012 年 10 月	−813	−807	−3 394	−4 290	−6 56	−652	−4 863	−2 499	−5 328	−12 690
2012 年 10 月—2013 年 10 月	+51	+167	−5 840	−5 853	−1 689	−1 807	−7 478	+3 334	+1 063	−3 081
2013 年 10 月—2014 年 10 月	−1 278	−1 395	−5 167	−5 632	−2 491	−3 588	−8 936	−13 523	−9 413	−31 872
2014 年 10 月—2015 年 11 月	−179	−144	−3 054	−3 169	−1 514	−1 013	−4 747	−2 991	−3 547	−11 285
2015 年 10 月—2016 年 11 月	−438	−473	−7 979	−8 258	−2 531	−2 346	−10 948	−19 742	−11 424	−42 114
2016 年 11 月—2017 年 11 月	−348	−335	−6 414	−6 556	−4 268	−4 746	−11 030	+7 628	+235	−3 637
2017 年 11 月—2018 年 10 月	−29	0	−5 252	−5 345	−2 514	−3 383	−7 795	−6 974	−9 848	−24 617
2018 年 10 月—2019 年 10 月	+54	+51	−1 530	−1 675	−3 681	+3 675	−5 157	−3 428	−4 498	−13 083
2019 年 10 月—2020 年 10 月	+185	+222	−3 641	−3 137	−496	−655	−3 952	−1 739	−3 603	−9 294
2020 年 10 月—2021 年 4 月	−219	−251	−1 077	−1 101	−2 284	−2 548	−3 580	+2 185	+1 110	−285

续表

时段	宜昌—枝城(60.8 km)		上荆江(171.1 km)		下荆江(175.5 km)		宜昌—城陵矶(396.6 km)	城陵矶—汉口(251 km)	汉口—湖口(298.4 km)	宜昌—湖口(954.4 km)
	枯水河槽	平滩河槽	枯水河槽	平滩河槽	枯水河槽	平滩河槽	枯水河槽	枯水河槽	枯水河槽	枯水河槽
2002年10月—2018年10月累计	−15 403	−16 738	−63 842	−67 919	−38 633	−45 895	−117 878	−43 854	−57 887	−220 056
	—						−130 506(平滩河槽)	−46 927(平滩河槽)	−63 118(平滩河槽)	−290 551(平滩河槽)
2008—2020年累计	−5 977	−6 097	−54 742	−56 801	−27 849	−22 406	−88 568	−42 462	−62 268	−193 743
2002—2020年累计	−15 164	−16 465	−69 013	−72 731	−42 810	−42 875	−126 987	−49 021	−65 988	−242 433

表 8.1-12　宜昌至湖口河段各时期年均冲淤量(平滩河槽)

单位:万 m^3

项目	时段	宜昌—枝城(60.8 km)	上荆江(171.1 km)	下荆江(175.5 km)	荆江(347.2 km)	宜昌—城陵矶(396.6 km)	城陵矶—汉口(251 km)	汉口—湖口(298.4 km)	城陵矶—湖口(546.4 km)	宜昌—湖口(954.4 km)
总冲淤量(万 m^3)	1975—1996 年累计	−13 498	−23 770	−3 410	−27 180	−33 858	+27 380	+24 408	+51 788	+17 930
	1996—1998 年累计	+3 448	−2 558	+3 303	+745	+4 193	−9 960	+25 632	+15 672	+19 865
	1998—2002 年累计	−4 350	−8 352	−1 837	−10 189	−5 839	−6 694	−33 433	−40 127	−54 666
	2002 年 10 月—2006 年 10 月累计	−8 138	−11 683	−21 147	−9 464	−40 968	−5 990	−14 679	−20 669	−61 637
	2006 年 10 月—2008 年 10 月累计	−2 230	−4 247	+678	−3 569	−5 799	+197	+4 693	+4 890	−909
	2008 年 10 月—2018 年 10 月累计	−6 324	−51 989	−25 426	−77 415	−83 739	−41 134	−53 132	−94 266	−17 8005
	2002 年 10 月—2018 年 10 月累计	−16 692	−67 919	−45 895	−113 814	−130 506	−46 927	−63 118	−110 045	−240 551
年均冲淤量(万 m^3/a)	1975—1996 年均	−643	−1 132	+162	−970	−1 612	+1 304	+1162	+2 466	+853
	1996—1998 年均	+1 724	−1 279	+1 652	+373	2 097	−4 980	+12 816	+7 836	+9 933
	1998—2002 年均	−1 088	−2 088	−459	−2 547	−1 460	−2 231	−11 144	−13 375	−17 010
	2002 年 10 月—2006 年 10 月	−2 035	−2 921	−528	−3 449	−10 242	−1 198	−2 936	−4 134	−14 377
	2006 年 10 月—2008 年 10 月	−1 115	−2 124	+339	−1 785	−2 900	+99	+2 347	+2 446	−454
	2008 年 10 月—2018 年 10 月	−632	−5 199	−2 543	−7 742	−8 374	−4 113	−5 313	−9 426	−17 800
	2002 年 10 月—2018 年 10 月	−1 043	−4 245	−2 868	−7 113	−8 157	−2 760	−3 713	−6 473	−14 629

续表

项目	时段	宜昌—枝城(60.8 km)	上荆江(171.1 km)	下荆江(175.5 km)	荆江(347.2 km)	宜昌—城陵矶(396.6 km)	城陵矶—汉口(251 km)	汉口—湖口(298.4 km)	城陵矶—湖口(546.4 km)	宜昌—湖口(954.4 km)
年均冲淤强度(万 m^3/km·a)	1975—1996 年	−10.6	−6.6	+0.9	−5.7	−4.1	+5.2	+3.9	+4.5	+0.9
	1996—1998 年	+28.4	−7.4	+9.4	+2	5.3	−19.8	+43.4	+14.3	+10.4
	1998—2002 年	−17.9	−12.2	−2.6	−14.8	−3.7	−8.9	−37.7	−24.5	−17.8
	2002 年 10 月—2006 年 10 月	−33.5	−17	−30.1	−47.1	−25.8	−4.8	−9.9	−7.6	−15.1
	2006 年 10 月—2008 年 10 月	−18.3	−12.4	+19	+6.6	−7.3	+0.4	+7.9	+4.5	−0.5
	2008 年 10 月—2018 年 10 月	−10.4	−30.3	−14.5	−44.8	−21.1	−16.4	−18	−17.3	−18.7
	2002 年 10 月—2018 年 10 月	−17.2	−24.7	−16.3	−41	−20.6	−11	−12.6	−11.8	−15.3
	2002 年 10 月—2020 年 10 月	−15	−23.5	−15.9	−39.4	—	−10.9	−12.7	—	−14.9
	2019 年(2018 年 10 月—2019 年 10 月)	+0.8	−9.8	+20.9	+11.1	—	−13.6	−22.4	—	−16.1
	2020 年(2019 年 10 月—2020 年 10 月)	+3.7	−23.5	−15.9	−39.4	—	−10.9	−12.7	—	−14.9
	2021 年(2020 年 10 月—2021 年 4 月)	−4.1	−6.4	−14.5	−20.9	—	7.5	8.1	—	0.4

表 8.1-13 各河段历年河道泥沙冲淤量 单位:万 m^3

时间	宜昌—枝城	上荆江	下荆江	城陵矶-汉口	汉口-湖口
2004 年	−1 641	−3 900	−5 100	1 034	1 623
2005 年	−2 173	−4 103	−2 277	−4 743	−13 718
2006 年	−45	895	−2 761	2 017	893
2007 年	−2 199	−4 240	−661	−3 443	1 306
2008 年	−218	−623	−62	−104	−1 050
2009 年	−1 286	−2 612	−4 996	−383	−8 793
2010 年	−1 112	−3 649	−1 280	−3 349	214
2011 年	−784	−6 210	−1 733	1 204	−7 326
2012 年	−813	−3 394	−656	−2 499	−5 328
2013 年	51	−5 840	−1 689	3 334	1 063
2014 年	−1 278	−5 167	−2 491	−12 523	−9 413
2015 年	−179	−3 054	−1 514	−2 991	−3 547
2016 年	−438	−7 979	−2 531	−19 742	−11 424
2017 年	−348	−6 414	−4 268	7 628	235
2018 年	−29	−5 252	−2 514	−6 974	−9 848
2019 年	−54	−1 530	−3 681	−3 428	−4 498
2020 年	4	−18	−4	−7	
2008 年 10 月—2018 年 10 月累计	−6 216	−49 571	−23 672	−36 295	−54 167
2002 年 10 月—2019 年 10 月累计	−16 746	−69 449	−49 576	−50 355	−67 616

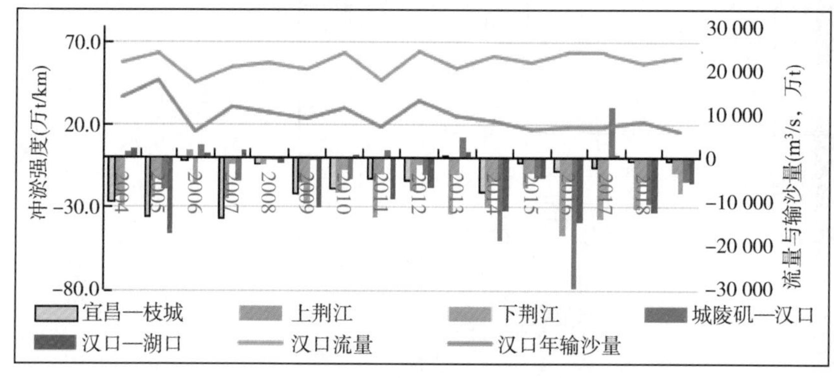

图 8.1-11 坝下游各河段历年河道泥沙冲淤强度

坝下游 2002—2018 年河段河槽冲淤情况见表 8.1-14。由表可见宜昌—城陵矶河段的冲淤强度最大，其次为汉口—湖口河段，城陵矶—汉口河段最小；各河段中，枯水河槽冲淤量占洪水河槽冲淤量的 84.4%～86.2%，可见坝下游河道冲淤变化较大，且冲刷主要出现在枯水河槽。

表 8.1-14　坝下游 2002—2018 年各河段河槽冲淤量

河段	枯水河槽		基本河槽		平滩河槽		洪水河槽	
	累计量（万 m³）	冲淤强度（万 m³/km）	累计量（万 m³）	冲淤强度（万 m³/km）	累计量（万 m³）	冲淤强度（万 m³/km）	累计量（万 m³）	冲淤强度（万 m³/km）
宜昌—城陵矶	−117 853.0	−288.9	−122 728.0	−300.8	−130 506.0	−319.9	−136 792.0	−335.3
城陵矶—汉口	−43 854.0	−174.7	−46 831.0	−186.6	−46 927.0	−187.0	−51 296.0	−204.4
汉口—湖口	−58 348.0	−197.5	−63 708.0	−215.7	−63 118.0	−213.7	−69 085.0	−233.9
宜昌—湖口	−220 055.0	−230.6	−233 267.0	−244.4	−240 551.0	−252.0	−257 173.0	−269.5

三峡蓄水后，一方面枯水流量明显增大，使得枯水水位抬升，另一方面枯水的水流动力增强，输沙能力增加，大部分河段以枯水河槽冲刷下切为主，引起枯水水位下降，但总体上改善了长江中下游的航道条件，应深入研究坝下游航道冲刷集中在枯水河槽原因及对浅滩演变、航道治理与维护的影响及对策。

砂卵石河段以枯水河槽冲刷为主，有利于水深增加，但中下游沙质河段持续冲刷，引起水位下降，而且向上游传递，对砂卵石河段航道条件有一定不利影响。主要表现：

① 航道中部分河床抗冲性强，使航道尺度不足，从而产生碍航。

② 芦家河坡陡流急加剧，最大流速可达 3.5 m/s。

③ 芦家河局部胶结卵石冲刷，卵石下移堆积出浅。

④ 卵石河段下游的沙质河床冲刷加剧，175 m 蓄水后部分水道冲淤调整剧烈，航道条件存在不利发展，需跟踪观测研究。

由以上分析我们认为三峡坝下游河道冲刷发展在持续，影响深远。长江中下游航道近 20 年做了大量观测，试验研究和航道整治工程也取得了很多优秀成果，但现在的长江已不是以前的自然长江，受很多大型水电站控制及人为采砂干扰，这种状态是无法改变的，目前也已出台了《中华人民共和国长江保护法》，更有助于我们保护、认识长江。

8.2　坝下游重点河道深泓冲刷深度

坝下游河道深泓线是枯水期主航槽的位置，观测与分析河道深泓线下切情况，对研究枯水期航道水深有一定参考价值。

8.2.1 宜枝河段

宜昌至枝城河段全长 60.8 km(图 8.2-1),为砂卵石河床,2002 年 9 月—2020 年 11 月,该河段累计冲刷 1.65 亿 m^3,其中枯水河槽累计冲刷 1.52 亿 m^3,约占平滩河床的 92%,该河段蓄水初期 2003—2005 年冲刷强度较大,年均冲刷约 2 709.33 万 m^3,年均冲刷强度 44.56 万 m^3/(km·a)。

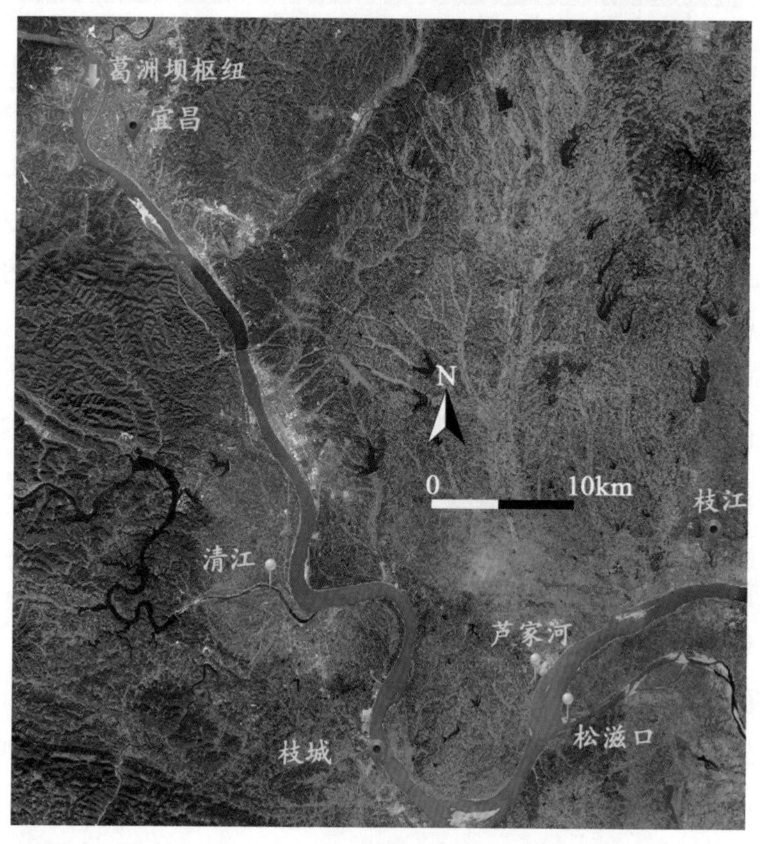

图 8.2-1 宜昌至枝城河段示意图

2008 年 175 m 蓄水后河床冲刷减缓,年均冲刷量约 632 万 m^3/a,到 2018 年宜昌河段(19.4 km)淤积 16 万 m^3,其下段宜都河段(39.6 km)冲刷仅 16 万 m^3,呈现上段淤下段冲的趋势,总体冲淤是平衡的,现在可认为该河段已达到冲淤平衡,完成了床面的冲刷粗化。2002 年 10 月—2018 年 10 月,该河段深泓纵剖面平均冲刷下切 4.0 m,其中宜昌河段平均下降 1.8 m,下降最大的断面是胭脂坝中部(宜 43 号断面),累计冲刷下切 5.5 m。原模型试验提出布置 5 道潜坝,认为工程实施后可保持宜昌枯水位不下降,后因多种原因潜坝没有实施。后有人提出护底加糙，并进行了河工模型试验和理论分析。作者(刘书伦)认为坝下游河道枯水期没有明显的卡口河段，靠增加河床床面糙率不可能明显抬高水位。但三峡总公司仍实施了护底加糙，第一次在胭脂坝做了一段护底加糙试验段，以后在胭脂坝中段(43 号断面附近)又做了护底加糙。近几年的原型观测表明，该河段已经冲刷下切，冲刷最大深度达 5.5 m，宜昌水位 2018 年也累计降低 0.7 m 左右，说明以护底加糙的方法来抬高水位的效果是不明显的。

8.2.2 荆江河段

荆江河段为冲积性沙质河床，河道弯曲(图 8.2-2)，有多处著名浅滩。三峡工程蓄水前，河床冲淤变化频繁。1966—1981 年下荆江裁弯后，一直呈持续冲刷状态，年均冲刷 0.23 亿 m^3；1981—1986 年，年均冲刷 0.34 亿 m^3；1986—1996 年转为以淤积为主，年均淤积 0.119 亿 m^3；1998—2002 年累计冲刷 1.02 亿 m^3，年均冲刷 0.255 亿 m^3。

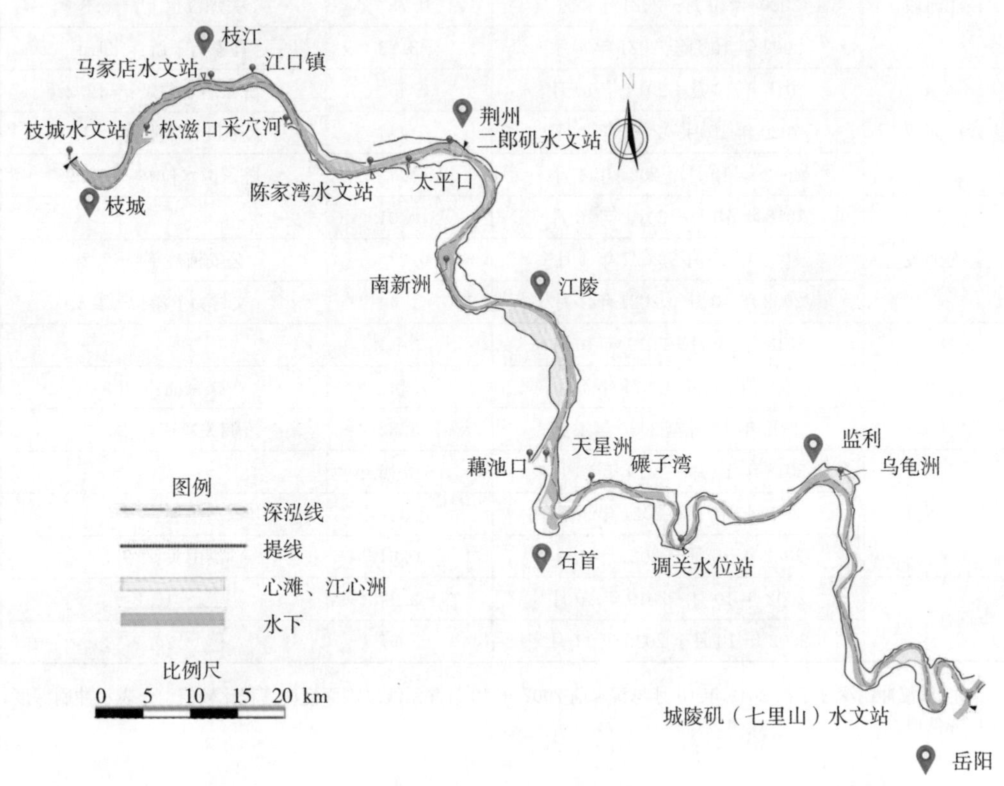

图 8.2-2　荆江河段示意图

三峡工程蓄水后，2002 年 10 月—2020 年 10 月荆江河段平滩河槽累计冲刷 11.56 亿 m^3，年均冲刷 0.64 亿 m^3，其中 2018 年冲刷 0.87 亿 m^3，沙市河段年均河床冲刷强度为 17.52 万 m^3/(km · a)，枝江河段为 24.4 万 m^3/(km · a)。

荆江河段冲刷主要集中在枯水河槽，据长江水文局原观报告，荆江河段纵向深泓线平均冲刷深度 2.96 m（2002 年 10 月至 2018 年 10 月），三峡蓄水后到 2018 年 10 月，荆江河段深泓线冲刷深度见表 8.2-1，河床深泓冲刷深度较大的有石首河段、枝江河段和沙市河段。2020 年是特大洪水年，河道冲淤变化较大，因此在表中加列了 2002 年 10 月至 2020 年 11 月各河段河床深泓冲刷深度值，可见 2020 年的冲刷深度进一步增加。

表 8.2-1　荆江河段河床深泓冲刷深度　　单位：m

河段	时间	平均	冲刷坑的最大冲深
枝江河段	2018 年 10 月—2019 年 10 月	−0.08	芦家河：−0.1
	2020 年 10 月—2021 年 4 月	0.75	关洲汊道上：−0.8
	2002 年 10 月至 2021 年 4 月	−3.23	马家店下游：−11.1
沙市河段	2018 年 10 月—2019 年 10 月	0.45	陈家店水位站：−12.2
	2020 年 10 月—2021 年 4 月	0.44	太平口心滩附近：−1.0
	2002 年 10 月至 2021 年 4 月	−3.49	陈家湾水位站：−12.9
公安河段	2018 年 10 月—2019 年 10 月	−0.01	
	2020 年 10 月—2021 年 4 月	0.22	公安河湾下：−2.2
	2002 年 10 月至 2021 年 4 月	−1.44	文村夹上游：−14.5
石首河段	2018 年 10 月—2019 年 10 月	0.1	
	2020 年 10 月—2021 年 4 月	1.14	来家铺：−1.9
	2002 年 10 月至 2021 年 4 月	−3.82	调关弯道：−20.1
监利河段	2018 年 10 月—2019 年 10 月	−0.16	
	2020 年 10 月—2021 年 4 月	0.31	乌龟洲：−5.7
	2002 年 10 月至 2021 年 4 月	−0.67	洪山头：−9.7
全荆江河段	2002 年 10 月—2019 年 10 月	−2.94	−16.2
	2002 年 10 月至 2020 年 11 月	−2.97	−20.1

注：深泓冲刷深度是指 2019 年 10 月与蓄水前 2002 年 10 月深泓线纵剖面河床高程比较值。−表示冲刷深度，即高程降低值。

8.2.3　城陵矶到汉口河段

城陵矶到汉口河段为冲积性沙质河床，有界牌等著名浅滩，年际间河床有冲有淤，总体为冲刷（表 8.2-2），2001 年 10 月至 2018 年 10 月平滩河槽累计冲刷

4.69 亿 m^3，其中枯水河槽为 4.39 亿 m^3，约占 94%。界牌河段累计冲刷 8 900 万 m^3(平滩河槽)，界牌河段深泓平均冲深约 2.14m。城陵矶—石矶头河段河床深泓平均冲刷深度相对大些。近期配合航道局部整治，该河段航道条件明显改善。

表 8.2-2　城陵矶—汉口河段河床深泓冲刷深度　　单位：m

河段	时间	平均
城陵矶—石矶头	2002 年 10 月—2019 年 10 月	−2.96
	2002 年 10 月至 2020 年 11 月	−2.85
石矶头—汉口	2002 年 10 月—2019 年 10 月	−1.48
	2002 年 10 月至 2020 年 11 月	−1.96
城陵矶—汉口河段	2002 年 10 月—2019 年 10 月	−1.99
	2002 年 10 月至 2020 年 11 月	−2.24

8.2.4　汉口到湖口河段

汉口到湖口河段为冲积性沙质河床，有戴家洲浅滩，2001 年 10 月至 2018 年 10 月间有冲有淤，滩槽为冲，平滩河槽累计冲刷 6.31 亿 m^3，其中枯水河槽冲刷 5.83 亿 m^3，约占平滩冲刷的 92%，河床以冲刷下切为主，2001 年 10 月—2020 年 10 月全河段深泓平均冲深 3.48 m。九江至湖口段以主槽冲刷为主，平均冲深 1.9 m。

三峡工程蓄水运行至 2019 年，坝下游河床冲刷约 24.0 亿 m^3，年均约 1.46 亿 m^3，而且 175 m 蓄水后有明显增强的趋势。90%以上的河床冲刷集中在枯水河槽，沿程深泓线冲刷下切数值较大，改变了往年枯水浅滩水深不足的紧张面貌。多数河段深泓冲刷下切的河槽高程降低数值远大于该断面同流量下水位降低值，一般情况下，随着水深的增加，航道内的水深也会随之增加，但增加量各浅滩不同。

深泓线是枯水期主航道，浅滩航道河槽冲刷下切平均值一般要小于深泓线平均下切深度，但各浅滩不同，据沙市三八滩航道测图分析，新三八滩上端主航槽的河底高程在 2005—2007 年与 2002 年比较累计降低 4.0 m，南汊航道内河底高程降低。深泓线降低值：2002—2016 年沙市河段平均冲刷深度 3.96 m，按照通航标准，航道尺度中的航道水深是满足航宽范围内(150 m)的最小水深的。此外，航道水深与当时水位有关，因此三峡蓄水后，实际航道水深增加不多，沙市河段航道经过疏浚整治水深由 3.0 m 增加到 3.5 m。实际观测证明：浅滩的航道最小水深受多因素影响，不由单因素决定，不能采用简单计算确定。

8.2.5 枯水航槽容积变化

在清水状态下河道挟沙能力增强，自然水深增加，例如三八滩近期因冲刷形成尺度较大、长 10 多 km 的枯水深槽。该浅滩在最低水位时有水深 8.0～10.0 m 的深水航槽，因南汊大桥跨径航宽不足，目前不能通航。

从浅滩演变观测分析结果表明，三峡蓄水后，特别是正常蓄水后，中游航道演变总体趋向稳定，仅少数浅滩变化较频繁，如三八滩、芦家河。三峡枢纽蓄水运行后，坝下游的河道冲刷量大，影响深远，有很多问题还未弄清楚，建议继续加强原观分析。

8.3 坝下游重点河段河道冲淤变化

受枢纽运行最为明显的河段，主要在坝下游的近坝段，以下主要分析宜昌至枝城河段、荆江河段等坝下游重点河段。

8.3.1 宜枝河段

宜昌至枝城河段长 60.8 km，上游 20 km 基本是两岸山体控制的顺直河道，河床主要是卵石夹沙，河势相对稳定，往下游逐步进入丘陵地带，岸坡主要为硬土质和土石质组成，河床组成为沙夹卵石。在葛洲坝水利枢纽兴建前的自然演变时期，年际间河床冲淤基本平衡；在葛洲坝水利枢纽施工期及运用期，本河段发生冲刷；20 世纪 90 年代以来，河床冲淤又基本恢复平衡。但三峡运行后，本河段再次出现剧烈冲刷（图 8.3-1 和表 8.3-1），2003 年平滩河槽冲刷约 0.377 亿 m^3，其中枯水河槽冲刷占 77%，但以后逐年减少，到 2014 年后，冲刷量仅 0.015 亿～0.145 亿 m^3，2018 年后已转为淤积。

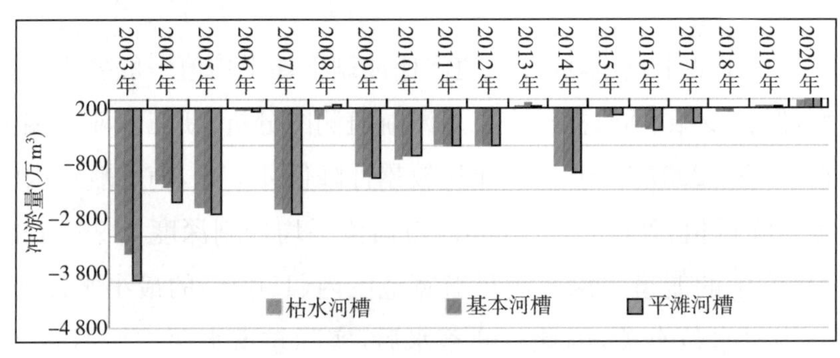

图 8.3-1 宜昌—枝城河段河道冲淤量变化

表 8.3-1 宜昌—枝城河段历年河道冲淤量 单位:万 m^3

年份	时段	枯水河槽	基本河槽	平滩河槽
2003 年	2002 年 10 月—2003 年 10 月	−2 911	−3 206	−3 765
2004 年	2003 年 10 月—2004 年 10 月	−1 641	−1 745	−2 054
2005 年	2004 年 10 月—2005 年 10 月	−2 173	−2 279	−2 309
2006 年	2005 年 10 月—2006 年 10 月	−45	−23	−10
2007 年	2006 年 10 月—2007 年 10 月	−2 199	−2 297	−2 301
2008 年	2007 年 10 月—2008 年 10 月	−218	+11	+71
2009 年	2008 年 10 月—2009 年 10 月	−1 286	−1 514	−1 533
2010 年	2009 年 10 月—2010 年 10 月	−1 112	−1 056	−1 039
2011 年	2010 年 10 月—2011 年 10 月	−784	−824	−811
2012 年	2011 年 10 月—2012 年 10 月	−813	−841	−807
2013 年	2012 年 10 月—2013 年 10 月	+51	+140	+16
2014 年	2013 年 10 月—2014 年 10 月	−1 278	−1 387	−1 395
2015 年	2014 年 10 月—2015 年 11 月	−179	−179	−144
2016 年	2015 年 11 月—2016 年 11 月	−438	−466	−473
2017 年	2016 年 11 月—2017 年 11 月	−348	−340	−335
2018 年	2017 年 10 月—2018 年 11 月	−29	−27	0
2019 年	2018 年 11 月—2019 年 10 月	+54	+54	+51
2020 年	2019 年 10 月—2020 年 10 月	+185	+218	+222
2021 年	2020 年 10 月—2021 年 4 月	−219	−260	−251
	2002 年 10 月—2020 年 11 月累计	−15 139	−15 562	−16 419

注:表中(−)为冲刷,(+)为淤积

宜枝河段历年冲淤量、冲淤强度见表 8.3-2,可见,2002—2018 年冲刷量约 1.54 亿 m^3,年均冲刷强度 16.3 万 m^3/(km·a);2002 年 10 月—2006 年 10 月 135 m 蓄水期运行的冲刷量 0.677 亿 m^3,年均冲刷强度 28.7 万 m^3/(km·a);2006 年 10 月—2008 年 156 m 蓄水期运行的冲刷量 0.242 亿 m^3,年均冲刷强度 20.5 万 m^3/(km·a);2008 年 10 月—2019 年 10 月 175 m 蓄水期运行来,冲刷量 0.614 亿 m^3,年均冲刷强度减弱至 9.5 万 m^3/(km·a);冲刷以下切为主,深泓沿程冲刷降低,深泓纵剖面冲刷下切,其中宜昌河段深泓下降 1.8 m(平均),累计下降最大深泓在胭脂坝河段的 43 断面,达 5.5 m。

表 8.3-2　宜昌—枝城河段历年冲淤量、冲淤强度(枯水河槽)

时段	河段	宜昌河段	宜都河段	宜枝河段
	长度/km	19.4	39.6	60.8
2002 年 9 月—2006 年 10 月累计(蓄水期 135m)	冲淤量(万 m^3)	−825	−5 945	−6 770
	年均冲淤量(万 m^3/a)	−206	−1 486	−1 693
	年均冲淤强度[万 m^3/(km·a)]	−10.6	−37.5	−28.7
2006 年 10 月—2008 年 10 月累计(蓄水期 156m)	冲淤量(万 m^3)	−165	−2 252	−2 417
	年均冲淤量(万 m^3/a)	−83	−1 126	−1 209
	年均冲淤强度[万 m^3/(km·a)]	−4.3	−28.4	−20.5
2008 年 10 月—2018 年 10 月累计[175 m 试验性蓄水期(枯水河槽)]	冲淤量(万 m^3)	−440	−5 751	−6 196
	年均冲淤量(万 m^3/a)	−44	−575	−619
	年均冲淤强度[万 m^3/(km·a)]	−2.3	−14.5	−10.5
2002 年 9 月—2018 年 10 月累计	冲淤量(万 m^3)	−1 430	−13 948	−15 378
	年均冲淤量(万 m^3/a)	−89	−827	−961
	年均冲淤强度[万 m^3/(km·a)]	−4.6	−22	−16.3
2008 年 10 月—2019 年 10 月累计(枯水河槽)	冲淤量(万 m^3)	−422	−5 715	−6 137
	年均冲淤量(万 m^3/a)	−38	−520	−558
	年均冲淤强度[万 m^3/(km·a)]	−2.0	−13.1	−9.5

枯水期同流量下水位值与坝下游河床冲淤量及冲淤强度见表 8.3-3,可见,宜昌河段 2011 年及以后有冲刷强度减弱的趋势,宜都河段 2015 年及以后有冲刷强度减弱的趋势;枝江河段 2016 年及以后有冲刷强度减弱的趋势,特别是近 4 年坝下游冲刷明显减弱,但 2018—2019 年水位下降 6 cm,由 37.45 m 下降到 37.39 m;2003—2009 年累计下降 0.3 m,2009—2019 年累计下降 0.35 m,合计 0.65 m。这两阶段水位下降值差异不是很大,因此坝下游 123 km 长的河段历年冲淤变化与宜昌水位下降值关联不明显。

表 8.3-3　枯水期同流量下水位值与坝下游河段冲淤量、每 km 冲淤量

宜昌站水位 Q= 6 000 m^3/m (85 高程)	年份	宜昌河段 19.4 km		宜都河段 39.6 km		宜枝河段 64 km	
		冲淤量(万 m^3)	每 km 冲淤量(万 m^3/km)	冲淤量(万 m^3)	每 km 冲淤量(万 m^3/km)	冲淤量(万 m^3)	每 km 冲淤量(万 m^3/km)
38.04	2003 年	−1345	−69.3	−2 420	−61.1	−3 765	−58.8
38.00	2004 年	+401	+20.7	−1 653	−41.7	−2 872	−44.9
37.90	2005 年	+114	+5.9	−2 423	−61.2	−3 459	−54.0
37.87	2006 年	+241	+12.4	−251	−6.3	−330	−5.2

续表

宜昌站水位 Q= 6 000 m³/m (85 高程)	年份	宜昌河段 19.4 km		宜都河段 39.6 km		宜枝河段 64 km	
		冲淤量 (万 m³)	每 km 冲淤量 (万 m³/km)	冲淤量 (万 m³)	每 km 冲淤量 (万 m³/km)	冲淤量 (万 m³)	每 km 冲淤量 (万 m³/km)
37.89	2007 年	−334	−17.2	−1 967	−49.7	−3591	−56.1
37.85	2008 年	+227	+11.7	−156	−3.9	+61	+1.0
37.74	2009 年	−416	−21.4	−1 070	−27.0	−1 966	−30.7
37.61	2010 年	+126	+6.5	−1 165	−29.4	−2 999	−46.9
37.57	2011 年	+55	+2.8	−866	−21.9	−4 074	−63.7
37.52	2012 年	−117	−6.0	−690	−17.4	−3 707	−57.9
37.49	2013 年	179	9.2	−13	−0.3	−1 600	−25.0
37.41	2014 年	−76	−3.9	−1 319	−33.3	−3839	−60.0
37.38	2015 年	−43	−2.2	−101	−2.6	−1 220	−19.1
37.33	2016 年	−65	−3.4	−408	−10.3	−946	−14.8
37.34	2017 年	−69	−3.6	−397	−10.0	−814	−12.7
37.45	2018 年	−115	−5.9	−220	−5.6	−670	−10.5
37.39	2019 年	+16	+0.8	−16	−0.4	−0.4	0.0

8.3.2 荆江河段

荆江河段为冲积性沙质河床，从湖北枝江至湖南岳阳县城陵矶段全长 360 km，荆江河段的长江河床高于两岸陆地，河道弯曲（图 8.2-2），有多处著名浅滩。

中游河段不同时段平滩河槽的年平均冲淤量见表 8.3-4，2002 年 10 月—2020 年 10 月，荆江河段平滩河槽累计冲刷 12.295 亿 m³，年均冲刷 0.683 亿 m³，年均冲刷强度 19.67 m³/(km·a)。135 m 蓄水初期年均冲刷强度最大，以后逐年减弱，但到 175 m 蓄水期上荆江冲刷强度加剧，主要是因为枝江河段和沙市河段冲刷强度分别达到 31.5 万 m³/(km·a)和 43.0 万 m³/(km·a)，2017 年 11 月—2018 年 10 月的测图比较，沙市河段冲刷强度达到 53.7 万 m³/(km·a)。

2002 年 10 月—2019 年 10 月荆江河段深泓冲刷以下切为主，深泓平均冲刷深度 2.94 m；2002 年 10 月—2020 年 11 月深泓平均冲刷深度 2.97 m，断面总体以深泓冲刷下切为主，江心洲及边滩崩退缩窄，分汊段及弯道段断面变化幅度较大。

表 8.3-4　中游河段各时段年均冲淤量(平滩河槽)　单位:万 m^3

时期	宜昌—枝城 60.8 km	上荆江 171.7 km	下荆江 175.5 km	荆江 347.2 km	城陵矶—汉口 251 km	汉口—湖口 295.4 km	城陵矶—湖口 546.4 km	宜昌—湖口 954.4 km
1975—1996 年	−643	−1 132	−162	−1 294	+1 304	+1 162	+2 466	+853
1996—1998 年	+1 724	−1 279	+1 652	+373	−4 980	+12 816	+7 836	+9 933
1998—2002 年	−1 088	−2 088	−459	−2 547	−1 674	−8 358	−10 032	−13 667
2002—2006 年	−2 035	−2 921	−5 289	−3 449	−1 498	−3 670	−5 167	−15 409
2006—2008 年	−1 115	−2 124	+339	−1 785	+99	+2 347	+2 446	−454
2008—2018 年	−632	−5 199	−2 543	−7 742	−4 113	−5 313	−9 426	−17 800
2002 年 10 月—2018 年 10 月	−1 043	−4 245	−2 868	−7 113	−2 933	−3 945	−6 878	−15 034
2002 年 10 月—2019 年 10 月	−979	−4 094	−2 916	−7 010	−2 797	−3 875	−6 672	−14 661
2008 年 10 月—2020 年 10 月累计	−6 051	−56 791	−29 756	−86 547	−46 279	−61 394		−200 271
2002 年 10 月—2020 年 10 月累计	−16 419	−72 721	−50 225	−122 946	−52 072	−71 380		−262 817

注:表中(—)为冲刷,(+)为淤积

表 8.3-5　中游各河段各时段冲淤强度(平滩河槽)　单位:万 m^3/(km·a)

时期	宜昌—枝城 60.8 km	上荆江 171.7 km	下荆江 175.5 km	荆江 347.2 km	城陵矶—汉口 251 km	汉口—湖口 295.4 km	城陵矶—湖口 546.4 km	宜昌—湖口 954.4 km
1975—1996 年	−10.6	−6.6	−19.4	−78.3	109.1	+3.9	+4.5	+0.9
1996—1998 年	+28.4	−7.5	+18.8	+2.1	−39.7	+43.4	+14.3	+10.4
1998—2002 年	−17.9	−12.2	−10.5	−29.3	−26.7	−37.7	−24.5	−17.8
2002 年 10 月—2006 年 10 月	−33.5	−17.1	−120.5	−94.6	−23.9	−9.9	−7.6	−15.1
2006 年 10 月—2008 年 10 月	−18.3	−12.4	3.9	−10.3	+0.8	+7.9	+4.5	−0.5
2008 年 10 月—2018 年 10 月	−10.4	−30.4	−144.9	−223.0	−163.9	−18	−17.3	−18.7
2002 年 10 月—2018 年 10 月	−17.2	−24.7	−16.3	−20.5	−11.0	−12.6	−11.8	−15.3
2002 年 10 月—2019 年 10 月	−16.1	−23.8	−16.6	−20.2	−11.1	−13.1	−12.2	−15.4
2008 年 10 月—2020 年 10 月	−8.3	−27.6	−14.1	−20.8	−15.4	−17.3		−17.5
2002 年 10 月—2020 年 10 月	−15.0	−23.5	−15.9	−19.7	+10.9	+10.9	−12.7	−14.9

注:表中(—)为冲刷,(+)为淤积

上下荆江河段的冲淤量逐年变化见表 8.1-2 和图 8.3-3 图 8.3-4,可见上下荆江的冲刷并不同步。三峡运行后,初期下荆江的河床冲刷较上荆江剧烈,但 2009 年后,上荆江的河床冲刷强于下荆江,枯水河槽冲刷占平滩河槽的 65%～135%。到 2019 年下荆江冲刷强度又大于上荆江,其原因是该年汛后 10 月—12 月水位偏低。

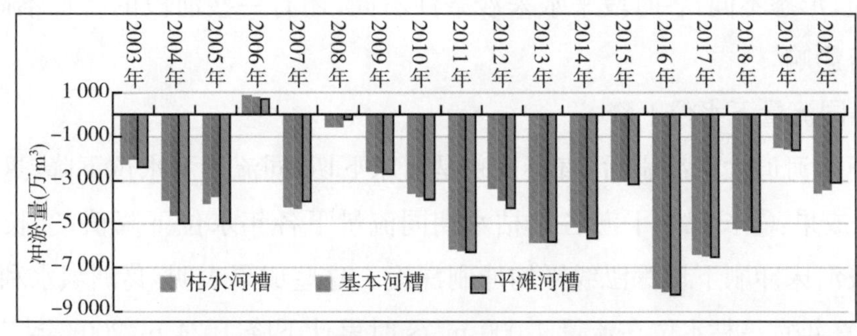

图 8.3-3　上荆江河段(枝城—藕池口)冲淤量变化

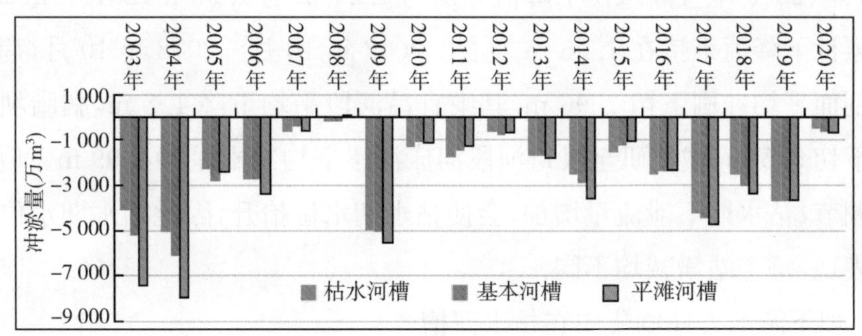

图 8.3-4　下荆江(藕地口—城陵矶)冲淤量

8.4　坝下游河道冲刷讨论

三峡枢纽已运行多年,通过原型观测得到以下初步认识。

(1) 坝下游河道冲刷量大,冲刷距离长,以持续冲刷为主

2002 年 10 月—2018 年 10 月,宜昌到湖口 954.4 km 长的河段累计冲刷 24.06 亿 m^3,年均冲刷量 1.46 亿 m^3。其中宜昌到城陵矶河段 408 km 累计平滩河槽冲刷 13.05 亿 m^3,荆江河段 347.2 km 累计平滩河槽冲刷 11.38 亿 m^3,年均冲刷 0.71 亿 m^3;城陵矶至汉口 251 km 河段累计冲刷 4.69 亿 m^3,年均冲刷

0.28 亿 m^3；汉口至湖口 295.4 km 河段累计冲刷 6.31 亿 m^3，年均冲刷 0.37 亿 m^3。

这些河段的大量冲刷在原论证阶段，多家单位都曾进行过数模计算，其中宜昌—城陵矶河段实际情况与计算大致相近，但汉口以下河段与原数模计算相差甚远，实际冲刷远大于原计算冲刷量。实践证明坝下游河道冲淤影响因素较多，各河段地质、形态不同，各时段来水来沙条件不同，还有一些河段的特征不同，对冲淤量都有影响。

（2）同流量下水位下降

坝下游河道大量冲刷后，直接反映是河床下切，同流量下水位下降，这方面有 2 个专项成果：①长江中下游各站枯水期同流量下各年水位下降值；②长江中下游各河段河床冲刷下切深泓线平均冲刷深度。这些成果表明：葛洲坝水利枢纽运行后，2002 年宜昌枯水位在流量 4 000 m^3/s 时累计下降 1.24 m，2003 年三峡枢纽运行后水位进一步逐年下降，到 2015 年后下降趋势明显趋缓。当流量 6 000 m^3/s 时，2003 年、2015 年宜昌水位下降值分别为 1.24 m 与 1.98 m，2018—2020 年，连续 3 年累计下降值维持在 1.96 m 左右。2002 年 10 月—2018 年 10 月，荆江河段深泓纵剖面平均冲刷下切 2.96 m，其中宜昌河段平均下降 1.8 m，胭脂坝中部累计冲刷下切 5.5 m，城陵矶至汉口河段河床深泓平均冲刷深度 1.99 m。但通过三峡水库调节，枯水期下泄流量增加，会使枯水期水位抬升，因此枯水期水位是综合作用的表现，每个站增减均不同。

（3）坝下游河道冲刷集中在枯水河槽

宜昌—湖口段全长 954.4 km，各河段的冲刷量都集中在枯水河槽。宜昌—湖口段枯水河槽冲刷占 91%左右，其中宜昌至城陵矶河段的枯水河槽冲刷占 90%。以前多家单位在进行数模计算时并没有考虑沿枯水河槽冲刷，而枯水河槽的大量冲刷对浅滩演变具有重要影响，因此应开展清水冲刷对浅滩河段演变的研究，弄清楚枯水河槽被大量冲刷的原因，以及冲刷对浅滩演变、航道整治的影响。

（4）河道沿程冲刷强度和时段分析

2003—2006 年，宜昌—枝城冲刷强度最大，年平均值达到 30.5 万 m^3/km，此后随着床面逐渐粗化，冲刷强度减弱。冲刷强度较大的河段是上荆江河段，2008—2018 年年平均值达到 30.3 万 m^3/km。汉口以下冲刷强度也不低，2008—2018 年年平均 18 万 m^3/km。各河段河床形态不同，河床质不同，所以冲刷强度会相差很多。

(5) 坝下游长河段冲刷影响因素

坝下游长河段冲刷除受三峡枢纽清水下泄影响外，中游各河流来水来沙对其也有影响，特别是汛期，如 2017 年中游发生洪水，三峡实施城陵矶补偿调度，结果城陵矶—汉口河段、汉口—湖口河段呈现河槽淤积。

坝下游河段的长距离冲刷，一般集中在枯水河槽，对浅滩的影响目前不清楚，因为其影响是渐变的，是深远的，需继续跟踪原型观测，分析研究其对航道的影响。

(6) 下泄沙量减少对航道的影响

中下游各站受清水下泄的影响，输沙量包括沙质推移和含沙量大幅度减少，这对今后航道演变有重大影响：航道的演变频率和强度将会明显减弱，局部顶冲部位冲刷强度增大；航道整治建筑物可能遭受损坏；有些浅滩演变规律与特性将可能发生重大变化。

(7) 坝下游枯水河槽冲刷对航道有利

坝下游枯水河槽被冲刷后可增加枯水期航道水深，但因为每个浅滩特征不同，所以枯水流量增加后，最小航道水深能增加多少，各滩不同，不是通过简单计算能得出的。

(8) 护滩稳槽的措施

坝下游河道冲刷集中在枯水河槽，因此浅滩整治应考虑枯水河槽大量冲刷的影响。对于边滩的保护或加强，应对其前缘或深槽的边缘进行保护，而不需大面积护滩，要考虑采取抗冲部位局部加固和调整水流的工程措施。目前在滩体表面大量铺护滩带，并上升为给河道“铺地砖”的守护方式是不合适的，应侧重考虑可能受到冲刷的部位加以保护。实践表明，现在长江航道整治广泛采用的护底排、护滩带，只能减轻护滩带覆盖区域小范围的滩面不受冲刷，不能调整水流并改善浅滩航行条件，它的功能和作用是有限的。

(9) 航道治理工程方法需要研究探讨

近 10 多年的原型观测表明，现在的护滩带、鱼骨坝，因为坝体比较低，难以形成一定范围的缓流，泥沙淤积很少，外形似丁坝，实际不能起到丁坝束水攻沙的作用。现在汛期输沙量和泥沙有所减少，要淤高边滩是很困难的。面对这种以冲刷为主的滩槽演变特征，护滩建筑布置要结合实际情况，慎重选择，要认真研究清水冲刷后浅滩演变的新特征，找准问题，并采取有效和有针对性的工程措施。单靠护滩带和护岸是不行的，因此新水沙条件下更有效的航道治理方法有待进一步研究探讨。

(10) 来沙量减少的浅滩治理

坝下游河道受清水冲刷，初期输沙量较大，但随着床面粗化，输沙量逐年减少，具体到各浅滩的情况又各不相同，各年的来水来沙也不相同，目前来看单靠河工模型试验来确定浅滩治理方案是不够的，要加强浅滩的原型观测和河床演变分析，从实践中找出问题，西江、赣江、湘江、珠江等河流都在沙量减少后出现了这些新情况。在来沙量大幅度减少的情况下，进行浅滩疏浚，泥沙回淤量一般较少。因此浅滩整治中疏浚应作为首选措施，只有在个别出现输沙带的地方，因为疏浚后会很快回淤，所以有必要采取整治工程等措施。

(11) 航道维护和整治建议

自2020年开始，长江干线航道建设、养护、管理、运营等具体执行事项由中央事权，实现了建设、养护、管理、投资的体制统一，因此我们建议应加强航道疏浚维护，要在疏浚维护的基础上再实施航道整治。

8.5 2020年长江流域性大洪水对航道的影响分析

2020年发生了长江流域性大洪水，这次大洪水是中华人民共和国成立以来的第三次大洪水，也是三峡水库遭遇的第一次特大洪水，这次大洪水对长江航道影响如何呢？根据近期对三峡航运工程研究的成果，以及长江水文局、长江航道规划设计院、长江重庆航运勘察设计院的三峡原观报告分析，参考胡春宏院士和陆钦侃教高的研究成果，初步对比分析了这次长江流域性大洪水对航道的影响。

8.5.1 洪峰及洪水位

1954年和1998年的主要站最大洪峰流量和洪水总量见表8.5-1，可以看出1954年与1998年的洪水总量相差不大，仅大通站在1998年偏小10.5%；洪峰最大流量1954年均大于1998年，说明1954年大洪水灾害更为严重。

表8.5-1 长江干流1998年与1954年最大洪峰流量与汛期洪水总量

	最大洪峰流量(m^3/s)			6—8月三个月洪水总量(亿m^3)		
	1998年	1954年	与1954年比较	1998年	1954年	与1954年比较
宜昌站	63 600	66 800	−3 200	3 038	2 975	63
汉口站	71 200	76 100	−4 900	4 266	4 443	−177
大通站	82 100	92 600	−9 500	5 225	5 840	−615

1998 年与 1954 年沿程主要水文站最高洪水位见表 8.5-2，多数站点 1998 年最高水位高于 1954 年，特别是长江中游监利到螺山河段；长江下游安庆以下仍是 1954 年洪峰水位较高，说明 1954 年大洪水灾害更加严重。

表 8.5-2　长江干流各站 1998 年和 1954 年最高洪水位　　单位：m

站名	1998 年	1954 年	1998 年比 1954 年
宜昌	54.50	55.73	−1.23
枝城	50.60	50.61	−0.01
沙市	45.22	44.67	0.55
石首	40.72	38.89	1.83
监利	38.31	36.57	1.74
城陵矶	35.91	34.55	1.36
莲花塘	35.80	33.95	1.85
螺山	34.95	33.17	1.78
汉口	29.43	29.73	−0.30
武六	23.89	23.14	0.75
九江	23.03	22.08	0.95
湖口	22.58	21.68	0.90
安庆	18.50	18.74	−0.24
大通	16.31	16.64	−0.33
芜湖	12.61	12.87	−0.26
南京	10.14	10.22	−0.08

2020 年、1998 年以及 1954 年三次大洪水坝下各站最高洪水位见表 8.5-3 和图 8.5-1，可见 1998 年洪水大部分站点最高洪水位高于 2020 年，其中九江以下段最高洪水位 2020 年与 1998 年接近，九江以上段除宜昌外均低于 1998 年。下游南京最高洪水位 2020 年比 1998 年高 0.25 m，说明 2020 年大洪水南京及以下段的情况更为严重。

表 8.5-3　长江三次大洪水坝下游各站最高洪水位及差值　　单位：m

站名	2020 年	1998 年	1954 年	1998 年比 1954 年	2020 年比 1998 年
宜昌	53.51	54.50	55.73	−1.23	−0.99
枝城	48.59	50.60	50.61	−0.01	−2.01

续表

站名	2020 年	1998 年	1954 年	1998 年比 1954 年	2020 年比 1998 年
沙市	43.36	45.22	44.67	0.55	−1.86
石首	—	40.72	38.89	1.83	—
监利	37.30	38.31	36.57	1.74	−1.01
城陵矶	—	35.91	34.55	1.36	—
莲花塘	34.59	35.80	33.45	2.35	−1.21
螺山	33.63	34.95	33.17	1.78	−1.32
汉口	28.77	29.43	29.73	−0.30	−0.66
武穴	—	23.89	23.14	0.75	—
九江	22.81	23.03	22.08	0.95	−0.22
湖口	22.49	22.58	21.68	0.90	−0.09
安庆	18.45	18.50	18.74	−0.24	−0.05
大通	16.24	16.31	16.64	−0.33	−0.07
芜湖	—	12.61	12.87	−0.26	—
南京	10.39	10.14	10.22	−0.08	0.25

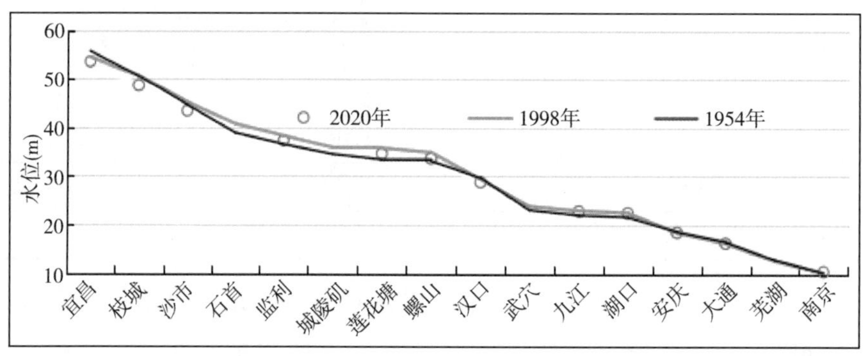

图 8.5-1 长江三次大洪水坝下游各站最高洪水位

三峡坝址 1998 年、1999 年最大洪峰流量如表 8.5-4 所示，共 8 次洪峰流量大于 46 000 m^3/s，洪水量共约 166 亿 m^3。1998 年三峡大坝坝址流量大于 45 000 m^3/s 达 52 d(7 月 2 日—8 月 31 日)，大于 46 000 m^3/s 的共历时 46 d，满足客货翻坝、可绞滩的流量天数仅 24 d(流量小于 35 000 m^3/s)。三峡通航局通报的 7 至 8 月流量大于 45 000 m^3/s 的共 40 d，大于 50 000 m^3/s 共 32 d，临闸停航 48 d，明渠封航 43 d。

表 8.5-4　三峡坝址 1998 年、1999 年最大洪峰流量　　单位：m^3/s

1998 年	洪峰流量	1999 年	洪峰流量
7 月 2 日	51 000	7 月 1 日	48 000
7 月 17 日	57 700	7 月 2 日	45 000
7 月 24 日	52 800	7 月 10 日	45 900
8 月 12 日	61 000	7 月 11 日	43 400
8 月 16 日	61 000	7 月 26 日	44 200
8 月 25 日	57 800	8 月 15 日	20 800
		8 月 22 日	58 000

8.5.2　对库区泥沙及冲淤的影响

1. 水库来水来沙及排沙比

长江上游各站水沙量和三峡出入库水沙量变化如表 8.5-5、表 8.5-6 和图 8.5-2 所示，可见，2020 年入库沙量、库区总淤积和水库排沙与 2013 年较为接近，但与 2016 年相比相差较多，这是因为 2016 年金沙江、溪洛渡、向家坝运行后，向家坝出库泥沙减少 90%以上，再加上大量采砂的影响。同时，有的年份岷江、嘉陵江支流来沙量骤增，如高场站和富顺站 2020 年的输沙量是 2012 年的 3 倍左右，而向家坝站 2020 年的输沙量仅为 2012 年的约 0.8%。

表 8.5-5　三峡水库悬沙淤积量

年份	入库沙量(万 t)	出库沙量(万 t)	库区总淤积(万 t)	水库泥沙排沙量(%)
2007 年	22 040	5 090	16 950	23.1
2008 年	21 780	3 220	18 560	14.8
2009 年	18 300	3 600	14 700	19.7
2010 年	22 900	3 280	19 620	14.3
2011 年	10 200	692	9 508	6.8
2012 年	21 900	4 530	17 370	20.7
2013 年	12 700	3 280	9 420	25.8
2014 年	5 540	1 050	4 490	19.0
2015 年	3 200	425	2 775	13.3
2016 年	4 220	884	3 338	20.9
2017 年	3 440	323	3 117	9.4
2018 年	14 300	3 880	10 420	27.1
2019 年	6 850	936	5 910	13.7
2020 年	19 400	4 970	14 430	25.6

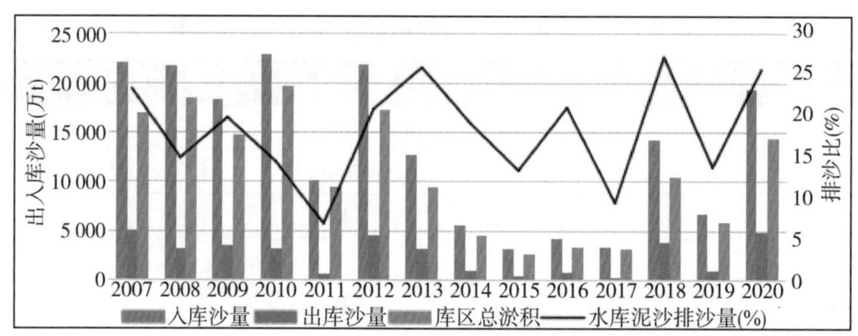

图 8.5-2 三峡水库悬沙淤积量及排沙比

表 8.5-6 长江上游各站 2012 年、2020 年水沙和三峡入库水沙量

	年份	向家坝	高场	富顺	朱沱	北碚	寸滩	武隆	入库
径流量（亿 m^3）	2012 年	1 491	953	157	2 920	758	3 763	485	4 164
	2020 年	1 586	1 086	173	3 179	887	4 221	667	4 733
输沙量（万 t）	2012 年	15 100	2 270	619	18 800	2 880	21 000	118	27 800
	2020 年	125	6 630	2 100	9 820	8 920	18 700	654	19 400

2020 年三峡入库径流量为 4 733 亿 m^3，较 2003—2019 年多年均值偏多 29%，入库沙量 1.94 亿 t，较 2003—2019 年多年均值偏多 30%。

2. 水库运行调度

面对 2020 年的大洪水，水库运行调度如下：

(1) 水库消落期

2020 年 1 月 1 日坝前水位 174.09 m。

5 月 9 日坝前水位 155.0 m。

6 月 9 日坝前水位 145.23 m。

6 月 8 日—30 日坝前水位 145.0～147.0 m。

(2) 水库进入汛期

2020 年 7 月 20 日三峡发生 2 号洪水，坝前水位 164.49 m。

7 月 29 日三峡发生 3 号洪水，坝前水位 163.36 m。

8 月 14 日三峡发生 4 号洪水，寸滩最大洪峰流量 50 900 m^3/s，坝前水位 153.0 m。

8 月 20 日三峡发生 5 号洪水，寸滩最大洪峰流量 75 000 m^3/s，坝前水位 153.03 m。

3. 水库干流河道冲淤

2019 年 10 月—2020 年 10 月变动回水区和常年回水区河道冲淤量如表 8.5-7 至表 8.5-10 所示，可见，2020 年三峡水库干流河道泥沙淤积 10 660 万 m^3，而 2008 年到 2019 年年均约 7 440 万 m^3，2020 年增加了 3 220 万 m^3，增加 43%。2021 年 10 月，重庆航道设计院三峡水库原型观测分析表明：2020 年 10 月到年末三峡水库有部分冲刷，到 2021 年消落期航道内淤积泥沙大部分被冲走；2021 年 1 月—5 月江津到重庆河段主航道内未发现大量泥沙淤积，航道内基本恢复到大洪水前状态，砂卵石河槽有少量卵石输移；变动回水区下段的洛碛—长寿水道，未发现悬沙淤积现象，原砂卵石航槽冲淤变化幅度很小，长寿水道略有冲刷；下游青岩子河段表现总体冲刷，但局部被礁石或卵石边滩掩护地区仍有泥沙淤积；水库常年回水区的兰竹坝、黄花城河道泥沙淤积，2020 年黄花城河段淤积 806 万 m^3，与 2003 年 3 月—2013 年 10 月多年平均年淤积 990 万 m^3 接近，但淤积大于 2014—2018 年多年平均年淤积 238 万 m^3。

表 8.5-7　水库变动回水区河道泥沙冲淤量

	江津—大渡口	大渡口—铜锣峡	铜锣峡—涪陵	小计
间距(km)	26.5	33.5	111.4	171.4
2019 年 10 月—2020 年 10 月(万 m^3)	+260	+100	+430	+790
2008 年 10 月—2019 年 10 月年均(万 m^3)	−385	−269	−181	−835

表 8.5-8　水库常年回水区河道泥沙冲淤量　单位：万 m^3

时间	涪陵—丰都	丰都—奉节	奉节—大坝	小计	合计（水库干流河道）
2019 年 10 月—2020 年 10 月	+660	+6 520	+2 690	+9 870	+10 660
2008 年 10 月—2019 年 10 月年均	+361	+5 820	+2 093	+8 274	+7 470

三峡库区干流河道 2011—2020 年的泥沙冲淤量见表 8.5-9 可见，变动回水区由历年冲刷转变为淤积，这是重大变化；常年回水区淤积量增加明显，但量不算太多，未超过寸滩到大坝 2011 年至 2013 年的年均值 10 218 万 m^3/a，2020 年库区泥沙淤积为 10 660 万 m^3。

表 8.5-9　三峡库区干流河道 2011—2020 年泥沙冲淤量(地形法)　　单位:万 m^3

年份	变动回水区	常年回水区	库区泥沙淤积
2011 年	−1 080	7 500	6 420
2012 年	−910	10 710	9 800
2013 年	−915	12 444	11 529
2014 年	−2 108	2 941	832
2015 年	−1 700	−20	1 720
2016 年	−1 430	3 020	1 590
2017 年	−630	2 170	1 540
2018 年	−420	7 670	7 250
2019 年	−470	6 080	5 610
2020 年	790	9 870	10 660

长江干流 2020 年与三峡运行以来中游各站径流量、输沙量如表 8.5-10 所示。2020 年径流量汉口站、大通站较蓄水后 2003—2019 年多年平均值增加 29%,螺山增加 34%。2020 年坝下游各站年输沙量与蓄水后 2003—2019 年的多年平均值相比,大通站增加 24%,但比三峡蓄水前仍减少 62%;汉口站减少了 9%,比三峡蓄水前减少 78%;沙市站增加 13%,比三峡蓄水前减少 86%。

表 8.5-10　长江干流 2020 年与三峡运行来中游各站径流量、输沙量

	时段	宜昌	枝城	沙市	监利	螺山	汉口	大通
径流量(亿 m^3)	2002 年前多年平均	4 369	4 450	3 942	3 576	6 460	7 111	9 052
	2003—2019 年年平均	4 114	4 204	3 944	3 722	6 109	6 820	8 646
	变化年 1(%)	−6	−6	−2	4	−5	−4	−5
	2020 年	5 442	5 614	4 978	4 750	8 156	8 794	11 180
	变化年 1(%)	25	26	26	33	26	24	24
	变化年 2(%)	32	34	30	28	34	29	29
输沙量(万 t)	2002 年前多年平均	49 200	50 000	43 400	35 800	40 900	39 800	42 700
	2003—2019 年年平均	3 420	4 140	5 180	6 800	8 380	9 710	13 200
	变化年 1(%)	−93	−92	−88	81	−80	−76	−69
	2020 年	4 680	5 510	5 870	7 510	9 610	8 860	16 400
	变化年 1(%)	−90	−89	−86	−79	−77	−78	−62
	变化年 2(%)	37	33	13	10	15	−9	24

注:变化年 1 是 2020 年与 2002 年前多年平均相比,变化年 2 是 2020 年与 2003—2019 年均值比,数值四舍五入取整。

上述观测成果表明:2021 年消落期水库变动回水区在 2020 年大洪水期间淤积的泥沙已基本全部冲走,恢复 2019 年航道状况,但常年回水区在消落期不能将大洪水淤积的泥沙冲走,保持正常淤积。三峡水库经受了大洪水的考验,大洪水后可恢复到 2019 年航槽状态,没有出现新的淤积浅区。

8.5.3 对坝下游河道冲淤影响

近期三次较大洪水(1998 年、2016 年、2020 年)宜昌以下各河段河道冲淤量见表 8.5-11、表 8.5-12 和图 8.5-3。2020 年宜昌至湖口段,河道总体表现为冲槽淤滩,枯水河槽冲刷 9 290 万 m^3,而按平滩河槽计算,累积冲刷仅 6 919 万 m^3,说明滩地河道淤积。2008 年 10 月至 2020 年 10 月平滩河槽多年年均冲刷 16 690 万 m^3。若以平滩河槽冲刷进行比较,2020 年仅为 175 m 蓄水后多年平均值的 40%,说明总体冲刷减少很多,但枯水河槽 2020 年与 175 m 蓄水后的多年平均值之比为 9 290/16 768=55%,因此可以看出集中冲刷枯水河槽的特征明显。

表 8.5-11 长江三次大洪水宜昌至湖口各河段河道冲淤量 单位:万 t

时间	宜昌至沙市	沙市至监利	监利至螺山	螺山至汉口	汉口至九江	宜昌至湖口
1998 年	4 280	14 106	8 575	339	4 206	31 508
2016 年	−1 502	−1 362	−860	8	−1 016	−4 732
2020 年	−2 210	−2 156	−1 001	1 200	−1 767	−5 934

表 8.5-12 宜昌至湖口 2020 年及以前年均平滩河槽冲淤量及强度

项目	时段	宜昌—枝城	上荆江	下荆江	荆江	城陵矶—汉口	汉口—湖口	宜昌—湖口
平均冲淤量(万 m^3/a)	2020 年	+222	−3 127	−655	−3 782	−1 724	−1 635	−6 919
	2008 年 11 月—2020 年 11 月	−504	−4 733	−2 480	−7 213	−3 857	−5 116	−16 690
	2002 年 10 月—2020 年 11 月	−912	−4 040	−2 790	−6 830	−2 741	−3 757	−14 240
平均冲淤强度[万 m^3/(km·a)]	2002 年 10 月—2020 年 11 月	−15	−23.5	−15.9	−19.7	−10.9	−12.7	−14.9

根据长江航道局在 1998 年大洪水后,对长江中下游 15 个水道的测量成果表明:15 个浅滩水道淤积总计 18 386 万 m^3,主要水道福姜沙淤积 2 520 万 m^3、芦家河河道淤积 3 100 万 m^3、太平水道淤积 3 000 万 m^3、周大堤水道 2 313 万 m^3。宜昌至湖口河段在 1998 年全年淤积 31 508 万 m^3,2020 年全年冲刷 5 934 万 m^3。因此可见,1998 年与 2020 年两次大洪水,三峡大坝下游河道冲淤特征值均发生

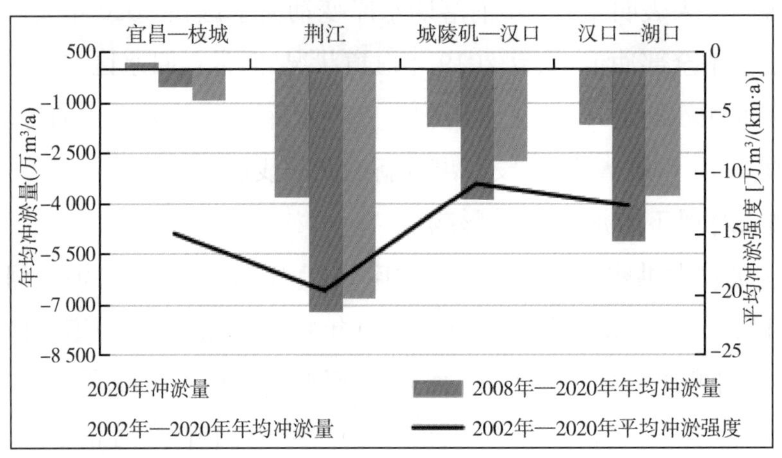

图 8.5-3　宜昌至湖口 2020 年及以前年均平滩河槽冲淤量及强度

重大变化。

8.5.4　初步认识

长江三次流域性大洪水，我们都经历过。回忆 1954 年大洪水发生时，作者(刘书伦)刚参加川江航道的整治工作，7 月参加了长航在武汉的大堤守防抢险工作，但大洪水还是进了武汉的街道，火车站被淹。作者(刘书伦)和长航工作组乘船到附近火车站，乘火车去北京汇报灾情。

1998 年大洪水，作者(刘书伦)还在三峡明渠现场参与浅滩助航工作，当时明渠洪峰流量大于 45 000 m³/s。历时 40 多天里工作组通过翻坝转运、绞滩、助推、临时船闸等综合措施，维持三峡通航。据报道，1998 年洪水灾害是严重的，中游溃口和分洪多处，沙市水位超警戒水位，达到 45.2 m，当时已准备实施荆江分洪。

2020 年大洪水，鄱阳湖周围和淮河有部分堤防被冲毁，但情况比 1998 年要好。三次大洪水，灾情十分严重，但损失程度一次比一次减轻，特别是 2020 年大洪水灾害的损失大幅降低。事实证明，除防洪抢险工作做得很好外，这还得益于三峡工程的调度，才使得长江的抗洪能力大幅度提高。具体到长江航运，2020 年大洪水期间，禁航河段较以往少了，中下游浅滩泥沙淤积少了，大大减轻了航道维护疏浚压力，这是长江航道向好的变化，也是以前没有想到的。

2020 年大洪水引起的长江河道变化与往年不同，以往大洪水对河道演变是有很大影响的，长江中游有些浅滩甚至在大洪水后改变了原貌，而 2020 年大洪水后，长江中游河道尚未出现新的情况，这是很好的。三峡工程对长江河道的影响是复杂的、深远的，我们必须跟踪观测分析，不断深化认识。

2020 年，三峡水库第一次经受特大洪水考验，变动回水区由冲刷变为淤积，但淤积量不算很大。经 2021 年消落期冲刷，冲淤的泥沙被全部冲走，航道恢复到 2019 年的良好状态。2020 年常年回水区保持正常冲淤情况，未见重大变化，航道情况良好。2020 年大洪水两坝间洪水流量超过通航标准，累计折算停航 25.7 d，7 月份和 8 月份减少货运量约 893 万 t 和 646 万 t。

2020 年大洪水，坝下游河道冲刷为什么仍集中在枯水河槽？2020 年宜昌到湖口河段枯水河槽冲刷 9 290 万 m^3，因滩地有些淤积，平滩河槽冲刷仅 6 920 万 m^3，这是什么原因？对航道整治有何影响？这些都需继续研究。

2022 年长江流域出现 61 年以来罕见的干旱、少雨和高温。7 月以来，长江流域降雨量较常年同期偏少近 5 成；长江干流及主要支流来水量较常年同期偏少 20%～80%。长江干流及鄱阳湖、洞庭湖两湖水位较常年同期偏低 4.56 m 至 7.72 m，宜昌以下长江江段及两湖水位均为历史同期最低。其中 9 月 23 日 6 时，鄱阳湖星子站水位 7.10 m，刷新 1951 年有水文记录以来历史最低水位，河床大片出露。因此长江航运受极端气候影响，也应作为以后航运研究所要考虑的因素之一。

9. 三峡通航建筑物运行及成果分析

三峡通航建筑物主要有双线五级船闸和三峡升船机(图 9.0-1)。双线五级船闸与大坝一起建设,2003 年建成运行,升船机主体部分 2008 年开始施工,2014 年完工,2016 年 5 月实船试航,2016 年 9 月开始试通航。

图 9.0-1　三峡船闸与升船机位置

9.1 三峡升船机建设历程、试通航和验收

9.1.1 关于三峡升船机缓建问题

1993 年 7 月，在国务院三建委批准的《长江三峡水利枢纽初步设计报告（枢纽工程）》中，三峡升船机型式采用钢丝绳卷扬全平衡垂直提升式。1995 年 3 月，三建委办公室请交通部、三峡总公司、长江委分别就三峡工程垂直升船机建设问题提出报告，结果三个单位都同意保留升船机项目，但应缓建。交通部建议在 2009 年建成投入运行；三峡总公司认为要留有余地，在决策时应慎重考虑；长江委认为根据以后发展需要，可以在规定线路上续建，或另行研究其他通航过坝设施。三建委办公室经综合分析认为升船机在 2009 年后建成投产是可行的，于是向国务院提出三峡升船机缓建的报告，很快报告得到批准。于是 1995 年 4 月三建委决定对三峡升船机缓建并进行批复。

三峡升船机缓建决定经历了以下过程：

（1）升船机项目保留，予以缓建

1993 年审定的初步设计报告中，升船机作为永久通航的快速通道和辅助设施，计划在 2003 年投入运行。

这三个单位尽管对有些具体问题看法不一致，但都同意保留升船机项目，但应缓建。交通部认为，为解决重大技术和设备制造难题，同意推迟升船机建设进度，要在隔河岩或水口枢纽升船机解决了机电设备制造和安装难题后再进行建设，并与整个三峡工程建成时一起投入运行。三峡总公司认为，可以留有余地，未来再建，在决策时宜慎重考虑。长江委认为，根据以后发展的实际需要，可在规定线路上续建或另行研究其他通航过坝设施。

关于缓建时机，交通部提出要求应在 2009 年建成投入运行，三峡总公司和长江委没有提出具体时间，要求论证升船机的缓建时机，以后经三建委办公室多次组织讨论，决定由长江委提出缓建工程方案。

（2）升船机缓建工程方案和相应投资

依据三建委意见，长江委提出了升船机缓建方案。据计算，升船机主体工程的投资为 12.7 亿元（1993 年价），由于已完成部分开挖工程，升船机缓建后仍需完成一定的工程量，长江委初步研究了 2 个方案。

方案一：完成部分升船机上闸首作为枢纽挡水坝段，其余部分的基岩除满足

缓建外，不开挖，并预留通航槽，其中设挡水门，比原方案可减少初期投资 10.5 亿元。

方案二：升船机上闸首及主机段的基础岩石全部开挖完毕，做好高边坡保护，上闸首全部混凝土浇筑完毕，比原方案升船机主体工程约可减少初期投资 7.5 亿元。

以上两个方案从技术上都是可行的。方案一的优点是可减少初期的投入，但交通部担心以后续建工程难度大、时间长，表示难以接受，同时三峡总公司和葛洲坝工程局签订了升船机基础和临时船闸基础一道全部开挖完毕的合同，认为一气呵成的施工较为方便，另两家也都倾向方案二。考虑以上实际情况，并考虑一旦续建工程开始可在较短时间内完成，因此建议按方案二施工。1995 年，三建委批复了该方案。

(3) 升船机续建工程建设

2003 年 9 月，三建委第十三次全体会议同意将三峡升船机型式由钢丝绳卷扬全平衡垂直提升式改为齿轮齿条爬升式。2007 年 8 月，三建委办公室以国三峡办函技字〔2007〕110 号文批复《长江三峡水利枢纽升船机总体设计报告》和《长江三峡水利枢纽升船机工程设计概算》。2008 年 4 月，三建委以国三峡委发办字〔2008〕8 号文批复三峡升船机续建工程主体部分开工建设。至此，三峡升船机续建工程正式启动。实际 2008 年初开始施工，设计预计工期 81～84 个月，到 2014 年竣工。

三峡升船机续建工程自开工以来进展顺利，2012 年 8 月塔柱混凝土浇筑到顶，2012 年 10 月承船厢结构开始进场分段安装，2016 年 3 月升船机设备安装及调试基本完成。2015 年 1 月三建委印发《长江三峡水利枢纽升船机工程验收大纲》，将验收分为下游基坑进水前验收、试通航前验收、通航暨竣工验收，其中下游基坑进水前验收由国务院长江三峡工程整体竣工验收委员会授权三峡集团负责组织，试通航前验收、通航暨竣工验收由竣工验收委员会枢纽工程验收组主持，均分为技术预验收和验收两个阶段。枢纽工程验收组聘请专家成立长江三峡水利枢纽升船机工程验收专家组进行技术预验收。

(4) 三峡升船机的结构与布置

上闸首设挡水闸门、辅助闸门和工作阀门，以及闸门启闭机、泄水系统和钢制活动公路桥等设备。上闸首设备及布置见图 9.1-1。

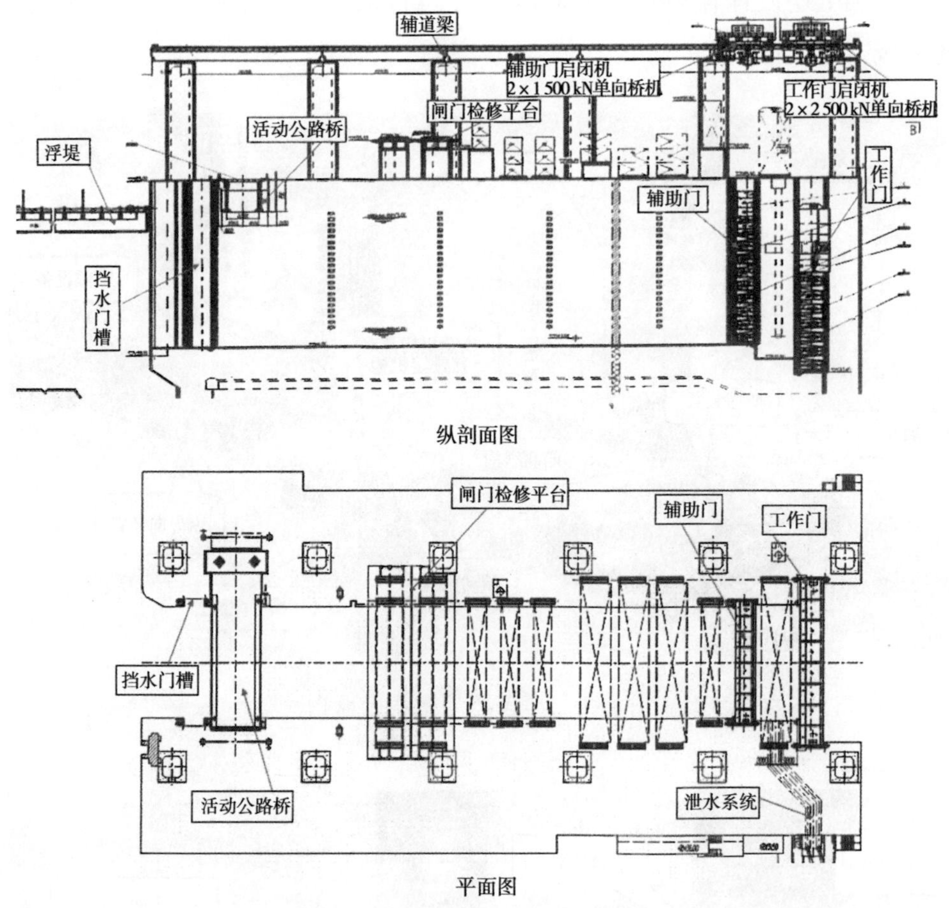

图 9.1-1 上闸首结构和布置

承船厢由钢质槽形箱体和上下游两端闸门封闭形成，结构如图 9.1-2 所示。承船厢布置在船厢室内，外形长 132 m，两端分别伸进上下闸首 6 m，其标准横道面外形长 23 m、高 10 m，结构、设备及厢内水体质量约 15 500 t，由相同质量的平衡重完全平衡。承船厢驱动系统和事故安全机构对称布置在承船厢两侧的 4 个侧翼结构上，侧翼结构伸入 4 个塔柱的凹槽内。4 套驱动机构由小齿轮托架结构、可伸缩万向联轴器（位移适应机构）、机械传动单元、同步轴系统（万向联轴节 1、万向联轴节 2 和位移适应机构间的轴），以及向安全驱动机构传递动力的锥齿轮箱和传动轴（主减速器和安全制动系统）等组成机械同步系统（图 9.1-3）。承船厢两端设下沉式弧形闸门，闸门开启后卧于承船厢铺板以下的门内，由两台液压油缸启闭。承船厢上还布置有泄水系统、上缓冲装置、疏散设备以及拍门等设备。承船厢上还设置有必要的交通通道，使运行维护人员可到达承船厢上的主要设备区域。

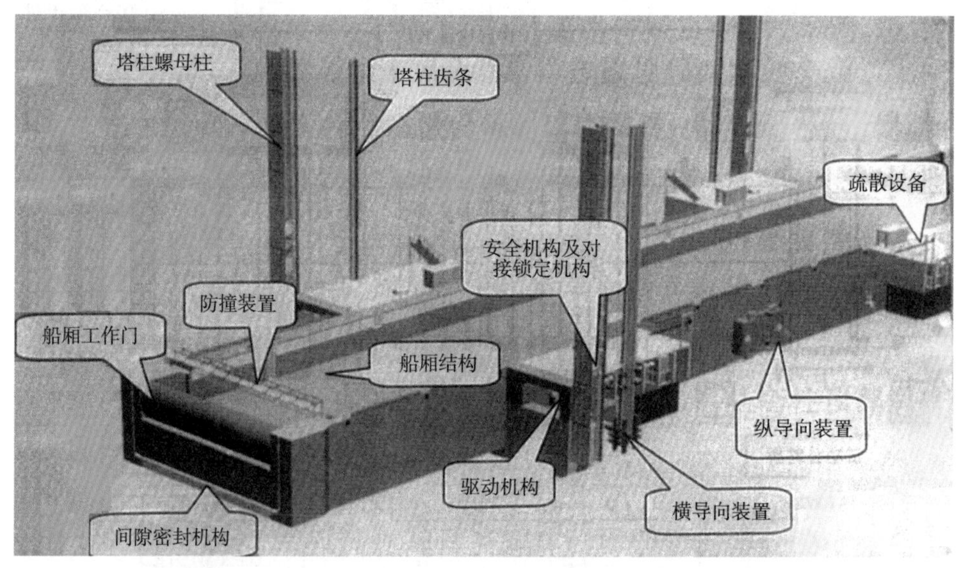

图 9.1-2 承船厢结构示意图

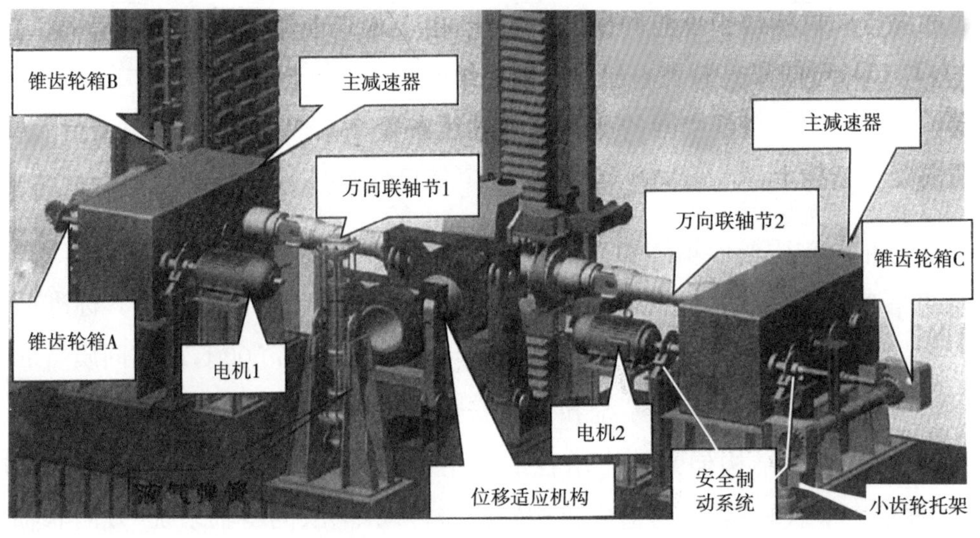

图 9.1-3 升船机驱动机构机械同步轴系统布置示意图

安全机构的螺杆通过机械传动轴与相邻的驱动系统连接，二者同步运行。驱动系统的齿条和安全机构的螺母柱通过二期埋件安装在塔柱凹槽的混凝土墙壁上，由锁定装置锁定螺杆、铰接支柱及转向角齿轮（万向联轴节）与埋设在塔柱上的螺母柱组成(图 9.1-4),通过与螺母柱的配合,在船厢和闸首对接期间将竖向锁定。4 套开合螺杆式对接锁定机构布置在安全机构旋转螺杆上方,螺杆由可开合的上下两段锁定块(图中绿色部分、半螺杆、机械弹簧等)构成,闭合后随安全机构螺杆旋转,张开后将承船厢锁定(图 9.1-5)。

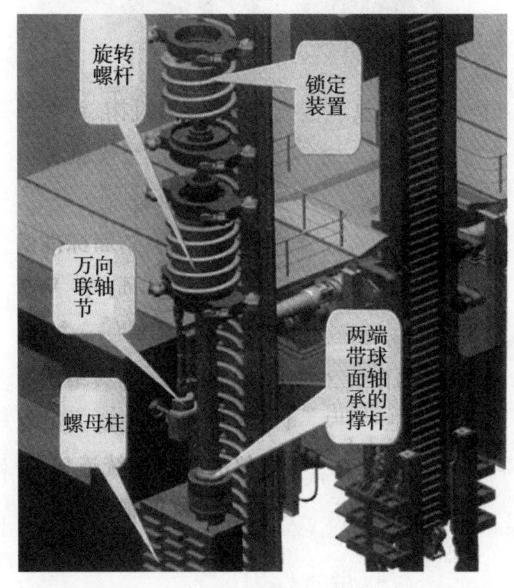

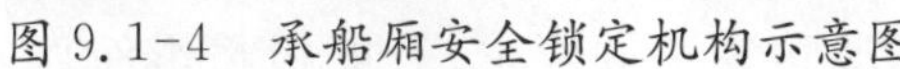
图 9.1-4 承船厢安全锁定机构示意图

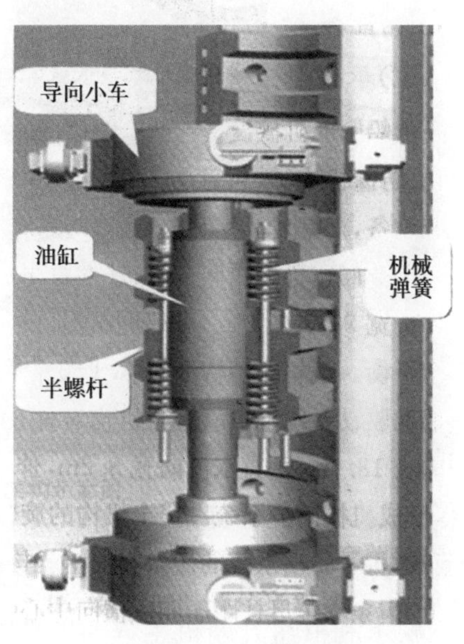

图 9.1-5 承船厢对接锁定装置示意图

承船厢布设 4 套横导向机构,分别布置在每套驱动机构的下方,以齿条做导轨,承受承船厢的横向荷载,并引导承船厢沿着齿条的对称中心线垂直运行。每套导向机构分别由一个双活塞杆导向油缸和一个导向架组成(图 9.1-6)。

9.1.2 升船机工程竣工验收

经三建委办公室同意,2014 年 9 月三峡集团组织了升船机工程下游基坑进水前验收。2016 年 5 月国务院长江三峡工程整体竣工验收委员会枢纽工程验收组(以下简称"枢纽验收组")组织了升船机工程试通航前验收。

2016 年 7 月升船机工程开始实船试航,9 月 18 日进入试通航运行。试通航期间设备调整检修工作顺利完成。

2017 年 11 月 1 日,三峡集团向国务院长江三峡工程整体竣工验收委员会报送了《关于长江三峡水利枢纽升船机工程通航暨竣工验收的请示》。2017 年 11 月 14 日竣工验收委印发《关于长江三峡水利枢纽升船机工程通航暨竣工验收

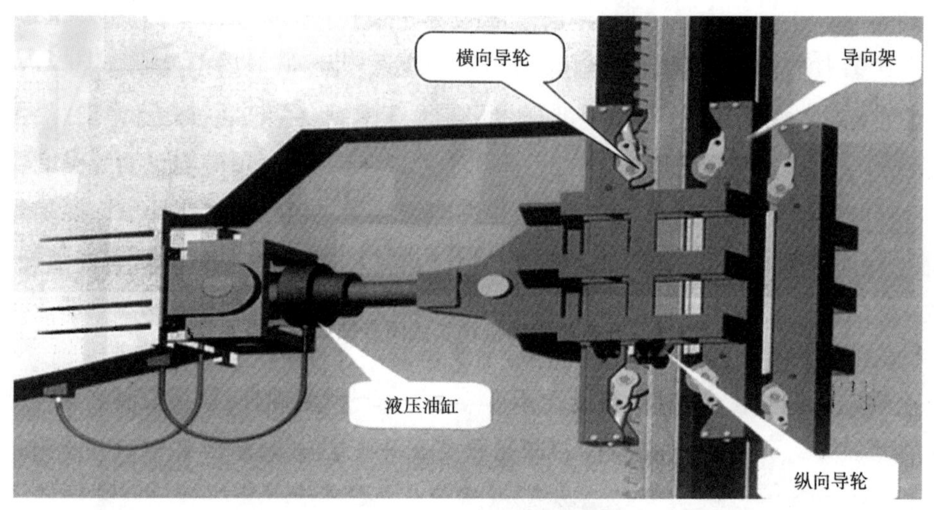

图 9.1-6　承船厢横导向机构示意图

申请的批复》。2017 年 12 月 19 日—22 日升船机工程验收专家组在三峡坝区组织了升船机工程通航暨竣工验收前现场检查。2018 年 1 月 15 日—19 日升船机工程验收专家组在三峡坝区进行了升船机工程通航暨竣工技术预验收，形成《长江三峡水利枢纽升船机工程通航暨竣工技术预验收报告(2018)》。

其后由于国务院机构改革和加强工程消防安全的要求，升船机将继续两年的试通航运行，并对 2018 年 1 月通过的《长江三峡水利枢纽升船机工程通航暨竣工技术预验收报告(2018)》进行补充完善。经枢纽验收组同意，2019 年 12 月 24 日—26 日升船机工程验收专家组在三峡坝区开展了技术预验收补充工作，在 2018 年技术预验收报告基础上，经修改形成《长江三峡水利枢纽升船机工程通航暨竣工技术预验收报告(2019)》

2019 年 12 月 26 日—27 日枢纽验收组在三峡坝区召开长江三峡水利枢纽升船机工程通航暨竣工验收会议，在查看现场、听取汇报、查阅资料和认真讨论的基础上，通过了《长江三峡水利枢纽升船机工程通航暨竣工验收鉴定书》。

以下是验收结论：

(1) 三峡升船机工程已按批准的建设内容全部完成。

(2) 三峡升船机工程通航暨竣工验收范围内验收项目的水工建筑物、金属结构、机电设备及安全监测工程施工和制造、安装质量，符合国家和行业有关技术标准和设计要求，工程质量合格。

(3) 三峡升船机工程通航暨竣工验收范围内的检查项目满足验收要求。三峡升船机经过实船试航和试通航运行考验,发挥了快速过坝通道的作用。

(4) 环境保护、水土保持、消防、劳动安全与工业卫生、工程档案、网络安全等专项验收已通过,工程竣工财务决算审计已完成,遗留问题已处理或已落实。

枢纽验收组认为,三峡升船机工程具备通航运行条件,同意三峡升船机工程通过通航暨竣工验收。

9.1.3 升船机通航船舶条件

通过南京水科院的大量实验研究和实船试航,提出船舶通过升船机的限制条件如下:排水量不超过 3 000 t、船长不超过 110 m、型宽不超过 17.2 m、吃水不超过 2.7 m。按照上述的限制条件,2015 年经过三峡船闸 14%的客货船可由升船机通过,其中客船约 40%、商品滚装船 24%、干散货船 14.2%、集装箱船 8.7%。注意上述比例是经过三峡船闸和升船机的艘次,具体到每一天,日均有 19 艘船可通过升船机,实际运行中由于有各种原因,近期通过升船机的船舶数量平均为 7.4~8 艘/d。

9.1.4 升船机实船试航

(1) 实船试航安排

2016 年 5 月 18—21 日,长江航务管理局在宜昌召开第一次三峡升船机实船试航会议。会议成立试航领导小组,以及驾驶组、调度组、测试组、顾问组,作者(刘书伦)为顾问组成员,主要研究实船试航分期、试航代表船舶、试般检测项目日程安排等。

(2) 实船试航报告主要结论

2016 年 9 月在宜昌召开了试航领导小组会议,通过了《三峡升船机试航成果报告》,其主要结论:

试航期间升船机设备设施运行总体平稳,设备控制程序及运行工艺总体满足运行要求,未发现重大缺陷及问题。

船舶过机历时大于设计指标。由于受升船机上下游水位波动影响,以及船舶驾驶操作的不熟练,上行平均历时 38 min 5 s,下行平均 41 min 5 s。升船机设备运行历时大于设计值,上下行平均 30 min 30 s,超过设计值 20 min。对目前升船机日运行厢次进行核定,试航期船舶下行历时 1 h 13 min,上行历时 1 h 8 min。对原设计历时重新核定,提出初期日运行厢次间隔时间为 70 min,日运行 18.8 厢次，以后随工作熟悉后，逐步增加到原设计的33～36厢次/d。

通过实船试航发现了一些设备设施有缺陷，设计部门已同意修改。

9.1.5 升船机运行成果分析

2016年5月开始实船试航，7月、9月又进行两次实船试航；2016年9月宣布试通航；2019年12月升船机工程通过竣工验收。

2016年9月—12月试通航过船236艘，过客2 114人次，过货2.4万t。2017年1—7月末试通航运行1 556厢次，过船1 558艘，平均7.4艘/d，过旅客4.56万人次，过货38.86万t。2016—2020年升船机运行成果见表9.1—1，2017年三峡升船机根据实船试航报告提出的意见进行停航修理，停航80 d，实际运行5 556 h，折算为231 d。2018年与2019年通航过船分别为4 293艘、2 903艘，过客15.41万人次、14.73万人次，过货151.4万t、114.1万t。

表9.1-1 2016—2020年升船机运行成果

年份		2016年	2017年	2018年	2019年	2020年
运行时间(d)		111	231.5	318	308	204
厢次(厢次)		232	2 289	4 257	2 902	1 541
艘次(艘)		236	2 303	4 293	2 903	1 579
货运量(万t)		2.4	55.0	151.4	114.1	76.0
旅客(万人次)		0.21	5.49	15.40	14.73	3.00
集装箱(TEU)		—	12 414	32 923	27 062	894
日均运行过船(艘/d)		8.00	9.94	13.50	9.52	7.74
日均运行厢次(艘/d)		—	9.89	13.18	9.42	7.55
客运量(万人次)	总计	—	5.49	15.41	14.72	3.00
	上行	—	1.32	8.39	8.16	—
	下行	—	4.17	7.02	6.56	—
货运量(万t)	总计	—	55.0	151.4	114.1	76.0
	上行	—	19.4	65.8	55.3	—
	下行	—	35.6	85.6	58.8	—
集装箱(TEU)	总计	—	12 414	32 923	27 062	894
	上行	—	4 926	16 074	14 550	—
	下行	—	74 88	16 849	12 512	—

2018 年和 2019 年分月运行成果见表 9.1-2、表 9.1-3 与图 9.1-7、图 9.1-8。可见，2018 年下行厢次与艘次约占 75%和 68%，下行旅客与货运量约占 55%、44%；2019 年下行厢次与艘次约占 56%，下行旅客与货运量约占 55%、49%。各月厢次、艘次、货运量、集装箱量和旅客数目前还看不出有什么规律。

表 9.1-2　2018 年三峡升船机运行分月运行成果

月份		厢次	船舶(艘次)	旅客(人次)	货运量(万 t)
1月	合计	369	371	485	10.2
	下行	325	325	273	6.1
2月	合计	355	355	2725	8.0
	下行	298	298	842	3.8
3月	合计	494	496	5 695	23.9
	下行	381	382	4 013	14.3
4月	合计	428	431	11 252	21.0
	下行	324	32	—	—
5月	合计	423	418	15 469	13.9
	下行	297	300	—	—
6月	合计	389	393	18 381	10.3
	下行	272	273	—	—
7月	合计	192	197	13 385	4.8
	下行	124	129	5 510	—
8月	合计	248	250	23 605	10.3
	下行	145	147	—	—
9月	合计	433	435	18 193	11.5
	下行	348	348	8 215	6.2
10月	合计	336	338	20 101	9.8
	下行	260	261	7 968	5.2
11月	合计	379	387	18 241	14.8
	上行	90	91	11 531	5.8
	下行	289	296	6 710	9.0
12月	合计	211	212	6 621	12.5
	上行	72	72	4 006	4.7
	下行	139	140	2 615	7.8
全年	合计	4 257	4 283	154 153	151.0
	上行	1 055	1 352	118 007	98.6
	下行	3 202	2 931	36 146	52.4

表 9.1-3　2019 年三峡升船机运行分月运行成果

月份		厢次	船舶(艘次)	旅客(人次)	货运量(万 t)	集装箱(TEU)
1 月	合计	303	305	859	14.32	3 061
	上行	66	67	528	5.45	—
	下行	237	238	331	8.87	—
2 月	合计	201	202	4 300	6.80	2 128
	上行	56	56	1 966	3.80	—
	下行	145	146	2 334	3.00	—
3 月	合计	179	180	9 015	7.90	1 933
	上行	64	64	5 506	3.60	—
	下行	115	116	3 509	4.30	—
4 月	合计	253	256	22 425	12.58	3 098
	上行	160	162	14 285	7.50	—
	下行	93	94	8 140	5.08	—
5 月	合计	34	36	2 909	2.02	438
	上行	23	24	1 467	1.53	—
	下行	11	12	1 442	0.49	—
6 月	合计	206	209	11 678	5.73	1 004
	上行	162	163	6 859	3.55	—
	下行	44	46	4 819	2.18	—
7 月	合计	301	303	21 500	7.20	2 132
	上行	204	205	11 500	3.17	—
	下行	97	98	10 000	4.03	—
8 月	合计	277	281	25 100	7.21	2 285
	上行	181	183	12 400	4.17	—
	下行	96	98	12 700	3.04	—
9 月	合计	295	299	13 700	8.38	2 162
	上行	180	182	7 590	3.50	—
	下行	115	117	6 110	4.88	—
10 月	合计	303	305	15 000	15.35	3 092
	上行	180	182	8 400	6.83	—
	下行	123	123	6 600	8.52	—
11 月	合计	318	321	14 700	15.79	3 081
	上行	193	195	8 260	7.25	—
	下行	125	126	6 480	8.54	—

续表

月份		厢次	船舶(艘次)	旅客(人次)	货运量(万 t)	集装箱(TEU)
12 月	合计	232	233	5 800	10.77	2 648
	上行	144	145	2 800	4.90	—
	下行	88	88	3 000	5.87	—
全年	合计	2 902	2 930	147 026	114.05	27 062
	上行	1 613	1 628	81 561	55.25	—
	下行	1 289	1 302	65 465	58.8	—

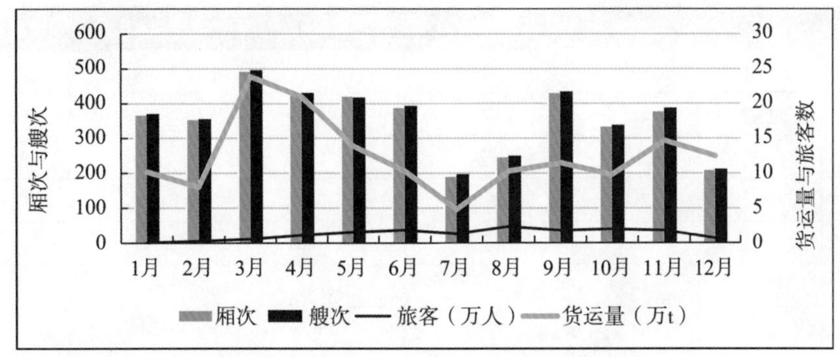

图 9.1-7　2018 年三峡升船机分月运行成果

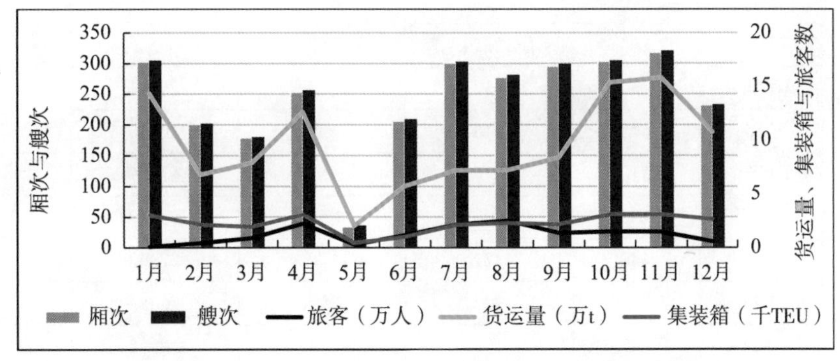

图 9.1-8　2019 年三峡升船机分月运行成果

2021 年初，三峡升船机通过修理完善，驾驶人员也对操作熟悉了，通过能力明显大幅度增加(表 9.1-4、表 9.1-5 与图 9.1-9)，4 月份日均通过船舶提高到 22.5 艘，超过 2016 年实船试验报告提出的初期日运行 18.8 厢次，以后随工作熟悉还可逐步增加一些，而初步设计中为 33～36 厢次/d。2021 年升船机运行厢次、过船艘次、通过货运量较 2019 年大幅度增加，说明三峡升船机已进入正常运行期，其通过能力 18～20 厢次/d，已成为快速过坝运输的新通道。

三峡枢纽工程中的垂直升船机和船闸建设，在工程技术方面均获得重大成果，乌江构皮滩 3 级垂直升船机再加复杂的中间渠道也取得了成功(见 12.4 节)，因此有专家提出要大力推广发展升船机。我们觉得是否选择升船机的方式还是要具体分析。三峡工程中垂直升船机设计技术先进，建设质量优良，在三峡工程建设中具有重要意义。其他地方是否建设升船机，要实事求是地对比分析船闸与升船机运行条件与成本，要慎重决策。

表 9.1-4　2021 年三峡升船机运行成果

月份		厢次	船舶(艘次)	旅客(人次)	货运量(万 t)	集装箱(TEU)
2 月	合计	199	200	0	11.30	62
	上行	123	123	0	5.14	62
	下行	76	77	0	6.16	0
3 月	合计	258	273	3 581	24.98	30
	上行	112	117	1 868	9.41	30
	下行	146	156	1 713	15.57	0
4 月	合计	651	675	17 608	85.15	0
	上行	323	333	8 642	42.67	0
	下行	328	342	8 966	42.48	0
5 月	合计	540	546	20 067	64.18	0
	上行	286	289	9 888	34.47	0
	下行	254	257	10 179	29.71	0
6 月	合计	512	518	15 558	40.15	0
	上行	313	315	8 917	17.57	0
	下行	199	203	6 641	22.58	0
7 月	合计	466	471	14 353	27.62	167
	上行	299	302	7 920	8.90	0
	下行	167	169	6 433	18.72	167
8 月	合计	407	409	6 175	16.28	197
	上行	293	294	2 864	4.74	197
	下行	114	115	3 311	11.54	0
9 月	合计	8	8	279	0.023	0
	上行	5	5	279	0.006	0
	下行	3	3	0	0.017	0
10 月	合计	519	520	14 985	20.30	180
	上行	363	363	8 169	6.63	180
	下行	156	157	6 818	13.67	0

续表

月份		厢次	船舶(艘次)	旅客(人次)	货运量(万 t)	集装箱(TEU)
全年	合计	4 725	4 803	100 197	1 787.5	10 124
	上行	2 858	2 892	52 406	1 580	5 559
	下行	1 867	1 911	47 791	207.50	4 565

表 9.1-5 2021 年三峡升船机运行成果汇总

月份	2 月	3 月	4 月	5 月	6 月	7 月	8 月	9 月(大修)	10 月
厢次	199	258	651	540	512	466	407	8	519
艘次	200	273	675	546	518	471	409	8	520
货运量(万 t)	11.30	24.98	85.15	64.18	40.15	27.62	16.28	0.02	20.30
客运量(人次)	0	3581	17 608	20 067	15 558	14 353	6 175	279	14 987
通航时间(h)	679	651	730	610	648	666	628	—	718
折合通航天数	28.3	27.1	30.4	25.4	27.0	27.7	26.1	—	30.0
艘次/d	7.06	10.0	22.2	21.4	19.1	16.8	16.0	—	17.3

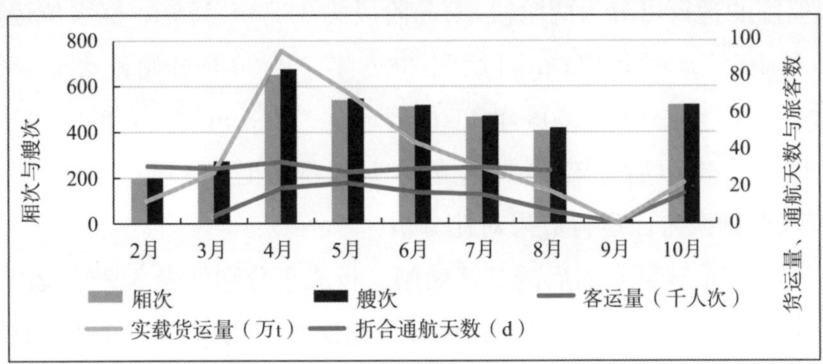

图 9.1-9 2021 年三峡升船机运行分月运行成果

9.2 船闸运行成果及分析

葛洲坝 2 线 3 座船闸和三峡 2 线 5 级船闸，以及滚转船、滚装车翻坝采取统一调度管理。目前三峡船闸已运行 10 多年，这些年中三峡船闸、葛洲坝船闸的运行管理、基础设施建设做了大量工作。

(1) 三峡船闸运行管理。增建了 VTS、CCTV 和 GPS 等系统，实施辖区船舶航行可视化监控，进行三峡—葛洲坝船闸、升船机联合调度运行，采用 4 h 动态作业计划，做到一次申报、滚动计划、分坝实施、联合运行。

(2) 增建两坝间通航设施。增建多处待闸锚地、停泊区、服务区和安全监测等设施。

(3) 进行船闸扩能建设。经大量试验研究,在特定水位期实施船舶一闸室待闸,将原导流堤改建成靠船墩,大大缩短了进闸距离。

(4) 加强实施和运行设备日常维护。精细编制大修计划,缩短大修时间。

通过大量试验研究,修改了船舶过闸吃水控制标准,由 3.1～3.2 m 提高到 4.3 m,为大型船舶通航创造了条件。

经过 10 多年的努力,三峡船闸运行和管理水平大幅度提高,过闸效率、船闸通过能力大幅度提升。近几年船闸已达满负荷高效运行状态,过闸安全度高,船闸运行管理、运行效率处于国内外最高水平。船闸平均通航率达到 92.4%,船闸闸室面积利用率超过 70%,每闸次通过货船总吨增加到年平均每闸次 1.9 万多 t,设备完好率保持 97%,因故障停航时间一年内小于 3 h。

9.2.1 三峡船闸运行成果分析

三峡船闸的运行可分为两阶段,第一阶段为 135 m、156 m 蓄水位运行,是从 2003 年 6 月 10 日蓄水至 135 m 开始到 2006 年 9 月 20 日开始蓄水至 156 m。第二阶段为 175 m 蓄水运行,2008 年 11 月蓄水至 172.8 m,2010 年 10 月末蓄水至正常蓄水位 175 m,以后每年 10 月末或 11 月初蓄水至 175 m。

1. 三峡船闸两阶段运行成果对比分析

三峡工程 175 m 蓄水前后的三峡船闸运行成果分别见表 9.2-1、表 9.2-2 和图 9.2-1、图 9.2-2。可见,船闸南北线日均闸次基本均衡,上下行船舶艘次差别不大;货运量(货船总吨和实载货吨)与平均单船吨呈逐年上升的趋势。年通过货船总吨:2006 年为 7 289 万 t,2011 年为 14 869 万 t,2019 年为 19 781 万 t,2019 年约为 2006 年的 2.7 倍。年通过实载货运量:2006 年 3 939 万 t,2011 年为 10 032 万 t,2019 年为 14 166 万 t,2019 年约为 2006 年的约 3.6 倍;年通过船舶艘次因船舶大型化,通过船舶艘次逐年减少,2004 年 7.4 万艘次/年,2008 年为 5.5 万艘次/年,2013 年为 4.6 万艘次/年,以后约为 4.2 万～4.4 万艘次/年,2020 年达 3.9 万艘次/年。5 000t 以上船舶比例逐年上升:2008 年为 1.26%,2011 年、2013 年、2020 年分别为 16.49%、30.18%、47.59%;一次过闸货物总吨逐年增加:2008 年、2012 年、2020 年分别约为 1.1 万 t、1.6 万 t、1.9 万 t;装载系数为 0.46～0.75,一般上行的装载系数略大于下行船舶。受疫情影响,2020 年的运行闸次和通过货运量有所降低，2021 年已逐步恢复到 2019 年的水平，船舶大型化进一步提高。

表 9.2-1　三峡工程 175 m 蓄水前三峡船闸运行成果

年份		2003 年	2004 年	2005 年	2006 年	2007 年	2008 年
日均闸次	合计	23.70	23.04	25.25	27.12	24.13	23.70
	南线	11.92	11.38	11.95	13.35	11.84	11.92
	北线	11.78	11.66	13.30	13.77	12.29	11.78
全年运行(闸次)		4 386	8 719	8 336	8 050	8 070	8 661
过船艘(艘)		36 394	74 484	64 121	56 634	59 128	55 341
下行船舶(艘次)		17 189	37 739	31 837	22 630	31 458	27 628
下单闸(艘/闸)		8.08	8.70	7.76	7.39	6.98	6.49
上行船舶(艘次)		19 205	36 745	32 284	34 004	27 670	27 753
上单闸(艘/闸)		8.45	8.52	7.65	7.05	6.35	6.30
通过货物(万 t)		1 377	3 431	3 291	3 939	4 686	5 370
货船总吨(万 t)		—	—	—	7 289	7 811	8 224
平均单船吨(吨/艘)		—	—	—	1 293	1 465	1 661

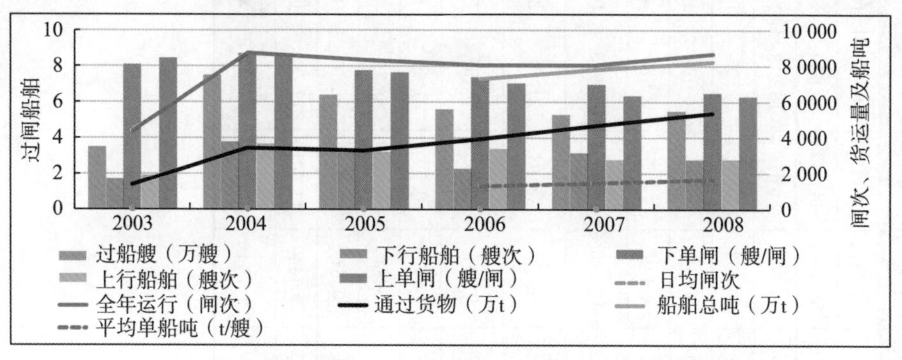

图 9.2-1　三峡工程 175 m 蓄水前三峡船闸运行成果(一)

图 9.2-2　三峡工程 175 m 蓄水以来三峡船闸运行成果(二)

表 9.2-2　三峡工程 175 m 蓄水以来三峡船闸运行成果(2008—2021 年)

		2008 年	2009 年	2010 年	2011 年	2012 年	2013 年	2014 年	2015 年	2016 年	2017 年	2018 年	2019 年	2020 年	2021 年
运行闸次		8 661	8 082	9 407	10 347	9 713	10 770	10 794	10 734	11 295	10 425	10 198	10 627	9 798	10 102
过船艘次		55 341	51 815	58 302	55 610	44 263	45 669	44 458	44 459	43 232	42 662	42 574	43 248	39 446	43 379
货船总吨(万 t)		8 224	8 174	11 276	14 869	14 670	16 213	16 085	17 044	17 291	17 866	18 996	19 781	18 502	20 056
货运量(万 t)		5 370	6 088	4 027	10 032	8 611	9 706	10 897	11 057	11 984	12 972	14 166	14 608	13 685	14 621
上行(万 t)		2 116	2 921	3 599	5 534	5 346	6 029	6 137	6 408	6 516	6 808	8 103	7 326	6 781	7 172
下行(万 t)		3 254	3 167	4 28	4 498	3 265	3 677	4 760	4 649	5 468	6 164.2	6 063.06	7 281.9	6 904	7 449
一次过闸货物总吨(t)		10 822	11 411	12 963	15 286	15 799	15 938	15 842	16 717	16 463	17 747.4	18 665	18 614	18 884	19 873
日均闸次(闸次/日)		24.17	22.97	26.91	28.69	28.93	31.02	30.80	30.81	30.84	31.16	30.88	30.32	28.29	30.58
平均单船定额吨(t/艘)		1 661	1 780	2 092	2 844	346	3 759	3 846	4 036	4 236	4 336	4 471	4 581	4 692.7	4 971
装载系数		0.65	0.74	0.70	0.67	0.59	0.60	0.68	0.65	0.70	0.72	0.74	0.74	0.74	0.73
上行		0.51	0.72	0.64	0.74	0.73	0.75	0.76	0.75	0.75	0.80	0.82	0.75	0.74	0.72
下行		0.79	0.77	0.76	0.61	0.45	0.46	0.60	0.54	0.66	0.65	0.67	0.73	0.74	0.74
5 000 t 以上船舶	艘次	700	1 317	3 730	9 144	11 461	13 782	14 106	15 757	16 824	17 626	19 067	20 004	18 771	21 213
	所占比例(%)	1.26	2.54	6.40	16.44	25.89	30.18	31.73	35.44	38.92	41.32	44.79	46.25	47.59	48.90

表 9.2-3　三峡船闸 175 m 初期运行与 2019 年、2020 年运行参数比较

年份	2008 年			2009 年			2019 年			2020 年		
	合计	上行	下行	合计	上行	下行	合计	上行	下行	合计	上行	下行
闸次	8 661	27 628	27 753	8 082	4 109	3 973	10 627	5 312	5 315	9 798	4 869	4 929
船舶(艘次)	55 341			51 815	25 953	25 862	43 248	21 490	21 758	39 446	19 540	19 906
客运量(人次)				14 867			11 889	6 069	5 820			
货运量(万 t)	5 370.0	2 116.0	3 254.0	6 088.5	2 921.0	3 167.5	14 608.1	7 326	7 281.9	13 686.4	6 781.7	6 904.7
货船总吨(万 t)	8 224			8 174	4 084.0	4 089.8	19 781.0	9 831.0	9 950.6	18 502.1	9 202.9	9 299.6
一次过闸货船总吨(t/闸)	10 822			11 411			18 614			18 884		
日均闸次(闸次/d)	24.17			22.99	11.74	11.25	30.32	15.08	15.24	28.29	13.97	14.32
货船单船定额吨(t/艘)	1 661			1 780			4 581			4 692.7		
平均装载系数	0.650	0.510	0.790	0.745	0.715	0.774	0.738	0.745	0.732	0.740	0.737	0.742
集装箱(TEU)							83.7			894		
实际运行天数(d)		北线 358	南线 358		北线 353	南线 350		北线 348	南线 352		北线 315.5	南线 317
日均船舶待闸(艘)	24 459	平均 111.2 小时		24 198	平均 173.96 小时		495			585		
过闸船舶平均待闸时间(h)	103.3			127.73			83.3	85.8	80.76	100.03		
葛洲坝下泄最小流量(m^3/s)/庙嘴最低水位(m)							5 900/39.09			5 900/39.09		

因公、铁、空交通发展迅速，客运主要是旅游人员，所以客运人次有所减少，由2009年的14 867人次减少为2019年的11 889人次。因此，175 m运行(2008—2018年)10年来，除船舶艘次减少外，运行闸次、货船总吨、实载货、一次货船过闸总吨、单船定额吨、日均闸次均有所增加，通过货运量增加约163.7%，年均增率约10.2%，船舶大型化发展迅速，货船单船定额吨由1 661t/艘提高到4 471 t/艘，增大约2.69倍，如表9.2-4所示。

表9.2-4　三峡船闸2008年与2018年运行对比分析

	2008—2018年	增加百分率
运行闸次(闸次)	+1 536	+17.7%
船舶艘次(艘次)	−12 767	−23%
货船总吨(万t)	+10 772	+130.9%
实载货(万t)	+8 796	+163.7%
一次过闸货船总吨(t)	+7 843	+72.4%
单船定额吨(t)	+2 810	+169.2%
日均闸次	+6.71	+27.7%

三峡船闸2016—2019年分月运行成果见表9.2-5，2016年与2019年的分月运行成果见图9.2-3至图9.2-5，可见，各月间无明显变化规律，以2016年为基础，各年闸次略有减少，艘次在一定幅度内波动，较为确定的是货运量逐年增加。

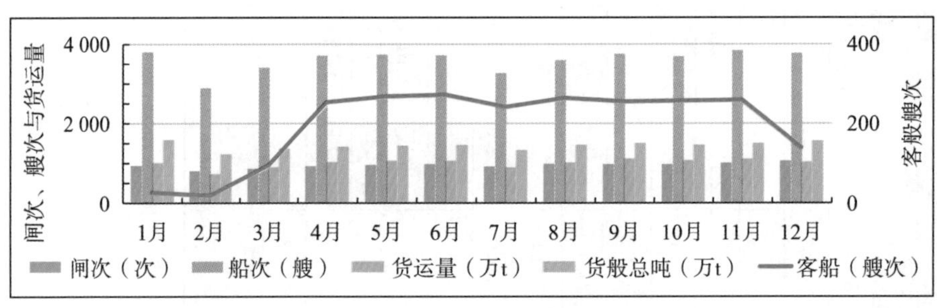

图9.2-3　2016年分月运行成果

表 9.2-5　三峡船闸 2016 年—2019 年分月运行成果

2016 年	1 月	2 月	3 月	4 月	5 月	6 月	7 月	8 月	9 月	10 月	11 月	12 月
运行闸次(次)	930	794	853	916	949	972	911	976	970	968	1 001	1 055
过船(艘次)	3 807	2 891	3 417	3 715	3 743	3 721	3 277	3 599	3 758	3 694	3 843	3 777
客船(艘次)	21	13	91	251	266	270	239	262	253	255	257	136
货运量(万 t)	1 004	725	897	1 020	1 056	1 058	891	1 014	1 109	1 069	1 105	1 033
货船总吨(万 t)	1 585	1 221	1 363	1 411	1 437	1 456	1 328	1 459	1 504	1 457	1 501	1 566
每闸次船舶(艘/闸)	4.08	3.63	3.90	3.78	3.66	3.55	3.33	3.42	3.61	3.55	3.58	3.45
2017 年	**1 月**	**2 月**	**3 月**	**4 月**	**5 月**	**6 月**	**7 月**	**8 月**	**9 月**	**10 月**	**11 月**	**12 月**
运行闸次(次)	843	562	626	864	878	940	925	973	974	946	967	927
过船(艘次)	3 507	2 210	2 637	3 728	3 669	3 833	3 603	3 976	3 949	3 854	3 915	3 781
客船(艘次)	17	2	18	20	141	189	186	202	205	199	205	81
货运量(万 t)	959.1	613.1	811.9	1 182.0	1 148.36	1 204.9	1 125.2	1 235.2	1 192.2	1 163.5	1 170.1	1 166.1
货船总吨(万 t)	1 485.7	995.8	1 153.7	1 576.5	1 506.4	1 584.2	1 492.2	1 636.6	1 612.7	1 590.5	1 619.5	1 611.9
每闸次船舶(艘/闸)	4.16	3.93	4.21	4.31	4.17	4.08	3.89	4.08	4.07	4.05	4.05	4.08
2018 年	**1 月**	**2 月**	**3 月**	**4 月**	**5 月**	**6 月**	**7 月**	**8 月**	**9 月**	**10 月**	**11 月**	**12 月**
运行闸次(次)	942	842	449	873	896	947	625	864	958	926	976	900
过船(艘次)	4 013	3 443	1 912	3 707	3 820	3 967	2 427	3 464	4 052	3 966	4 132	3 671
客运量(人次)	1 433	576	738	1 902	2 345	2 069	582	0	1 832	4 490	2 073	127
货运量(万 t)	1 159.6	1 049.8	536.9	1 225	1 288.5	1 377.1	825.6	1 259.4	1 410.9	1 372.2	1 459.4	1 201.4
货船总额(定额吨)	1 751.1	1 558.2	844.2	1 635.4	1 683.3	1 754.1	1 105.6	1 582	1 803.3	1 766.7	1 856	1 655
集装箱(标箱)	62 282	57 127	32 213	65 768	67 772	70 861	48 245	70 992	74 600	71 339	73 250	63 089
一次过闸货船总吨(t)	18 627	18 517	18 901	18 794	18 836	18 579	17 711	18 310	18 865	19 108	19 071	18 412
单艘货船定额吨(t/艘)	4 372	4 528	4 438	4 426	4 418	4 435	4 561	4 567	4 460	4 461	4 504	4 514

续表

2018 年		1 月	2 月	3 月	4 月	5 月	6 月	7 月	8 月	9 月	10 月	11 月	12 月
日均闸次(闸次)		31.09	30.75	30.84	30.2	30.8	30.65	30.78	28.29	31.25	31.04	31.83	31.28
装载系数	平均	0.662	0.674	0.636	0.749	0.765	0.785	0.747	0.796	0.782	0.777	0.786	0.726
	上行	0.793	0.782	0.74	0.811	0.834	0.837	0.822	0.83	0.84	0.845	0.838	0.791
	下行	0.514	0.518	0.539	0.674	0.698	0.727	0.689	0.748	0.726	0.702	0.724	0.671
5 000 t 以上	艘次	1 719	1 611	827	1 623	1 672	1 747	1 150	1 611	1 794	1 755	1 872	1 650
	占比(%)	42.8	46.7	43.2	43.7	43.8	44.0	47.3	46.5	44.3	44.3	45.3	46.9
3 000t 以上	艘次	2 821	2 552	1 463	2 657	2 743	2 927	1 807	2 621	2 955	2 871	—	—
	占比(%)	70.0	74.1	73.3	71.7	71.8	73.6	74.4	75.7	72.3	72.3	—	—
葛洲坝下泄最小流量(m^3/s)		6 100	5 900	6 100	6 000	10 684	9 000	18 100	23 237	10 667	10 000	6 060	5 900
葛洲坝下泄月均流量(m^3/s)		6 713	7 485	6 859	7 584	14 525	15 173	34 808	30 549	14 832	15 540	10 667	6 434
庙嘴水位(m)		39.37	39.38	39.59	39.55	41.73	41.18	44.09	46.19	41.36	41.48	39.58	39.14
2019 年		**1 月**	**2 月**	**3 月**	**4 月**	**5 月**	**6 月**	**7 月**	**8 月**	**9 月**	**10 月**	**11 月**	**12 月**
闸次		949	876	803	822	894	951	884	857	921	821	961	888
船舶(艘次)		3 948	3 366	3 200	3 402	3 872	3 890	3 572	3 423	3 746	3 302	3 981	3 646
客运(人次)		0	0	463	1 508	2 626	1 864	443	306	2 608	1 279	1 296	96
货运量(万 t)		1 311.0	1 094.0	1 056.0	1 193.0	1 277.0	1 306.8	1 188.0	1 125.8	1 263.0	1 191.0	1 400.0	1 202.0
货船总吨(万 t)		1 814.0	1 602.0	1 462.0	1 530.0	1 700.0	1 765.2	1 612.8	1 574.5	1 699.8	1 528.0	1 833.0	1 660.0
日均闸次		31.59	32.13	31.25	29.99	30.62	30.68	30.34	27.84	30.08	27.56	32.57	30.02
货船一次过闸总吨均值(t)		19 112	18 289	18 203	18 619	19 025	18 561	18 245	18 371	18 456	18 605	19 070	18 694
货船单艘定额(t/艘)		4 595	4 762	4 576	4 506	4 542	4 551	4 517	4 600	4 552	4 633	4 611	4 556
装载系数	平均	0.763	0.683	0.723	0.779	0.751	0.740	0.737	0.715	0.743	0.780	0.764	0.724
	上行	0.804	0.782	0.785	0.805	0.729	0.69	0.669	0.662	0.715	0.796	0.76	0.739
	下行	0.625	0.586	0.668	0.752	0.772	0.792	0.795	0.765	0.768	0.763	0.768	0.71

续表

2019 年	1 月	2 月	3 月	4 月	5 月	6 月	7 月	8 月	9 月	10 月	11 月	12 月
葛洲坝下泄最小流量(m^3/s)	6 100	—	6 224	8 900	9 490	12 300	15 591	12 800	10 941	9 800	7 300	5 967
月平均流量(m^3/s)	7 986	6 293	7 655	10 105	14 680	18 410	23 331	26 824	15 103	13 309	11 199	6 577
庙嘴水位最低值(m)	39.21	39.16	39.35	40.81	40.95	42.40	43.55	43.05	41.79	41.33	40.01	39.09

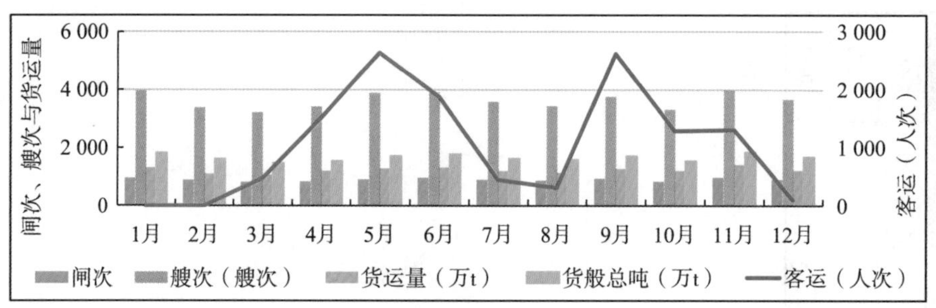

图 9.2-4　2019 年分月运行成果

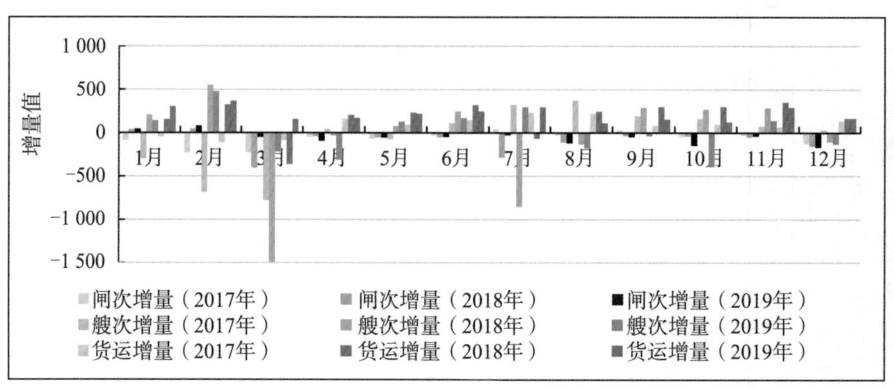

图 9.2-5　三峡船闸分月各运行参数增量变化(2016 年为基础)

通过上述运行数据分析,得到以下一些认识:

三峡船闸 175 m 试验性蓄水后,船闸运行效率和能力大幅提高,货运量快速增加,船闸通过货运量 2008 年到 2018 年年均递增达 10.2%。船闸通过货运量高速递增,我们认为主要原因是:

航道、港口等通航条件大幅度提升,长江干线航道最小尺度增加,大型现代化港口建成投产。三峡工程原设计通航船舶单船 3 000 t 级,现已发展到 5 000 t 级,2020 年通过三峡船闸 5 000 t 级以上船舶,已达到总过闸艘次的 47.59%,2021 年达到 52.5%,5 000 t 级及以上的船舶已成为主力运输船舶。船舶大型化的基础是通航条件的改善。

三峡船闸蓄水后,船闸不断改造、挖潜,大幅度提高了船闸通过能力。通过船闸运行的平均单船定额吨、一次过闸货物总吨、日均闸次、货物装载系数等主要参数变化,可以看出船闸通过货运量多少,已不受货物来源制约,货种之间可调节平衡,现在通航条件已得到根本改善,起控制作用的唯有船闸通过能力,这就是三峡河段航运现状，希望能引起注意。

三峡船闸通过能力还有多大潜力？通过近 10 多年运行成果分析，船闸通过能力大幅度增加，到 2011 年已达到 1.0 亿 t，其中上行 5 534 万 t，提前达到设计时 2030 年单向 5 000 万 t 的目标，但船闸已是满负荷运行。随着通过货运量的持续增加，三峡船闸出现过坝船舶大量积压的现象。近几年观测表明，三峡船闸中船舶待闸已成常态，其中 2017 年出现最高值，待闸平均时间 105.88 h，全年待闸船舶 46 933 艘，几乎所有过坝船舶均需待闸。这两年采取一些措施后，船舶待闸仍保持一定数量。船闸运行效率还有哪些提升空间呢？大家都寄托改善的项目有：船舶成组(队)过闸，减少进闸、移泊时间，提高日运行闸次，但实验结果未达到满意成果；发展优良的三峡船型，争取达到每闸次达到通过 4 艘三峡新船型(5 000 t 级)，但现已基本达到，能增加能力的数量有限，如 2021 年每闸次货船总吨已达到 19 873 t。其他船闸扩能挖潜措施均已先后实施，因此三峡船闸通过能力的潜力有限，为了适应运输发展需求，国务院已经启动三峡二通道的前期论证工作。三峡船闸和葛洲坝船闸通过能力不足已成为长江黄金水道通往大西南的瓶颈。

9.2.2 葛洲坝船闸历年运行成果分析

葛洲坝船闸的运行与三峡工程各个时期建设有关，1981 年 1 月葛洲坝大江成功截流，1985 年 4 月葛洲坝一期工程通过竣工验收，1991 年 11 月 27 日二期工程通过竣工验收。

三峡工程 1994 年 12 月 14 日开工，建设期施工通航对葛洲坝船闸通航有一定影响。建设中三峡工程施工期通航共分为三期，一期为主航道通航，直到 1997 年 11 月 8 日三峡工程实现大江截流，在截流前，一直是大江主航道通航。大江截流前三个月因进行大量砂石抛填，将近 60 m 深潭的河床底抬高了 30～40 m，对通航有一定干扰。二期为导流明渠和临时船闸通航。三期为永久船闸 1～2 闸首加高，船闸单线运行，即船闸完建工程，直到 2007 年 5 月双线五级船闸全部建成通航，从此三峡船闸和葛洲坝船闸联合运行。

1985 年葛洲坝一期工程竣工验收，船闸通航至 2003 年三峡枢纽船闸开始运行，船闸通过客货运量见表 9.2-6 和图 9.2-6，可见客货运量下行大于上行。1985 年至 1996 年客运量逐年增加，年均增长率 7.4%，在 1996 年达到高峰，此后逐年下降；货运量也在 1996 年达到第一次峰值，此后有所下降，到 1999 年再次上升，货运通过量由 1985 年的 555 万 t 增加到 2003 年的 1 744 万 t，年均增长率 6.6%。

三峡枢纽 2003 年运行以来，葛洲坝船闸和三峡船闸实施联合调度。客货运量见表 9.2-7 和图 9.2-7，可见，客运量除 2019 年外进一步逐年减少，只剩下旅游的游客，2004 年至 2016 年的年均降低率 11.4%；货运量继续逐年增加，由 2004 年的 3 431 万 t 增加到 2016 年的 11 984 万 t，年均增长率 11%，且 2011 年后上行货运量开始大于下行。

三峡枢纽 175 m 试验性蓄水后，葛洲坝船闸 2007—2019 年运行参数见表 9.2-8 和图 9.2-8，可见，年运行闸次在一定幅度内波动，过闸艘次在 2010 年后呈现下降的趋势，从 2010 年的 62 397 艘次减少到 2020 年的 42 149 艘次，年均降低率 4%。实载货运量和货船总吨逐年增加，2020 年受疫情影响有所下降，但 2021 年已恢复到 2019 年水平。

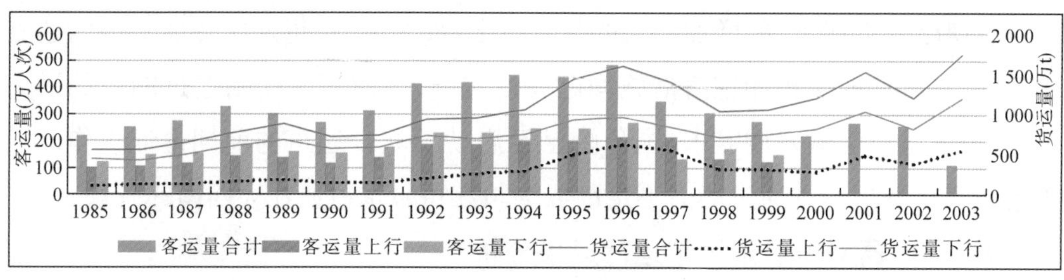

图 9.2-6　三峡船闸运行前葛洲坝船闸(1985—2003 年)客货运量

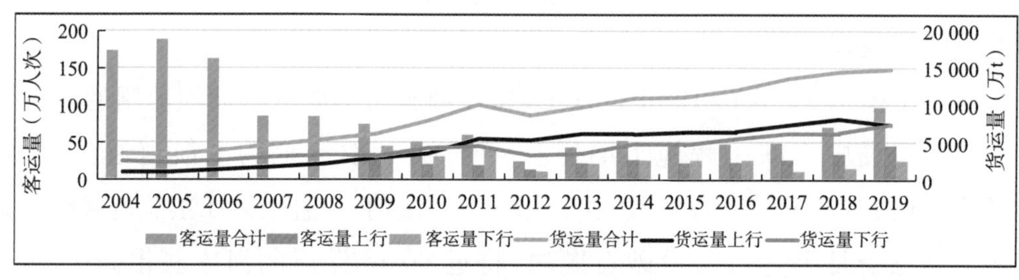

图 9.2-7　三峡船闸运行以来葛洲坝船闸(2004—2019 年)客货运量

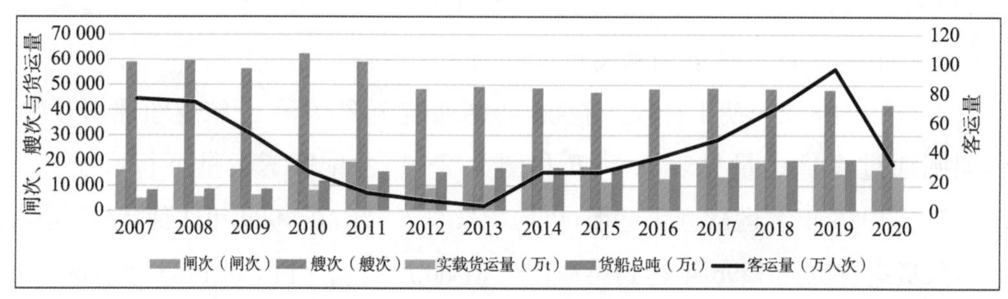

图 9.2-8　葛洲坝船闸 2007—2020 年运行参数变化

表 9.2-6　葛洲坝船闸 1985—2003 年客货通过量

年份		1985 年	1986 年	1987 年	1988 年	1989 年	1990 年	1991 年	1992 年	1993 年	1994 年	1995 年	1996 年	1997 年	1998 年	1999 年	2000 年	2001 年	2002 年	2003 年
货物通过量（万 t）	合计	555	549	637	771	873	708	733	928	952	1 048	1 430	1 591	1 386	1 037	1 057	1 203	1 516	1 203	1 744
	上行	112	134	134	169	190	148	147	208	264	302	505	627	554	323	318	388	488	388	554
	下行	443	415	503	602	683	560	585	720	688	746	925	964	832	714	739	815	1 028	815	1 190
客运量（万人次）	合计	219	250	272	329	297	268	312	413	418	443	441	482	346	303	270	218	265	258	108
	上行	99	104	116	145	136	115	138	185	187	199	197	215	214	132	121				
	下行	120	146	156	184	161	153	174	228	231	244	244	267	132	171	149				

表 9.2-7　三峡船闸 2004—2019 年客货通过量

年份		2004 年	2005 年	2006 年	2007 年	2008 年	2009 年	2010 年	2011 年	2012 年	2013 年	2014 年	2015 年	2016 年	2017 年	2018 年	2019 年
货运量（万 t）	合计	3 431	3 292	3 939	4 686	5 370	6 088	7 790	10 025	8 620	9 686	10 897	11 057	11 984	13 534.7	14 443	14 776
	上行	1 010	1 037	1 371	1 696	2 111	2 921	3 559	5 534	5 354	6 209	6 137	6 408	6 516	7 374.7	8 173	7 371
	下行	2 421	2 255	2 568	2 990	3 259	3 167	4 231	4 491	3 266	3 477	4 760	4 649	5 468	6 160	6 270	7 405
客运量（万人次）	合计	173	188	162	85	84.4	74.00	50.6	59.1	24.30	43.20	52.10	47.60	48.00	46.90	68.90	90.40
	上行						29.20	19.9	19.1	13.50	21.90	26.40	22.00	22.50	26.20	33.90	45.30
	下行						44.80	30.7	40.0	10.80	21.30	25.70	25.60	25.50	20.70	35.00	45.10

表 9.2-8 葛洲坝船闸 2007—2020 年运行参数

年份		2007 年	2008 年	2009 年	2010 年	2011 年	2012 年	2013 年	2014 年	2015 年	2016 年	2017 年	2018 年	2019 年	2020 年
闸次(闸次)		16 224	17 058	16 444	17 873	19 361	17 809	17 873	18 619	17 522	19 393	19 075	19 095	18 767	16 335
艘次(艘次)		58 909	59 670	56 298	62 397	59 133	48 202	49 109	48 725	47 123	48 468	48 832	48 425	48 006	42 149
客运量(万人次)		76.7	74.3	52.5	26.9	12.6	7.6	3.9	26.6	27.0	36.9	48.9	70.4	97.0	32.2
货运量(万 t)		4 985.5	5 635.0	6 393.0	8 208.0	10 417.0	9 037.0	10 296.0	11 553.0	11 506.6	12 747.0	13 534.7	14 442.5	14 776.0	13 790.6
货船总吨(万 t)		8 370.0	8 737.6	8 756.0	11 943.0	15 695.0	15 422.0	17 076.0	17 204.0	17 667.0	18 683.0	19 404.0	20 240.0	20 507.0	
货运量(万 t)	上行	2 150.0	2 964.0	3 675.0	5 594.0	5 371.0	6 038.0	6 166.0	6 418.6	6 611.7	7 374.7	8 172.5	7 370.7	6 824.8	6 824.8
	下行	3 485.0	3 429.0	4 533.0	4 823.0	3 666.0	4 258.0	5 387.0	5 088.0	6 135.3	6 160.0	6 270.0	7 405.3	6 965.8	6 965.8
客运量(万人次)	上行	35.9	21.0	12.2	7.0	4.7	2.0	14.8	15.7	26.2	33.9	45.3	58.2	21.0	21.0
	下行	38.4	31.5	14.7	5.6	2.9	1.9	11.8	11.3	10.7	15.0	25.1	38.8	11.2	11.2

2. 葛洲坝各线船闸通过能力比较

葛洲坝各船闸运行成果比较见表 9.2-9 和图 9.2-9，各闸的运行天数在 325～362 d。从 2015—2021 年的年均值看，1 号、2 号、3 号船闸的日均闸次分别为 13.1 闸次、14.2 闸次、25.6 闸次，3 号船闸的日均闸次最多；1 号、2 号、3 号船闸的货运量占比分别为 45.3%～51.9%、38.3%～43.2%、9.8%～13.0%，3 号船闸的日均闸次多，但货运量占比最少，1 号船闸货运量最多；通过对比发现，2017 年以来葛洲坝船闸客运量大于三峡船闸。

表 9.2-9 葛洲坝各船闸 2015 年到 2021 年运行成果比较

船闸	运行参数	2015 年	2016 年	2017 年	2018 年	2019 年	2020 年	2021 年
1 号船闸	运行闸次(闸次)	4 553	4 734	4 619	4 420	4 797	4 321	4 742
	艘次(次)				16 725	17 946	15 530	17 175
	运行天数(d)	360.0	358.0	356.0	325.0	361.0		358.0
	日均闸次(闸次/d)	12.6	13.2	12.9	13.6	13.3		13.2
	客运量(人次)				4 919	11 701		2 601
	货运量(万 t)	5 432.0	5 936.0	6 253.0	6 536.0	7 455.8	6 543.0	7 769.2
	本闸货运量占比(%)	47.2	46.6	46.2	45.3	50.5	47.4	51.9
2 号船闸	运行闸次(闸次)	4 897.0	5 245.0	4 991.0	5 170.0	5 101.0	4 656.0	4 758.0
	艘次(次)				22 105.0	21 093.0	17 171.0	19 520.0
	运行天数(d)	360.0	360.0	353.0	358.0	361.0		325.0
	日均闸次(闸次/ d)	13.6	14.1	14.1	14.4	14.1		14.6
	客运量(人次)				8 237	3 871	1 474	5 068
	货运量(万 t)	4 658.0	5 177.0	5 519.0	6 243.0	5 848.0	5 759.0	5 729.8
	本闸货运量占比(%)	40.5	40.6	40.8	43.2	39.6	41.8	38.3
3 号船闸	运行闸次(闸次)	8 072.0	9 414.0	9 465.0	9 505.0	8 869.0	7 358.0	9 310.0
	艘次(次)				9 595.0	8 967.0	7 448.0	9 415.0
	运行天数(d)	336.0	359.0	357.0	358.0	362.0		358.0
	日均闸次(闸次/ d)	24.0	26.2	26.5	26.5	24.5		26.0
	客运量(人次)				690 844	954 428	322 121	550 331
	货运量(万 t)	1 417.0	1 633.0	1 763.0	1 663.0	1 472.0	1 488.0	1 461.3
	本闸货运量占比(%)	12.3	12.8	13.0	11.5	10.0	10.8	9.8
葛洲坝船闸年通过货运量(万 t)		11 506.0	12 747.0	13 535.0	14 443.0	14 776.0	13 791.0	14 960.0
三峡船闸年通过货运量(万 t)		11 057.0	11 984.0	12 972.0	14 166.0	14 608.0	13 686.0	14 621.0

续表

船闸	运行参数	2015 年	2016 年	2017 年	2018 年	2019 年	2020 年	2021 年
葛洲坝枢纽客运量（万人次）	合计	27.0	36.9	48.9	70.4	97.0	32.4	55.8
	上行	15.8	26.2	33.9	45.3	58.3	21.0	32.4
	下行	11.2	10.7	15.0	25.1	38.7	11.4	23.3
三峡枢纽客运量（万人次）	合计	47.6	47.6	44.3	16.9	16.0	3.0	10.8
	上行	22.0	22.6	21.0	9.2	8.8		5.7
	下行	25.6	25.0	23.3	7.7	7.1		5.2

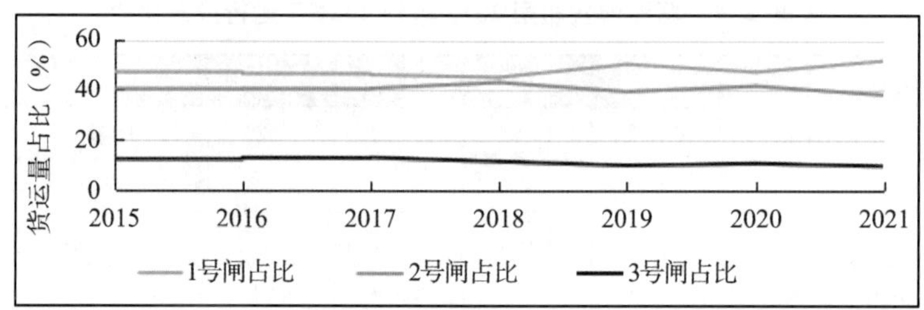

图 9.2-9　葛洲坝船闸各闸货运量占比变化

葛洲坝船闸通过能力的提升，是采取了一系列措施的结果。三峡船闸运行后，对葛洲坝 1 号船闸下游引航道进行了疏炸加深，并在江中增建长隔流堤（11.1.3 节有详述），上游引航道内增建靠船趸船。1 号船闸闸槛最小水深为 5.5 m，较 2 号船闸多 0.5 m，这些工程实施后，1 号船闸通过能力得到大幅提高。1 号船闸通过能力提高后，不仅增加了葛洲坝水利枢纽的船闸通过能力，同时也促使三峡船闸通过能力相应提高，这是原来没有想到的。葛洲坝船闸设计中，设计单位坚持 1 号船闸通航条件差，要求缓建或不建。1 号船闸竣工后，因坝下游涌浪等问题，船闸最高通航流量只能到 20 000 m^3/s，大家对此议论很多，但现在治理后 1 号闸成为葛洲坝通过能力最大的船闸，这也是葛洲坝水利枢纽建设成功之处。

现在葛洲坝船闸运行存在的问题，仍然是三江下引航道最小航道水深不足，2 号船闸闸槛水深偏小，因此要求枯水期庙嘴水位不低于 39.0 m，高一点更好。由于坝下游河道冲刷，同级流量下宜昌水位下降，因此要求增加葛洲坝枯水期最小下泄流量。

9.2.3 船舶大型化及初步认识

三峡枢纽 175 m 试验性蓄水后，枢纽上下游航道条件得到进一步改善，航运企业充分利用有利的航道条件大力发展大型船舶，以提高航运效率，降低成本。三峡船闸和葛洲坝船闸每年通过货运量逐年增加，而通过船舶艘次却逐年减少，船舶大型化趋势明显。通过对三峡—葛洲坝水利枢纽历年通过船舶的成果分析(表 9.2-10、表 9.2-11 和图 9.2-10)，得到以下初步认识。

(1) 船舶大型化变化迅速

1 000 t 级以下船舶占比从 2003 年的约 69.48%下降到 2020 年的 0.54%；而 3 000～4 000 t 级船舶占比从 2003 年的 2.47%上升到 2020 年的 15.42%，且 5 000 t以上船舶艘次从 2008 年的 1.26%上升到 2020 年的 47.59%、2021 年上升到 52.53%，船舶大型化发展十分迅速。

初步设计中最大单船为 3 000 t 级，而实际中，3 000 t 级及以上的船舶由 2008 年试验性蓄水阶段的 5 097 艘次，占总艘次 9.21%，增长到 2020 年为 29 931 艘次，占总艘次 75.88%。2 000 t 级及以下的船舶，2008 年有 39 240 艘，占总艘次 70.89%，为主力船舶，而到 2020 年仅 2 477 艘次，占总艘次 6.28%。1 000 t 级及以下的船舶，2008 年全年为 22 233 艘次，占总艘次 40.17%，2020 年全年为 213 艘次，占总艘次 0.54%，2021 年仅占 0.42%。可见，2008—2021 年仅 14 年间，船舶大型化变化就如此迅速。5 000 t 级及以上大型货船的发展从另一方面可以证明，航道的通航条件改善，因此我们建议从事航道整治和航道维护工作的同志，要认真研究这些大型船舶是怎样运行的，为什么能通航这么大的船舶，以及船舶大型化带来的效益。

表 9.2-10　三峡船闸运行以来各吨级船舶变化

年份	船舶艘次	500 t 以下	500～1 000 t	1 000～1 500 t	1 500～2 000 t	2 000～3 000 t	3 000～4 000 t	4 000～5 000 t	5 000 t 以上	总艘次
2003 年	艘次	14 427	10 853	7 865		2 333	899			36 377
	占比(%)	39.66	29.82	21.61		6.41	2.47			100
2004 年	艘次	24 051	26 531	18 152		3 985	1 765			74 484
	占比(%)	32.29	35.62	24.37		5.35	2.37			100
2005 年	艘次	13 651	22 648	21 339		6 188	2 090			65 916
	占比(%)	20.71	35.32	31.28		9.65	3.26			100

续表

年份	船舶艘次	500 t以下	500～1 000 t	1 000～1 500 t	1 500～2 000 t	2 000～3 000 t	3 000～4 000 t	4 000～5 000 t	5 000 t以上	总艘次
2006 年	艘次	23 956	19 561	9 220		3 891	1 846			58 474
	占比(%)	39.07	34.54	16.28		6.87	3.26			100
2007 年	艘次	7 273	10 788	10 940	6 807	10 897	6 607			53 312
	占比(%)	14.06	20.25	20.52	12.77	20.4	12.39			100
2008 年	艘次	9 243	12 990	10 072	6 935	11 017	2 804	1 593	700	55 351
	占比(%)	16.69	23.47	18.19	12.53	19.9	5.07	2.88	1.26	100
2009 年	艘次	8 537	11 895	8 520	6 419	10 433	2 730	1 459	1 357	51 815
	占比(%)	16.47	22.96	16.44	12.39	20.14	5.27	3.19	2.54	100
2010 年	艘次	6 084	11 930	9 723	7 398	12 859	4 155	2 427	3 730	58 302
	占比(%)	10.44	20.45	16.68	12.69	22.06	7.13	4.16	6.4	100
2011 年	艘次	4 406	6 454	7 236	5 811	12 837	5 878	3 794	9 144	55 610
	占比(%)	7.92	11.54	13.02	10.55	23.08	10.57	6.82	16.44	100
2012 年	艘次	2 342	2 824	4 376	3 265	9 643	5 969	4 383	11 461	44 263
	占比(%)	5.26	6.38	9.94	7.35	21.79	13.48	9.9	25.89	100
2013 年	艘次	2 632	1 798	3 709	2 935	8 439	6 731	5 143	13 782	45 169
	占比(%)	5.66	3.95	8.32	6.43	19.5	14.7	11.26	30.18	100
2014 年	艘次	2 506	1 532	3 397	2 742	8 923	6 222	5 070	14 066	44 458
	占比(%)	5.63	3.45	7.64	6.17	20.07	13.99	11.4	31.63	100
2015 年	艘次	2 161	1 079	3 158	2 552	8 126	6 485	5 139	15 757	44 459
	占比(%)	4.86	2.42	7.11	5.74	18.28	14.59	11.56	35.44	100
2016 年	艘次	2 375	922	2 576	2 028	7 383	6 021	5 103	16 824	43 232
	占比(%)	5.49	2.13	5.95	4.69	17.08	13.93	11.8	38.92	100
2017 年	艘次	1 415	609	2 300	1 730	7 822	6 525	4 631	17 620	42 662
	占比(%)	3.32	1.42	5.39	4.06	17.33	15.29	10.86	41.32	100
2018 年	艘次	224	202	1 829	1 486	7 846	7 137	4 783	19 067	42 574
	占比(%)	0.53	0.48	4.29	3.49	18.43	16.76	11.23	44.79	100
2019 年	艘次	197	145	1 637	1 259	7 973	6 819	5 214	20 004	43 248
	占比(%)	0.45	0.33	3.78	2.91	18.44	15.77	12.06	46.25	100
2020 年	艘次	133	80	1 241	1 023	7 028	6 084	5 076	18 771	39 446
	占比(%)	0.34	0.20	3.14	2.59	17.82	15.42	12.87	47.59	100
2021 年	艘次	127	45	727	2 663	5 327	5 327	4 950	21 213	40 379
	占比(%)	0.32	0.1	1.8	6.59	13.19	13.19	12.26	52.53	100

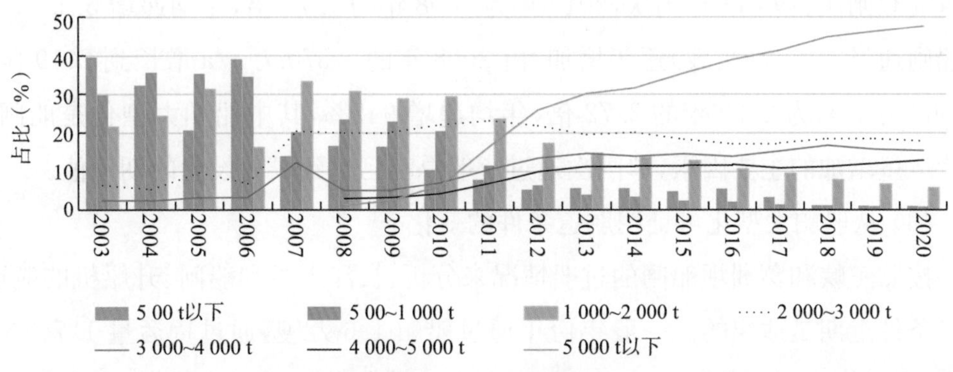

图 9.2-10　三峡船闸运行以来各吨级船舶占比变化

表 9.2-11　三峡船闸 2021 年逐月过坝船舶额定载重吨位与艘次占比

项目	月份									
	1 月	2 月	3 月	4 月	5 月	6 月	7 月	8 月	9 月	10 月
月艘次	2 351	3 386	2 757	2 278	3 561	3 547	3 294	3 900	3 532	3 496
5 000 等级及以上艘次	1 233	1 743	1 440	1 285	1 951	1 830	1 716	1 954	1 757	1 978
占比(%)	52.45	51.48	52.23	56.41	54.79	51.59	52.09	50.1	49.75	56.58
4 000～5 000 t 等级艘次	284	421	338	264	426	454	421	525	450	422
占比(%)	12.08	12.43	12.26	11.59	11.96	12.8	12.78	13.46	12.74	12.07
2 500～4 000 t 等级艘次	592	867	670	548	856	929	830	986	851	775
占比(%)	25.18	2507	24.3	24.06	24.04	26.19	25.2	25.28	24.09	22.17
1 500～2 500 t 等级艘次	197	290	249	136	258	260	268	341	305	254
占比(%)	8.38	8.34	9.03	5.97	7.25	7.33	8.14	8.74	8.64	7.27
1 500 t 等级以下艘次	45	65	60	45	70	74	59	94	169	67
占比(%)	1.91	1.91	2.18	1.98	1.97	2.09	1.79	2.41	4.78	1.92

（2）船舶大型化提高了船闸通过能力

船舶大型化后，货船单船平均定额吨位大幅增加，2008 年货船平均定额吨位为 1 661 t/艘，2019 年为 4 581 t/艘，2020 年为 4 692.7 t/艘，2021 年货船平均定额吨 4 971.8 t/艘，可见是逐年递增的。

货船一次过闸平均总吨位在 2008 年、2019 年、2021 年分别为 10 822 t/闸次、

18 614 t/闸次、19 873 t/闸次，2019 年为 2008 年的 1.72 倍，年均递增 5.1%。三峡船闸通过货运量（实载）逐年增加，由 2008 年的 5 370 万 t/a 增长到 2019 年的 14 608 万 t/a，为 2008 年的 2.72 倍，年均递增 9.5%，其中船舶大型化是船闸通过货运量增加的主要因素，单闸次通过货船总吨已达到以前设想的期望值。

（3）从船舶大型化可证明航道条件的变化

按照三峡和葛洲坝船闸的过船情况来分析，长江干线和船闸、升船机的航道、港口条件近期是适应的。一般年份年通过船舶 4.6 万艘，通过货运量 1.742 亿 t 左右，通过旅客近 16 万～30 万人次；三峡船闸货船单船定额吨 5 060 t，每闸次货船总吨 1.9 万～2.0 万 t，其中 5 000 t 级以上货船占过船总艘次的 55%，并担负 65%以上的货物运输；从船舶通航情况可估算出相应的航道、港口码头条件：航道最小尺度 4.5 m×(120～150)m×1 050 m。

我们认为上述航道条件可作为近期航道基本尺度，港口设施也可适应近期航运要求，以后实施三峡新通道建设，可以考虑进一步进行较大规模的相应航道整治工程。因此当前制约长江航运发展的主要问题不单是航道尺度，还有三峡船闸通过能力不足，以及船型和运输组织问题。当前以个体运输企业为主的局面是很难提高航运效率与质量的。现在运输船舶要求绿色、环保、安全、高效，像长江航运集团、长江船舶运输总公司等大型企业更有利于船型改造、运输方式改进等以满足现代的运输需求。

9.3 船舶类型及主要货种

9.3.1 三峡—葛洲坝船闸通过船舶类型

2018 年通过三峡船闸的船舶类型见表 9.3-1，其中散货船、普通货船、多用货船、其他干货船等货船 33 243 艘次，占 78.08%；化学品船和油船 5 333 艘次，占 12.53%；集装箱船 1 375 艘次，占 3.23%。

表 9.3-1　2018 年三峡船闸通过船舶类型

船舶类型	艘次	艘次占比(%)	实载货(万 t)	单船平均载量(t)	载货量占比(%)
散货船	11 269	26.47	4 642.6	4 119.8	32.70
普通货船	8 562	20.11	2 639.4	3 082.7	18.60
多用货船	6 983	16.40	2 992.4	4 285.2	21.10

续表

船舶类型	艘次	艘次占比(%)	实载货(万 t)	单船平均载量(t)	载货量占比(%)
其他干货船	6 429	15.10	2 083.0	3 240.0	14.70
化学品船	2 659	6.25	487.3	1 832.6	3.44
集装箱船	1 375	3.23	969.9	3 417.5	3.30
油船	2 674	6.25	346.9	1 297.3	2.40
商品车滚装船	828	1.94	76.6	925.0	0.54
旅游客船	83	0.19	14 867 人次	179 人/艘	
普通客船	242				
其他船舶	1 470				
总计	42 574		14 166.2		

(1) 运输主力船型

运输的主力船型为:散货船 11 269 艘次,多用货船 6 983 艘次,这两种船都是额定吨位>5 000 t 的大型船舶,两种大型散货船共计 18 252 艘次,占全部过闸船舶总数 42.87%,载货物为 7 635 万 t,占过闸货物 53.90%。

(2) 其他船舶

普通货船和其他干货船总计为 14 991 艘,占全部船舶 35.21%;化学品船和油船总计为 5 333 艘,占全部船舶 12.53%;集装箱船 1 375 艘次,占 3.2%。

(3) 5 000 t 及以上大船

按通过船舶定额吨统计,2018 年全年>5 000 t 船舶通过 19 067 艘次,略多于散货船和多用货船 18 252 艘次,上行船舶通航条件很好,全年主力货船上水装载率可达 80%,近年上水实载货略大于下水。

在三峡工程论证时主要是针对万吨级船队与 3 000 吨级单船,现在实际船舶的主力船型为大型散货船,2020 年货船平均定额吨为 4 962 t/艘,较论证时增加 2 000 t。论证和初步设计中货运量主要由万吨级船队承担,现在的单船尚未达到万吨级船队的装载量,以后是否能发展大型货船组成的小船队可以期盼。

2019 年三峡船闸通过船舶类型和 2018 年相差不大,散装船等货船总计通过 33 831 艘次,较 2018 年略有增加,大于 5 000t 级货船达 20 004 艘次占总艘次 46.25%,创历年新高。2020 年大于 5 000t 级货船 18 771 艘次,占总艘次比例达 47.59%,2021 年 5 000t 级以上船舶占总艘次比例达 54.5%.

9.3.2 三峡船闸通过主要货种及变化

三峡枢纽过坝货物的主要货种和流向占比见表 9.3-2、图 9.3-1 和图 9.3-2，可见，煤炭的占比在快速降低，由 2008 年的 41.2%降至 2020 年的 4.4%，矿建与矿石的占比在快速上升，矿建和矿石分别由 2008 年的 3.3%、14.6%升至 2020 年的 24.3%、29.6%；粮棉与水泥也在逐年小幅增加，分别由 2008 年的 1.3%、3.5%升至 2020 年的 4.4%、7.3%；其他货种变化不明显。

煤炭在 2014 年以前是以下行为主，2014 年下行占比约 55.6%，此后逐渐以上行为主，到 2020 年上行占比约 74.6%；矿建 2018 年以前以上行为主，此后以下行为主；矿石货运量逐年增加，且以上行为主；水泥 2011 年以后以下行为主，石油、粮棉、钢材以上行为主，化肥以下行为主。2021 年三峡枢纽通过全年货运量与 2019 年基本一致，2008—2021 年三峡枢纽断面通过货物的主要货种有 9 种，每年通过量有些变化，但主要货种不变，说明适合水运的主要货种较为稳定，全国其他通航河流的主要货种也大致相同。

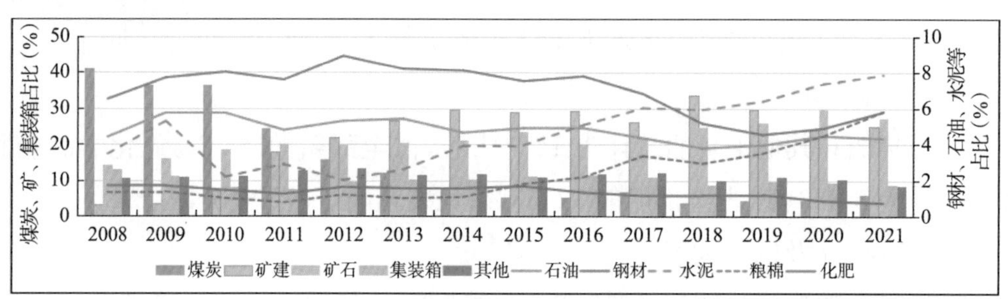

图 9.3-1 三峡枢纽主要货物通过量占比

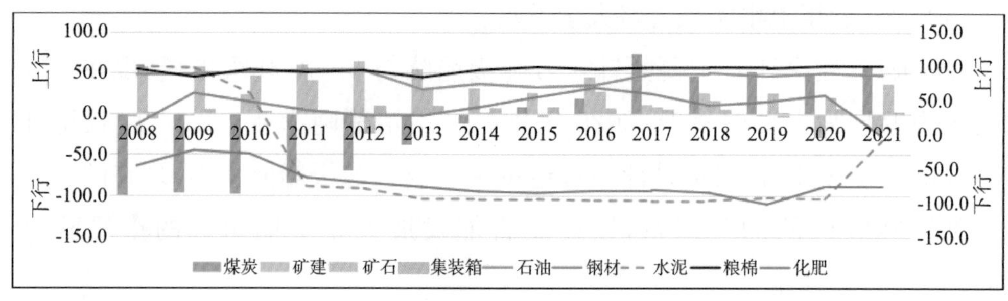

图 9.3-2 三峡枢纽主要货物流向占比

表 9.3-2 三峡枢纽主要货物通过量、流向及占比

货种		2008年	2009年	2010年	2011年	2012年	2013年	2014年	2015年	2016年	2017年	2018年	2019年	2020年	2021年
煤炭	合计(万 t)	2 213.8	2 215.2	2 934.7	2 472.3	1 370.0	1 198.4	835.3	596.6	650.5	892.9	533.0	660.1	608.8	905.0
	上行(万 t)	10.8	42.3	68.5	193.5	210.0	374.0	370.6	325.9	388.4	776.7	391.0	500.9	454.0	719.6
	下行(万 t)	2 203.0	2 172.9	2 866.2	2 278.8	1 160.0	824.4	464.7	270.7	262.1	116.2	142.0	159.2	154.8	185.4
	占比(%)	41.2	36.4	37.2	24.6	15.9	12.3	7.7	5.4	5.4	6.9	3.8	4.5	4.4	6.0
矿建	合计(万 t)	175.7	216.4	550.0	1 818.5	1 925.2	2 560.9	3 228.0	3 216.2	3 524.3	3 417.3	4 744.8	4 348.6	3 327.4	3 720.8
	上行(万 t)	158.7	204.4	522.9	1 674.5	1 806.0	2 110.0	2 160.0	2 184.2	1 967.9	1 698.9	2 738.5	1 338.7	685.4	504.5
	下行(万 t)	17.0	12.0	27.1	144.0	119.2	450.9	1 068.0	1 032.0	1 556.4	1 718.4	2 006.3	3 009.9	2 642.0	3 216.3
	占比(%)	3.3	3.6	7.0	18.1	22.4	26.4	29.6	29.1	29.4	26.3	33.5	29.8	24.3	24.8
矿石	合计(万 t)	782.6	978.4	1 480.0	2 016.9	1 767.6	2 004.2	2 311.6	2 603.3	2 426.8	2 842.4	3 532.8	3 790.9	4 050.7	4 093.0
	上行(万 t)	618.6	771.8	1 084.0	1 431.2	1 210.2	1 306.2	1 173.9	1 257.3	1 047.9	1 548.9	2 066.8	2 402.7	2 441.1	2 816.0
	下行(万 t)	164.0	206.6	396.0	585.7	557.4	698.0	1 137.7	1 346.0	1 378.9	1 293.5	1 466.0	1 388.2	1 609.6	1 277.0
	占比(%)	14.6	16.1	18.8	20.1	20.5	20.6	21.2	23.5	20.3	21.9	24.9	26.0	29.6	27.3
集装箱	合计(万 t)	704.9	681.9	648.9	757.7	845.5	990.2	1 142.5	1 246.9	1 389.8	1 436.1	1 244.3	1 411.5	1 284.8	1 317.6
	上行(万 t)	337.0	354.6	329.0	392.4	461.9	538.5	608.9	666.7	731.9	754.1	650.5	702.3	679.7	673.9
	下行(万 t)	367.9	327.3	319.9	365.3	383.6	451.7	533.6	580.2	657.9	682.0	593.8	709.2	605.1	643.7
	占比(%)	13.1	11.2	8.2	7.6	9.8	10.2	10.5	11.3	11.6	11.1	8.8	9.7	9.4	8.8
石油	合计(万 t)	236.9	348.7	451.4	479.8	454.6	523.0	505.5	542.3	587.0	563.1	535.3	576.8	609.0	646.0
	上行(万 t)	222.4	329.4	430.2	465.6	439.0	459.1	439.1	458.4	505.0	530.4	508.2	534.5	576.7	602.9
	下行(万 t)	14.5	19.3	21.2	14.2	15.6	63.9	66.4	83.9	82.0	32.7	27.1	42.3	32.3	43.1
	占比(%)	4.4	5.7	5.7	4.8	5.3	5.4	4.6	4.9	4.9	4.3	3.8	3.9	4.4	4.3

续表

货种		2008 年	2009 年	2010 年	2011 年	2012 年	2013 年	2014 年	2015 年	2016 年	2017 年	2018 年	2019 年	2020 年	2021 年
钢材	合计(万 t)	351.4	467.4	635.4	759.2	764.4	793.7	886.8	831.0	931.0	879.9	728.8	662.2	666.7	866.6
	上行(万 t)	199.4	373.0	451.5	510.2	485.8	503.7	616.2	641.8	783.2	701.2	518.0	489.3	524.8	419.1
	下行(万 t)	152.0	94.4	183.9	249.0	278.6	290.0	270.6	189.2	147.8	178.7	210.8	172.9	141.9	447.5
	占比(%)	6.5	7.7	8.1	7.6	8.9	8.2	8.1	7.5	7.8	6.8	5.1	4.5	4.9	5.8
水泥	合计(万 t)	186.0	320.7	171.6	289.4	178.2	251.9	419.9	438.0	607.7	785.2	843.4	930.1	1 005.9	1 174.5
	上行(万 t)	185.6	316.2	137.0	33.7	17.9	6.1	8.5	10.2	8.6	5.6	11.4	32.2	25.4	7.7
	下行(万 t)	0.4	4.5	34.6	255.7	160.3	245.8	411.4	427.8	599.1	779.6	832.0	897.9	980.5	1 166.8
	占比(%)	3.5	5.3	2.2	2.9	2.1	2.6	3.9	4.0	5.1	6.1	6.0	6.4	7.3	7.8
粮棉	合计(万 t)	70.7	82.5	81.5	75.7	103.1	97.7	116.5	199.7	261.1	434.2	415.4	509.5	608.5	867.4
	上行(万 t)	69.1	75.8	79.3	72.6	99.6	94.5	113.1	198.1	255.3	429.2	411.5	501.6	608.3	867.0
	下行(万 t)	1.6	6.7	2.2	3.1	3.5	3.2	3.4	1.6	5.8	5.0	3.9	7.9	0.2	0.4
	占比(%)	1.3	1.4	1.0	0.8	1.2	1.0	1.1	1.8	2.2	3.3	2.9	3.5	4.4	5.8
化肥	合计(万 t)	93.6	102.3	114.1	124.0	139.7	150.7	170.1	184.6	159.8	149.7	166.0	154.9	116.5	110.8
	上行(万 t)	25.0	38.9	25.8	22.2	20.1	16.9	13.5	13.0	13.5	13.8	12.0	11.6	13.6	12.7
	下行(万 t)	68.6	63.4	88.3	101.8	119.6	133.8	156.6	171.6	146.3	135.9	154.0	143.3	102.9	98.1
	占比(%)	1.7	1.7	1.4	1.2	1.6	1.6	1.6	1.7	1.3	1.2	1.2	1.1	0.9	0.7
全年(万 t)		5 370.0	6 088.7	7 880.0	10 032.0	8 611.0	9 706.6	10 898.0	11 057.0	11 983.5	12 972.0	14 166.0	14 608.2	13 686.5	14 986.0

在 2013—2015 年多家单位曾进行了三峡枢纽过坝运量预测，2016 年中交水运规划设计院有限公司提交的研究专题成果见表 9.3-3。2020 年由于防疫影响，可采用 2019 年实测成果来做对比。比较表明，有些货种差别较大，例如集装箱，预测 300 万 TEU、3 000 万 t，实际 83.7 万 TEU、1 412 万 t；煤炭预测 1 000 万 t，实际 660 万 t。预测时间 2015 年到 2020 年也不过 5 年，可以看出 5 年内的预测成果很难做到准确，那么 10 年、20 年预测准确率会更差，再次证明我国经济发展速度很快，货物的种类和流向、数量变化是必然的，但适应水运的 9 种主要货种没有变化。受三峡船闸通过能力限制，其船闸通过量应该也不可能达到 2030 年合计 27 800 万 t 的预测值。

表 9.3-3　三峡船闸主要货种运量预测　　单位：万 t

项目		2019 年	2020 年		2030 年		2050 年	
		实际通过量	合计	上行	合计	上行	合计	上行
过闸货运量合并		14 608	18 000	11 000	27 800	15 300	30 500	16 300
1	煤炭	660	1 000	400	1 000	500	800	400
2	危化品(石油)	577	1 400	1 200	1 900	1 500	2 100	1 600
3	金属矿石(矿石)	3 791	1 900	1 500	2 400	1 800	2 400	1 800
4	钢铁	662	1 400	1 000	1 900	1 400	2 000	1 500
5	矿建材料	4 348	4 200	2 800	4 500	2 800	3 700	2 000
6	水泥	930	500	100	700	100	700	100
7	木材	143	150	150	250	250	300	300
8	非金属矿石		1 300	400	1 800	600	1 800	600
9	化肥	148	250	20	300	50	300	50
10	粮棉	509	200	190	250	240	300	290
11	集装箱重量	1 412	3 000	1 500	7 000	3 500	9 000	4 500
	折合标箱(万 TEU)	83.7	300	150	700	350	900	450
12	滚装		200	80	500	200	800	300
	折合车辆段	77	100	40	250	100	400	150
13	其他	1 399	2 500	1 650	5 300	2 350	6 300	2 850

注：2019 年的金属矿石包括金属矿 2 327 万 t＋非金属矿 1 464 万 t＝3 791 万 t

9.4　三峡—葛洲坝船闸待闸和检修

9.4.1　葛洲坝—三峡通航建筑物年通航率及大修停航时间

三峡船闸年通航率都很高(表 9.4-1)，除船闸大修外，一般都在 86.95%～

98.9%。为减少大修对通航影响，每次计划性大修，均进行详细研究和准备，以提高抢修效率，缩短大修时间。葛洲坝船闸和三峡船闸统一安排停航大修，尽可能安排在同一时间进行。目前三峡船闸和葛洲坝船闸在满负荷运行条件下每年优化检修方案，不断提高大修效率，缩短大修时间，成绩突出。

表 9.4-1　三峡船闸历年通航率　　单位：%

年份	2003 年	2004 年	2005 年	2006 年	2007 年	2008 年	2009 年	2010 年	2011 年	2012 年	2013 年	2014 年
北线	98.2	93.7	99.1	99.3	71.0	98.0	96.9	95.6	98.9	94.5	92.4	97.0
南线	90.9	98.5	98.7	70.2	92.5	98.2	96.0	96.2	98.8	88.8	97.4	97.0
年份	2015 年	2016 年	2017 年	2018 年	2019 年	2020 年	2021 年					
北线		98.07	86.95	94.43	95.54	94.42	86.13					
南线		97.98	96.45	96.55	96.51	94.81	94.80					

年通航率＝实际年运行小时数/365 d×24

保证率＝实际年运行小时数/设计年运行小时数

设计年通航天数：葛洲坝船闸 1 号闸为 320 d，2 号闸为 335 d，3 号闸为 335 d；三峡船闸的北线年通航 335 d，南线年通航 335 d。三峡、葛洲坝船闸停航与大修历时见表 9.4-2，只有 2012 年葛洲坝 1 号船闸停航 2 153 h、大修 1 314 h，2018 年三峡船闸南线停航 1 178 h、大修 780 h 超过了设计要求，其他年份都满足设计年通航天数。

表 9.4-2　三峡、葛洲坝船闸停航与大修历时　　单位：h

年份	项目	三峡船闸		升船机	葛洲坝船闸		
		南线	北线		1 号船闸	2 号船闸	3 号船闸
2008 年	停航	177	189	—	712	—	—
	大修	—	—	—	超流量和天气	—	—
2009 年	停航	353	276	—	764	—	—
	大修	—	—	—	—	—	—
2010 年	停航	351	391	—	670	—	—
	大修	—	—	—	—	—	—
2011 年	停航	108	98	—	506	—	—
	大修	—	—	—	检修 360	—	—
2012 年	停航	960	482	—	2 153	299	345
	大修	478	—	—	1 314	—	—

续表

年份	项目	三峡船闸		升船机	葛洲坝船闸		
		南线	北线		1 号船闸	2 号船闸	3 号船闸
2013 年	停航	221	627	—	316	175	159
	大修	—	468	—	—	—	—
2014 年	停航	256	256	—	324	638	161
	大修	—	—	—	—	498	—
2015 年	停航	629	149	—	116	121	703
	大修	476	—	—	—	—	466
2016 年	停航	178	169	—	180	123	154
	大修	—	—	—	—	—	14
2017 年	停航	311	1 143	3 203	201	278	190
	大修	—	912	大修 2 140	—	—	—
2018 年	停航	1 178	487	1 127	956	156	165
	大修	780	—	检修 652	466	—	—
2019 年	停航	306	391	1 370	84	82	60
	大修	—	—	检修 1 286	—	—	—

注:葛洲坝 3 号船闸 2009 年、2010 年连续 2 年大修,2009 年通航率 87%,2010 年通航率 86.3%。

船闸与升船机的计划性大修几乎每年都有,三峡船闸和升船机、葛洲坝船闸历年计划性大修和停航历时见表 9.4-3,可见,2016 年末停航历时相对较最少。

2020 年发生了三峡工程蓄水以来最大的一次洪水,入库流量远大于常年,2020 年和 2019 年入库平均流量分别为 16 483 m^3/s、13 699 m^3/s,入库最大流量分别为 75 000 m^3/s、43 000 m^3/s。2020 年葛洲坝出库最大流量 52 900 m^3/s,按规定停止船闸运行的流量标准两坝间实施船闸停航,7 月份三峡南线船闸停航 99 h,北线停航 122.7 h;8 月份三峡南线船闸停航 196 h,北线停航 198 h。两个月两线船闸各停航 6 次,累计总停航约 616 h,折合 25.7 d(两线合计)。两线 7 月份货运量为 892.6 万 t,8 月份仅 646 万 t,而 2019 年 7 月份货运量为 1 188 万 t,8 月份 1 126 万 t,2020 年三峡船闸 7 月与 8 月通过货运量比 2019 年分别减少约 25%和 43%。

表 9.4-3　三峡船闸与升船机、葛洲坝船闸历年计划性大修和停航历时　　单位:h

年份	三峡南线	三峡北线	升船机	1 号闸	2 号闸	3 号闸
2012 年	959.41	482.19		2 153.24	288.51	344.84
2013 年	221.37	627.12		316.01	175.19	159.88

续表

年份	三峡南线	三峡北线	升船机	1号闸	2号闸	3号闸
2014年	255.76	256.2		324.16	637.66	160.66
2015年	629.31	149.27		116.91	120.91	703.41
2016年	177.70	169.27		180.61	123.29	154.42
2017年	311.08	1 143.46	3 203.38	200.71	278.11	190.14
2018年	1 178.5	487.89	1 126.78	956.40	156.18	165.77

注:停航时间,包括大风、大雾、大流量、维修等以及计划性大修,＊＊.＊表示计划性大修。

9.4.2 三峡枢纽船舶待闸和检修

船舶待闸是指船舶从开始申报过闸,到通过葛洲坝船闸、两坝间、三峡船闸的全部过程,包括远程申报到锚地、锚地待闸和过闸的全过程。待闸历时是指船舶实际过坝时间与船舶申请过坝时间的差值。三峡与葛洲坝待闸船舶艘次与待闸时间如表9.4-4及图9.4-1、图9.4-2所示,可见,待闸船舶中危险品船较少,年待闸为2 600～3 000艘。2013—2021年来,普通船待闸葛洲坝枢纽年均20 948艘、三峡枢纽年均19 479艘,葛洲坝枢纽上行年均23 758艘、三峡枢纽下行年均22 314艘,葛洲坝枢纽的过坝船舶数量稍大于三峡枢纽。2016年以后待闸时间有所上升,2017年最高,比2016年待闸时间增加一倍多,其中危险品船9年来葛洲坝枢纽年均与最大待闸时间为88.77 h、759.22 h,三峡枢纽分别为85.30 h、653.05 h;普通船9年来葛洲坝枢纽年均与最大待闸时间为93.72 h、1 199.55 h,三峡枢纽分别为87.31 h、1 403.42 h。2018年三峡河段日均待闸船舶883艘,船舶平均待闸时间151.19 h,2017年三峡河段日均待闸船舶614艘,船舶平均待闸时间105.63 h。2019年待闸时间较少,仅83.33 h,到2020年船舶平均待闸时间又恢复到约110 h,2021年待闸时间平均(上下行)191.27 h,上下行待闸船舶45 650艘次,日均997艘次。船舶待闸时间过长,是三峡船舶过坝最突出的难题,希望能引起有关部门的注意。

表 9.4-4　三峡枢纽 2013—2021 年通航待闸历时统计

年份	运行参数		葛洲坝上行			三峡下行			上行＋下行
			普通船	危险品	上行	普通船	危险品	下行	综合
2013 年	船舶(艘次)		21 798.00	2 636.00	24 434.00	20 186.00	2 757.00	22 943.00	47 377.00
	待闸历时(h)	平均	40.91	58.00	42.70	36.91	50.42	38.50	40.60
		最大	389.00	319.00	389.00	341.00	282.00		
2014 年	船舶(艘次)		21 860.00	2 640.00	24 500.00	19 488.00	2 613.00	22 101.00	46 601.00
	待闸历时(h)	平均	40.18	62.06	42.49	35.31	54.70	37.62	40.06
		最大	281.00	266.00	281.00	259.00	273.00	281.00	
2015 年	船舶(艘次)		20 827.00	2 816.00	23 643.00	19 401.00	2 898.00	22 299.00	45 912.00
	待闸历时(h)	平均	42.46	57.63	44.26	43.90	52.00	45.04	44.64
		最大	296.00	421.00		323.00	256.00	323.00	
2016 年	船舶(艘次)		21 367.00	2 864.00	24 231.00	18 749.00	2 841.00	21 590.00	45 821.00
	待闸历时(h)	平均	37.87	61.17	40.58	46.85	53.18	47.69	44.14
		最大	378.00	281.00	378.00	347.00	237.00	347.00	
2017 年	船舶(艘次)		21 485.00	2 974.00	24 459.00	19 496.00	2 978.00	22 473.00	46 933.00
	待闸历时(h)	平均	114.42	88.36	111.25	102.25	85.43	100.00	105.63
		最大	464.00	355.00	464.00	643.00	272.00	643.00	
2018 年	船舶(艘次)		21 432.00	2 766.00	24 198.00	20 666.00	2 810.00	23 476.00	47 674.00
	待闸历时(h)	平均	179.84	128.37	173.96	127.17	131.81	127.73	150.85
		最大	1 105.00	605.00	1 105.00	751.00	575.00	751.00	
2019 年	船舶(艘次)		21 198.00	2 825.00	24 023.00	20 210.00	2 850.00	23 060.00	47 083.00
	待闸历时(h)	平均	86.42	81.14	85.80	82.22	70.44	80.76	83.33
		最大	681.08	363.98	681.08	483.18	273.88	483.18	
2020 年	船舶(艘次)		18 169.00	2 931.00	21 100.00	17 548.00	2 919.00	20 467.00	41 567.00
	待闸历时(h)	平均	112.68	109.42	112.23	108.32	103.08	107.57	109.94
		最大	1 199.55	549.10	1 199.55	1 403.42	622.92	1 403.42	
2021 年	船舶(艘次)		20 395.00	2 842.00	23 237.00	19 565.00	2 848.00	22 413.00	45 650.00
	待闸历时(h)	平均	188.67	152.77	184.28	202.85	166.67	198.25	191.27
		最大	700.65	759.22	759.22	824.97	653.05	824.97	

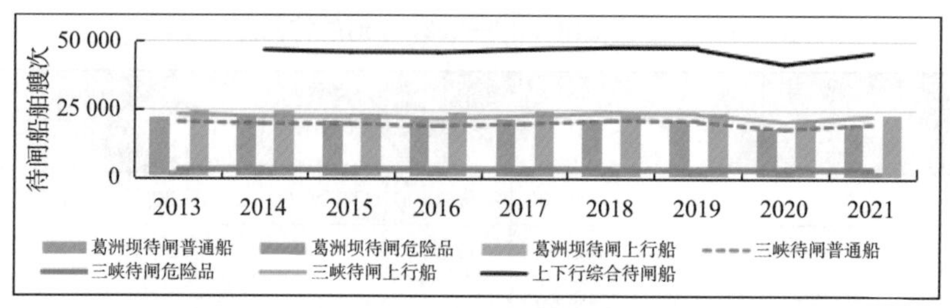

图 9.4-1　三峡与葛洲坝待闸船舶艘次

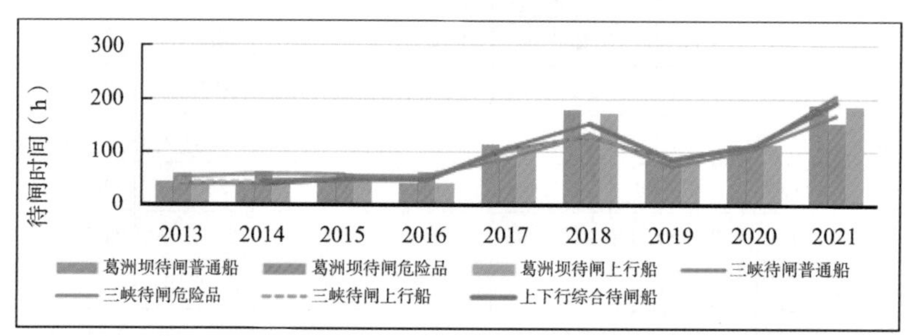

图 9.4-2　船舶待闸时间平均值

9.4.3　三峡船闸运行与葛洲坝下泄流量关系

2018 年三峡船闸运行与葛洲坝下泄流量关系见表 9.4-5 和图 9.4-3，1—3 月、12 月葛洲坝下泄流量较小，此时航道水浅，相应船舶装载量小些，一般上行的装载系数大于下行，4 月份开始船舶装载系数开始增大，其中上行大于 0.811。3 月份因船闸大修，货运通过量仅为 536.9 万 t，估计减少约 600 万 t，7 月份因两坝间大流量影响，货运量为 825.6 万 t，月货运量估计减少约 490 万 t。一次过闸货船总吨 1—6 月为 18 517～18 901 t/闸；7—10 月为 17 717～19 108 t/闸，说明葛洲坝枯水下泄流量少和汛期大流量均对船闸通过货运量有明显影响。

表 9.4-5　三峡船闸运行与葛洲坝下泄流量关系(2018 年)

月份		1 月	2 月	3 月	4 月	5 月	6 月	7 月	8 月	9 月	10 月	11 月	12 月
平均(m^3/s)		6 713	7 485	6 854	7 584	14 525	15 173	34 808	30 549	14 832	15 510	10 667	6 434
最大(m^3/s)		7 700	10 176	7 300	11 820	22 776	20 800	44 600	32 700	21 960	20 328	16 358	7 960
最小(m^3/s)		6 100	5 900	6 100	6 000	10 684	9 000	18 100	23 237	10 667	10 000	6 060	5 900
装载系数	平均	0.654	0.650	0.640	0.743	0.766	0.782	0.756	0.789	0.783	0.774	0.781	0.731
	上行	0.793	0.782	0.740	0.811	0.834	0.837	0.822	0.830	0.840	0.845	0.838	0.791
	下行	0.514	0.518	0.539	0.674	0.698	0.727	0.689	0.748	0.726	0.702	0.724	0.671
2018 年日均运行闸次		31.09	30.75	30.84	30.20	30.80	30.65	30.78	28.29	31.25	31.04	31.83	31.28

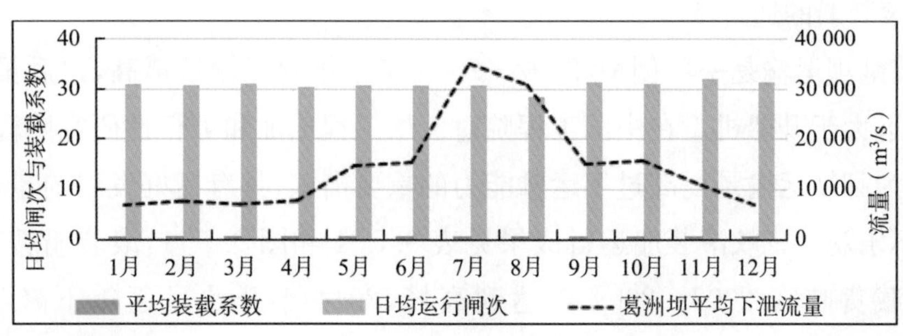

图 9.4-3 三峡船闸运行与葛洲坝下泄流量关系(2018 年)

9.5 三峡—葛洲坝各种过坝方式的客货运量和两坝间通航条件分析

三峡枢纽的过坝运输方式主要有船闸(南北两线)、升船机和翻坝运输,葛洲坝的过坝运输方式主要有船闸(1 号、2 号与 3 号船闸)和翻坝运输,在不同时期各过坝方式发挥着不同的作用。

9.5.1 三峡枢纽通过船闸、升船机和滚装车运输的客货通过量对比分析

1. 升船机的通过量

升船机运行初期其过船能力较低,见 2016—2020 年升船机运行成果(表 9.1-1)。初步设计中为 33～36 厢次/d,试通航后初步确定近期日均运行 18.8 厢次,近三年实际日均运行为 9.42～13.18 厢次/年,每个厢次一般通过一艘 3 000 t 级船。升船机的主要功能是为旅客提供快速通道。2018 年升船机通过旅客 15.4 万人次,实际全年通航 318 d,通过船舶 4 293 艘,通过货物 151.4 万 t。2019 年全年通航 308 d,通过旅客 14.73 万人次,货物 114.1 万 t,日均过船 9.52 艘。2020 年,因疫情原因,运行通过量更少。2021 年升船机通过旅客约 10 万人次,货物 1 787.5 万 t,运行 307 d,日均运行平均 15.3 厢次/d,日均过船 15.6 艘/d,运行效率大幅度提高(表 9.1-4)。

三峡升船机是目前世界上最大的升船机,是三峡过坝的快速通道,其规模和技术先进性均为国际领先水平。

2. 船闸的通过量

三峡船闸运行以来的成果见表 9.2-1 与表 9.2-2,三峡船闸是过坝船舶的主要通道,特别是三峡 175 m 试验性蓄水后,船闸运行效率和能力大幅提高,货运量快速增加,船闸通过货运量 2008 年到 2018 年年均增速达 10.2%。

3. 滚装船的通过量

滚装翻坝运输是一项创举,2007—2009 年三年的运输量最高,以后虽逐渐衰退,但仍远大于升船机。在中国工程院对三峡工程论证和可行性研究阶段评估结论中,认为翻坝运输是提高过坝运输能力的重要措施,具有良好发展前景,但实际发展并不乐观。三峡滚装船运行成果见表 9.5-1 和图 9.5-1,滚装船艘次、滚装车辆数、载货吨在 2007—2009 年达到高峰,2014 年开始呈逐年下降趋势,到 2018—2019 年滚装车运输量仅为 2008 年的约一半。2020—2021 年因疫情影响进一步减少,由此可见滚装船运输发展前景值得总结研究。

表 9.5-1　长江三峡枢纽滚装运输情况表

年份	滚装船(艘)			滚装车(车次)			换算吨(t)		
	合计	上行	下行	合计	上行	下行	合计	上行	下行
2006 年	6 899	3 365	3 534	309 451	147 754	161 697			
2007 年	8 527	4 218	4 309	391 591	184 007	207 584	13 705 685	6 440 245	7 265 440
2008 年	9 859	4 919	4 940	421 912	206 345	215 567	14 766 920	7 222 075	7 544 845
2009 年	9 424	4 709	4 715	381 899	191 966	189 933	13 366 465	6 718 810	6 647 655
2010 年	5 952	2 978	2 974	261 169	131 491	129 678	9 140 915	4 602 185	4 538 730
2011 年	6 158	3 124	3 034	275 522	143 418	132 104	9 643 270	5 019 630	4 623 640
2012 年	6 307	3 142	3 165	250 740	139 343	111 397	8 775 900	4 877 005	3 898 895
2013 年	7 650	3 843	3 807	290 159	160 839	129 320	9 755 565	5 129 365	4 626 200
2014 年	8 962	4 489	4 473	326 587	172 533	154 054	11 430 541	6 038 651	5 391 890
2015 年	9 244	4 577	4 667	286 303	146 104	140 199	10 020 605	5 113 640	4 906 965
2016 年	7 173	3 541	3 632	223 018	110 158	112 860	7 805 630	3 855 530	3 950 100
2017 年	5 568	2 836	2 732	192 747	93 032	99 715	6 746 145	3 256 120	3 490 025
2018 年	5 126	2 517	2 609	199 806	90 638	109 168	6 993 210	3 172 330	3 820 880
2019 年	4 669	2 196	2 500	187 098	74 292	112 806	6 548 430	2 600 220	3 948 210
2020 年	1 783	863	920	61 502	21 807	39 695	2 152 570	763 245	1 389 325
2021 年	3 630	1 692	1 938	139 789	53 833	85 956	4 892 615	1 884 155	3 008 460

注:换算吨按每辆车 35 t 计算。

4. 过坝运输客货量对比

三峡枢纽三种过坝方式其货运通过能力见表 9.5-2 和图 9.5-2、图 9.5-3、图 9.5-4。货运主要由船闸通过,船闸通过的货运量占枢纽断面货运通过总量的

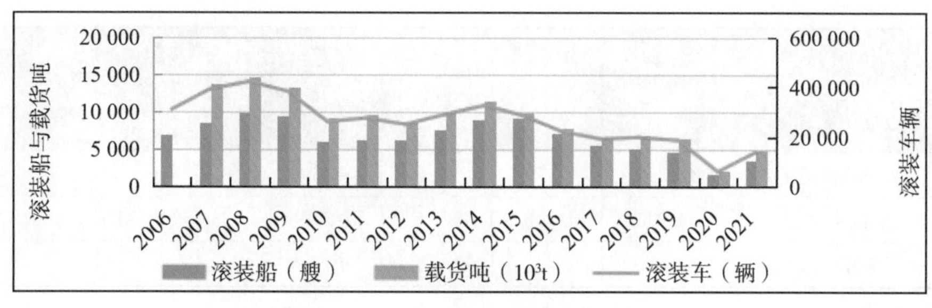

图 9.5-1　三峡滚装运行成果

94%以上；船舶也主要通过船闸过坝，船舶艘次达 80%以上；船闸客运量 2017 年以后急剧减少，主要从升船机过坝。现阶段客运主要为旅游，2019 年升船机客运通过量 14.7 万人次，2018 年客运通过量 15.4 万人次，其中旅游人数占 95%。正常情况下，升船机通过客运量占枢纽全断面 90%以上，达到了升船机原设计以客运为主的目标，今后随着旅游业的发展，客运能力可能达到 30 万～50 万人次。三峡升船机是目前世界上规模最大的特大型垂直升船机，主要是为旅客提供过坝快速通道，这是三峡工程的一大特色。

表 9.5-2　三峡枢纽过坝运输客货量对比表

年份	容货量	三峡枢纽	三峡船闸		三峡升船机		滚装船运输	
		通过量（万 t）	通过量（万 t）	占比例（%）	通过量（万 t）	占比例（%）	通过量（万 t）	占比例（%）
2017 年	船舶(艘次)	50 533.0	42 662.0	84.4	2 303.0	4.6	5 568.0	11.0
	实载货物(万 t)	13 702.0	12 972.0	94.7	55.0	0.4	675.0	4.9
	旅客(万人次)	44.4	38.9	87.6	5.5	12.4		
2018 年	船舶(艘次)	51 993.0	42 574.0	81.9	4 293.0	8.3	5 126.0	9.9
	实载货物(万 t)	15 016.4	14 166.0	94.3	151.4	1.0	699.0	4.7
	旅客(万人次)	16.9	1.5	8.8	15.4	91.2		
2019 年	船舶(艘次)	50 847.0	43 248.0	85.0	2 930.0	5.8	4 669.0	9.2
	实载货物(万 t)	15 377.0	14 608.0	95.0	114.0	0.7	655.0	4.3
	旅客(万人次)	16.0	1.3	7.8	14.7	92.2		
2020 年	船舶(艘次)	42 808.0	39 446.0	92.1	1 579.0	3.3.6985	1 783.0	4.2
	实装货物(万 t)	13 977.5	13 686.5	97.9	76.0	0.5	215.0	1.5
	旅客(万人次)	3.1			3.1	99.2		

续表

年份	容货量	三峡枢纽	三峡船闸		三峡升船机		滚装船运输	
		通过量(万 t)	通过量(万 t)	占比例(%)	通过量(万 t)	占比例(%)	通过量(万 t)	占比例(%)
2021 年	船舶(艘次)	48 812.0	40 379.0	82.7	4 803.0	9.8	3 630.0	7.4
	实载货物(万 t)	14 986.7	14 621.2	97.6	365.5	2.4	489.0	3.3
	旅客(万人次)	10.0			10.0			

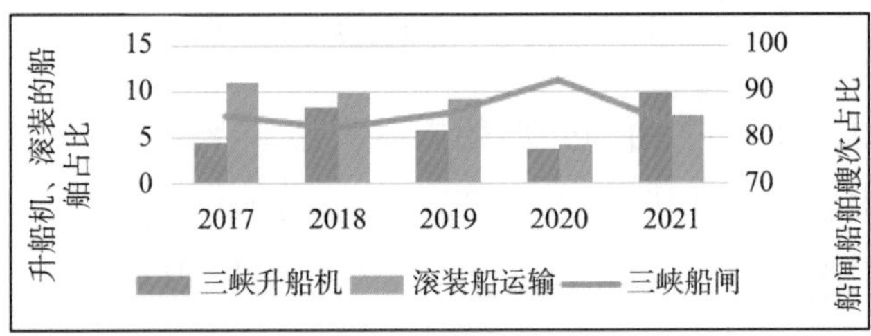

图 9.5-2　三种过坝方式的船舶艘次占比(单位:%)

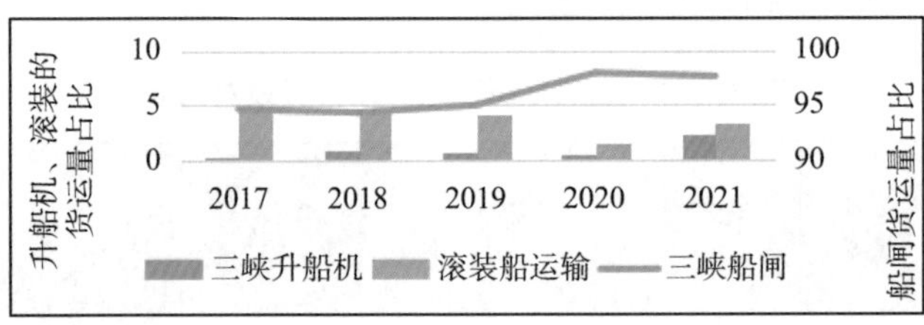

图 9.5-3　三种过坝方式的实载货物占比(单位:%)

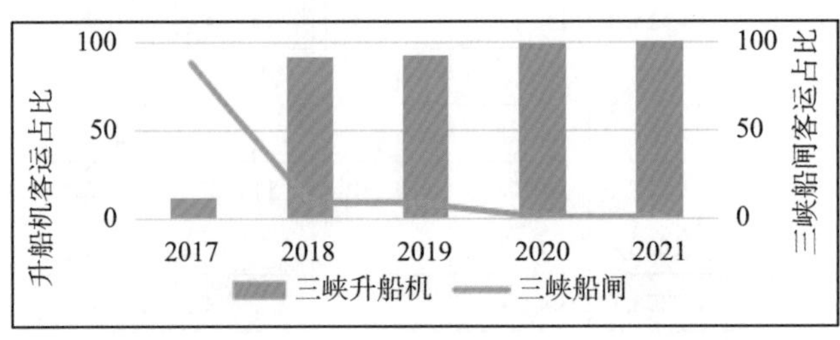

图 9.5-4　二种过坝方式的客运量占比(单位:%)

滚装船车辆翻坝运输,是三峡工程航运建设的另一大创新,曾起过很大作用,例如 2008 年年通过货运量(换算实载货)1 476 万 t,而 2008 年三峡船闸货运量为

5 370 万 t,滚装船车量运输约相当于船闸的 27%,起到重要的辅助作用。近年因一些原因,滚装运输量逐渐下降,2019 年 655 万 t,2021 年仅 489 万 t,但仍大于升船机货物通过量。滚装船车量运输对缓解三峡船队通过能力起到一定作用,现正在研究扩大三峡和葛洲坝的翻坝运输能力,除利用原建的翻坝公路外,正在研究铁路等翻坝运输设施。

综合来看,三峡枢纽每年通过滚装车约 20 万辆,载货总量约 700 万 t。三峡升船机 2018 年、2019 年分别通过旅客 15.4 万人次、14.7 万人次,全年过客船分别为 780 艘、749 艘,平均每天过客船分别为 2.45 艘/天、2.43 艘/天。2021 年开始升船机运行效率提高,客船若有客源,过旅客可成倍增加。2018 年和 2019 年三峡船闸通过货运量分别为 14 166 万 t、14 608 万 t,2020 年和 2021 年因疫情影响,分别为 13 686.5 万 t、14 621.2 万 t。上述三种通航设施,货运量依靠船闸,客运量由升船机担负,滚装运输可缓解船闸通过能力不足的压力,但发展不如预期。三峡升船机运行近 5 年情况正常,2021 年日运行厢次增加到平均 16 厢次/日,达到了为旅客过坝提供快速通道的目标,其过客能力按这几年的通航成果分析,近期每年可通过旅游客人 15 万人次左右,后期可能通过 40 万~50 万人次/年。

2019 年和 2020 年间三峡、葛洲坝的船闸、升船机过坝运行成果比较见表 9.5-3。2020 年和 2021 年因疫情原因,过坝客货运量、运行闸次、过船艘次、船闸通航天数、日均运行闸次都出现不同程度的下降,船舶待闸增多、平均待闸时间延长。这种下降应该是暂时的,2021 年货运量和一些运行参数已恢复到 2019 年的水平。

三峡船闸、葛洲坝船闸现已达到满负荷运行(表 9.2-2 和表 9.2-9),压力很大,建议积极推进三峡新通道的建设:新建三峡 2 线船闸,改建葛洲坝 3 号船闸,并积极研究扩大三峡、葛洲坝翻坝运输能力。2013 年后,船闸满负荷运行,2019 年交通运输部党组书记杨传堂等来到长江三峡通航局调研,认为三峡和葛洲坝船闸长期超负荷运行,需要关注。2021 年交通运输部赵冲久副部长也到现场调研,要求充分认识三峡通航在国家战略中的重要地位,切实做好两坝间的通航安全,深化三峡新通道和葛洲坝航运扩能工程前期工作。

表 9.5-3　三峡、葛洲坝过坝运行参数对比(2019 年和 2020 年)

年份		2019 年	2020 年	变化/%
船闸	年运行(闸次)	10 627	9 798	−7.8
	过船(艘次)	43 248	39 446	−8.8
	货物通过量(t)	146 082 496	136 865 119	−6.3
	旅客通过量(人)	12 489	90	−99.3
	三峡船闸北线通航(d)	348.7	315.5	−9.5
	三峡船闸南线通航(d)	352.2	317	−10.0
	日均运行(闸次)	30.22	28.29	−6.4
	货船实载平均吨位(t/艘)	3 383.4 t	3 471.2 t(上行 3 472.5 t,下行 3 470 t)	2.6
	货船平均额定吨位(t/艘)	4 581.6 t	4 692.7 t(上行 4 712.2 t,下行 4 673.6)	2.4
	平均装载系数	0.739(上行 0.745,下行 0.732)	0.740(上行 0.737,下行 0.742)	0.3
	日均待闸船舶(艘次)	495	585	18.2
	平均待闸时间(h)	83.3	109.9	31.9
	最大待闸时间(h)	681	1403	106.0
	近坝水域日均待闸(艘)	314	271	−13.7
升船机	厢次	2 902	1 541	−46.9
	艘次	2 930	1579	−46.1
	旅客(万人次)	14.72	3.08	−79.1
	货运量(万 t)	114.17	76.1	−33.3
	通航(d)	307.9	174.17	−43.4
葛洲坝	运行闸次	18 767	16 326	−13.0
	过船艘次	48 006	42 149	−12.2
	旅客(万人次)	97	32.35	−66.6
	货运量(t)	147 764 285	137 906 335	−6.7
	1 号船闸通航(d)	294.7		
	2 号船闸通航(d)	330.9		
	3 号船闸通航(d)	333.3		

9.5.2　三峡、葛洲坝间通航条件分析

2017 年与 2018 年三峡、葛洲坝的通航条件见表 9.5-4 与表 9.5-5,两坝间的通航条件与当年的流量大小有关,三江下引航道的水深主要与枯季流量有关,汛期两坝间货物通过量见表 9.5-6,汛期流量较大时两坝间通航受到一定影响,货运量也受影响。

表 9.5-4　三峡、葛洲坝的通航条件(2017 年)

汛期通航流量	两坝间	流量(万 m^3/s)	3.15	2.5～3.0	2.0～2.5	
		历时(d)	1	16	32	
	三峡水库入库	流量(万 m^3/s)	3.8	3.0～3.5	2.5～3.0	
		历时(d)		8	21	
引航道保证水深	三江下引航道	保证水深(m)	>4.5	4.2～4.5	4.0～4.2	
		历时(d)	140	38	187	
	葛洲坝大江航道	保证水深(m)	>4.5			
		历时(d)	366			
船舶吃水控制	三峡船闸	船舶吃水控制(m)	4.3			
		历时(d)	365			
庙嘴水位	初始水位(m)	39.13(年最低)	39.0～39.2	39.2～39.4	39.4～39.6	39.6～39.8
	历时(d)	2	3	28	33	9

表 9.5-5　三峡、葛洲坝的通航条件(2018 年)

汛期通航流量	两坝间	流量(万 m^3/s)	4.0～4.5	3.0～4.0		2.0～3.0	
		历时(d)	8	20		36	
	三峡水库入库	流量(万 m^3/s)	最大 5.92	流量 5～6(7 月)			
		历时(d)		4			
	葛洲坝下泄流量	流量(万 m^3/s)	最大 4.46	4.0～5.0	3.0～4.0	<3.0	
		历时(d)		12	35	42	
引航道保证水深	三江下引航道	保证水深(m)	>4.5	4.2～4.5	4.0～4.2		
		历时(d)	175	74	109		
	葛洲坝大江航道	保证水深(m)	>4.5				
		历时(d)	365				
船舶吃水控制	三峡船闸	吃水控制(m)	4.3				
		历时(d)	365				
	三江下引航道船舶吃水控制	吃水控制(m)	4.3	4.2	3.9	3.8	3.6
		历时(d)	218	7	14	56	70
庙嘴水位	水位(m)	39.14(年最低)	39.2～39.4	39.4～39.6	39.6～39.8	39.8～40.0	
	历时(d)	3	16	22	38	35	

表 9.5-6　汛期两坝间货物通过量　　单位:万 t

年份	6 月	7 月	8 月	
2018 年	1 377.1	825.6	1 259.4	2018 年汛期 Q=4.0 万～4.5 万 m^3/s 历时 8 d
2017 年	1 205	1 125.3	1 235.1	2017 年汛期 Q 最大 3.15 万 m^3/s

9.6 有关问题讨论

9.6.1 三峡船闸通过能力

关于船闸通过能力一般均按规范标准中的计算公式进行计算，但这些公式中主要参数的确定方法未作规定，因此实际工作中各家计算结果都不同。至2021年三峡船闸已运行18年，实际运行情况综合分析如下。

1. 船闸运行各项参数

(1) 日均运行闸次

三峡船闸在初设时是计划一个闸次通过一个船队，进出闸简单方便，但后来船队完全退出市场，改为多艘单船依次进出闸，因此进闸和移泊时间大增，日均运行闸次达不到设计值(单闸每天运行22.1闸次)。2003—2004年实际是双闸运行，日均23.7～24.6闸次/日，2018—2019年提高到平均30.88和30.32闸次/日。现在基本稳定30.0～31.0闸次/日，单闸运行15.4闸次/日。三峡船闸日运行闸次的增加，是采取取消原靠船墩靠泊，改在导航墙或一闸室待闸的结果，此举缩短了进闸时间，来之不易。

(2) 每闸次通过货船总吨

175 m蓄水运行后，每闸次通过货船总吨由2008年的10 822 t/闸次提高到2019年的18 615 t/闸次，增加72%，增加的主要原因是船舶大型化。2008年货船单船定额定吨位平均值为1 661 t/艘，到2019年为4 581 t/艘。货船单船额定吨位增加是提高船闸通过能力的主要因素。

(3) 关于船舶装载系数和货物流向

传统概念中，长江上游船舶装载系数，下行远大于上行，因此三峡船闸通过能力标准，以船舶下行货物总吨5 000万t为目标。但实际运行中，货种和货物流向是市场决定的，不是船主想运多少就能运多少货。

2008年到2019年，上行装载系数由2008年的0.51，上升到2018年的0.817，下行装载系数由2008年0.79，下降到2018年的0.44。上行货运量2018年达到8 130万t/a，下行货运量2019年达到7 281.9万t/a，而原设计2030年下水货运通过量5 000万t/a，目前已远超设计值，这些情况是原设计未预料到的。

货船上行的装载系数达到0.75～0.8，说明上下游航道的通航条件很好，再次证明三峡枢纽上下游航道的通航条件已大大超出原论证和初设的航道标准。现在货运主力船舶,已不是原设计后期要求达到的 3 000 t 级船舶,而是大于等于 5 000 t 级的船舶。

2. 三峡船闸、升船机、实际通过能力与运行情况

(1) 初步设计中三峡船闸设计通过能力和耗水量计算

初步设计中三峡船闸设计通过能力:

$$P=\frac{(n-n_c)NG\alpha}{\beta}$$

式中:P 为船闸设计通过能力;n 为日均过闸次数;n_c 日非运客、货船过闸次数;N 为年通航天数,d;G 为一次过闸平均载重吨位,t;α 为船舶装载系数;β 为运量不均衡系数,β=年最大月货运量/年平均月货运量。

过闸间隔时间,单向 59.7 min,每日过闸次数 22.1 闸次,每年过闸次数 7 296,按上述公式计算 $n_c=0$,每年通航天数 335 d,装载系数 0.9,一次过闸船舶平均吨位长航船队 1.2 万 t,地方船队 3 000 t,$\beta=1.3$。

按长航船队占 80%,地方船队占 20%计算,单向通过能力 5 152 万 t,即 $P=1.02\times335\times22.1\times0.9/1.3=5\ 228$ 万 t。长江委采用年运行闸次 7 296 计算 $P=1.02\times7\ 296\times0.9/1.3=5\ 152$ 万 t,设计采用单向 5 152 万 t/年,年耗水量取 34.3 亿 m^3。

升船机采用钢丝绳卷扬平衡垂直升船机,承船厢 120 m×18 m×3.5 m,通过计算结果可知每天过坝次数,逆向 18 次,单向 29.6 次/d,每次过坝 1 500 t 驳船队,完全过货可通过 626 万 t/a,若通过客货轮年单向客运量 494 万人次,施工期完全过货可通过货物 350 万~400 万 t。临时船闸 240 m×24 m×4.0 m,年通过能力单向 1 100 万 t,计算依据临时船闸通过能力运行 335 d,日均过闸中长航船队占 3/4,地方占 1/4,一次过闸长航船队 4 078 t,地方船队 1 495 t,日均运行 16.4 闸次,扣除非货船 2 次,实际货运 14.4 闸次,装载系数 0.9,$\beta=1.3$,经计算年单向通过能力 1 100 万 t,其实临时船闸主要配合汛期明渠通航,非汛期明渠通过能力有富余可不用升船机,因此升船机通过能力应该只计算汛期通过能力。当时设置临时船闸,主要是解决地方船队通过明渠过坝的问题。

论证和初设确定 2030 年下水过坝运量预测 5 000 万 t,客运量 390 万人次。

但三峡船闸 2003 年开始运行后，在三峡两岸高速公路和高速铁路建成通车后，绝大部分旅客走公路、铁路，不走水运，逐渐水运仅通航旅游客船和豪华旅游船。三峡船闸最初下水 120 万人次/年，而近期三峡升船机和三峡船闸下行旅客合计 8.7 万～25 万人次/年(表 9.5-2)，这个重大变化也是没有预料到的。

(2) 实际通过能力与运行情况

175 m 试验性蓄水后，三峡船闸运行情况见表 9.2-2，可见 2010 年货物通过量达到 10 000 万 t 后，年增长率明显放缓，到 2019 年才达到 14 608 万 t，其年增长率由 10.2%下降到 3.6%，后因疫情影响，货运量继续下滑，直到 2021 年又恢复到 14 621 万 t，预计今后船闸货物通过量 1.5 亿～1.7 亿 t/a。

货物通过量近两年明显减少，但船舶大型化仍保持较高水平，2021 年 5 000 t 级及以上船舶占 52.5%，货船单闸平均额定总吨位达 1.9 万～2.0 万 t/闸次，达到我们以前期望的目标。双线五级船闸年均日运行闸次 30～31 闸次/日，船舶装载系数和货物流向略有变化，但一直处于良好状态。

三峡升船机(实际采用齿轮齿条垂直爬行式)进入稳定运行期，年平均每天运行 18 厢次/日左右(表 9.1-3 与表 9.1-4)，而初步设计为 33～36 厢次/日，因此仍有一定的空间。

9.6.2 三峡枢纽客货运量及通过能力

截至 2021 年，三峡枢纽永久船闸已运行 18 年，升船机已运行 4 年，滚装船运输也已 15 年，各种运输方式的运行成果本章已详细论述。

目前船闸满负荷运行多年，能挖潜的工作已取得很好效果，运行管理逐步完善提高，但潜力有限。升船机运行逐步完善，运行正常，能满足旅游船通过。滚装船运输曾在 2008 年达到高峰，后逐年下降，由 1 476 万 t/a 下降到近两年的 700 万 t/a，今后估计维持在 700 万～1 000 万 t/a。采用铁路、公路、新的翻坝运输等方式正在试行和研究中。新通道建设前期工作已进行 7～8 年，目前工可阶段工作基本完成，等待立项。

我们认为三峡枢纽通航问题是三峡工程的组成部分，虽然其按初步设计已建成而且建得很好，但现在仍存在制约长江航运发展的现象，仍然是长江干流航道发展的瓶颈，无论从现在长江干线航运需求和今后航运大通道建设都需要认真研究解决。考虑到新通道建设，按初步研究方案，至少需要 5～8 年才能完成，因此近 10 年还需研究、建设改善和扩大通过能力的措施，包括各种翻坝运输建设等。

9.6.3 葛洲坝船闸的通过能力

葛洲坝水利枢纽有2线(大江和三江)3座船闸,大江航道在设计时曾存在严重分歧,原交通部坚持要求建设大江航道和船闸,设计部门不同意,在初步设计批复中明确提出大江航道是为了满足航运远期发展要求而兴建的。大江航道在竣工验收中最大通航流量只能达到20 000 m^3/s,要求以后应尽快解决葛洲坝坝下游河道治理(即隔流堤)问题,以达到最高通航流量35 000 m^3/s。在葛洲坝竣工10年后,有关部门实施了坝下游河道整治工程,达到预期效果,以后经过维护和增设靠船墩等措施,现在大江航道的通航最大流量已达到35 000 m^3/s,其1号船闸年通过货运量略大于2号船闸(表9.2-9),这个结果是大家没有预料到的。

10. 中国工程院评估与竣工验收

三峡工程蓄水后，截至 2021 年已运行 18 年，大家都很关心三峡工程运行后的一些情况。在工程建设的不同阶段，有关部门都进行了评估。

三建委分别于 2008 年、2012 年委托中国工程院对三峡工程论证及可行性研究的阶段性评估工作、三峡工程试验性蓄水阶段的评估，中国工程院分别于 2009 年提出了《三峡工程阶段性评估报告・综合卷》、2014 年提出了《三峡工程试验性蓄水阶段评估报告》。为配合三峡工程的竣工验收，三建委于 2013 年 12 月委托中国工程院组织开展对三峡工程建设整体的第三方评估工作，2015 年 12 月提出了《三峡工程建设第三方独立评估综合报告》。

三峡工程整体竣工验收从 2015 年开始，由国务院主持的长江三峡工程整体竣工验收委员会具体组织实施，作者（刘书伦）做为验收专家组成员，参加了三峡工程整体竣工验收中枢纽工程总体竣工验收和移民工程验收中三峡库区验收，2016 年形成整体竣工验收报告。三峡工程整体竣工验收中，由中国水利水电规划设计总院进行三峡工程竣工安全鉴定，于 2015 年提出了安全鉴定报告。2020 年 11 月 1 日由水利部、国家发展改革委公布三峡工程完成整体竣工验收全部程序。

各阶段的评估报告非常全面，并已公开出版，本书主要阐述与航运相关部分项目的主要结论。

10.1 三峡工程阶段性评估

三建委于 2008 年委托中国工程院组织实施“三峡工程论证及可行性研究结

论的阶段性评估”工作。中国工程院高度重视，成立了以徐匡迪院长任组长的评估领导小组，聘请37位院士和近300位专家，分地质与地震、水文与防洪、泥沙、生态与环境、枢纽建筑、航运、电力系统、机电设备、财务与经济、移民等10个评估课题组，项目组各位院士、专家本着客观公正的原则和科学求实的精神，通过实地调研、深入分析和反复研讨，历时一年多的紧张工作，形成了各课题评估报告，于2009年提出了论证阶段评估报告。以下是与航运有关的课题主要评估结论和综合阶段性评估结论。

10.1.1 航运课题主要评估结论

1. 原论证的几个关键问题

(1) 关于“2030年下水过坝运量”

目前实际运行中“过坝运量”有了新的内涵，即过坝运量＝过闸运量＋翻坝运量。规划2030年下水过坝货运量预测5 000万t，客运量390万人次。因为人们的出行方式发生了明显变化，当前客运量稳定在每年200万人次上下，其中每年下行客运量120万人次，评估认为下行客运量预测是偏高的。根据对实际运量增长情况的初步预测，三峡下行过坝货运量将在2020年以前达到5 000万t/a的水平，认为下行货运量在初期快速发展之后，将逐步趋缓趋稳，有待做深入的专题研究。

(2) 关于“万吨级船队渝汉直达问题”

目前船舶已向大型化和自航船方向迅速发展，万吨船队渝汉直达问题还有待今后作出全面评估。“推轮＋驳船”船队运输方式已退出市场，大型化单型货船已成为运输主力，这是原论证没有预见到的。

三峡水库蓄水后，加上航道整治，三峡水库变动回水区和常年回水区的航道通航标准提高，水流条件得到改善，有利于船舶航行，与原论证的结论是一致的，对两坝间航道和葛洲坝以下航道，三峡蓄水后影响有利有弊。

(3) 关于“船闸运行性状”

船闸运行情况良好，年通航率达到了90.87%，高于初设的84.17%，提高了过闸效率，预计2020年前后可达到原论证的下水5 000万t的设计通过能力。

2. 三峡枢纽航运效益评估意见

(1) 三峡大坝的建成，使上游航道通航条件显著改善，下游通航条件也得到一定改善，取得的航运效益显著。

(2) 促进了长江水运事业的发展。葛洲坝 1988 年货运量 770.8 万 t(下行 661.9 万 t),2007 年为 4 985.5 万 t(下行 3 211 万 t),是 1988 年的 6.47 倍。

(3) 提高了船舶运输的安全性,降低了运输成本和油耗。水上交通事故和重大水上交通事故件数分别减为蓄水前的 32.9%和 5.8%。2007 年船舶平均耗油由成库前的 6.7 kg/(kt·km),降至 3.6 kg/(kt·km)。而重庆地区水运运价 0.033 元/(t·km),铁路 0.16 元/(t·km),公路 0.48 元/(t·km),故水路运输的优势极为明显。

(4) 促进了重庆及西南地区经济发展。长江航运已成为该地区重要对外贸易,经济交流和对外开放的通道。

3. 建议

开展三峡未来过坝运量预测与提高三峡船闸通过能力措施研究;抓紧研究三峡船闸定期检修制度;改善葛洲坝船闸通航条件,使之与三峡船闸的能力匹配;加快推进长江航运船舶的现代化、标准化、大型化;抓紧完成三峡工程八项技术设计工作(即变动回水区航道及港口整治)。

10.1.2 地质与地震课题主要评估结论

2001 年 7 月,国家投资 40 亿元专项资金对三峡库区地质灾害进行了二期、三期地质灾害治理,搬迁避让项目 646 处,涉及 6.99 万人。

经过二期、三期地质灾害治理,老滑坡复活和大规模塌岸灾害基本得到了控制。三峡水库经 135 m、156 m 蓄水位考验,干流岸段未出现严重库岸失稳。从 2008 年 9 月 28 日开始 175 m 试验性蓄水至 2009 年 4 月 11 日,库区出现了 167 处灾害险情,其中 70%为新生地质灾害。因而,地质灾害防治将是一项长期且艰巨的任务。

论证中提出的“松散堆积体的塌岸也会危及部分居民点安全,移民数量和城镇新址选择应做好相应的地质工作,要避开稳定条件差的斜坡地段及可能的涌浪影响区”是正确的,为移民迁建指明了方向。水库蓄水后,险情较多,增加了航运安全、预警和维护难度。

根据地震监测结果,蓄水初期突发密集型小震群,地震活动与库水位首次快速抬升具有明显的相关关系。多数地震都是库水淹没废弃矿山和岩溶发育地区引发的矿山型和岩溶型地震。2008 年发生的汶川地震与三峡水库蓄水没有关系。

评估认为：水库诱发地震，库岸稳定对大坝、水库和长江航道影响的结论基本正确；就库岸稳定性和地质灾害对移民迁建城镇影响做出了宏观的判断，所做出的宏观判断和指出的方向，应在今后移民迁建城镇建设中予以重视。目前库区崩塌、滑坡灾害已基本得到控制，但在今后库区移民迁建过程中仍应密切关注，做好防治工作。

建议：加强和完善现有的水库地震及库岸稳定监测系统，建立有效的监测、预警系统，做好应急预案，并建立长效机制进行监督管理；对库岸稳定性和地质灾害进行有针对性的深入研究；严格控制城镇建设规模，加强地质灾害和高切坡风险管控，保护地质环境。

10.1.3　水文与防洪课题主要评估结论

1. 水文评估

从防洪角度分析，原论证阶段确定的设计洪水频率分析成果合理可行，用于调洪计算的设计洪水过程，因采用了各种典型洪水过程线的外包线，成果是偏安全的。

针对年径流量和枯水流量，从近百年来全球气温变暖和径流丰枯周期变化的趋势分析，今后径流的变化是继续枯或变丰，尚难有定论。2006 年上游大旱是自然现象，与三峡水库修建无关。

2. 防洪评估

原论证得出的长江中下游防洪方针、原则、目标及三峡工程的防洪作用等基本结论是正确的。三峡工程是长江中下游防洪体系中的一项关键工程，其地位和作用是其他工程所不能替代的。

3. 建议

继续加强长江防洪体系建设；加强三峡水库运用对长江中下游水资源开发利用的影响研究；加强三峡水库与长江上游干支流水库统一调度研究；加强下游河道保护和整治措施研究；加强江湖关系变化观测和研究。

10.1.4　泥沙课题主要评估结论

1. 主要泥沙问题评估

(1) 三峡水库上游来水来沙

实测不同时期的入库水沙（表 10.1-1），1961—1970 年系列是论证时进行水库淤积计算和实体模型实验的入库水沙系列，是偏于安全的。近期三峡工程的泥沙研究，采用符合实际的水沙系列更为合理。

表 10.1-1　实测不同时期的入库水沙(寸滩＋武隆)

时期	年均径流量/亿 m^3	年均来沙量/亿 t
1950—1986 年	3 986	4.93
1961—1970 年	4 196	5.09
1991—2000 年	3 913	3.77
2003—2007 年	3 580	1.90

(2) 水库泥沙淤积与库容长期使用

据原型观测，从 2003 年 6 月至 2007 年 12 月，水库年均淤积量为 1.3 亿 t，仅为论证预测值的 1/3。考虑上游建溪洛渡、向家坝、亭子口等水库后，水库泥沙淤积量将进一步减少，因此原论证得出的三峡水库能长时期保留大部分有效库容的结论是可以实现的。

(3) 重庆主城区河段的冲淤变化和分期蓄水方案

近年上游来沙明显减少，模型试验表明，采用 175 m－145 m－155 m 运行方式，及时采取疏浚和整治措施，就有可能保持港区和航道正常运行。因此，从泥沙角度看，三峡水库目前已经具备了试验性蓄水至 175 m 水位的可行性。另外，只有水位蓄至 160 m 以上，才能观测到重庆主城区河段泥沙淤积的实际情况。

(4) 水库变动回水区航道泥沙问题

由于三峡水库运行时间较短，变动回水区消落深度较小，变动回水区的航道泥沙淤积问题尚未完全显现，还有待实际资料的检验和进一步的研究。

(5) 坝区泥沙问题

据实测情况，坝区及引航道泥沙淤积、河势情况和引航道的水流条件和原论证结果基本一致。由于评估时三峡水库运行仅有 5 年，坝区淤积尚未充分发展，有些问题，如引航道的泥沙淤积及水流流态和右岸电站、地下电站的正面进水等问题，还有待继续观测和研究。

(6) 宜昌水位问题

截止 2007 年底，宜昌水位在流量 4 000 m^3/s 时较 1973 年累计下降 1.32 m，尚未影响船舶通航。宜昌水位受下游节点控制，需密切注意下游控制节点的冲刷情况，加强节点治理，制止非法采砂，以免宜昌站水位进一步下降。

（7）坝下游河床冲刷和对堤防安全的影响

三峡工程蓄水运行5年，全程冲刷已发展到湖口以下。总的来说，原论证期间的结论至阶段性评估时是基本正确的，但由于来沙减少和河道采砂的影响，目前冲刷的速度和范围要大于预计。为保证防洪安全，今后应加强河道的监测，尽快实施荆江河段的河势控制应急工程，同时制止非法采砂。

（8）坝下游河床演变对航道的影响

三峡水库蓄水运行后，宜昌至江口河段的沙质浅滩大幅冲刷，航宽、航深明显增加；而卵石浅滩则坡陡流急突出，增加了航运困难，需要进行整治。江口以下的沙质河床，江心洲洲头低滩冲刷后退、滩面降低，且槽口众多、水流分散、水深变浅。长顺直河段则水流摆动，航道不稳。此外，10月蓄水使下游水位快速退落，水流冲槽能力大幅度减弱，放宽段淤沙在汛后来不及冲刷有可能出浅碍航。因此，需要优化水库调度，使下游水位平稳消退。这些问题需要由水利、交通部门联合治理。

（9）三峡水库运用对长江口的影响

长江口年入海总径流量未出现显著的趋势性变化，近年来，盐水入侵加重，大通站观测到的泥沙量大幅下降。目前河口河槽容积有所扩大，滩涂面积有所减少，需继续进行观测和研究。

2．综合评估的基本结论

泥沙问题是三峡工程关键技术问题之一，在原论证期间，对泥沙问题进行了广泛研究，所取得的成果为三峡工程建设的决策提供了科学支撑。论证结束后，结合工程建设的需要，继续进行了系列泥沙的原型观测和研究分析工作，取得了丰富的成果。评估专家组认为原论证的结论基本上是合理可信的。然而，泥沙的冲淤变化和影响是一个逐步积累的过程，工程运行历时尚短，而且还在低水位运行，尚未达到正常蓄水位，入库水沙也还未经历大水大沙年份，可能还有一些问题尚未暴露。今后应密切监测，在更长时间后，对三峡工程的泥沙问题做出更全面的评估。

3．今后工作建议

加强泥沙原型观测和分析研究；加强对上游大型水库群修建后长江中下游河道及河口长期演变趋势及对策研究；应充分考虑在枯水少沙条件下的优化调度，使三峡水库的运用在各种情况下都能发挥最大的综合效益。

10.1.5 综合阶段性评估意见和主要结论

1. 综合评估意见

三峡工程在1986—1989年的论证工作与可行性研究(即原论证)时做出的“建比不建好,早建比晚建好”的总结、推荐的水库正常蓄水位175 m及“一级开发、一次建成、分期蓄水、连续移民”的建设方案,为党中央、国务院和全国人大的决策提供了科学依据,并经受了工程建设和初期运行的实践检验。三峡工程开工建设以来,枢纽工程建设、泥沙的库区移民安置、生态和环境保护等各项工作进展顺利,初期运行已开始发挥防洪、发电、航运等综合效益,实践证明了原论证总的结论和建设方案是完全正确的。

评估认为,三峡工程是一个综合利用的水利工程,防洪、发电、航运等效益巨大。更为重要的是,通过三峡工程建设,积累了丰富的大型工程建设经验,培养了一大批优秀的工程科技人才和工程管理人才,增强了自主创新能力,提高了我国工程科技水平,赢得了国际声誉。三峡工程的兴建,对促进华中、华东、西南地区乃至全国的经济社会发展具有十分重要的意义。

2. 三峡工程建设的基本经验

本次评估认为,三峡工程顺利建成具有深远的影响和重大的意义,主要经验有以下几个方面:

坚持科学论证,为中央的正确决策提供科学依据;坚持与时俱进,在建设中深化对重点难点问题的认识,并及时采取改进措施;坚持科技创新,不断提高工程建设的科技水平;坚持深化改革,不断提高工程建设的管理水平;坚持质量第一,建设世界一流工程。

3. 需要关注的问题

主要包括三峡水库及其支流的水质问题和库区的生态环境问题,三峡库区的移民安置和社会经济发展问题,库区地质灾害问题及其他重要问题[其中包括改善通行条件和发展长江航运问题、对于泥沙问题的进一步监测和保护长江中下游河(航)道等问题]。

4. 对今后工作的建议

关于三峡库区经济社会发展模式的定位,继续做好移民的稳定致富工作,保护和建设库区生态环境,进一步发挥三峡工程的综合效益,妥善安排和做好三峡工程的后续工作,建立长江水资源统一调度系统。

10.1.6 研读评估报告的认识与感想

中国工程院的三峡工程论证及可行性研究结论的阶段性评估报告，针对论证期间大家关注和争议的问题，作出了明确的评估意见，非常好。我们是认真阅读，结合航运现状逐项分析的，其结论是符合当时三峡工程建设实际的，对我们以前讨论与争议的重大问题作出了回答，对我们这些参与三峡航运工程论证的同志来说是让人非常满意的一件大事。

评估报告认为原论证工作全面、深入，各课题的具体结论和预测估算与实际情况的贴近度较高，但还有不同程度的差别，如航运、移民和财务经济这三个专题论证结论和预测指标与实际情况有不同程度的出入。其中航运专题中的规划对长江航运迅速发展估计不足，预测以万吨级船队为主，而实际以大型自航船为主；移民专题中对实物指标和环境容量的预测与实际情况也有较大差别，原规划移民总数 113.18 万人，实际结果为 124.55 万人，原规划农村移民后靠安置的人均耕地 1.3 亩，实施结果为 0.74 亩。

评估报告最后指出："三峡工程凝结了亿万人民群众的殷切期望，几代国家领导人的决策情思，千万工程技术人员的智慧结晶和广大建设者的劳动热情。"通过这次阶段性评估，对三峡工程的成就和效益、功过和利弊基本上有了一个科学的、符合实际的认识。

中国工程院的评估报告对三峡工程的成就和效益、功过和利弊作出了明确的重大结论，我们十分敬佩。评估后到今天，又过了十几年，但有些复杂问题仍存在不同认识，有些情况也发生了变化，如金沙江四大电站建成运行，现在不是一座三峡水库，而是水库群，三峡水库的入库水沙条件发生了重大变化。还有中华鲟保护问题，技术上出现激烈争议，有些生态环境保护问题存在不同的看法。对航运来说，有利方面较多，但也存在三峡过坝瓶颈问题。总之，三峡工程的有利和不利影响都在继续发展，争议也在继续。对三峡工程存在的可能出现的问题，我们应认真负责地逐个地予以分析、防范、治理，并妥善解决。

10.2 三峡工程试验性蓄水阶段评估

2012 年，三建委办公室委托中国工程院开展三峡工程试验性蓄水阶段评估工作。为客观、科学评价三峡工程五年来试验性蓄水阶段工作，中国工程院高度重视，成立了由徐匡迪名誉主席、周济院长和潘云鹤常务副院长为顾问，沈国舫原副院长为组长的评估项目组。评估项目组聘请了19位院士和150位专家参加评估工作。根据评估内容分设水库调度、枢纽运行、生态环境、地质灾害与水库地震、泥沙、移民以及经济和社会效益等7个课题组及1个综合组。2013年1月中国工程院召开项目启动会,5月28日形成综合报告向领导汇报,会后修改定稿。

10.2.1 水库调度课题评估主要结论

1. 总体结论

三峡工程试验性蓄水期间,三峡水库的调度实践检验了正常调度的各项内容,具备全面发挥设计确定的防洪、发电、航运等巨大综合利用效益的能力,在完成《三峡水库调度规程》编制及审批,以及工程验收后,具备转入正常运行期的条件。

2. 调度成效

三峡工程试验性蓄水期间不仅实现了设计确定的防洪、发电、航运三大目标,并且增加了供水目标,针对长江中下游严重旱情进行了抗旱调度尝试,取得了巨大的补水效益;在防洪调度方案中,进行了对城陵矶补偿调度,有效减轻了长江中下游防汛抗旱的压力,协调了发电与航运调度,提高和拓展了三峡水库的综合效益。

3. 调度影响

三峡水库汛后蓄水导致洞庭湖、鄱阳湖两湖水位下降,消落到枯水水位时间提前,对灌溉、供水及生态环境产生一定影响。但三峡水库蓄水只是造成湖水位偏低的原因之一。通过其流域内采取相应的工程措施、非工程措施,可以缓解两湖水资源紧张问题。

4. 需进一步研究的问题

进入正常运行期,仍需充分重视长江中下游防洪体系的全面建设,加强江湖关系变化监测与研究,加强三峡水库综合利用和优化调度研究,加强三峡水库与长江上游干支流水库统一调度。

5. 建议

尽早转入正常运行期;加强三峡水库优化调度方案的研究;加强三峡水库调度保障条件研究。其中加强三峡水库调度保障条件研究主要包括:加快长江中下游防洪体系建设、加强泥沙和江湖关系演变动态观测、加强气象和洪水预报技术的研究、加强三峡水库与长江上游干支流水库统一调度协调机制的研究、建立风险调度基金等。

10.2.2 枢纽运行课题主要评估结论

本次评估未设航运课题，在枢纽运行课题中，与航运有关的主要是通航建筑物。

(1) 运行情况

试验性蓄水期间，船闸各水工建筑物运行状态良好，闸首“人”字门及启闭机、闸室输水系统阀门及启闭机等金属结构、机械及电气设备运行正常，过闸货运量稳步增长。

(2) 监测资料分析

试验性蓄水期各项监测资料表明：船闸的变形、渗流、闸首及闸室墙结构锚杆应力、边坡锚索的锚固力、输水系统水力学等观测值均在设计允许范围内，测值变化符合一般规律，工作状态正常，运行安全。

(3) 问题与处理

① 船闸南北线基础廊道渗流量增大问题。南线船闸在2012年3月首次岁修处理后渗水量减小至635 L/min，效果良好。2013年3月北线船闸也进行了相同的岁修处理。

② 过坝船舶待闸问题。三峡工程试验性蓄水以来，三峡—葛洲坝航段船闸通过能力不足的现象明显，出现大批过坝船舶待闸，预计今后待闸船舶数量还会增加，待闸时间可能还会延长，应予以足够重现，并尽快研究采取措施解决。

10.2.3 地质灾害与地震课题评估主要结论

(1) 地质灾害评估主要结论

2008年开始175 m试验性蓄水以来，截至2012年8月31日，库岸再造过程诱发了约400处滑坡等灾情险情(表10.2-1)。表中表明试验性蓄水第一年新生滑坡地质灾害与蓄水关系非常明显，但第二年开始地质灾害发生率锐减，并渐趋平缓，且主要发生在每年水位上升和下降期，属于可控范围。

表10.2-1　2008—2012年三峡库区两岸发生地质灾害次数　单位:次

地段	年份					
	2008年	2009年	2010年	2011年	2012年	合计
重庆库区	243	16	12	11	11	293
湖北库区	90	5	12	1	4	112
全库区	333	21	24	12	15	405

库区地质灾害防治初见成效，并建立了群专结合的地质灾害全天候监测预警体系，通过灾险情应急处置、工程治理和避让搬迁等手段，库区无因蓄水滑坡导致人员的伤亡。

三峡库区正常蓄水运行后，仍有一个较长时间的库岸再造过程，鉴于地质勘察精度有限、防治标准偏低；地质灾害具有隐蔽性和突发性。两岸高陡岸坡危害和崩塌险情难以发现和预测，崩塌后果(涌浪)可能严重威胁长江航运安全。因此对地质灾害防治需高度重视。

(2) 地震监测成果主要结论

175 m 试验性蓄水后，地震活动和库水位变化具有明显的相关性；蓄水期间水库地震以微震和极微震为主，均小于初步设计论证报告中的预测值；水库地震发生主要地段与初步设计中预测的位置基本一致。三峡水库地震总体趋势渐趋平缓，不会出现超过论证期间预测的震级。虽仍可能在本底天然地震范围内的一定波动，但不影响 175 m 水位正常蓄水运行。

(3) 建议

建立水库调度与库区地质灾害预警联动制度；制定三峡工程库区城镇发展相关法规，合理限制建设规模；以坐落在顺向坡上的城镇作为防治的重点，加强峡谷区高陡滑坡涌浪灾害监测预警；在正常运行期需继续监测，为正常运行管理提供科学保障。

10.2.4 泥沙课题评估主要结论

试验性蓄水后三峡工程上下游泥沙的冲淤变化，继续保持 2003 年蓄水以来的相同态势。蓄水(包括试验性蓄水)以来三峡工程的泥沙问题及其影响未超出原先的预计，局部问题经精心应对，处于可控之中。随着三峡上游新建的各大水库的蓄水拦沙和上下游水库的联合调度，三峡水库的泥沙淤积总体上会进一步缓解。三峡水库正式进入正常运行期是可行的。泥沙问题是长期积累的结果，对今后可能发生的泥沙问题，仍应继续高度重视，深入研究，加强预防和应对措施。

针对若干重点泥沙问题：2008 年汛后开始实施的 175 m 试验性蓄水运行是可行的。三峡水库采用淤积量增加较少的方案，从 9 月 11 日开始蓄水，并在 9 底蓄至 155～160 cm 水位，5 年试验性蓄水的实践证明，汛末提前蓄水到 9 月 10 日的方案是正确的。目前不宜将试验性蓄水期中小洪水调度列入正常运行的调度规程，对其利弊还应深入分析论证。重庆主城区河段局部累积性淤积与碍航问题还没有充分显现，采砂活动对主城区河道冲淤的影响也较大，对该河段的泥沙冲淤规律及其影响仍需加强研究。因三峡水库运行后下游河道冲刷发展较可行性论证和初步设计阶段要快，下游河道的河势、崩岸塌岸仍将会发生较大的变化，一些潜在的问题将不断暴露，对河道航运、堤防安全和取水安全等产生严重的影响，对此仍需开展持续监测和深入研究。三峡水库蓄水以后，长江和洞庭湖之间的交互关系的变化有明显和渐进两个方面，对长江中下游河道的防洪安全是不利的，其发展趋势应予重视；鄱阳湖湖区各站月平均水位均有不同程度的下降，使枯水期提前，对湖区水资源利用产生了明显的影响；三峡水库蓄水及清水下泄引起的河床下切并不是引起鄱阳湖旱季水位下降的唯一原因。江湖关系的变化还涉及水资源和生态环境影响等多方面的问题，需要进一步综合研究。泥沙冲淤变化是长期累积的过程，应继续高度重视，深入研究，加强预防和应对措施。

建议：加强三峡工程上下游水文泥沙原型观测与研究工作；深入开展有关重点泥沙问题的研究；抓紧实施水库上下游有关整治工程；优化三峡水库运行调度，减少泥沙不利影响。

10.2.5 试验性蓄水阶段综合评估主要结论

1. 开展 175 m 试验性蓄水的必要性

试验性蓄水至 2013 年已持续进行了 5 年。5 年来，试验性蓄水工作按照国务院要求的“安全、科学、稳妥、渐进”的原则有序推进。2008 年和 2009 年最高蓄水位分别为 172.80 m 和 171.43 m，2010—2012 年连续 3 年实现了 175 m 蓄水目标。试验项目包括水库调度运用方式试验研究、枢纽建筑物安全监测、水能发电机组试验考核、水文泥沙观测验证、移民迁安实施检查、水库地震监测和库区地质灾害防治监测、生态环境监测和评价等。

试验性蓄水不但全面验证了三峡工程的可行性论证和初步设计，而且证明了三峡工程通过优化调度可以进一步发挥其巨大的综合利用效益。实践表明，三峡工程提前实施试验性蓄水是完全必要的，将为今后工程的安全高效运行奠定良好基础。

2. 综合评估

综合水库调度、枢纽运行、生态环境、地质灾害与水库地震、泥沙、移民及经济和社会效益等 7 个课题的评估意见，三峡工程在 5 年的试验性蓄水期间，开展了大量监测、试验，考核和研究工作，各项成果充分表明：水库的调度方式取得宝贵经验并已基本成熟，枢纽工程和输变电工程运行正常，生态环境受到一定影响但总体可控，水库地震最大震级低于预测并渐趋平缓，库区地质灾害发生频次趋缓且防治有效，泥沙问题及其影响未超出设计预期，移民安置经受蓄水和自然灾害考验总体稳定，工程的综合效益充分发挥并有所拓展，三峡工程已具备转入正常运行期的条件。

鉴于长江干支流正在陆续兴建梯级水库，而泥沙冲淤、库岸再造、生态环境、移民安稳致富等问题又都是一个长期发展或积累的过程，三峡水库在转入正常运行期以后，其调度运用方式将在一个很长的时期内需持续进行动态优化或调整。因此，通过试验性蓄水实践出来的许多重要经验，包括坚持遵循“安全、科学、稳妥、渐进”的工作方针，建立完善大力协同、统一调度的工作机制，全面落实地方政府库区安全管理责任，加强安全监测与灾害防范工作，不断总结深化对蓄水规律的认识等。

10.2.6 对评估意见的认识

细读综合水库调度、枢纽运行、泥沙、生态环境、地质灾害与水库地震、移民等六个课题中涉及航运部分的试验性蓄水阶段评估意见，作者感到评估意见具体翔实、实事求是，反映了 175 m 蓄水位初期运行后涉及航运部分基本情况，并提出了一些建议，评估后也按建议做了一些工作。但观测时间仅 4 年多，有些项目受多种因素影响，技术上本身就有不同的认识，短时期很难说清楚，如生态环境、河流泥沙、地震与地质等。此外受金沙江 4 个大型电站蓄水影响，使得三峡水库入库泥沙大幅度减少，这些变化将影响到评估结论。三峡工程规模宏大，对航运影响深远，需认真跟踪观测分析，不断提高认识，不要怕争论，不要轻易作出结论。

10.3 三峡工程建设第三方独立评估综合报告

为配合三峡工程的竣工验收，三建委于 2013 年 12 月委托中国工程院在三峡工程论证及可行性研究结论的阶段性评估和三峡工程试验性蓄水阶段评估的基础上，组织开展对三峡工程建设整体的第三方评估工作，全面总结三峡工程建设的成功经验，科学评价三峡工程的综合效益，准确分析三峡工程的相关影响，并提出有关建议。

中国工程院对此高度重视，由钱正英院士和徐匡迪院士为评审项目顾问，周济院长任组长，全面组织领导评估工作。评估小组邀请了相关专业 44 位院士和

300多位专家参加评估工作，分12个评估课题。经过近2年的紧张工作，形成了12个评估课题报告。在评估成果的基础上，专家组经过反复交流与研讨，形成了项目综合评估报告征求意见稿，并在2015年5月广泛征求了相关单位的意见，于2015年12月提出了综合报告。

10.3.1 水文和泥沙综合评估意见

本次评估将水文资料系列进一步延长至2013年，对三峡坝址径流、泥沙、设计水位的设计成果进行了复核，结果表明水文资料系列延长后水文统计参数总体稳定。入库沙量明显呈减小趋势，有利于减缓水库淤积。

三峡水库拦沙后，清水下泄挟沙能力增强，干流河道普遍发生冲刷，荆江河道枯水期同流量下水位下降显著，洞庭湖、鄱阳湖在三峡水库汛后蓄水期出流加快，但干流河道中大流量的水位流量关系曲线暂无趋势性变化，需关注其长期变化趋势。

三峡水库基本遵循了“蓄清排浑”的运用方式，但由于入库泥沙大幅减少，对水库运行调度方案进行了适当调整，实施了中小洪水滞洪调度。随着上游梯级水库陆续兴建，三峡水库的泥沙淤积问题会进一步缓解，水库的大部分有效库容可长期保持。

自三峡水库试验性蓄水以来，常年回水区的航道维护尺度总体上得到显著提升，航运条件大幅度改善；同时，水库大幅度抬高了枯水期消落水位至155 m以上，使变动回水区的通航条件也有明显改善。重庆主城区河段局部淤积虽对部分航段在集中消落期的通航产生一定影响，但通过加强观测、及时疏浚和维护管理，总体影响可控，且未影响重庆洪水位。蓄水以来通过水库调节增加下泄流量，葛洲坝水利枢纽下游设计最低通航水位得到保证。

自三峡水库蓄水以来，长江中下游河道冲刷整体呈现自上而下的发展态势，冲刷的速度较快、范围较大，全程冲刷已发展至湖口以下。冲刷主要发生在宜昌至城陵区河段，其冲刷量在初步设计预测值范围之内。目前坝下游河道河势虽然出现了一定程度的调整，甚至局部河段河势变化较大，但坝下游河道总体河势基本稳定。水库调节有利于提高坝下游河道枯水期的航道水深，但在汛后水库蓄水期和汛前集中消落期，局部河段会出现一些碍航问题。进入长江口的沙量显著减少。鉴于泥沙问题具有不确定性和累积性，今后尚需继续加强泥沙监测和分析研究工作。

10.3.2 地质灾害和地震综合评估意见

三峡库区地质条件复杂，是地质灾害高发区。三峡枢纽工程建成蓄水后，扰动了库区的地质环境，地质灾害防治面临巨大挑战。1992 年设立专项对变形加剧的链子崖危岩和黄蜡石滑坡进行了应急治理，成功地消除了严重威胁长江航道和巴东县城安全的巨大灾害隐患；如期高质量地完成了 400 多处滑坡崩塌防治、300 余段库岸防护、2 874 处高切坡治理等工程项目，确保了 79 座涉水移民城镇的整体地质安全稳定性。

设立了 3 100 多处地质灾害标准化监测点，由水库蓄水引发的地质灾害，已由高发期向低风险水平的平稳期过渡，但三峡库区引发滑坡灾害的新风险仍不能忽视，需继续开展工程治理和避让搬迁，确保库区长期地质安全。

地震活动与库水位首次抬升时间对应关系密切，具有明显的水库引发地震特征。地震易发库段的位置及已发生的最大地震震级都在前期预测的范围之内。今后库区地震活动水平将呈起伏性下降，渐趋平缓。

10.3.3 航运综合评估意见及航运效益

三峡船闸经历了各种工况的检验。在各运行阶段，运行指标已达到或超过设计参数。货运量逐年持续增长，提前 19 年实现了三峡工程的航运规划目标。三峡水库蓄水至 175 m 后，水库回水上延至江津红花碛（长江上游航道里程 720 km 处）。常年回水区（涪陵至坝址）的航道维护尺度得到显著提升，航道条件大幅度改善。变动回水区（江津红花碛至涪陵）高水位运行期的航道条件也得到不同程度的改善。在 175 m 水位试验性蓄水期，重庆朝天门至坝址河段，在一年中有半年左右的时间具备行使万吨级船队的通航条件。

三峡水库蓄水运行后，坝下河道总体表现为长距离、长时段的河床冲刷，枯水期下泄流量明显加大，坝下河道总体河势保持稳定且可控，航道条件也整体向好的方向发展，并已取得明显成效。

三峡工程促进了长江航运的发展，长江已是货运量位居全球内河第一的黄金水道，应加快三峡枢纽水运新通道和葛洲坝水利枢纽船闸扩能工程建设前期工作等，进一步提高三峡枢纽、葛洲坝船闸和两坝间航道在内的航运系统通过能力。对通航安全和船闸运行效率的可能影响，要继续加强监测和研究。

三峡工程建成后，显著改善了三峡库区的通航条件；通过枯水期流量补偿，航道整治和航道维护疏浚等措施，提高了中游宜昌至武汉段的枯水期航道水深，长江航道通过能力大大提升，促进了沿江经济的快速发展。本次评估中，以三峡工程建成前后川江运量的变化为基础（包括货运量和客运量），测算了2003—2013年期间的航运效益：运输成本节约效益95.8亿元，货物由其他运输方式转移至水路产生的转移效益约为54.4亿元，运输时间节约效益12.1亿元，航运安全提升效益0.13亿元，合计为162.43亿元。

10.3.4 水库调度评估意见

三峡工程试验性蓄水期间，水库调度保证了三峡工程安全度汛、平稳蓄水和枯水期供水安全，充分发挥了工程的综合效益。

防洪调度兼顾对城陵矶的防洪补偿调度合理可行，在不断总结防洪调度经验的基础上，在确保安全的前提下，相机进行中小洪水调度。

航运调度服从防洪调度、水资源调度，并与发电调度相协调。在试验性蓄水期间，航运调度保障了三峡与葛洲坝水利枢纽通航实施的正常运行。评估认为现行的航运调度方式基本合理可行，即三峡至葛洲坝两坝间河道航道水流条件应满足船舶安全航行的要求；葛洲坝最小下泄流量应满足葛洲坝下游庙嘴水位站水位不低于39 m的条件；蓄水期控制坝前水位上升速度，逐渐稳步减少下泄流量，10月下旬蓄水期间，一般情况水库下泄流量不小于6 500 m^3/s，以满足坝下游航道目前通航水深的要求。建议进一步研究优化航运调度与发电调度的协调，重视大坝泄洪、电站调峰对三峡—葛洲坝水利枢纽河道通航条件的影响问题，以及葛洲坝以下河道河床还会进一步下切的问题。

10.3.5 综合评估结论

中国工程院作为第三方对三峡工程建设进行独立评估，评估的结论是：三峡工程规模宏大、效益显著、影响深远、利多弊少。由于认证充分，决策科学，从根本上保证了工程建设的顺利进行。工程初步设计规定的建设任务提前1年完成，工程建设质量符合技术标准，满足设计要求。在工程建设过程中，坚持科技创新，在水利水电工程建设、输变电工程建设和机电设备设计制造方面，实现了技术上的跨越式发展；坚持深化改革，落实"四制"（项目法人责任制、招标承包制、工程监理制、合同管理制），有效地控制了质量、进度和投资；坚持以人为本，贯彻开发性移民方针，成功实现百万移民的搬迁安置。工程建成后，遵循"安全、科学、稳定、渐进"的原则，实施了175 m正常蓄水位试验性蓄水，防洪、发电、航运和水资源利用等效益全面显现，并为三峡—葛洲坝梯级枢纽的优化调度积累了宝贵经验。工程建设对生态和环境的影响有利有弊，但均处于受控状态。为实现百万移民安稳致富和库区经济社会又好又快发展，继续推进生态修复和环境保护，进一步拓展和充分发挥工程的巨大综合效益，国家出台了《三峡后续工作规划》，并已在顺利实施。

中国工程院在本次评估中，在对三峡工程建设和试验性蓄水给予充分肯定的同时，也提出了工程今后在长期正常运用中需要关注的问题和建议，特别是三峡库区经济社会的可持续发展和广大移民群众的进一步安稳致富问题、继续加强长江上游的水环境保护和地质灾害防治问题、全面优化三峡水库的科学调度和长江流域水库群的联合调度问题、重视坝下游河道长期冲刷及江湖关系变化问题。希望有关省（直辖市）、部门和单位继续发扬科学民主、团结协作、精益求精、自强不息的三峡精神，在工程正式投运后，继续大力推进国务院批复的《三峡后续工作规划》和《国务院关于依托黄金水道推动长江经济带发展的指导意见》的贯彻落实，建立健全最严格的生态环境保护和水资源管理制度，加强长江全流域生态环境监管和综合治理，尊重自然规律及河流演变规律，协调好江河湖泊、上中下游、干流支流关系，保护和改善流域生态服务功能，推动流域绿色循环低碳发展，使三峡工程的“利”拓展到最大，而将其“弊”降低到最小，为实现中华民族伟大复兴的中国梦做出尽可能大的贡献。

10.3.6 对社会公众关心的若干问题(有关航运)说明

1. 关于三峡水库运用对坝下游河道的冲刷问题

长江中下游河道冲刷发展的速度较快，范围较大，其原因是入库和出库的沙量都有大幅度的减少，水流挟沙能力加大，也与河道非法采砂活动有关。坝下游河道冲刷虽然导致河床演变和调整，但长江中下游河道的河势总体稳定。

坝下游河道冲刷的影响有利有弊。在航运方面有利的影响是枯水期下泄流量增加，有利于加大航道水深；不利的影响是清水下泄导致河床下切，宜昌枯水位持续下降，通过流量补偿保证葛洲坝水利枢纽设计最低通航水位的难度加大，以及中游航槽以外区域的冲刷和滩槽格局的调整引起部分河道通航条件变差。

坝下游河道清水冲刷的影响具有累积性和不确定性，达到新的冲淤平衡将有一个过程。关于航道条件问题，将通过落实长江经济带发展战略，实施航道整治工程，优化水库调度，加强航道疏浚和维护，进一步改善通行条件，适应沿江经济社会发展对航运的需求。

2. 关于三峡水库推移质泥沙是否堵塞重庆港的问题

三峡水库蓄水后的2003—2013年，实测年均沙质推移质和砾卵石推移质输沙量仅为1.47万t和4.36万t，比1991—2002年减少了94%和72%。三家水库入库推移质输沙量大幅减小，主要与上游水库拦沙、水土保持及河道采砂增多等因素有关。局部江段的少量推移质泥沙淤积，可以通过正常的航道维护和水库调度加以解决，因此，三峡水库的修建不会出现堵塞重庆港和加重重庆以上洪水灾害的问题。

三峡水库蓄水11年来，通过加强观测、及时疏浚和管理，重庆港各港区均未出现因泥沙淤积而影响港口正常运行的情况。2013年重庆港完成货物吞吐量1.37亿t，成为西部地区重要的枢纽港。

3. 加强长江泥沙监测研究，重视下游重点河段整治

河床演变和河岸坍塌是所有江河的常态现象。由于三峡工程和长江上游干支流梯级水库蓄水拦沙以及库岸周边的水土保持，三峡水库来沙量比初步设计阶段大幅度减少，清水下泄加重了下游河道冲刷和河岸坍塌，江河湖海水文生态发生变化。建议加强重点河段、河湖口、入海口的监测与工程整治，经过一定时期的演变过程，长江中下游河道将会达到一个新的冲淤平衡，并逐步趋于相对稳定的状态。

10.3.7 研读评估报告的感想

这次评估是三峡工程运行后第三次评估，是针对2008—2012年175 m试验性蓄水运行涉及航运方面主要情况、主要影响、主要经验等进行评估，并提出工作建议。水库的来水来沙条件与原初设的情况基本一致(金沙江4个大电站尚未投产运行)，评估报告基本反映了三峡工程初期运行的情况，有一定深度，报告完整。但观测时间仅5年，很多问题未暴露，对有些问题的认识，时间短，还说不清楚，特别是对长江下游的影响问题，将逐步显现，需要持续监测与研究。

航运课题的第三方独立评估，是我们搞航运工作的同志十分关注的。报告对航运进行了全面评估，虽然反映了三峡工程运行后航运的发展和效益，但没有谈这些效益和航运发展是怎么得来的，也没有谈三峡工程17年来航运遇到的问题和困难。三峡工程初步设计中施工通航有升船机＋明渠＋临时船闸，能做到施工

期不断航，但实际情况很快就变了，如升船机选型变更，升船机缓建、复建时期问题；施工通航中明渠通航问题，船闸完建期单线通航问题等，曾遇到诸多困难；碍航、断航这些问题都是超出初步设计的。三峡航运工程建设中的主要问题基本发生在建设期，在三建委办公室的主持下，发挥多个单位的智慧和创新能力，齐心协力，逐项解决的，这些来之不易的经验和教训值得总结。

2013 年以后，金沙江 4 座大型电站及上游几座大电站相继建成投产，三峡入库水沙条件发生了重大变化，现在已实施新的联合调度。为此，本书做了一些补充和充实，并提出了一些认识。

10.4 三峡工程整体竣工验收

三峡工程的许多重大事项，都是通过国务院三建委的会议进行部署的，其中有关三峡工程竣工阶段工作安排是第十七次会议作出的安排，三峡工程竣工后的后续事项安排是由第十八次会议确定的。

为配合三峡工程的竣工验收，2013 年 12 月国务院三建委委托中国工程院进行了三峡工程建设整体的第三方独立评估工作，2015 年 12 月完成了 12 个评估课题的评估工作，并编制了综合报告。

2014 年 6 月底前，验收委员会完成组织机构的设立和验收大纲的审定。作者(刘书伦)有幸参加了三峡工程整体竣工验收中枢纽工程总体竣工验收和移民工程验收中三峡库区验收。2015 年 6 月底前，中国工程院提交第三方独立评估报告，中国水利水电规划设计总院于 2015 年完成三峡工程竣工安全鉴定。2015 年 9 月 23—26 日在三峡坝区召开“长江三峡工程整体竣工验收会议”，整体竣工验收委员会副主任、水部部长陈雷，验收组副组长有水利部副部长矫勇、交通运输部副部长何建中、三建委枢纽工程质量检查组组长陈厚群院士，三建委三峡枢纽工程稽查组组长王武龙，三峡集团总公司总经理王林，验收组成员和专家组成员，以及各参建单位负责人参加了验收会。26 日通过了“验收鉴定书”，全体验收委员在“验收鉴定书”上签字。

2020 年 11 月 1 日，水利部、国家发展改革委公布，三峡工程完成整体竣工验收全部程序，这意味着三峡工程建设任务全部完成。

10.4.1 枢纽工程验收鉴定书中有关航运内容

2014 年 4 月，国务院成立国务院长江三峡工程整体竣工验收委员会，下设枢纽工程、输变电工程和移民工程验收组,其中枢纽工程验收组由水利部牵头组织。枢纽工程验收组设立专家组,负责枢纽工程验收前的技术预验收工作。作者(刘书伦)为专家组成员,参加了技术预验收工作。

2015 年 5 月,枢纽工程验收组启动枢纽验收工作,专家组分六个专题开始现场检查和调研,查阅相关技术资料。2015 年 6 月,国务院长江三峡工程整体竣工验收委员会印发《关于对长江三峡工程整体竣工验收枢纽工程验收请示的批复》(国三峡竣验委发〔2015〕17 号)。2015 年 7 月 27—31 日,枢纽工程验收组专家组在三峡坝区进行了枢纽工程技术预验收,形成《长江三峡工程整体竣工验收枢纽工程技术预验收报告》。

2015 年 9 月 23—26 日,枢纽工程验收组在三峡坝区召开长江三峡工程整体竣工验收枢纽工程验收会议,在察看现场、听取汇报、查阅资料和认真讨论的基础上,通过了《长江三峡工程整体竣工验收枢纽工程验收鉴定书》。

在郑守仁院士的《长江三峡水利枢纽建筑物设计及施工技术》中,全文引用了《长江三峡工程整体竣工验收枢纽工程验收鉴定书》,其中涉及航运部分主要意见和结论如下。

1. 航运效益

三峡水库蓄水后,明显改善了库区航道条件,消除了坝址至重庆河道多处滩险、单向通行控制河段和绞滩段,为航行船舶吨从 1 000 t 级提高到 3 000～5 000 t 级创造了条件。枯水期三峡水库下泄流量增加,葛洲坝下游水位保持在 39 m 以上,改善了长江中游宜昌至武汉的航行航道条件。

通航条件的改善降低了航运成本,改善了库区港口水域条件,促进了长江航运和沿江经济的快速发展。针对单船运输为主和船舶大型化趋势,通过增设导航靠泊、信息系统等设施建设和推进船型标准化、提高船闸过闸准入门槛等措施,2004—2014 年三峡船闸过闸货运量年均增长 12.25%,2011 年过闸货运量超过 1 亿 t,提前 19 年达到设计通过能力。

2. 通航建筑物工程(不含升船机续建工程)

船闸各建筑物的整体稳定性、基底应力、结构变形与应力均满足设计要求。水库试验性蓄水至 175 m 后,输水系统工作平稳,船闸各建筑物的工作性态正常,运行安全。

监测表明,船闸南、北高边坡和中隔墩北侧向闸室最大位移值分别为

74 mm、59 mm，中隔墩北侧向闸室方向位移为－19～33 mm，南昌侧为－6～24 mm。目前变形已收敛，边坡整体稳定；锚索预应力值基本稳定；边坡地下水水位低于设计水位，高边坡排水系统效果优良，船闸墙背排水管道畅通，基本无渗压。

船闸集中控制系统、现地控制系统经过四级、五级补水及五级不补水等不同运行方式和上下游各种水位组合的运行实践检验，运行正常，船闸过闸控制程序、各项闭锁关系和保护功能等正确、有效、可靠。

液压启闭机、桥式启闭机、浮式检修门、防撞警戒装置及电气拖动与控制设备运行正常，保证了运行流程安全、执行可靠，满足检修和适应上游水位各种变幅时提落门的需要。

船闸排水系统、照明系统、通信系统、广播系统及工业电视监控系统等设备运行良好，能满足船闸正常运行检修的需要。

船闸一至六闸首人字门、反弧门及辅助输水闸门，经过最大淹没水深、最大工作水头的运行实践检验，运行正常。检修情况表明，人字门门顶、底枢状态良好，发现的局部缺陷经处理后满足正常运行要求。

船闸上游叠梁门、事故门、输水阀门、检修平板门状况良好，能满足检修和运行需要。

船闸 2003 年 6 月 16 日试通航、2008 年开始 175 m 试验性蓄水运行以来，各建筑物运行正常，船闸主要运行设备完好率 100%，金属结构和机电设备工作状态良好。通航建筑物工程具备竣工验收条件。

3. 水库及坝下游河道泥沙冲淤

受上游干支流水库建设、水土保持、河道采砂以及气候变化等影响，2003—2013 年入库（寸滩站和武隆站之和）年均径流量和悬移质输沙量分别为 3 680 亿 m^3 和 1.86 亿 t，较 1990 年以前分别减少 8%和 62%；年均出库（宜昌站）输沙量和含沙量分别为 0.47 亿 t 和 0.118 kg/m^3，较 1990 年以前分别减少 91%和 90%。

由于三峡水库上游来沙大幅度减少，同时按照“蓄清排浑”的原则运行，水库泥沙与可行性论证时相比淤积明显减缓。2003—2013 年期间，干流库区共淤积泥沙 15.31 亿 t，年平均淤积量 1.39 亿 t，约为论证阶段预测值的 40%。重庆主城区河段总体为冲刷下切，局部河段的少量泥沙淤积未对重庆洪水位产生影响。

三峡水库蓄水运行以来，长江中下游河道发生长距离冲刷，已发展到湖口以下。宜昌至枝城河段的冲刷，导致宜昌庙嘴站同流量下枯水位下降，2013 年汛后 5 500 m^3/s 流量时水位为 39.01 m，较 2002 年下降 0.50 m，已接近航道要求的最低水位 39.0 m。坝下游河势出现一定的调整，但总体稳定，荆江大堤和干堤护岸险工段基本安全稳定。

受三峡水库蓄水运行、河床冲刷和上游来水偏枯等因素影响，荆江三口（松滋口、太平口和藕池口）分流入洞庭湖的水量、输沙量减少，分流比基本不变。三口枯水断流天数略有增加。

三峡水库调节提高了坝下游河道枯水期航道水深，洲滩冲淤变化虽对航运造成不利影响，但通过航道整治工程、疏浚和水库调度加以克服或缓解，仍可保证航道畅通。

随着三峡上干支流新建水库群的联合调度和蓄水拦沙，三峡水库入库沙量在相当长时间内将处于较低的水平，三峡水库的泥沙淤积总体上会进一步缓解，有利于有效库容的长期保持，三峡水库转入正常运行期是可行的。

4. 变动回水区航道整治

针对三峡工程对坝下游和航道产生的不利影响和发展趋势，对出现碍航或有不利趋势变化的河段实施航道控导工程或采取疏浚措施，使航道条件基本得到稳定。由于库区泥沙淤积和坝下游河道冲刷对航道条件的影响是一个逐步显现的长期过程，因此应加强观测研究，及时采取可行的整治和疏浚维护措施。

5. 结论

(1) 三峡枢纽工程已按批准的设计内容（不含批准缓建的升船机续建工程）提前一年建设完成，无工程尾工，水工建筑物、金属结构、机电设备及安全监测设施的施工、制造、安装质量符合国家、行业有关技术标准和设计要求，工程质量合格。

(2) 三峡枢纽工程相关的环境保护、水土保持、消防、劳动安全与工业卫生、工程档案、网络安全等专项验收已通过，工程财务决算审计已完成，遗留问题已处理或已落实。

(3) 三峡枢纽工程自 2003 年蓄水运行以来，经受了 2010—2014 年连续 5 年正常蓄水位 175 m 的考验，运行正常；枢纽工程运行以来按有关规程和调度方案开展了防洪、发电、航运和水资源调度，发挥了显著的综合效益。

枢纽工程验收组同意通过长江三峡工程整体竣工验收枢纽工程验收。

6. 意见和建议

(1) 随着长江上游干支流一批控制性水库相继建成，为统筹考虑水资源综合利用与保护，协调水库群在防洪、发电、航运、供水以及生态与环境保护等方面的关系，保障流域防洪安全、供水安全、生态安全，实现水资源优化配置，维护健康长江，建议抓紧完善和优化以三峡为核心的干支流水库群综合调度方案。

(2) 三峡电站机组运行水头变幅大，为改善高水头下机组运行的稳定性，经三建委同意，额定功率 700 MW 的机组设置了最大功率 756 MW。据此，2011 年前三峡电站已完成全部 8 种机型机组带最大功率 756 MW 负荷的试验工作，其中 6 号和 8 号机组带 756 MW 连续运行 30 d，所有机组工作正常。目前机组按 700 MW 运行，在高水头区机组稳定运行范围较窄。建议国家有关部门协调研究如何进一步发挥三峡电站发电的效益，相关企业据此调整完善三峡电站额定出力和外送网络的输电能力及方向，合理调动运行。

(4) 三峡船闸过闸货运量已超过设计通过能力，为贯彻长江经济带发展战略和适应运输市场长远发展需求，建议加快航运新通道前期工作。

(5) 加强对未来上游来水来沙变化、水库泥沙淤积、坝下游河道冲淤演变、江湖关系变化、河口冲淤变化等问题的研究，抓紧研究、实施相关河道、湖泊及航道整治工程；进一步研究确保葛洲坝水利枢纽下游通航水位 39 m(庙嘴站)的综合措施。

(6) 近年来，过闸的危险品货物数量持续增长，船闸消防安全事关重大，建议进一步明确船闸消防管理职责，加强船闸消防设施和灭火救援装备能力建设，加强对过闸危险品船舶的安全管理。

10.4.2 三峡工程后续规划

为更好更全面发挥三峡工程效益，三建委提出了三峡后续工程规划报告，2009 年 3 月得到国务院的批准。三峡后续工作规划以实现移民安稳致富，水库生态环境优良，库区地质灾害得到有效防治，解决移民遗留问题，妥善处理三峡工程蓄水运行产生的新情况、新问题，以及建立综合协调的运行管理体制为目标。

后续规划总投资 1 238.9 亿元，由中央统一规划协调，国务院有关部门分工负责，相关省市具体实施。交通运输部负责的航运建设有关项目，主要内容见表 10.4-1。

表 10.4-1　三峡工程后续规划报告纳入的干线航运项目情况　　单位：万元

序号	工程名称	纳入规划报告航运项目情况	
		汇总	其中交通运输部直属项目
一	库区航道整治	83 846	46 956
(一)	干线变动回水区航道整治	11 873	11 873
1	碍航礁石治理	10 273	10 273
2	航标完善建设	1 600	1 600
(二)	支流航道整治	33 290	0
(三)	航道疏浚治理	12 000	8 400
1	干线航道疏浚	8 400	8 400
2	支流航道及港区疏浚	3 600	0
(四)	库区航道观测及研究	3 323	3 323
(五)	坝区航运基础设施建设与完善	23 360	23 360
1	两坝间航道整治	20 460	20 460
2	三峡枢纽航运安全监管能力建设	2 900	2 900
二	长江中下游航道影响处理工程	182 677	173 177
(一)	宜昌至大埠街河段	120 218	120 218
(二)	大埠街至城陵矶河段	44 865	44 865
(三)	城陵矶至湖口河段	1 794	1 794
(四)	坝下游航道原型观测及治理研究	6 300	6 300
(五)	宜昌至城陵矶港口补助	4 000	0
(六)	城陵矶以下港口补助	5 500	0
三	三峡工程航运效益拓展研究	9 300	9 300
合计		275 823	229 433

长航局按国务院三峡办的要求编制了 2011—2014 年的实施规划，以后分期编制实施计划。近 10 年基本按标准的规划和分项的实施计划组织实施，2015 年后，针对三峡蓄水后出现的一些碍航滩险进行疏浚、炸礁等工程，并保持三峡库区和坝下游河道原型观测，主要项目有：①每年库区航道原型观测分析和重点浅滩疏浚；②每年坝下航道原型观测分析；③坝下游重点浅滩整治和应急疏浚维护；

④两坝间整治、水下炸礁和锚地炸礁；⑤库区朝天门到九龙滩航道整治；⑥铜锣峡到长寿王家滩浅滩疏浚；⑦坝下游界牌河段丁坝维护；⑧芦家河浅滩疏浚。到2020年，这些项目的实施，解决了一些碍航问题，取得良好效果，但芦家河的坡陡流急，航道尺度不够问题和控制宜昌水位下降问题，尚未得到完全解决，原型观测分析还有待继续进行。

10.4.3 研读三峡工程整体竣工验收报告的认识与感想

三峡工程整体竣工验收报告是经验收专家组集体讨论的，这次公布结论与以前验收结论基本一致，但文字上有些修改。

1. 验收中曾讨论的几个问题

(1) 工程防洪效益

三峡水库汛期的削峰效益是显著的，将减轻中下游汛期的防洪压力，但中下游的防洪压力不仅与洪峰大小有关，还与汛期的总体洪量有关。三峡水库坦化了汛期流量过程，但总体洪量难以减少。以2020年洪水为例，长江自7月20日发生2号洪水以来，7月29日发生了3号洪水，8月14日又发生4号洪水(寸滩最大洪峰流量50 900 m^3/s)，此时中下游很多水文站出现超警戒水位。8月20日寸滩最大洪峰流量75 000 m^3/s，三峡水库削峰后葛洲坝下泄最大流量52 900 m^3/s。洪峰削减后，大大缓解了中下游水位进一步上涨的压力，三峡工程的防洪效益是显著的，但中下游的防洪还与汛期洪水径流总量过大有关。8月份三峡水库虽然对洪峰进行了削峰，但并没有拦蓄洪水流量。实测观测数据表明，8月份入库月均流量40 755 m^3/s，葛洲坝8月份下泄流量平均41 325 m^3/s，说明宜昌下泄流量大于入库流量，水库的蓄水量是减少的，三峡水库没有拦蓄洪水，只削减了洪峰。中下游防洪除洪峰问题外，还有洪量过大问题。在部分河段的某些年份中，航运和防洪压力很大。

(2) 水资源综合利用

三峡水库每年枯水后下泄流量提高到5 500 m^3/s，为长江中下游补水约200亿m^3，累计补水约2 894亿m^3。提高了枯水流量，对航运是有显著效益，但这些调节流量是水库蓄水得来的，三峡每年蓄水减少了洞庭湖和鄱阳湖的蓄水量，使两湖低水位在9月份就提早形成了，影响了两湖的水环境和湖区的生态。

其实补水的目标不单是为了中下游枯水期供水，也是为平衡电网供电需求，而在枯水期需保持一定的发电出力，同时可达到枯水期发电出力多的目标。枯水期的流量增加,对航运也是十分有利的。

2. 中华鲟保护

因葛洲坝水利枢纽建设影响了中华鲟产卵场的面积和洄游距离,对中华鲟的生长和繁殖产生了影响,为此建设了葛洲坝中华鲟保护基地,对中华鲟进行人工繁殖、放养与保护。保护基地由三峡总公司建设与管理,由中科院武汉水生物研究所提供技术支撑。危起伟等依据 1981—2004 年间捕获的中华鲟亲鲟样本进行研究发现:1993—2004 年在中华鲟产卵场采集并鉴定了年龄的中华鲟亲鲟中,共发现 28 尾 1981—1989 年出生的个体,即葛洲坝截流后出生的个体,这证明了在洄游路径缩短 622～1 166 km 后,中华鲟的回归本能尚未丧失,同时,由于在葛洲坝截流后的初期并没有实施人工繁殖放流,这佐证了葛洲坝截流后新形成的中华鲟产卵场的有效性。

中国水利水电科学研究院副总工程师黄真理的研究团队建立了一种利用捕捞数据估算中华鲟资源量的理论和方法,估算出 1972 年至 1980 年长江中华鲟年均资源量为 1 009 尾,1981 年的资源量为 1 166 尾,1984 年达到最大 2 309 尾;因中华鲟繁殖群体存在两个股群的特点,1981 年 1 月葛洲坝截流导致 1980 年股群被葛洲坝阻隔在上游的数量为 660 尾,下游数量为 349 尾;1981 年中华鲟过度捕捞量为 1 002 尾,表面上看 1981 年过度捕捞的影响大于葛洲坝阻隔作用,但葛洲坝大大减少了中华鲟产卵场的面积和洄游距离,加上三峡工程的运行影响中华鲟性腺发育和产卵条件,需要加强研究,采取综合保护措施。虽然经过近 40 年努力,但中华鲟的种群数量仍持续衰退,已到濒临灭绝的边缘。回避或轻视长江梯级水坝的影响,就难以准确认识中华鲟种群衰退的定量影响机制,也不可能采取针对性措施。因此,要避免重蹈覆辙,对中华鲟保护工作进行全面反思、改革和创新,是长江水生生物保护面临的重大战略问题。

近年我们所做的三峡新通道建设设计方案中对葛洲坝水利枢纽都采取拆除 3 个船闸改建为大型船闸,并开挖三江引航道的工程方案,都涉及中华鲟的产卵繁殖区域,现在出现这些情况,将加大下一步工作的难度。

3. 对三峡航运工程建设的感想

参加三峡工程建设几十年,作者感受最深的有以下几点:(1) 要求精心设计、精细施工,建立多层次质量管理体系,集全国有关的顶级专家,著名的研究、设计单位和高等院校,对同一个项目同步进行试验研究和设计工作,经专家讨论优选最后决定。(2) 成立了三建委专家组、三峡总公司专家组和项目单位专家组等三个层次的专家组，最后由三建委专家组确定设计方案。(3) 建立了多层次质量检查专家组，其中三建委的质量检查专家组对重大工程质量问题进行检查把关。(4) 全国各有关部门主动要求为三峡做些工作，有的部门建立了三峡工程办公室。作者(刘书伦)在三建委办公室工作期间，经常有国内外人士献言献策，希望能为三峡工程做些工作。(5) 发挥群体智慧，开展技术攻关，大力推进试验研究和现场试验研究，采纳国内外最先进的技术，并不断创新并及时应用。

11. 有关航运问题的几点认识

三峡工程截至2021年已运行18年，工程效益显著，通过工程建设实现了一系列重大关键技术突破，大幅度提升了我国大型工程建设的技术水平。作者（刘书伦）有幸参加了三峡工程论证、设计、评审、工程管理（在三建办、交通部三峡办工作期间）以及三峡运行后原型观测分析评审工作，亲历了三峡工程有关航运方面的大部分技术工作历程。作者（曹民雄）也参加了大量长江水文泥沙分析和三峡航运工程试验研究工作。我们以技术人员的身份了解到各项工作的真实情况，也学到了很多有用的东西，这辈子大部分精力奉献给这项伟大的工程。下面谈谈这么多年的经历中有关航运问题的一些认识，望对后来者有所帮助。

11.1 论证和初设中没有考虑或超出预期的问题

11.1.1 关于货客运量预测

我国经济发展十分迅速，各种变化难以预测，对重大的项目要认真分析增建改建的可行性。葛洲坝水利枢纽在当时取值是考虑远期可能达到的客货运量，是留有一定空间的，当时大部分专家认为预测数据总量比较大，但预计终究有一天能达到。同时依据连续五级大型船闸通过能力的计算，也正好满足单向通过能力5 000万t的要求，船闸规模与运量预测意见比较一致。

我们从近30多年三峡、葛洲坝船闸历年通过船舶及其客货运量可清楚了解到运量的发展过程（本书9.1与9.2）。可见运量预测期越长，偏差越大，越难符合实际；建议对一般性枢纽要依据不同水平年，留出修建复线船闸的余地，对于以后无法改建或增建十分困难的条件，就要留有更充分的余地，要结合今后改建增建可能要付出的代价。

三峡枢纽过坝货客运量预测，在设计阶段和建设阶段进行了多次专题研究，有多家的研究成果，但与实际运行情况差别仍然很大。客运量的数量、流向均有较大变化，这些变化有很多是未料到的。货运量的增长速度远超预期，货种和货物流向也变化很大。例如占运量第一位的货种，以前多次预测都是煤炭。2010 年全年煤炭 2 874.9 万 t，占总运量 36.48%，到 2018 年全年为 533 万 t，占总运量 3.76%，其中下水仅 142 万 t；而矿建材料自 2010 年全年 550 万 t，占总运量仅是 6.98%，到 2018 年为 4 747.9 万 t，占 33.49%。货物流向也出现了大逆转，三峡枢纽断面货物流向逆转始于 2011 年，上行货物通过量 5 534 万 t，下行货物通过量为 4 491 万 t，表明上行货物通过量首先达到设计目标的 5 000 万 t，到 2018 年上行货运量已达 8 103 万 t，远超 5 000 万 t 设计运量，而下行货运量 2016 年才达到 5 468 万 t，强调下行运量作为标准不尽合理。

客运量变化更大，初步设计和论证结论，下水客运量到 2030 年为 390 万人次。实际运行中葛洲坝水利枢纽 1985 年为 219 万人次，其中下行 120 万人次，1996 年全年客运通过量 482 万人次，其中下行 267 万人次，为最大年客运量，此后客运量急剧减少。三峡蓄水后 2004 年客运量 173 万人次，2007 年开始降到 100 万人次以下，2010 年后降到约 50 万人次，近几年继续下降，且年客运量基本为旅游客人，正常的客运已全部由沿江高速公路或铁路替代。

通过 10 多年实际运行观测发现客货运量预测是很难做到准确的。长期预测分析中要考虑各种不确定因素，以往采用多种预测方法，综合分析判断得出比较合理成果，并得出不同水平年，不同期望值的判断。这种预测方法基本可行，但对各种不确定因素考虑偏少，思路狭窄，这是一条重要经验教训。客运过坝、货物过坝以及船舶过坝是不一样的，客运翻坝采取河道两岸公路可安全顺利实施，货物翻坝仅装卸环节就需要投入很大，1 t 货物各装卸一次的费用就相当 1 t 货物从重庆到南京的运输费用，因此要特别重视货运翻坝。

三峡船闸从船闸通过能力和断面通过货运量考虑，在 2011 年就达到了设计的 5 000 万 t 目标，但从下水通过量考虑，到 2016 年才达到 5 000 万 t。关于船闸通过能力，建议采用通过船舶的总吨，即额定船舶吨级总和比较科学合理。货运量一般受市场影响，不是船闸本身的能力问题。

实践证明客货过坝运量预测，影响因素较多，变化较大，特别是我国经济处于高速发展阶段，很多因素变化难以预测。对一些重大建设项目，如拦河闸坝的通航建筑物和重要河流的跨越航道的大桥，就要考虑留有足够的发展空间，如长江大桥和三峡大坝改造或增建难度极大，建议在客货运量预测中增加一项专题论证，增加对枢纽上下游河道远期航运通过能力的分析研究，判断所建的建筑物今后是否会形成航运通道上新的瓶颈卡口，影响长河段航运发展。水运是一条航线，要求对长河段进行分析论证。

11.1.2 没有预料到的一些重大变化

(1) 货运量高速发展

三峡船闸运行以来，货运量持续增加，2003 年至 2018 年，三峡枢纽年通过的货运量由 3 431 万 t 增加到 14 317 万 t，平均年增长率 10.85%，而客运量由 173 万人次减少到 16.9 万人次，而且 98%是旅游，年客运量减少约 90%。货运量的高速增长使三峡船闸到 2011 年上行货物达 5 534 万 t，2016 年下行货物达 5 468 万 t，提前达到设计的通过能力。船闸通过货运量这么多年连续高速度增长是原先没有预料到的。现在船闸已持续满负荷运行，并出现大批船舶待闸，不仅航运企业受到损失，而且存在安全风险。最近采取建船舶服务区的措施，给待闸船舶提供良好服务，得到船家好评。现在长江干线航道和码头设施通过三峡工程运行和航道码头建设整治后，大坝上下游通航条件已得到很大改善，但三峡枢纽(包括葛洲坝)河段，变成航运大通道上的瓶颈，这种情景是以前没有想到的。

(2) 客运量大幅减少

客运量大幅减少是因为三峡水库两岸现在已建成许多高速公路和各种铁路。原乘船的旅客绝大部分改走高速公路或铁路，仅剩以旅游为目的的客人。原论证和初设中，明确 2030 年的客运量下水 390 万人次，在三峡水库航运规划中，按此规划运量，建设了大型客运枢纽或客运站，现在大都闲置。

(3) 长江干线通航船型发生较大变化，船队退出市场

三峡工程蓄水运行后，长江干线航行的船队逐步退出市场，现在长江干线航行的船舶都是单船，而且大部分是个体户，缺乏原来像交通部长江轮船总公司那样功能全面的大型航运企业。现在通航建筑物设计都是以设计代表船型为基础，一旦实际船型变化，有关通航的建筑物就很难适应。三峡工程论证和设计中，一致认为今后船舶的变化应服从已建建筑物，在 1997 年交通部曾发布《三峡枢纽过

坝船舶(队)尺度要求及技术政策》,该政策中提出的过坝船舶都是以船队为主。但随着国家经济发展技术进步,船型发生变化是必然的,因此该项政策无法贯彻实施。船队没有了,港口作业也发生了重大变化,我们认为把某一种船型看作固定不变是不符合实际的,要为船型变化留有足够余地。今后随着技术发展和环保要求提高都可能引起船型及运输方式的变化,长江的船队将来也可能以另外一种形式出现,因此在进行规划设计时,不应只坚持固定某一种代表船型,这是我们的认识。

(4) 入库水沙条件发生重大变化

三峡水库上游大型水电站相继建成,上游航道和入库的水沙条件都发生了重大变化,近期 2014—2020 年入库泥沙已减少到原来的 83%,水库上游的朱沱站枯水流量已有明显增加,宜昌站枯水流量也略有增加。这些水沙条件的变化,直接影响到水库、航道的冲淤变化和河道演变,以前论证设计以及建设中所做试验研究的成果,现在已失去对比分析的价值,需要重新观测研究,这是我们以前没有想到的。

11.1.3 三峡和葛洲坝船闸扩能

三峡船闸 2003—2018 年运行成果反映了 15 年来三峡河段通过各类船舶和客货运量,反映了长江干线水运的发展过程。其主要特征是货运量高速发展,客运量逐步下降,船舶逐步大型化,船闸建设逐步完善,维护管理水平逐步提高,船闸实际通过能力逐步提高。三峡船闸是特高水头船闸,是三峡枢纽的组成部分,能达到这么好的运行成果是很不容易的,是多部门共同努力的结果。

三峡船闸运行后,货运量增长速度加快,船闸运行日趋紧张,为了适应运量发展,决定开展三峡、葛洲坝船闸扩能研究。目前研究提出多种扩能方案,经过多年努力实施取得了良好效果。

1. 加强配套与管理,提升服务水平

(1) 缩短船舶进闸时间

已建上游引航道靠船墩是按船队和船闸设计规范建在距船闸口门 1.0 km 左右的位置,进闸时间较长,现将导航墙改为靠船设施,缩短了进闸距离。

在船闸运行时,实施 1 闸室停泊,进一步缩短进闸时间。葛洲坝大江船闸上引航道因条件限制,未设置靠船墩,经研究在上引航道中部设置了靠泊囤船,大大缩短进闸距离。

(2) 增加过闸船舶的限制吃水标准

按内河通航标准规定，船闸闸槛上水深与船舶吃水比要控制在1∶1.6以内。三峡船闸经过大量试验研究和实船测验，逐步放宽吃水比，现在将船舶限制吃水增加到4.3 m，争取部分时段达到4.5 m，这样就为大型船舶(5 000 t级)过闸创造了条件。

(3) 船舶大型化

当船闸面积一定的条件下，增加单艘船舶的定额载重吨，每闸次通过船舶总吨增加，船闸通过能力就能增大，因此船舶大型化是船闸扩能措施之一。

(4) 联合调度，提升服务能力

葛洲坝与三峡船闸采取联合调度，优化各类船舶过闸线路与方式，完善过闸船舶安全检测设施，设置船舶服务区；提高维修技术，缩短修理时间；增加锚地，改善待闸船舶停泊条件，同时在大江上游引航道增设靠船趸船。

2. 采取改善与治理工程，提升通过能力

《长江葛洲坝水利枢纽大江工程竣工验收鉴定书》中指出：大江水沙条件复杂，在较大流量时坝下游航道内涌浪较大，影响船舶航行和下闸首人字门关闭对中。同意最大通航流量为25 000 m^3/s，请设计单位进一步研究包括隔流堤长度等综合治理措施，上报审批实施，使得通航流量达到30 000 m^3/s，争取实现通航流量35 000 m^3/s。因此，葛洲坝水利枢纽建成投产后，仍存在坝下游航道综合治理的遗留工程。三峡总公司及时进行了葛洲坝坝下游河道治理工程。

(1) 建隔流堤和二江下游河槽开挖

1996年交通部向三建委提出要求，尽快实施坝下游航道综合治理工程。长办于1997年提出设计方案，2004—2006年三峡总公司组织施工，其间因保护中华鲟停工一段时间，该项工程内容是建设江中900 m长隔流堤和二江下游河槽疏浚开挖(图11.1-1)。

(2) 大江下游引航道和连接段航道整治工程

长江航道局同时进行了葛洲坝大江下游引航道和连接段航道整治工程。经过整治后，达到下游引航道航宽120 m、水深5.5 m的标准。

上述工程竣工后，经实船试验证明达到设计要求，最后通航流量达到35 000 m^3/s，闸栏水深5.5m，引航道水深满足要求。上游引航道进闸距离大幅缩短后，大江船闸通过能力迅速增加，现已超过二江船闸。三峡工程175 m蓄水

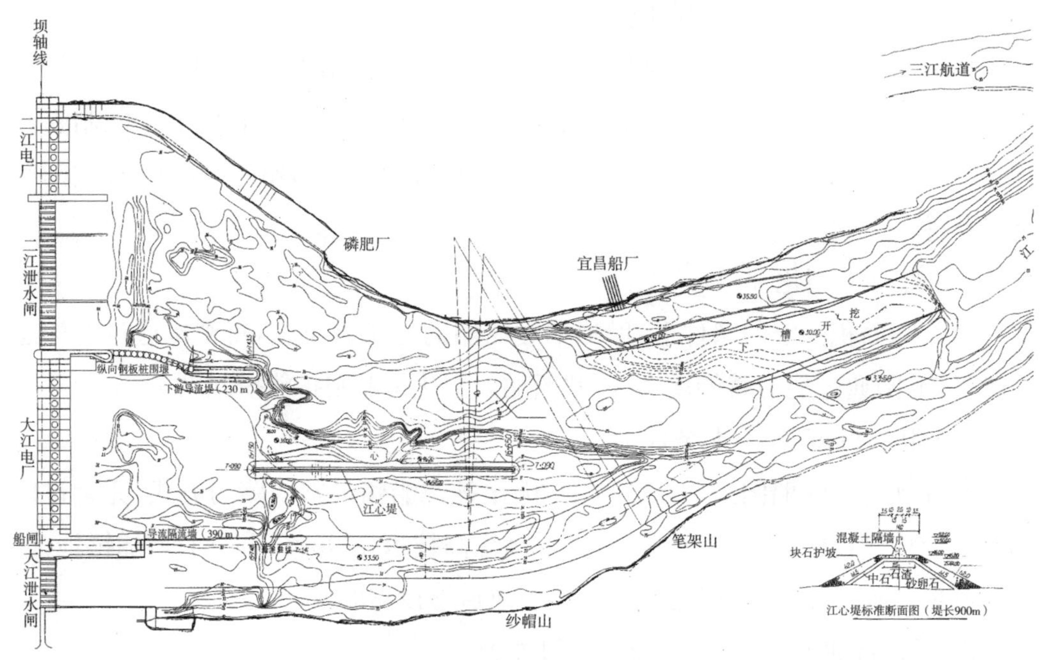

图 11.1-1　葛洲坝下河道整治布置图

后，增加枯水期宜昌站下泄流量，近期已达 6 000 m^3/s，增加了三江引航道最小水深，2 号和 3 号船闸下闸槛水深也得到保证。

11.1.4　三峡过坝通航系统的科技创新

三峡船闸在论证和初设中，大家议论较多的几个问题是：①三峡五级船闸每过一次闸需 3 个多小时，一天过不了多少船；②五级船闸中若有一座船闸出现故障，该线船闸即要停航，船闸通航保证率低；③升船机（钢丝绳卷扬式）故障多。

在建设过程及以后运行中有关部门不断采用新技术、新材料、新设备，对通航设施逐项进行优化完善，如升船机改为齿轮齿条爬升式，增建锚地、服务区、配套安检实施，配置先进的船舶监管系统，建设葛洲坝—三峡船闸综合调度系统，优化船闸修理工艺，采用新材料，增设安全监管系统等。通过上述建设和技术改造，现在已建成三峡过坝通航系统，这个系统监管的航道总长近 60 km，包括葛洲坝 3 座船闸，三峡 10 座船闸和 1 座垂直升船机，能克服 136 m 水位落差，连续有序、安全畅通。三峡过坝通航系统达到国内外领先水平。2019 年通过货运量 15 377 万 t，客运量 15.98 万人次。

原担心过一次闸需 3 个多小时，且 1 天过不了多少船的问题，是这些专家对船闸通过能力计算的误解，其实船舶进入第二级船闸后，后续船舶就可以进入第一级船闸了，不是等船舶出第五级船闸后，后续船舶才能进第一级船闸。原担心船闸运行故障产生停航问题，据近几年实测结果表明，三峡船闸年通航保证率与设计时相比，达到 94%～114%，双线五级船闸全年累计故障历时仅 6～10 h。原担心升船机运行故障问题，现在改为齿轮齿条爬升式，大大提高了安全度。三峡船闸经过近几年的运行，现已达到正常平稳运行状态，日运行厢次 18～20 厢次/d。现在存在的问题则是危险品过闸安全问题、船闸通过能力不足以及船舶待闸问题。

11.1.5 船舶大型化对航运影响分析

船舶大型化发展与船闸通过能力及航道条件的变化、港口码头条件的变化有关。我们从船舶大型化的发展，可分析航道、港口条件的变化，正确判断航道港口的通航条件。

三峡过闸船舶大型化是自三峡枢纽 175 m 蓄水运行开始的。三峡枢纽 175 m 蓄水后，上下游航道条件得到进一步改善，再加上航道整治、港口建设和维护，长江航道的通航条件变好。航运企业利用优良的通航条件，造大型船舶从而提高运输效率，节约运输成本。首先突破以前的船队和 3 000 t 级单船，建造 5 000 t 级大型散货船(表 9.2-11 与表 11.1-1)，2008 年 5 000 t 级及以上的船舶通过三峡船闸的艘次全年仅 700 艘，占总过闸艘次 1.26%。到 2018 年全年通过 5 000 t 级及以上船舶 19 067 艘，占总艘次 44.79%；3 000t 级及以上船舶占总艘次 72.78%；1 000 t 级及以下船舶仅 426 艘，占总艘次 1%左右。2008 年到 2018 年货船的单船定额吨从 1 661 t/艘增加到 4 471 t/艘。每闸次过货船总吨由 10 822 t/闸次提高到 18 665 t/闸次，到 2021 年达到 19 873t/闸次，突破了对三峡船闸通过能力的计算值。这个变化是巨大的，对增加船闸的通过能力和提高运输效率起到重要作用。近期有关部门开始研究推广三峡新船型，到 2021 年 5 月份每闸次过货船总吨已达到 1.94 万～2.0 万 t/闸次。通过对船舶大型化发展进程进行分析，可反过来分析航道和港口的条件变化。没有适合的航道尺度，这些船舶是不能通行的；船舶大量减载航行，船主也是不愿意的；大型船舶航行是充分利用了深水航道的航道尺度，而不是公布的航道维护尺度。我们研究航道整治和航道维护，应详细了解和分析大型船舶航行的实况，采取有效的工程措施。

船舶大型化也不是越大越好，需要论证。交通部已进行过两次专题研究，对控制最大船舶的吨位有一定成效，还需继续研究，并采取有效措施做到大型化、标准化。要结合长江干线航道的新变化、运输需求的新变化，以及船舶大型化对跨河桥梁带来的安全问题来研究船舶大型化，既要有前瞻性，也要适度。航道已发生变化，船型也发生变化。现在进行航道规划、航道整治设计，采用套标准、套航道等级是不符合实际的。

表 11.1-1　通过三峡船闸 2013—2021 年各吨级船舶艘次及比例

各吨级船舶艘次及比例		年份								
		2013 年	2014 年	2015 年	2016 年	2017 年	2018 年	2019 年	2020 年	2021 年
5 000 t 以上船舶	艘次	13 782	14 066	15 757	16 824	17 626	19 067	20 004	18 771	21 213
	比例(%)	30.18	31.61	35.44	38.92	41.32	44.79	46.25	47.59	52.50
4 000～5 000 t 船舶	艘次	5 143	5 070	5 139	5 103	4 631	4 783	5 214	5 076	4 950
	比例(%)	11.26	11.4	11.56	11.8	10.86	11.23	12.06	12.87	12.26
3 000～4 000 t 船舶	艘次	6 731	6 222	6 485	6 021	6 525	7 137	6 819	6 084	
	比例(%)	14.70	14.00	14.59	13.93	15.29	16.76	15.77	15.42	
3 000 t 以上占艘次	比例(%)	56.18	57.01	61.59	64.65	67.47	72.78	74.08	75.88	
2 000～3 000 t 船舶	艘次	8 439	8 923	8 126	7 383	7 822	7 846	7 973	7 028	
	比例(%)	19.50	20.07	18.25	17.08	18.33	18.43	18.44	17.82	
1 500～2 000 t 船舶	艘次	2 935	2 742	2 552	2 028	1 730	1 486	1 259	1 023	
	比例(%)	6.43	6.17	5.74	4.69	4.06	3.49	2.91	2.59	
1 500 t 以上占艘次	比例(%)	82.11	83.25	85.58	86.42	89.83	94.70	95.43	96.29	97.80
1 000～1 500 t 船舶	艘次	3 709	3 397	3 158	2 576	2 300	1 829	1 637	1 251	
	比例(%)	8.32	7.64	7.11	5.95	5.39	4.29	3.78	3.17	
500～1 000 t 船舶	艘次	1 798	1 532	1 079	955	609	202	145	80	45
	比例(%)	3.95	3.45	2.42	2.13	1.42	0.48	0.33	0.20	0.11
500 t 以下船舶	艘次	2 632	2 506	2 161	2 375	1 415	224	197	133	127
	比例(%)	5.66	5.63	4.86	5.49	3.32	0.53	0.46	0.34	0.31

11.1.6　船舶种类变化

两岸高速公路、铁路的建设替代了以往繁荣的水路客运。按原规划设计的客运量，兴建的沿线客运码头，全部进行了调整和升级改造，但最终结果是客运量大部分都流向了高速公路和铁路，这是当时没有预料到的。

现在过闸船舶的种类主要有货船、旅游船和少量普通客运船。

(1) 货船

三峡船闸 2018 年通过散货船 11 269 艘次，普通货船 8 562 艘次，干货船 6 429 艘次和多用途船 6 983 艘次，4 种货船共计 33 243 艘次，占总艘次 78%，这 4 类货船运输货物 12 357 万 t，占总货物通过量的 87%。

第二类货船是集装箱船和商品车滚装船。2018 年三峡船闸通过 2 203 艘次占总艘次 2.17%。

第三类货船是油船和危化品船，共计 5 407 艘次，占总艘次 12.7%。值得提出的是集装箱船，三峡库区和上游航道建设了一批集装箱码头，其吞吐能力估计有 200 万 TEU 以上，但集装箱运输发展较慢，近年还有所下降。例如 2017 年通过集装箱 89.5 万 TEU，2018 年仅通过 75.7 万 TEU，2019 年通过 83 万 TEU，远小于设计能力，值得我们反思。

(2) 旅游船和普通客运船

三峡枢纽 2018 年过坝旅游船 819 艘次，其中通过升船机的有 736 艘次，通过船闸的仅 83 艘次；普通客运船过坝的仅 30 艘次，其中通过升船机的有 28 艘次。普通客运船和旅游船全年通过 849 艘次，占过船艘次的 1.9%。三峡工程论证和初设中三峡枢纽 2030 年的旅客通过量下水为 390 万人次，三峡库区按此建设了一批大型客运码头，2015 年作者(刘书伦)参加三峡水库建设项目总体工程竣工验收，看到这些客运码头已变成广场和餐饮商店，感慨万千。结合新城市建设，货运码头的位置和结构形式也发生很大变化，这些情况以前三峡库区航运规划和初步设计都没有预料到。港口体制下放有利于结合地方城市和交通规划，建设更合适的大型港口码头。现在库区港口建设完全突破了以前做的库区航运规划，发展为新型港口，码头位置和结构型式也发生很大变化，这些都是以前没有预料到的。

11.1.7 主要货物种类和流向的变化

在运量预测中和船闸通过能力计算中，都需分析各水平年的通过货物种类和流向(表 9.3-2 与表 9.3-3)。通过对 2008—2020 年货物种类和流向的成果(表 9.3-2)分析我们得到以下认识。

(1) 主要货物种类近年有较大变化，但主要货种仍然是适宜水运的货物。

(2) 变化最大的货种是煤炭和矿建材料。在论证和初设阶段煤炭一直是运量最大的货种，直到 2008 年(三峡开始 175 m 蓄水运行)，年通过量为 2 214 万 t (其中下行 2 203 万 t)，占总货物运输量的 41.2%，但到 2018 年(历经 10 年)就下降到 533 万 t，其中下行仅 142 万 t，仅占总货物运量的 3.76%。这些重大变化是没有想到的。

(3) 由于基本建设高速发展，河砂石料需求旺盛。三峡河段形成大水库后，原河道采砂区域被淹没，需从下游或上游其他河段采砂，因此大量河砂石料通过三峡船闸。2008 年矿建材料过闸运量为 176 万 t，仅是过闸总运量的 3.27%，但到 2018 年达到高峰为 4 745 万 t，占过闸总运量的 33.49%，居各货种的第一位。

(4) 2018 年通过三峡船闸主要货种及排序如下：① 矿建占 33.49%；② 矿石 3 533 万 t，占 24.9%；③ 集装箱 1 244 万 t，占 8.78%；④ 水泥 843.3 万 t，占 5.9%；⑤ 钢材 728.8 万 t，占 5.14%；⑥ 石油 535.3 万 t，占 3.78%；⑦ 煤炭 415 万 t，占 2.93%；⑧ 粮棉 415 万 t，占 2.93%；⑨ 化肥 166 万 t，占 1.17%。

(5) 上行货物通过量大于下行。2018 年上行货物运量总计 8 103 万 t，下行为 6 063 万 t。下行主要货种不是传统的煤炭，而是矿建材料，其次是矿石（非金属矿）、集装箱、钢材、水泥、煤炭。

(6) 2019 年 5 月开始，货物流向又开始逆转，下行货物增多了。5 月船舶装载系数上行 0.729，下行 0.772；6 月上行 0.69，下行 0.792；7 月上行 0.669，下行 0.795，货物流向逆转趋势明显，下行装载系数达到 0.795，说明已恢复以前的正常货物流向。

截至 2021 年三峡船闸 18 年运行实践说明，通过船闸或通过大坝的主要货种是适宜于水运的货物，矿产类货种以前是运量预测中的主要基础，不容易发生变化的，现在实践证明是会变化的。只要大型工厂不变，每年产量变化幅度较小，如钢铁、水泥、化肥等。目前各地都花大力气建集装箱码头，但集装箱运输发展速度不如预期，这与区域经济发展有关，内地的集装箱运输不如长三角、珠三角等沿海城市群。我国内河运输各地发展不平衡，即使同一个省如湖南省，集中在株洲、长沙、常德以下进入长江，其他河段运量很少；广西集中在贵港以下到广州河段；南京以下虽然是内河，但以通航海轮为主，比通航内河船舶为主的航道通过能力要大得多，类似于沿海航道。我们不赞同内河河道网按公路、铁路纵横网格布置，要考虑内河水道的特征，航道不能任意选线，要顺其自然，应由下游到上游逐步发展。

11.1.8 船闸通航率和船闸通航保证率

葛洲坝 1 号船闸设计年通航天数 320 d；2 号船闸设计年通航天数 335 d；3 号

船闸设计年通航天数 335 d。

三峡船闸南线船闸和北线船闸设计通航天数均为 335 d。表 9.4-2 和表 9.4-3 中说明，葛洲坝和三峡船闸除计划性大修外，每年实际运行天数均大于设计值(335 d)，其年通航率 96%～98%，年通航保证率为 103%～120%。

这么高水头的大型船闸能达到如此高的年通航率是值得称赞的。在论证阶段对连续五级船闸，大家担心运行中只要其中一座船闸坏了，整个船闸就将停航。在这 10 多年运行中一次也没有发生，说明现在船闸设备的制造水平和维护水平已大幅提高，运行可靠度很高。三峡船闸高水头输水系统和大型船闸门结构中的一些关键技术，通过技术攻关都得到解决。近 10 多年三峡船闸实施了扩能建设，改善调度管理，完善配套设施，取得了很好的效果，三峡船闸运行效率、通过能力和运行安全都得到大幅度提高，值得赞扬。三峡通航过坝系统，具有多项技术创新，总体达到国际领先水平。

11.1.9　船舶待闸

近几年货运量持续增加，船闸满负荷运行，船舶待闸问题更加突出。表 9.4-4 中列出了近几年船舶待闸情况，2017 年日均待闸船舶 614 艘，待闸时间年平均达到 105 h(即 4 d 多)，2020 年、2021 年平均待闸时间分别为 109.94 h 和 191.2 h，待闸船舶停靠分布在枢纽上下游数百千米，这么多船每次过闸等 3～5 d，不但经济损失很大，而且会带来安全隐患。船舶待闸已经成为三峡、葛洲坝船闸运行严重问题，是船闸通过能力严重不足的具体表现。现在交通运输部提出增设服务区，实践证明效果很好，但长期来看，船闸通过能力不足已成为长江干线航运瓶颈，影响极大，需努力推进三峡、葛洲坝船闸增建工程，即三峡新通道建设。

最近看到报道(2019 年 6 月《中国水运报》)，宜昌三峡河段实施多式联运，即坝上游茅坪港到坝下游云池港实施翻坝运输，2019 年计划集装箱翻坝 3.5 万标箱，滚装船商务车翻坝 12 万辆，可实施翻坝运输 800 万 t。2020 年翻坝运输滚装船商务车 6.15 万辆。据国家发展改革委运输所研究报告，铁路、公路翻坝方案，其成本高于重庆—上海的水运运费，是不合理的。

11.1.10　三峡枢纽运行调度对两坝间及船闸运行的影响

三峡枢纽运行调度在 2015 年前仍处于试运行阶段，2015 年再次征求意见，现在逐步正常运行。汛期调度对两坝间通航水流条件影响很大，一般年份两坝间汛期流量最大，在 35 000 m^3/s 左右，在此条件下，电站能满发电发挥最大发电能力，船舶能正常通航；有的年份汛期最大流量大于或等于 35 000 m^3/s，而且历时较长，此时部分重载上行船舶受到影响，功率小的船舶不能通航。

对一些功率较小或装货过多的船，流量大于 30 000 m^3/s 通航就有困难，这就要求汛期采取紧急调度，用 1～2 d 时间降低流量，解决积压船舶。消落期和补水调度对库区和中游河道有影响，请参见 5.2 节。为解决两坝间汛期通航问题，建议船舶建造中考虑部分河段急流情况，增加一些储备马力。目前急流河段还有坝下游芦家河、库尾丰都以上多处急流滩险，因此船舶增加储备马力是必要的。

(1) 电站调峰运行对两坝间通航的影响

根据模型试验，电站调峰运行时，两坝间通航水流条件发生变化，特别是近坝下游一段水流条件较差，这是电站运行对通航的主要影响。应对措施主要是要求电站调峰时对调峰容量、水轮机启动变化时间适当控制，并进行实际运行试验研究。

(2) 地震的影响

关于地震大家都十分关心，在论证阶段作者(刘书伦)曾参加过讨论。因为大坝到奉节有几处断裂带，坝上游庙河九湾溪，作者(刘书伦)去爬过那座山，在附近打过 400 m 深的钻孔。大家关心的蓄水后是否诱发地震及可能发生地震的强度，通过多座地震站台监测(表 11.1-2)，证明水库蓄水对地震是有明显影响的，在 175 m 蓄水初期发震频率和强度有明显改变，但不久又恢复稳定。

上述地震监测数据，可理解为蓄水后诱发地震，是蓄水后引发的。

链子崖地质灾害防治专家组李坪院士曾向国务院报告：认为地震破坏的范围，一般集中在一条狭窄的带上，只要把带的范围研究清楚，在范围以外的地方，破坏明显减弱，并强调在强震带范围内不能修建筑物。他认为三峡地区地震不可能发生≥7 级的大地震，作者(刘书伦)同意他的判断。关于地质灾害问题，近 10 多年发生很多滑坡崩塌。新的巫山等地滑坡，规模不是很大，但涌浪很大。以前调查的一些大型滑坡，采用搬迁避让、保持原状等措施，近期未发现明显变形，这些措施曾是我们专家组讨论确定的。作者(刘书伦)曾是链子崖和黄腊石地质灾害防治专家组成员，做过 10 多年三峡地质灾害防治工作，我们认为滑坡涌浪对港口码头和船舶航行仍然存在安全风险，航运部门应该关注并制定一套办法和制度。

表 11.1-2　三峡水库蓄水前后地震监测记录

时间	震级(M)						备注
	0～0.9/次	1～1.9/次	2～2.9/次	3～3.9/次	4～5.9/次	最大震级(M)	
1997—2003 年 5 月	37	39	2	2	0	3.6	
2003 年 6 月—2006 年 9 月	53.9	71	8	1	0	3.2	135～139 m 蓄水期
2006 年 9 月—2008 年 9 月	11.44	176	12	1	0	3.2	156 m 蓄水期
2008 年 9 月—2009 年 9 月	627	96	13	1	1	4.1	175 m 蓄水期
2009 年 9 月—2010 年 9 月	42	53	9	0	0	2.5	
2010 年 9 月—2011 年 9 月	329	35	4	0	0	2.3	
2011 年 9 月—2012 年 9 月	143	28	5	0	0	2.3	
2012 年 9 月—2013 年 9 月	613	80	14	1	0	3.2	
2013 年 9 月—2014 年 9 月	1 098	186	13	3	3	5.1	
2014 年 9 月—2014 年 12 月	181	56	4	0	0	2.2	

注:极微震 M<1.0,微震 1<M<3,小地震 3<M<5,中等地震 5<M<7,大地震 M≥7,少量小地震和中等地震为水库构造地震。

11.1.11　水库群联合调度

随着 2022 年 12 月白鹤滩水电站全部投产发电,为长江流域水工程联合调度注入了新的调节库容。2023 年 6 月 29 日,《2023 年长江流域水工程联合调度运用计划》获水利部批复,纳入联合调度的水工程总数达 125 座(处),纳入联合调度的 53 座控制性水库总调节库容 1 169 亿 m^3、总防洪库容 706 亿 m^3。三峡枢纽正常蓄水位以下库容 393 亿 m^3、防洪库容 221.5 亿 m^3,可见联合调度运用后防洪库容较三峡枢纽增加了 3.2 倍。针对 2022 年长江流域性干旱情况,联合调度调整了部分水库和控制断面的最小下泄流量指标,完善了部分水库蓄水期、枯水期调度相关要求。可见,枯水期航道条件将持续改善,抗极端气候变化的能力进一步增强。

11.2 一些值得思考的问题

三峡工程是一项伟大的工程，航运工程建设中有不少创新成果，解决了不少技术难题，值得推广、发展和应用，如船闸高边坡岩体开挖与加固、高水头大流量船闸水力学、船舶大型化、明渠通航、大型船闸人字门建造、翻坝转运等。我们感到还有些事情值得再次提出来，供大家思考。

(1) 运输大通道上的通航建筑物应预留改建扩建位置

关于过船建筑物规模问题，论证过程中大家认为是合适的。我们认为对三峡大坝的特殊位置和条件未考虑，现在看过船建筑物的规模是远不够的。三峡大坝在长江干线大通道上是具有重要关口位置，是通向大西南的战略门户，运输需求旺盛。三峡大坝和葛洲坝特大型枢纽，要改建扩建都是十分困难的。在论证和初设中应考虑这个问题，要留有余地，通常应考虑预留 1～2 线船闸位置。但当时要提出增建 1～2 线船闸估计很难得到支持，因此葛洲坝和三峡工程并未提出预留位置。葛洲坝 1 号船闸建设时为今后发展留有余地，但三峡工程双线船闸仅增加一线升船机作为客运通道，没有预留增建船闸的位置。

(2) 长江航道标准问题

这个问题长江航道局做了大量的工作，并选择了万吨级大型船队作为标准船队，确定航道标准尺度为 3.5 m×100 m×1 000 m，其中单线航宽为 100 m，此标准在以后库区航道整治设计中引发过讨论，交通部认为Ⅰ级航道标准不能为单线，应至少为双线，要求航宽 150 m。因为工可、初设已定，无法改变，造成困难。

关于水深 3.5 m，长航经过试验研究和多方案论证，认为长江干线航道后期远期宜采用 3 000 t 级驳船或 3 000 t 级单船，而长江委设计院认为偏大。实践证明大部分浅滩水深超过 3.5 m，现在主力船舶已不是 3 000 t，而是效率更好的 5 000 t 级船。我们对三峡蓄水后航道条件改变的认识是偏保守的，后来从船舶航行效益和航道条件证明 3.5 m 是偏小的。三峡工程运行后，枯水流量增加到 5 600 m^3/s，航道自然水深也可能达到 3.4～3.5 m，稍加整治，3.5 m 水深是可以得到保证的。实践证明近年泥沙少了，再加上金沙江的乌东德、白鹤滩等水电站投入运行，实行上游大型水电站枢纽联合调度，会增加枯水流量，航道水深可能进一步增加到 4.0～4.5 m，近期达到 4.3 m 是可行的。

(3) 施工期通航问题

当时确定施工期通航采用明渠＋船闸＋升船机，对航运来说是非常好的方案，但开工不久，决定升船机缓建，增加了施工期通航难度。若当时讨论充分一些，就可避免发生这件事。

关于明渠通航设计问题。三峡导流明渠是一项大型重点工程，需使用5年。在设计中对上下游河道连接段设计考虑不周，未采用渐变放大断面，后在1998年、1999年大洪水时，河床冲刷，进出口断面扩大和调整，水流条件才得以改善，再配合绞滩助推，才较好地完成了明渠通航任务。

施工临时船闸通过能力分析计算的参数选取值得商榷。临时船闸汛期通航船舶实际是以中小型船舶为主，但在计算通过能力时是以长航船队为主。汛期船闸通过能力不足，临时船闸的任务主要是解决汛期明渠通航困难，通过能力应该满足汛期通航要求，而不应以年单向通过能力来分析计算。

创新方面，施工期滚装船翻坝、客船翻坝效果都很好。客运翻坝比货运翻坝经济效率更高，这是以前没有考虑到的。

(4) 地质灾害防治

在地质灾害防治方面，对一些大型可能产生崩塌滑坡，采用搬迁避让是十分正确的。对三峡库区地质灾害防治的认识是正确的，并采取两期地质灾害防治工程，经过10多年时间证明此认识符合实际。作者(刘书伦)一直认为地质勘察精度有限，地质灾害具有隐蔽性和突发性，两岸高陡岸坡危岩崩塌险情难以准确判断和预测，治理难度大，因此三峡地质灾害防治应采用搬迁避让的方式。高陡岸坡崩塌可能会严重威胁长江航运安全，应加强监测预报。移民迁建对山地边坡扰动很大，局部产生滑崩概率大，而且集中在蓄水初期反映，以后发生的情况，也证明这些判断。

三峡地质灾害防治工作是在原三峡河段地质灾害防治的基础上进行的，吸取了1968—1990年三峡河段地质灾害防治工作的主要经验，做得比较好。对航运来说，今后要防止崩滑产生的涌浪对船舶、码头的破坏。

(5) 新水沙条件下航道整治

三峡论证时对三峡蓄水后坝下游航道做过大量研究，此后一直在持续进行。运行后的研究成果表明：三峡工程运行对坝下游航道的影响有利有弊，有利方面是增加了枯水流量，不利方面是宜昌水位流量下降，影响葛洲坝主航道和船闸的通航水深。芦家河航道整治与宜昌水位下降关系密切。沙市以下长河段河道清水冲刷带来了新的问题,例如汛后蓄水位降低速度快,影响浅滩成槽;有些宽浅、分汊河道,航槽摆动。

根据10多年的原型观测分析,长河道冲刷主要集中在枯水河槽,极少出现浅滩平淤现象,航槽很少发生频繁摆动,而在弯道出现"凸岸冲刷、凹岸淤积"现象,这些现象的内在机理是什么?随着新水沙条件带来的新演变特性,传统的护滩、护岸工程效果如何?工程方案和具体结构应结合新的冲刷条件进行研究,守护的位置、护滩带的形式、尺度和结构都值得进一步深入研究。

现在175 m蓄水已运行,金沙江四大电站也开始对水沙条件产生影响,以前研究预测的情况,需跟踪观测研究,并提出新的水沙条件下长江航道维护和航道整治方法。

(6) 三峡运行对长江下游航道的影响

三峡工程论证阶段和运行以来的现场监测分析,关注较多的是对中游(宜昌至湖口)的影响。因大通站年输沙量明显减少,对长江下游深水航道和长江口航道的影响已逐步显现。长江江苏段岸线达标后,近年已出现多处崩岸,如2018年和畅洲水道左汊进口下游出现大型崩窝、福姜沙刘海沙水道海事码头崩塌入江。近几年同潮位下槽容积增加,表明已出现普遍冲刷。因此三峡运行对长江下游的影响,需要认真观测与研究。

(7) 关于长江上游支流航道治理

三峡水库上游两大支流嘉陵江、乌江先后进行了航道整治和梯级渠化,历时30~40 a,至今未充分发挥航运效益,2021年草街船闸过船598艘、过货13.1万t,彭水船闸及升船机过船200艘、过货3.7万t,银盘船闸过船151艘、过货2.8万t。船闸通过量这么少,原因是多方面的,值得总结分析。三峡船闸已满负荷运行,上游支流航道如何进一步治理发挥其航运效率,需要重新认识现在的通航条件和航运要求。

(8) 长江内河水运发展探讨

长江水运担负的运输任务和货运量一直居全国内河首位,但经近20多年来高速公路、高速铁路、民用航空的快速发展,使水路客运大幅下降;货运方面也发生了重大变化,集装箱运输替代了以前的杂货运输,大型高效的港口建设以及港口的吞吐能力和装卸效率大幅度提高,运输船舶大型化,使得过去的船队已退出运输市场。在20世纪70至80年代，贵州乌江人民的生活必需品和生产物资都由水运担负，现在水运任务发生了重大变化，货种以砂石料、矿石、水泥、钢铁、煤炭、化肥、集装箱为主，这主要是因水运运价低，其他一些高附加值或生鲜货物则不走水运。因此水运的发展方向应该是低运价、大运量。今后长江内河水运发展需考虑：长江内河航道大部分已梯级渠化、已建大型电站和航电枢纽，航道等级事实上已大幅提高；随着航道条件的改善，必然出现通航船舶大型化；要统筹规划，要与铁路、公路网紧密配合衔接；内河航运的基础是已有内河航道，它与公路、铁路网建设是不同的，要从河口往上游逐步发展，要结合河道条件、流域经济发展需求，充分论证，不要主观臆断，盲目超前。要做好船闸的维护管理或更新改造，要积极引导个体船舶组建大型航运企业，这样才能更有利于研发新的技术以提高运输效率。内河航运的主体是航运企业，建议深入基层，多听听船主们的意见，最好能跟踪船舶航行，和船主们一起研究有效的技术和政策措施。我们在航道整治和三峡航运工程建设中，很多技术和政策措施都是和一些船长和驾引专家合作的结果。

(9) 小结

截至2021年，三峡工程开工建设已28年，在此期间，我国经济高速发展，科学技术飞跃进步，现实情况与30多年前做的预测相差较大，有些情况是没有预料到的，说明远期预测存在不确定性，对于重大工程建设，要做好风险分析，研究各种预案。

截至2021年，三峡工程已运行18年，经历了不同运行水位和优化调度，经历了不同的来水来沙条件，经历了10多年的航道整治与维护，经历了三峡后续规划项目实施和船闸扩能完善。观测表明：长江航运不论库区还是坝下游，航道方面好于预期，港口建设、船闸建设也均好于预期。长江干线航运得到根本改变，其中三峡工程起到主导作用，我们应继续深入进行三峡工程对长江航运影响的研究，不断提高认识，进一步发展长江航运。

三峡工程论证至今已历经30余年，我国社会进步经历高速发展，三峡枢纽年通过货运量，早已超过远期2030年下行货物5 000万t的目标。三峡水库上游，先后建成10多座大型水电站，特别是近期建成投产的乌东德、白鹤滩、溪洛渡、向家坝四大水电站，今后三峡水库上游来水来沙条件将进一步发生大幅度改变，因此三峡工程对长江干流的影响是巨大而深远的，以往进行的论证和中国工程院评估，也仅是阶段性的，需继续观测研究其影响与变化。三峡工程的影响范围大且深远，随时间推移还会出现各种新的问题。三峡工程的建设任务已完成，这些新情况、新问题已不是三峡工程建设中遗留的问题，单靠某个部门难以解决。

长江干线河道已不是过去千百年的长江航道，需要重新认识，开展各方面的研究。河流是千百万年形成的，开发利用要慎之又慎。现在长江上游的大型电站已建成投产，这是搬不掉的，难以改变。在这种情况下，长江干线航运如何应对与发展，值得专题进行研究。我们认为三峡新通道建设仍是重要问题之一。

船闸及跨河大桥等永久性难以改建拆除的建筑物，在设计中往往采用代表船型，但船舶的建造有的已经突破了船闸、桥梁的通航条件。近 30 年来运输船舶、港口装卸效率、运输组织都发生了重大变化，我们一直坚持船舶的发展变化远大于航道工程的发展，要考虑船舶的发展，不能固定一种船型，要留有余地。拦河闸坝的船闸或升船机，必须考虑给后续的建设留有位置。至于跨河桥梁在通航论证中应重视远期通航需求。长江干流跨河桥梁论证，我们顶住了压力，取得较好的效果，其他河流要吸取教训，要留有足够的发展余地，不要因近期的困难给后代留下难题。

12. 附件

12.1 三峡工程竣工验收相关报道

12.1.1 “国之重器”三峡工程完成整体竣工验收

水利部、国家发展改革委1日公布，三峡工程日前完成整体竣工验收全部程序。根据验收结论，三峡工程建设任务全面完成，工程质量满足规程规范和设计要求、总体优良，运行持续保持良好状态，防洪、发电、航运、水资源利用等综合效益全面发挥。

三峡工程是迄今为止世界上规模最大的水利枢纽工程和综合效益最广泛的水电工程。监测表明，拦河大坝及泄洪消能、引水发电、通航及茅坪溪防护工程等主要建筑物工作性态正常，机电系统及设备、金属结构设备运行安全稳定。

防洪方面，从蓄水至2020年8月底，三峡水库累计拦洪总量超过1 800亿立方米。2010年、2012年、2020年入库最大洪峰均超过70 000立方米每秒，经过水库拦蓄，削减洪峰约40%，极大减轻了长江中下游地区防洪压力。

发电方面，三峡电站是世界上总装机容量最大的水电站，输变电工程承担着三峡电站全部机组电力送出任务。截至2020年8月底，三峡电站累计发电量达13 541亿千瓦时，有力支持了华东、华中、广东等地区电力供应，成为我国重要的大型清洁能源生产基地。

航运方面，三峡工程显著改善了川江航道通航条件，三峡船闸自2003年6月试通航以来，过闸货运量快速增长，2011年首次突破1亿吨，2019年达到1.46亿吨。

截至2020年8月底，累计过闸货运量14.83亿吨，有力推动了长江经济带发展。

水资源利用方面，三峡水库每年枯水季节下泄流量提高到5 500立方米每秒以上，为长江中下游补水200多亿立方米，截至2020年8月底累计补水2 267天，补水总量2 894亿立方米，改善了中下游地区生产、生活和生态用水条件。

生态与环境保护方面，至2020年8月底，三峡电站发出的优质清洁电力能源相当于节约标准煤4.30亿吨，减少二氧化碳排放11.69亿吨，节能减排效益显著。

三峡工程建设中的移民工程共搬迁安置城乡移民131.03万人。验收结论显示，移民生产生活状况显著改善，库区基础设施、公共服务设施实现跨越式发展。移民迁建区地质环境总体安全，库区生态环境质量总体良好。

（新华社2020年11月1日电　董峻）

12.1.2　大国重器梦终圆 潮涌大江航运兴

11月1日，水利部、国家发展改革委公布，三峡工程完成整体竣工验收全部程序。三峡工程建设任务全面完成，工程质量满足规程规范和设计要求、总体优良，运行持续保持良好状态，防洪、发电、航运、水资源利用等综合效益全面发挥。

消息传来，举国振奋。三峡工程显著改善了川江航道通航条件，通航里程显著延长，运输量大增。据了解，在三峡工程兴建前，1994年三峡河段年货运量1 045万吨，到2019年达到1.48亿吨，是兴建前的14倍多！随着三峡工程推进，得益于国家西部发展战略实施，船舶大型化标准化，航运企业发展越来越快，效益越来越好。2003年6月至2020年10月，已安全通过89.76万艘次船舶、15.15亿吨货物、160.09万人次旅客，货物通过量年均增长10.14%，有力地推动了长江经济带发展。

服务工程建设保通航

1994年，三峡工程开工建设。自古以来，三峡下行水流湍急，险滩众多，船只向上游航行的难度非常大，宜昌至重庆之间仅可通行三千吨级以下的船舶，三峡工程施工将极大改善航运条件。但工程施工必然伴随着截流的阵痛，千年的航运如何维系，三峡航运畅通与安全至关重要。

“服务三峡工程建设，服务长江航运发展”。在通航条件最为复杂艰难严峻的三峡工程二期施工期，导流明渠开通，1998年5月1日临时船闸入列运行，葛洲坝三座船闸与三峡开启“两坝统一调度，联合运行”新模式，“四闸一渠”保障着航运畅通……作为交通运输部驻守三峡的代表,三峡通航管理局(简称三峡局)全体职工在每一个重要时刻,都凝心聚力,迎难而上。

不论是在“98特大洪水”袭来时,还是在2002年11月明渠截流,保障临时船闸单线安全运行137天,以及135米蓄水、三峡船闸试航、开通前的84天断航期等,三峡通航人以船闸、船艇和码头为家,坚守一线,众志成城,圆满完成保通航任务。1998年1月至2003年6月,三峡通航人安全翻坝转运客船13 807艘,旅客1 963 880人次,滚装船5 257艘,汽车125 382台次,折合货运量438.8万吨。

2003年6月,完成三峡双线五级船闸开通前的各种人员、设备及管理等准备,正式试运行,并沉稳应对运行初期设备的磨合,进行一系列程序、排档革新,闸次数亦由16～17个增加到26～27个,如今日均达到32闸次;2006年9月至2007年9月,圆满完成了为期一年的三峡船闸一二闸首底槛抬高停航完建施工与单线运行的安全畅通保障。

2007年10月,三峡库区水位达到156米,2011年10月冲刺175米,三峡局配合完成156米蓄水、175米试验蓄水的通航配套设施建设及通航保障各个阶段性任务。高峡平湖,很多原来不能通航的支汊河升级为航道,川江成为长江上十分繁忙的航段,600里库区航道焕发出新的活力。

2016年9月18日,三峡升船机试通航,三峡枢纽开启完工验收大幕,三峡河段“两坝一峡”独特区域真正开启“一机五线船闸”通航期。

2004年三峡船闸年货运量为3 430万吨,2019达到1.46亿吨,是通航之初的4倍多。20多年,三峡局履行三峡河段航运行政管理和枢纽通航建筑物运行公益服务两大职能,伴随着三峡工程每一期建设施工,倾情服务各方,不断提升通航效益。

“三峡通则长江畅。民生公司作为长江航运企业之一,在这20多年取得每一个大发展,都与三峡通航提供的安全畅通的物流大通道息息相关!”民生公司副总裁张洪勇坦言。

船行三峡越来越安全

这里是世界航运版图独一无二的水域,航道条件复杂、气象环境特殊、通航船舶密集。三峡葛洲坝两大现代工程横卧大江,形成坝上库区航段、两坝间急流航段和坝下天然航段三个梯级航道,连续最大落差达140米,库区航段每年还需根据拦洪抗旱等需要、适应库区水位的同时,周而复始的泄水蓄水,在175到145米之间变化，水位日变幅有时达到 3 米左右，给航行、停泊船舶以及通航设备运行带来极大考验。

安全无小事。三峡通航人直面辖区环境的复杂性，攻坚克难勇担当。面对船舶驾引人员水平参差不齐，每年 800 多万吨危险货物、50 多万人次旅客的过坝需求和辖区常年日均 500 艘次船舶待闸的新常态，两坝船闸 24 小时满负荷运行，三峡通航人时刻保持警醒，以建设平安三峡为己任，积极构建远程监控与现场监管并重、整体联动与综合执法并行的安全管理体系。

一方面，深入排查整治安全隐患，实施过闸船舶“百分之百”安全检查，形成全方位覆盖、全天候运行、全过程监管、全航段助航的立体安全防控体系；

另一方面，不断强化“四客一危”重点船舶安全监管，全力防范“三大一调”（大风、大雾、大流量、水库调度）和“三期七节”（两坝间汛期、葛洲坝三江下引航道枯水期、船闸检修停航期、重要法定节假日）重点时段安全风险，切实加强安全预警和应急管理，成功排除多起危及枢纽及人民生命财产安全的重大险情。

据统计，近 9 年来，三峡通航实现“零死亡、零沉船、零污染事故”，打造出极具安全感的平安航程。

“我已经在长江跑船 40 多年了，是三峡河段每一次通航大事件的亲历者和见证人。三峡工程兴建后这 20 多年感受变化最大的就是，船行三峡越来越安全，航道越来越顺畅，服务越来越周到了。”参加过临时船闸、三峡船闸、三峡升船机等每一次试航工作的船长何勇深有感触地说。

绿色服务融进血脉

走进位于坝上沙湾锚地的长江三峡通航综合服务区——绿色通航服务站，船员们正在进行扫码取电。一排排固定式的岸电桩、T 型箱等供电设施映入眼帘，靠泊待检的船舶只需手机扫码就能快速完成供电、电费结算等全流程用电服务。

2019 年 4 月，三峡通航综合服务区开通运行，它是三峡局落实交通运输部民生实事，坚定不移走生态优先、绿色发展之路，努力实现“美丽三峡、绿色通航”的落棋之举，是三峡通航倾情为民服务的再创新。

据悉，绿色通航服务站每年可为三峡坝上待闸船舶供应电能 680 万千瓦时，可减少二氧化碳排放约 8 883 吨，一氧化碳排放约 5.09 吨，二氧化硫排放约 13.43 吨，碳氧化物排放约 8.59 吨。

在这个长江上首创的绿色服务区，还包括过闸船舶安检站、三峡水上温情驿站，它为船员着想，想船方所需，船员在待闸安检时段内，可享受通航信息、绿色能源、防污应急、待闸锚泊、过闸安检、温情驿站等 6 大类 30 项特色服务，基本涵盖了船员日常生活、学习、健康所需，收获到船方的一致好评！

生态优先、绿色发展。三峡局通过实施过闸危险品船舶分类管理，建立仙人桥防污染基地，提升防污染、水域环境监测等能力和水平；全辖段应用新一代太阳能航标灯；趸船运用风光水一体化供电系统；推进待闸船舶使用岸电，倡导过闸船舶应用纯电动、LNG 等新能源；建设生态环保的待闸锚地等，将绿色循环低碳发展理念贯穿于三峡通航管理各个环节，尽最大努力保护一江碧水。

在此基础上，三峡通航人以高度的政治自觉和行动自觉，强力推进实施三峡枢纽河段船舶和港口污染防治突出问题整治攻坚行动。通过源头防控、接收管控、去向监控，推行过闸船舶污染防治情况全检查，枢纽河段岸电设施全覆盖，打好事前事中事后监管的“组合拳”。

2019 年 6 月 1 日，为了守住生态文明的红线，三峡局实行最严格的管理制度——禁止不满足水污染物达标排放标准或船上存储交岸处置要求的船舶通过三峡船闸(三峡升船机)或葛洲坝船闸！

多方努力下，绿色基因融进血脉，绿色气韵添彩三峡。

科技创新引领行业发展

创新驱动立潮头，行业引领天地宽。三峡通航人积极进取、勇于开拓，让黄金水道真正溢光流彩。

为提升通航效率，三峡通航人有效实施航道整治、锚地扩容等十大工程措施，努力提高通航保障能力；创新施行分道通航、同步移泊等十项管理措施，全面提升船闸运行效率；积极运用信息化手段，实行船舶过闸“远程申报、统一调度、分坝实施、无缝衔接”，实现两坝通航联合调度、匹配运行；坚持以创新提效能，“罗静排挡法”、船闸设备“点检、巡检、定检”、锚地网格化全面推行，三峡船闸船舶吃水控制标准从 3.2 米提高到 4.3 米，极大地提升三峡船闸通过能力。

2016 年 9 月，三峡升船机试通航。三峡局发扬首创精神，让“大船爬楼梯，小船坐电梯”成为现实。如今东来西往的过闸船舶有序通过三峡船闸、升船机，对推进长江航运发展，服务沿江地区社会经济发展起到了关键作用。

“要看现代化，就去看三峡”。为保障三峡——葛洲坝通航建筑物安全高效运行，三峡通航人孜孜以求，围绕通航保障、科学调度、可靠运行、能力提升、检修高效等全面开展多学科系统研究，研究成果获国家级优秀奖 2 项，省部级奖 18 项，国家专利 37 项，其中有 9 项成果达到国际先进水平；创新优化大型人字门同步升降系统等新工艺，将船闸停航大修工期大幅缩短一半以上，三峡通航综合管理及科技创新在行业内发挥了领军、示范、辐射作用。

一条黄金水道引来万千船舶，过坝船舶越变越美，越来越大型化，过坝船舶平均吨位最初只有几百吨，如今额定载重吨位 3 000 吨级及以上船舶占到 71%，见证着长江航运一日千里快速发展。

（中国交通报　2020 年 11 月 10 日　刘敏）

12.1.3　百年三峡梦终圆

8　中国水运报　CHINA WATER TRANSPORT　2020年11月4日　星期三　责编 美编 张妮　热点

11月1日，水利部、国家发展改革委公布，三峡工程日前完成整体竣工验收全部程序。根据验收结论，三峡工程建设任务全面完成，工程质量满足规程规范和设计要求、总体优良，运行持续保持良好状态，防洪、发电、航运、水资源利用等综合效益全面发挥。

从提出设想到科学论证，再到三峡工程正式开工和建成运行，已经走过了百年岁月。弹指一挥间，在如期完成建设任务并连续经受了13年试验性蓄水检验后，三峡工程又迎来了其建设历程中的高光时刻。

创举——
大坝建设攻坚克难

从1994年正式开工，到1997年实现大江截流、2002年实现导流明渠截流、2006年全线浇筑到顶，再到2010年首次实现试验性蓄水至175米正常蓄水位目标，以及如今全面完成建设任务，三峡工程走了漫长而艰辛、伟大而壮阔的建设历程。

站在高远的历史节点上，更能感受到三峡工程走到这一步的不易。

早在一个多世纪之前，孙中山就提出了建设三峡水闸、开发长江水电的设想。新中国成立后，建设三峡工程逐渐从梦想变为现实。周恩来主持起草的《中共中央关于三峡水力枢纽和长江流域规划的意见》明确指出："从国家长远经济发展和技术条件两个方面考虑，三峡枢纽是需要修建而且可能修建的。"历史的车轮奔驰到上世纪九十年代，1992年4月3日，七届全国人大五次会议经全体代表表决，以67%的赞成票通过了《关于兴建长江三峡工程决议》。

一代代人为何怀抱建设三峡工程的梦想？建设三峡工程究竟有何深远意义？

习近平总书记在视察三峡工程时曾指出："三峡工程的成功建成和运转，使多少代中国人开发和利用三峡资源的梦想变为现实，成为改革开放以来我国发展的重要标志。这是我国社会主义制度能够集中力量办大事优越性的典范，是中国人民富于智慧和创造性的典范，是中华民族日益走向繁荣强盛的典范。"

大坝建设攻坚克难，创造了多项世界第一。

"作为当之无愧的大国重器，三峡工程在土石方开挖工程、大坝混凝土工程、金属结构制作与安装工程、机电设备制造与安装工程等方面取得的技术进步有目共睹，是中国水电技术追赶并达到国际先进水平的重要标志。"国际大坝委员会荣誉主席、中国大坝工程学会秘书贾金生表示。

大江截流是三峡工程建设中的第一场关键战役。1997年11月8日下午3时30分，三峡大江截流胜利合龙，创造了截流流量8480—11600立方米每秒，截流水深60米，上下游戗堤进占24小时抛投强度19.4万立方米的世界纪录。大江截流的实现标志着三峡一期工程完成。

长江多年平均降水量1100毫米，多年平均入海水量近1万亿立方米，占中国河川径流总量的36%左右，水量居世界第三位。三峡工程所在的长江干流宜昌站多年平均径流量4510亿立方米，在这样大的河流上进行截流，其难度可想而知。

截流水深、流量大、截流施工强度高和工期紧，截流进程中有通航要求，以及戗堤基础覆盖层深厚等是三峡大江截流面临的几大难点。如何防止戗堤进占时堤头坍塌，保证堤头稳定，成为截流实施过程中的关键问题。

为确保大江截流顺利完成，建设者们开展了大量水力学模型试验、数值计算和机理分析研究。结果表明，当水深减少到20米左右时，可以有效防止堤头坍塌，保证堤头安全稳定。据此，最终确定采用"预平抛垫底，上游单戗立堵，双向进占，下游尾随进占"的方案，解决了深水截流的一系列技术难题。

大江截流只是三峡工程建设中破解的关键技术难题之一。据统计，三峡工程建设形成的科技成果获国家科技进步奖20多项，省部级科技进步奖200多项，专利数百项，创造了100多项"世界之最"。在今年年初召开的国家科学技术奖励大会上，"长江三峡枢纽工程"项目获得了2019年度国家科学技术进步奖特等奖。

"回望三峡工程的建设历程，我们走过了一条自力更生、敢于创新的坚实道路，做到了将大国重器牢牢抓在自己手中。三峡百年梦圆，将激励亿万国人在实现中华民族伟大复兴的征程上梦想不止、奋斗不息！"贾金生表示。

长江安澜，历来被视为治国安邦的大事，国家相关部门于1959年编制完成的《长江流域综合利用规划要点》报告，就已确定防洪是长江流域治理的首要任务。三峡工程如何发挥防洪效益，成为全民关注的民生大事。

安全——
确保大江大河安澜

长江中下游平原区，是长江防洪的重点。"这是因为长江中游巨大的洪水来量超出河湖的蓄泄能力，如果同时遭遇长江上游洪水与中下游洪水，则会形成中下游大洪水，造成巨大经济损失和人口伤亡，威胁最为严重。"水利部长江水利委员会总工程师金兴平说，"因此，控制长江上游洪水对中下游防洪至关重要。"

三峡工程位于长江上游与中下游交界处，紧邻长江防洪形势最为严峻的荆江河段，防洪地位可见一斑。2009年汛期，三峡工程开始发挥防洪作用，自此，长江流域上多了一道阻击洪魔的防洪骨干工程。

据介绍，三峡水库汛期的防洪库容有221.5亿立方米，主要通过3种方式发挥防洪作用：一是拦洪，即拦蓄超过中下游河道安全泄量的洪水，确保三峡工程以下的长江河道行洪安全；二是削峰，在下游防汛形势紧张时，削减上游来的大洪峰，减少水库出库流量，缓解下游的防洪压力；三是错峰，防止上下游洪峰遭遇，加重下游的防洪压力。一旦下游防汛形势好转，需抓住有利时机，加大出库流量，降低水库水位以腾出库容。

发挥防洪作用的前提是确保自身的安全。每年汛期，长江上游都会来多次洪峰，所形成的洪水总量大大超过三峡的防洪库容。为了随时能迎接新一轮洪水，三峡不能一次性蓄水到过高水位，更不可能一次把水库蓄满。三峡大坝不仅要把来势汹涌的天然洪峰削减下来，在泄洪时间、泄多少水量的把握上，也一定是在确保长江中下游干流河道有安全余量的前提下进行。

▲维保三峡河段航标。

今年汛期，受强降雨影响，长江流域发生流域性大洪水，编号洪水接连而至，三峡水库出现建库以来最大入库洪峰流量75000立方米每秒。在与洪水的反复较量中，三峡工程力挽狂澜，与长江上中游其他水库联手筑起"铜墙铁壁"，避免了城陵矶附近蓄滞洪区分洪运用。在应对2020年长江第1号洪水发生发展时，三峡水库连"踩"5次"刹车"，下泄流量从3.5万立方米/秒降至1.9万立方米/秒，最大削峰率为34%；在2020年长江第2号洪水现峰时，最大削峰率为46%。

因此，三峡水库泄洪是科学有序的。正是通过这样持续削减洪峰、调节洪水从三峡出库的过程，有效减小了长江中下游水位上涨的速度与幅度，缓解了长江中下游地区防洪压力。

据统计，从蓄水至2020年8月底，三峡水库累计拦洪总量超过1800亿立方米。2010年、2012年和2020年，三峡入库最大洪峰均超过70000立方米每秒，经过水库拦蓄，削减洪峰约40%，极大减轻了下游地区防洪压力，大幅度降低了防汛风险和成本。

实践一次次证明，三峡工程在长江防洪体系中发挥着关键性和不可替代的作用，极大地改善了当代和未来可持续的发展空间。

▼三峡船闸落放上游叠梁门。
本版图片来源于本报资料室

高效——

综合效应不断释放

作为一项举世瞩目的重大工程，三峡工程的建设质量一直备受关注。三峡工程大坝为混凝土重力坝，最大坝高181米，最大坝底宽度126米，其防洪设计、抗震设计、建筑物稳定和应力的控制等均采用非常严苛的设计标准。

同时，为全面、准确、及时地掌握三峡各建筑物的工作性态和安全状况，三峡枢纽工程区域布置了门类齐全、数量庞大的安全监测设施，总共有3大类、14科目、12087支监测仪器，对工程的工作性态进行自动化实时监测和分析。

据介绍，各项监测成果表明，三峡工程投入运行以来，拦河大坝及泄洪消能、引水发电、通航及茅坪溪防护工程等主要建筑物工作性态正常，机电系统及设备、金属结构设备经过各种工况运行检验，运行安全稳定；输变电工程运行安全稳定可靠，设备状态良好，满足电站电力送出需要。

稳如磐石的三峡工程，在防洪、发电、航运、水资源利用等方面交出一份份表现卓越的答卷。

三峡水电站是世界上规模最大的水电站。它由左岸电站、右岸电站、右岸地下电站和电源电站组成。三峡左、右岸电站位于坝后，左、右岸电站共安装26台70万千瓦水轮发电机组，加上电源电站2台5万千瓦的水轮发电机组和后期扩建的右岸地下电站6台70万千瓦，三峡水电站的最终总装机容量为2250万千瓦，多年平均发电量为882亿千瓦时。2014年发电量达988亿千瓦时，创造单座电站年发电量世界纪录。截至2020年8月底，其累计发电量达13541亿千瓦时。投产以来，三峡电站发出的优质清洁电力能源，相当于节约标准煤4.30亿吨，减少二氧化碳排放11.69亿吨。

此外，三峡水利枢纽还包括船闸和升船机。两者联合运行，互为备用，以确保枢纽的通航效益得以充分发挥。人们形象地比喻船舶通过三峡船闸过坝是"爬楼梯"，船舶乘垂直升船机过坝是"坐电梯"。船闸为双线五级连续船闸，修建于山体深切开挖形成的岩石深槽中，是世界总水头最高，级数最多的内河船闸。全线总长6442米，其中船闸主体结构段全长1621米，单级闸室有效尺寸为长280米，宽34米，槛上最小水深5米。船闸最大设计水头113米，采用一线上行，一线下行的运行方式，能够通过由3000吨级单船组成的万吨级船队。1994年4月17日，三峡船闸工程开工建设，2003年6月16日建成。

如果将长江全流域比作一盘棋，三峡工程就处于"棋眼"这样的关键位置。有了三峡工程，长江流域"这盘棋"就活了。

环保——

亮出绿色生态名片

长江大保护战略实施以来，生态问题愈发引人关注。作为与长江命运休戚与共的国之重器，三峡工程运行过程中的生态影响问题值得探讨。

"中华鲟和三峡珍稀植物，是三峡工程生态环境建设两张亮丽的绿色名片。"三峡集团党组成员、副总经理孙志禹表示，三峡工程在规划设计阶段就开展了长期的系统的生态环境研究论证，严格落实了生态环境保护措施。

位于宜昌市区的三峡集团中华鲟研究所黄柏河基地的大型控温养殖车间内，一尾尾中华鲟幼鱼在可以调节水温的孵化装置里欢快地嬉戏，成长到一定阶段，它们就将被放归大自然。

上世纪80年代，国家成立了葛洲坝中华鲟研究所。2008年，中华鲟保护机构整体划归三峡集团管理。2009年，世界上第一尾中华鲟全人工繁殖子二代苗种在研究所三峡坝区基地诞生。2012年，宜昌市政府和三峡集团共同倡议建设中华鲟放流纪念设施，中华鲟放流活动走向常态化、规范化。

"三峡工程的生态环境影响广泛而深远，具有复杂性、艰巨性和长期性特点，需要持续开展深入的观测、调查与研究。"中国工程院院士马洪琪说，"就目前情况看来，三峡库区及相关区域生态环境状况总体良好，初步证明三峡工程利大于弊，生态环境不影响工程的可行性，且国家和地方采取的对策措施正确有效。"

沈国舫等院士认为，与三峡工程相关联的生态环境因子发生变化，有着多方面原因，首先是自然过程本身发生变化，其次是人类活动造成影响，三峡工程仅是人类活动中的一个方面。"作为长江大保护的重要组成部分，三峡工程需持续、系统地开展生态与环境保护工作。"中国工程院院士张建云说。

长期而深远的环境影响评估暂无定论，但持续而深入的生态环保措施却可以先行先试，比如为院士专家所津津乐道的生态调度。

孙志禹介绍道，2011年，三峡水库首次实施针对长江中下游四大家鱼自然繁殖的生态调度，即在水温达到适宜四大家鱼繁殖的时段，通过3天至8天增加下泄流量的方式，人工创造适合四大家鱼繁殖所需的洪水过程。

"生态调度对其他产漂流性卵鱼类的繁殖同样具有积极作用，对长江鱼类资源量的恢复具有较大贡献，可为大型水利工程生态调度的实施提供宝贵经验。"孙志禹如是说。

（综合自新华社、人民日报、科技日报、经济日报等媒体报道）

12.1.4 百年逐梦今朝圆——三峡工程完成整体竣工验收综述

湖北宜昌，矗立在长江西陵峡谷的三峡工程有如一座历史丰碑，铭刻着中华民族一段百年梦想。

日前，三峡工程完成整体竣工验收全部程序，三峡工程建设任务全面完成，工程质量满足规程规范和设计要求、总体优良，运行持续保持良好状态，防洪、发电、航运、水资源利用等综合效益全面发挥。

这也意味着，中国人追寻百年的三峡工程之梦终于实现。

百年风雨筑坝路

10月28日14时，三峡水库水位蓄至175米。这是自2010年以来三峡水库连续第11年完成175米试验性蓄水任务。

"今年尽管长江流域最大洪峰流量超过1998年、达7.5万立方米每秒，但通过三峡水库调控，下泄流量低于5万立方米每秒，荆江河段几无险情。"湖北省荆州市长江河道管理局副局长徐星华说。

作为迄今为止世界规模最大的水利枢纽工程，监测表明三峡工程拦河大坝及泄洪消能、引水发电、通航及茅坪溪防护工程等主要建筑物工作性态正常，机电系统及设备、金属结构设备运行安全稳定。输变电工程运行安全稳定可靠，设备状态良好，满足电站电力送出需要。

时光回溯到1919年。孙中山先生在建国方略之二《实业计划》中，首次提出建设三峡工程构想。然而，当时国似散沙、战乱频仍，开发三峡、治理长江之梦难以企及。

新中国成立后，1953年毛泽东提出："在三峡这个总口子上卡起来，毕其功于一役。"1982年对是否兴建三峡工程，邓小平果断拍板：看准了就下决心，不要动摇。

1986年至1989年，国务院组织412位专家对三峡工程全面论证。大多数专家认为建设三峡工程技术上可行、经济上合理。1992年4月，七届全国人大五次会议通过了关于兴建三峡工程的决议。

圆梦号角吹响，建设日新月异——

1994年，三峡工程正式开工；

1997年，大江截流成功；

2003年，三峡工程如期实现蓄水135米、船闸试通航、首批机组发电的三大目标；

2006年，三峡大坝全线达到海拔185米高程；

2008年，三峡工程开始175米试验性蓄水；

2012年，三峡工程地下电站全部投产发电；

2016年，三峡水利枢纽升船机工程进入试通航阶段；

2019年，三峡水利枢纽升船机工程完成通航及竣工验收；

……

2020年11月，截断巫山云雨的"国之重器"三峡工程建设，终于划上一个圆满句号！

综合效益全面发挥

防洪是三峡工程首要任务。从蓄水至今年8月底，三峡水库累计拦洪总量超过1 800亿立方米。2010年、2012年、2020年入库最大洪峰均超过70 000立方米每秒，经过水库拦蓄，削减洪峰约40%，极大减轻了长江中下游地区防洪压力。

"老水利"徐星华回忆，1998年长江流域发生全流域性洪水，荆江分洪区33万群众大转移。"那时，不仅全员上堤防洪，整个公安县转移一空。"他唏嘘不已。

"通过建设三峡工程，长江形成了以三峡工程为骨干、效益巨大的防洪体系。"水利部长江水利委员会副总工程师陈桂亚说，通过科学调度，三峡工程的防洪调控范围已从当初设计的荆江河段向下游拓展，对城陵矶及武汉河段也发挥了巨大的防洪作用。

改善航道条件也是建设三峡工程的一个题中之义。三峡船闸自2003年试通航以来，过闸货运量快速增长，2011 年首次突破 1 亿吨，2019 年达 1.46 亿吨，截至今年 8 月底，累计过闸货运量 14.83 亿吨，有力推动了长江经济带发展。

发电和节能减排方面，作为全球总装机容量最大的水电站，截至今年 8 月底，三峡电站累计发电量 13 541 亿千瓦时，有力支持了华东、华中、广东等地区电力供应，成为我国重要的大型清洁能源生产基地。源源不断输送的优质清洁电力能源相当于节约标准煤 4.3 亿吨、减少二氧化碳排放 11.69 亿吨。

水资源利用方面，三峡水库每年枯水季节下泄流量提高到 5 500 立方米每秒以上，为长江中下游补水 200 多亿立方米，改善了中下游地区生产、生活和生态用水条件。

三峡工程建设中的移民工程共搬迁安置城乡移民 131.03 万人。验收结论显示，移民生产生活状况显著改善，库区基础设施、公共服务设施实现跨越式发展。移民迁建区地质环境总体安全，库区生态环境质量总体良好。

推动水电事业跨越式发展

三峡工程建设曾遇到过许多重大技术问题，全国数以万计的科研人员历经数十年科技攻关，在枢纽工程和输变电工程设计、施工、设备制造、安装和调试等方面解决了诸多世界级重大技术难题——

大江截流最大水深 60 米，截流流量 8 480 立方米每秒至 11 600 立方米每秒，截流综合难度为世界之最。工程建设者首创深水平抛垫底、单戗堤立堵截流技术，解决了超大水深、大流量截流技术难题。

三峡双线五级船闸是全球规模最大、连续级数最多、技术条件最复杂的内河船闸。通过科技攻关，取得控制爆破、岩体锚固、高水头船闸水力学、超大规模人字门制造安装等几十项重大技术突破，推动我国内河大型船闸技术位居国际领先地位。

“三峡工程的成功实践，极大提高了我国水利水电建设技术水平。”中国工程院院士、水利部长江水利委员会长江勘测规划设计研究院院长钮新强说，三峡工程的成功建设推动我国跃升为水电强国。

万里长江奔腾，大坝巍然屹立。靠劳动者的辛勤劳动自力更生创造出来的这项世纪工程，使几代中国人开发和利用三峡资源的梦想变为现实，成为改革开放以来我国发展的重要标志。

11 月 4 日，三峡工程坝区观景点坛子岭，络绎不绝的游客登高远眺。远山如黛，三峡大坝横卧长江，引人瞩目。三峡工程将继续为长江经济带高质量发展保驾护航！

（新华社　2020 年 11 月 4 日　董峻、李思远）

12.2 附图

	宜宾	南溪	江安	泸州	合江	江津	重庆	长寿	涪陵	丰都	忠县	万县	云阳	奉节	巴东	秭归
宜昌	1044.0	999.5	977.0	913.0	842.3	730.0	660.0	583.4	536.5	483.0	421.0	331.5	272.0	208.5	114.0	85.5
秭归	958.5	914.0	891.5	827.5	756.8	644.5	574.5	497.9	451.0	397.5	335.5	246.0	186.5	123.0	28.5	
巴东	930.0	885.5	863.0	799.0	728.3	616.0	546.0	469.4	422.5	369.0	307.0	217.5	158.0	94.5		
奉节	835.5	791.0	768.5	704.5	633.8	521.5	451.5	374.9	328.0	274.5	212.5	123.0	63.5			
云阳	772.0	727.5	705.0	641.0	570.3	458.0	388.0	311.4	264.5	211.0	149.0	59.5				
万县	712.5	668.0	645.5	581.5	510.8	398.5	328.5	251.9	205.0	151.5	89.5					
忠县	623.0	578.5	556.0	492.0	421.3	309.0	239.0	162.4	115.5	62.0						
丰都	561.0	516.5	494.0	430.0	359.3	247.0	177.0	100.4	53.5							
涪陵	507.5	463.0	440.5	376.5	305.8	193.5	123.5	46.9								
长寿	460.6	416.1	393.6	329.6	258.9	146.6	76.6									
重庆	384.0	339.5	317.0	253.0	182.3	70.0										
江津	314.0	269.5	247.0	183.0	112.3											
合江	201.7	157.2	134.7	70.7												
泸州	131.0	86.5	64.0													
江安	67.0	22.5														
南溪	44.5															

	九龙坡	李家沱	大渡口	茄子溪	渔洞溪	白沙沱	冬笋坝	江津	兰家沱	龙门	油溪	金刚沱	白沙	石门	朱羊溪	松溉	朱沱	羊石盘	王场	合江	上白沙	弥沱	新路口	太安	罗汉	泸州	纳溪	大渡	井口	江安	南溪	罗龙	李庄	宜宾
李庄																																		19.5
罗龙																																	10.2	29.7
南溪																																14.8	25.0	44.5
江安																															22.5	37.3	47.5	67.0
井口																														20.5	43.0	57.8	68.0	87.5
大渡																													6.0	26.5	49.0	63.8	74.0	93.5
纳溪																												16.0	22.0	42.5	65.0	79.8	90.0	109.5
泸州																											21.5	37.5	43.5	64.0	86.5	101.3	111.5	131.0
罗汉																										4.7	26.2	42.2	48.2	68.7	91.2	106.0	116.2	135.7
太安																									5.1	9.8	31.3	47.3	53.3	73.8	96.3	111.1	121.3	140.8
新路口																								22.0	27.1	31.8	53.3	69.3	75.3	95.8	118.3	133.1	143.3	162.8
弥沱																							7.5	29.5	34.6	39.3	60.8	76.8	82.8	103.3	125.8	140.6	150.8	170.3
上白沙																						15.3	22.8	44.8	49.9	54.6	76.1	92.1	98.1	118.6	141.1	155.9	166.1	185.6
合江																					16.1	31.4	38.9	60.9	66.0	70.7	92.2	108.2	114.2	134.7	157.2	172.0	182.2	201.7
王场																				10.8	26.9	42.2	49.7	71.7	76.8	81.5	103.0	119.0	125.0	145.5	168.0	182.8	193.0	212.5
羊石盘																			8.7	19.5	35.6	50.9	58.4	80.4	85.5	90.2	111.7	127.7	133.7	154.2	176.7	191.5	201.7	221.2
朱沱																		17.4	26.1	36.9	53.0	68.3	75.8	97.8	102.9	107.6	129.1	145.1	151.1	171.6	194.1	208.9	219.1	238.6
松溉																	6.7	24.1	32.8	43.6	59.7	75.0	82.5	104.5	109.6	114.3	135.8	151.8	157.8	178.3	200.8	215.6	225.8	245.3
朱羊溪																5.5	12.2	29.6	38.3	49.1	65.2	80.5	88.0	110.0	115.1	119.8	141.3	157.3	163.3	183.8	206.3	221.1	231.3	250.8
石门															11.8	17.3	24.0	41.4	50.1	60.9	77.0	92.3	99.8	121.8	126.9	131.6	153.1	169.1	175.1	195.6	218.1	232.9	243.1	262.6
白沙														10.4	22.2	27.7	34.4	51.8	60.5	71.3	87.4	102.7	110.2	132.2	137.3	142.0	163.5	179.5	185.5	206.0	228.5	243.3	253.5	273.0
金刚沱													10.1	20.5	32.3	37.8	44.5	61.9	70.6	81.4	97.5	112.8	120.3	142.3	147.4	152.1	173.6	189.6	195.6	216.1	238.6	253.4	263.6	283.1
油溪												8.4	18.5	28.9	40.7	46.2	52.9	70.3	79.0	89.8	105.9	121.2	128.7	150.7	155.8	160.5	182.0	198.0	204.0	224.5	247.0	261.8	272.0	291.5
龙门											7.3	15.7	25.8	36.2	48.0	53.5	60.2	77.6	86.3	97.1	113.2	128.5	136.0	158.0	163.1	167.8	189.3	205.3	211.3	231.8	254.3	269.1	279.3	298.8
兰家沱										4.2	11.5	19.9	30.0	40.4	52.2	57.7	64.4	81.8	90.5	101.3	117.4	132.7	140.2	162.2	167.3	172.0	193.5	209.5	215.5	236.0	258.5	273.3	283.5	303.0
江津									11.0	15.2	22.5	30.9	41.0	51.4	63.2	68.7	75.4	92.8	101.5	112.3	128.4	143.7	151.2	173.2	178.3	183.0	204.5	220.5	226.5	247.0	269.5	284.3	294.5	314.0
冬笋坝								16.4	27.4	31.6	38.9	47.3	57.4	67.8	79.6	85.1	91.8	109.2	117.9	128.7	144.8	160.1	167.6	189.6	194.7	199.4	220.9	236.9	242.9	263.4	285.9	300.7	310.9	330.4
白沙沱							9.4	25.8	36.8	41.0	48.3	56.7	66.8	77.2	89.0	94.5	101.2	118.6	127.3	138.1	154.2	169.5	177.0	199.0	204.1	208.8	230.3	246.3	252.3	272.8	295.3	310.1	320.3	339.8
渔洞溪						12.8	22.2	38.6	49.6	53.8	61.1	69.5	79.6	90.0	101.8	107.3	114.0	131.4	140.1	150.9	167.0	182.3	189.8	211.8	216.9	221.6	243.1	259.1	265.1	285.6	308.1	322.9	333.1	352.6
茄子溪					5.7	18.5	27.9	44.3	55.3	59.5	66.8	75.2	85.3	95.7	107.5	113.0	119.7	137.1	145.8	156.6	172.7	188.0	195.5	217.5	222.6	227.3	248.8	264.8	270.8	291.3	313.8	328.6	338.8	358.3
大渡口				4.4	10.1	22.9	32.3	48.7	59.7	63.9	71.2	79.6	89.7	100.1	111.9	117.4	124.1	141.5	150.2	161.0	177.1	192.4	199.9	221.9	227.0	231.7	253.2	269.2	275.2	295.7	318.2	333.0	343.2	362.7
李家沱			5.3	9.7	15.4	28.2	37.6	54.0	65.0	69.2	76.5	84.9	95.0	105.4	117.2	122.7	129.4	146.8	155.5	166.3	182.4	197.7	205.2	227.2	232.3	237.0	258.5	274.5	280.5	301.0	323.5	338.3	348.5	368.0
九龙坡		4	9.3	13.7	19.4	32.2	41.6	58.0	69.0	73.2	80.5	88.9	99.0	109.4	121.2	126.7	133.4	150.8	159.5	170.3	186.4	201.7	209.2	231.2	236.3	241.0	262.5	278.5	284.5	305.0	327.5	342.3	352.5	372.0
重庆	12	16	21.3	25.7	31.4	44.2	53.6	70.0	81.0	85.2	92.5	100.9	111.0	121.4	133.2	138.7	145.4	162.8	171.5	182.3	198.4	213.7	221.2	243.2	248.3	253.0	274.5	290.5	296.5	317.0	339.5	354.3	364.5	384.0

图 12.2-1　长江上游宜昌至宜宾航道里程表(单位 km)

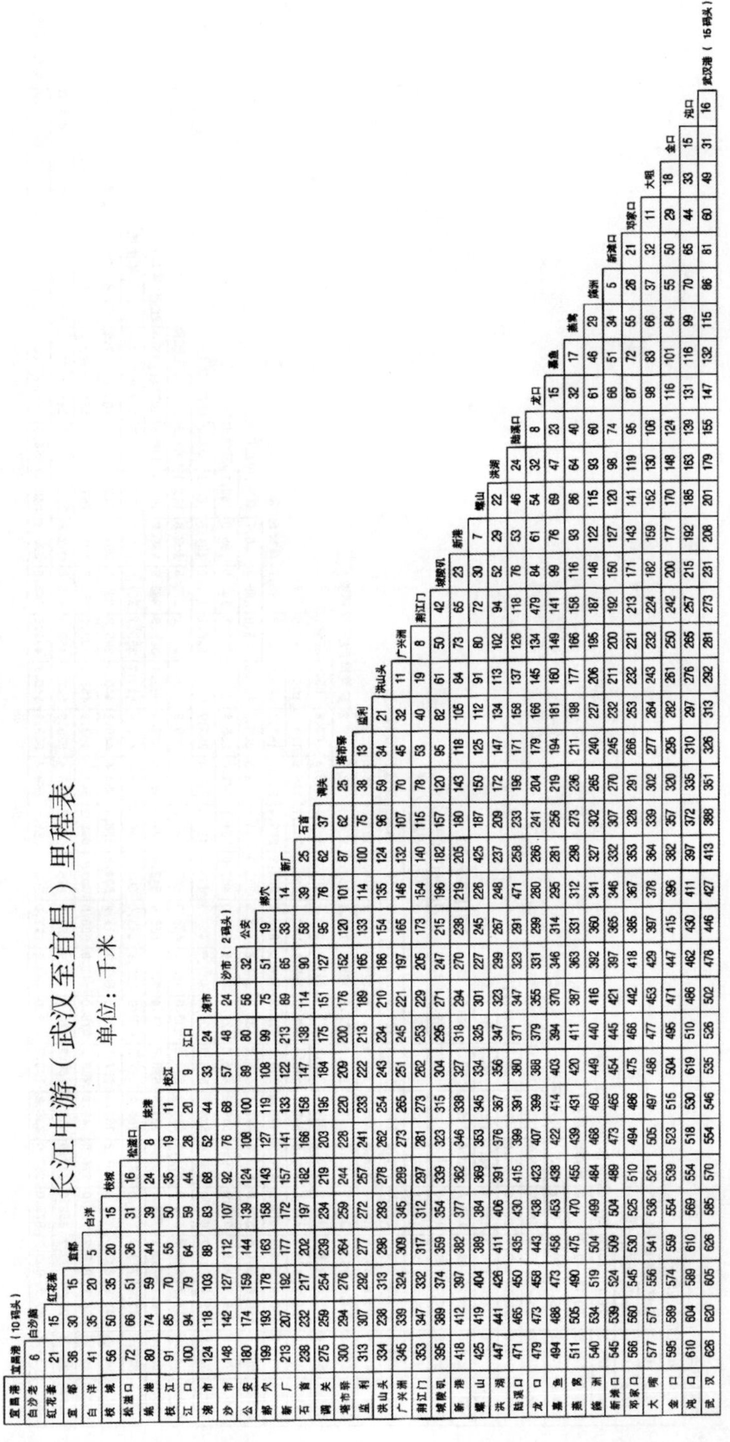

长江中游（武汉至宜昌）里程表

单位：千米

	宜昌港（10码头）	白沙脑	红花套	宜都	白洋	枝城	松滋口	姚港	枝江	江口	涴市	沙市（2码头）	公安	郝穴	新厂	石首	调关	塔市驿	监利	洪山头	广兴洲	荆江门	城陵矶	新港	螺山	洪湖	陆溪口	龙口	嘉鱼	燕窝	簰洲	新滩口	邓家口	大咀	金口	沌口	武汉港（15码头）
宜昌港																																					
白沙老	6																																				
红花套	21	15																																			
宜都	36	30	15																																		
白洋	41	35	20	5																																	
枝城	56	50	35	20	15																																
松滋口	72	66	51	36	31	16																															
姚港	80	74	59	44	39	24	8																														
枝江	91	85	70	55	50	35	19	11																													
江口	100	94	79	64	59	44	28	20	9																												
涴市	124	118	103	88	83	68	52	44	33	24																											
沙市	148	142	127	112	107	92	76	68	57	48	24																										
公安	180	174	159	144	139	124	108	100	89	80	56	32																									
郝穴	199	193	178	163	158	143	127	119	108	99	75	51	19																								
新厂	213	207	192	177	172	157	141	133	122	213	89	65	33	14																							
石首	238	232	217	202	197	182	166	158	147	138	114	90	58	39	25																						
调关	275	259	254	239	234	219	203	195	184	175	151	127	95	76	62	37																					
塔市驿	300	294	276	264	259	244	228	220	209	200	176	152	120	101	87	62	25																				
监利	313	307	292	277	272	257	241	233	222	213	189	165	133	114	100	75	38	13																			
洪山头	334	238	313	298	293	278	262	254	243	234	210	186	154	135	124	96	59	34	21																		
广兴洲	345	339	324	309	345	289	273	265	251	245	221	197	165	146	132	107	70	45	32	11																	
荆江门	353	347	332	317	312	297	281	273	262	253	229	205	173	154	140	115	78	53	40	19	8																
城陵矶	395	389	374	359	354	339	323	315	304	295	271	247	215	196	182	157	120	95	82	61	50	42															
新港	418	412	397	382	377	362	346	338	327	318	294	270	238	219	205	180	143	118	105	84	73	65	23														
螺山	425	419	404	389	384	369	353	345	334	325	301	227	245	226	425	187	150	125	112	91	80	72	30	7													
洪湖	447	441	426	411	406	391	376	367	356	347	323	299	267	248	237	209	172	147	134	113	102	94	52	29	22												
陆溪口	471	465	450	435	430	415	399	391	380	371	347	323	291	471	258	233	196	171	158	137	126	118	76	53	46	24											
龙口	479	473	458	443	438	423	407	399	388	379	355	331	299	280	266	241	204	179	166	145	134	479	84	61	54	32	8										
嘉鱼	494	488	473	458	453	438	422	414	403	394	370	346	314	295	281	256	219	194	181	160	149	141	99	76	69	47	23	15									
燕窝	511	505	490	475	470	455	439	431	420	411	387	363	331	312	298	273	236	211	198	177	166	158	116	93	86	64	40	32	17								
簰洲	540	534	519	504	499	484	468	460	449	440	416	392	360	341	327	302	265	240	227	206	195	187	146	122	115	93	60	61	46	29							
新滩口	545	539	524	509	504	489	473	465	454	445	421	397	365	346	332	307	270	245	232	211	200	192	150	127	120	98	74	66	51	34	5						
邓家口	566	560	545	530	525	510	494	486	475	466	442	418	385	367	353	328	291	266	253	232	221	213	171	143	141	119	95	87	72	55	26	21					
大嘴	577	571	556	541	536	521	505	497	486	477	453	429	397	378	364	339	302	277	264	243	232	224	182	159	152	130	106	98	83	66	37	32	11				
金口	595	589	574	559	554	539	523	515	504	495	471	447	415	396	382	357	320	295	282	261	250	242	200	177	170	148	124	116	101	84	55	50	29	18			
沌口	610	604	589	610	569	554	518	530	619	510	486	462	430	411	397	372	335	310	297	276	265	257	215	192	185	163	139	131	116	99	70	65	44	33	15		
武汉	626	620	605	626	585	570	554	546	535	526	502	478	446	427	413	388	351	326	313	292	281	273	231	208	201	179	155	147	132	115	86	81	60	49	31	16	

图 12.2-2　长江中下游宜昌至武汉航道里程表(单位 km)

武汉(港三码头)																												
29.7	阳逻(五矶头庙)																											
95.5	65.8	鄂州(班轮码头)																										
133.5	103.8	38.0	黄石(轮渡码头)																									
167.2	137.5	71.7	33.7	蕲州(接岸标)																								
176.2	146.5	80.7	42.7	9.0	搁排矶(矶头)																							
204.0	174.3	108.5	70.5	36.8	27.8	武穴(码头)																						
249.9	220.2	154.4	116.4	82.7	73.7	45.9	九江(码头)																					
274.2	244.5	178.7	140.7	107.0	98.0	70.2	24.3	湖口(码头)																				
310.3	280.6	214.8	176.8	143.1	134.1	106.3	60.4	36.1	彭泽(码头)																			
326.2	296.5	230.7	192.7	159.0	150.0	122.2	76.3	52.0	15.9	马垱(班轮码头)																		
343.2	313.5	247.7	209.7	176.0	167.0	139.2	93.3	69.0	32.9	17.0	华阳(长河口)																	
361.0	331.3	265.5	227.5	193.8	184.8	157.0	111.1	86.8	50.7	34.8	17.8	东流(码头)																
403.8	374.1	308.3	270.3	236.6	227.6	199.8	153.9	129.6	93.5	77.6	60.6	42.8	安庆(轮渡码头)															
489.3	459.6	393.8	355.8	322.1	313.1	285.3	239.4	215.9	179.0	163.1	146.1	128.3	85.5	大通														
496.5	466.8	401.0	363.0	329.3	320.3	292.5	246.6	222.3	186.2	170.3	153.3	135.5	92.7	7.2	铜陵港(大班轮码头)													
552.1	522.4	456.6	418.6	384.9	375.9	348.1	302.2	277.9	241.8	225.9	208.9	191.1	148.3	62.8	55.6	获港												
599.7	570.0	504.2	466.2	432.5	423.5	395.7	349.8	325.5	289.4	273.5	256.5	238.7	195.9	110.4	103.2	47.6	芜湖											
646.4	616.7	550.9	512.9	479.2	470.2	442.4	396.1	372.2	336.1	320.2	303.2	285.4	242.6	157.1	149.9	94.3	46.7	马鞍山(第三码头)										
695.1	665.4	599.6	561.6	527.9	518.9	491.1	445.2	422.9	384.8	368.9	351.9	334.1	291.3	205.8	198.6	143.0	95.4	48.7	南京(中山码头)									
745.2	715.5	649.7	611.7	578.0	569.0	549.2	495.3	471.0	434.9	419.0	402.0	384.2	341.4	255.9	248.7	193.1	145.5	98.8	50.1	泗源沟								
778.2	748.5	682.7	644.7	611.0	602.0	574.2	578.3	504.0	467.9	452.0	435.0	417.2	374.4	288.9	281.7	226.1	178.5	131.8	83.1	33.0	镇江(松山)							
810.2	780.5	714.7	676.7	643.0	634.0	606.2	560.3	536.0	499.9	484.0	467.0	449.2	406.4	320.9	313.7	258.1	210.5	163.8	115.1	65.0	32.0	三江营						
885.6	855.9	790.1	752.1	718.4	709.4	681.6	635.7	611.4	575.3	559.4	542.4	524.6	481.8	396.3	389.1	333.5	285.9	239.2	190.5	140.4	107.4	75.4	江阴(河口)					
907.2	877.5	811.7	773.7	740.0	731.0	703.2	657.3	633.0	596.9	581.0	564.0	546.2	503.4	417.9	410.7	355.1	307.5	260.8	212.1	162.0	129.0	97.0	21.6	新港镇				
937.4	907.7	841.9	803.9	770.2	761.2	733.4	687.5	663.2	627.1	611.2	594.2	576.4	533.6	448.1	440.9	385.3	337.7	291.0	242.3	192.2	159.2	127.2	51.8	30.2	天生港			
952.2	922.5	856.7	818.7	785.0	776.0	748.2	702.3	678.0	641.9	626.0	609.0	591.2	548.4	462.9	455.7	400.1	352.5	305.8	257.1	207.0	174.0	142.0	66.6	45.0	14.8	狼山		
1019.2	989.5	923.7	885.7	852.0	843.0	815.2	769.3	745.0	708.9	683.0	676.0	648.2	615.4	529.9	522.7	467.0	419.5	372.8	324.1	274.0	241.0	209.0	133.6	112.0	81.8	67.0	浏河口	
1043.2	1013.5	947.7	909.7	876.0	867.0	839.2	793.3	769.0	732.9	717.0	700.0	682.2	639.4	553.9	546.7	491.1	443.5	396.8	348.1	298.0	265.0	233.0	157.6	136.0	105.8	91.0	24.0	吴淞(河塘灯桩)

图 12.2-3　长江中下游武汉至吴淞航道里程表(单位 km)

12.3 乌江构皮滩水电站通航方式简介

近期建成的向家坝垂直升船机采取和长江三峡垂直升船机同样的型式，不过是通航 2×500 t 船舶的规模，现在已投入运行。另外乌江构皮滩 3 级垂直升船机也采用该型式，但还加上了复杂的中间渠道(图 12.3-1)，现简单介绍如下。

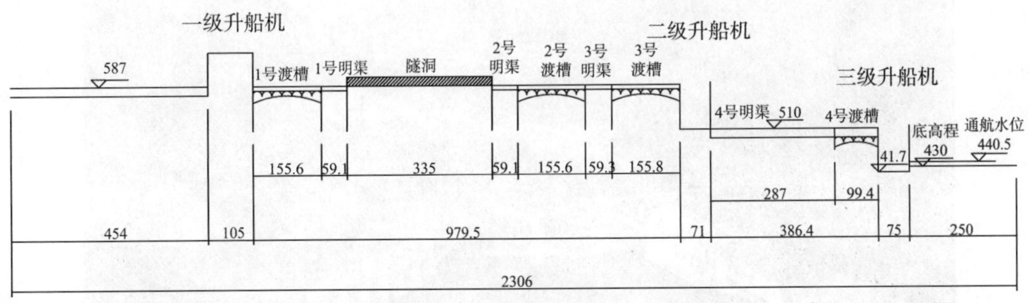

图 12.3-1 乌江构皮滩水电站通航建筑物示意图(单位:m)

乌江构皮滩水电站距河口 455 km，为多年调节大水库，电站装机 300 万 kW，通航建筑物为垂直升船机。通航工程全线 2 306 m，采用三级垂直升船机方式，由上下游引航道、三级垂直升船机和两级中间渠道组成，其中第一、第二级升船机间分别为总长 980 m、335 m 的渠道，并穿过大山体的隧洞，第二、第三级升船机之间的渠道总长 386 m。第一、第三级升船机采用船厢下水式垂直升船机，第二级采用全平衡式垂直升船机。通航工程三级垂直升船机最大提升高度分别为 47 m、127 m 和 79 m，最高通航水头 199 m；三级升船机建筑高度分别为 95.5 m、178.5 m、127.5 m；设计代表船型为 500 t 级机动驳；船舶承船厢有效尺度(水域)59 m×11.7 m×2.5 m，外尺度 71 m×16 m×6.3 m，水加船总重量 3 250～3 320 t；设计通过能力单向 125 万 t/a。

乌江构皮滩水电站 2003 年开工建设，作者(刘书伦)于 2011 年、2012 年参加试验研究成果鉴定和施工设计审查，对一些技术难题进行过讨论。通航工程总投资 30 亿元(2006 年价格水平)，曾于 2007 年开工建设，后一度停工缓建数年，复工后到 2020 年基本建成，2021 年 6 月 22 日 500 t 级“航电 1 号”货船经过约 40 min 的运行，顺利通过三级升船机，标志着该工程完成全线集控过船测试(图 12.3-2 至图 12.3-4)，可以正式投入试运行。这是目前世界上通航水头最高的通航建筑物，分三级提升，其中第二级单级提升高度大于第一级和第三级。我们认为高坝通航采用升船机进行货物运输在经济上往往是不合理的，要认真进行对比分析论证。升船机运行速度快、效率高，但承船厢制约因素较多，其规模尺度受到限制，而船闸尺度增加及其管理、维护也相对容易，因此选择升船机还是船闸，需要认真论证比选。

图 12.3-2　构皮滩水电站通航设施鸟瞰图

图 12.3-3　货船在通航渠道下行

图 12.3-4　货船驶出通航渠道下游引航道

三峡枢纽升船机建设，建设期长、技术难度大，近几年运行成果证明，运行良好，能满足旅游船快速过坝要求。同时三峡升船机建设具有特殊意义，它是三峡航运工程的品牌标志。

参考文献

[1] 三峡论证领导小组办公室. 长江三峡工程专题论证报告汇编[G]. 北京:三峡论证领导小组办公室,1988.

[2] 水利部长江流域规划办公室. 长江三峡水利枢纽可行性研究报告[R]. 北京:水利部长江流域规划办公室,1989.

[3] 中华人民共和国国家科学技术委员会,中华人民共和国水利部,中华人民共和国能源部. 长江三峡工程重大科学技术研究课题研究报告集[M]. 北京:水利电力出版社,1992.

[4] 中国水利学会,中国电机工程学会,中国水力发电工程学会. 葛洲坝水利枢纽论文选集:葛洲坝水利枢纽第三次科技成果交流暨通航、发电十周年学术研讨会[M]. 北京:水利电力出版社,1993.

[5] 北京周报社. 三峡水利枢纽——治理开发长江的关键工程[M]. 北京:新星出版社,1992.

[6] 水利部长江水利委员会. 长江三峡水利枢纽初步设计报告(枢纽工程)[R]. 北京:水利部长江水利委员会,1991.

[7] 西南水运工程科研所. 三峡工程施工通航、换推、绞滩水工模型试验研究报告[R]. 重庆:西南水运工程科研所,1997.

[8] 中华人民共和国交通部. 三峡水库航运复建规划[R]. 北京:中华人民共和国交通部,1997.

[9] 西南水运工程科学研究所. 三峡工程扩大明渠通过能力试验研究报告[R].

重庆：西南水运工程科学研究所，1997.

[10] 水利部科技教育司，交通部三峡工程航运领导小组办公室. 长江三峡工程泥沙与航运关键技术研究专题研究报告集：上、下册[M]. 武汉：武汉工业大学出版社，1993.

[11] 长江航道局. 三峡工程 175 m 蓄水初期变动回水区碍航河段整治措施研究报告[R]. 武汉：长江航道局，2000.

[12] 清华大学. 重庆主城区实体模型试验研究报告[R]. 北京：清华大学，2004.

[13] 三峡工程泥沙专家组. 长江三峡工程 2007 年蓄水位泥沙专题研究报告[R]. 北京：三峡工程泥沙专家组，2005.

[14] 危起伟，陈细华，杨德国，等. 葛洲坝截流 24 年来中华鲟产卵群体结构的变化[J]. 中国水产科学，2005(4)：452－457.

[15] 三峡工程泥沙专家组. 三峡工程泥沙试验研究报告(2001—2005 年)[R]. 北京：三峡工程泥沙专家组，2008.

[16] 三峡工程泥沙专家组. 三峡工程泥沙试验研究报告(2006—2010 年)[R]. 北京：三峡工程泥沙专家组，2010.

[17] 中国工程院三峡工程阶段性评估项目组. 三峡工程阶段性评估报告(综合卷)[M]. 北京：中国水利水电出版社，2010.

[18] 长江重庆航道勘察设计院. 三峡库区试验性蓄水期原型观测总结分析 [R]. 重庆：长江重庆航道勘察设计院，2014.

[19] 中国工程院三峡工程试验性蓄水阶段评估项目组. 三峡工程试验性蓄水阶段评估报告[M]. 北京：中国水利水电出版社，2014.

[20] 黄真理，王鲁海，任家盈. 葛洲坝截流前后长江中华鲟繁殖群体数量变动研究[J]. 中国科学(技术科学)，2017，47(8)：871-881.

[21] 郑守仁，生晓高，翁永红，等. 长江三峡水利枢纽建筑物设计及施工技术[M]，武汉：长江出版社，2018.

[22] 长江重庆航运工程勘察设计院. 三峡库区航道泥沙原型观测报告[R]. 重庆：长江重庆航运工程勘察设计院，2004-2020.

[23] 长江航道规划设计研究院. 长江中游航道泥沙原型观测报告[R]. 武汉：长江航道规划设计研究院，2004－2020.

[24] 姚金忠，程海云. 长江三峡工程水文泥沙年报(2019 年)[M]. 北京：中国三

峡出版社,2020.

[25] 中国工程院三峡工程建设第三方独立评估项目组.中国工程院重大咨询项目:三峡工程建设第三方独立评估综合报告[M].北京:中国水利水电出版社,2020.

[26] 黄真理,王鲁海.长江中华鲟(Acipenser sinensis)保护——反思、改革和创新[J].湖泊科学,2020,32(5):1320-1332.

[27] 长江三峡通航管理局.三峡通航年报[R].武汉:长江三峡通航管理局,2008—2021.

[28] 潘庆燊,陈济生,黄悦,等.三峡工程泥沙问题研究进展[M].第2版,北京:中国水利水电出版社,2021.

刘书伦简历

刘书伦，1930 年 12 月出生，江西省泰和县人，教授级高级工程师。历任工程师、交通出版社副编审、交通部内河局副总工程师、三建委办公室技术与国际合作司(后改水库司)工作人员、重庆交通学院兼职教授、水利学会港口航道专业委员会副主任委员、中国爆破行业协会第一届常务理事等职。从事长江上游川江、嘉陵江航道整治 20 年；负责葛洲坝库区和上游一批著名滩险航道整治设计和施工；担任长江三峡工程论证航运专家组专家，三峡工程关键技术攻关组专家，国家科委长江链子崖、黄腊石地质灾害防治专家组专家。曾获得国家科委颁发的“三峡工程关键技术研究”荣誉专家和“长江链子崖黄腊石地质灾害防治工程可行性研究”荣誉专家证书。

刘书伦(摄于 2021 年 7 月)

主要工作经历：

在长江上游从事川江航道整治 20 年，主持 20 余项著名滩险整治工程的设计和施工，通过全面航道整治，川江航道条件和航行安全大为改善，扩大了航道通过能力。负责主持长江鸡扒子特大型滑坡治理工程技术工作，深入现场勘测分析，进行工程地质详勘，汇集全国著名工程地质专家和航道整治工程专家，调整了应急翻坝方案，采用先进的水下爆破开挖技术，设置绞滩和助推，牵引船舶过滩；采用并行综合研究，优化治坡与航道治理相互协调的工程方案，成功治理了滑坡和航道，恢复了正常通航，否定了长航局上报的每年将断航 230 天的结论，其中应急抢通主要成果获得国家科技进步二等奖。曾担任国家科委和国土部组织的专家组专家，指导长江三峡链子崖和黄腊石特大型滑坡治理的论证、工可、设计和施工，成功控制了链子崖崩滑体变形，消除了崩滑体入江，堵塞长江航道的重大隐患。

参加三峡工程技术工作 30 年，从工程论证、实验研究、设计评审到工程管理和运行后原型观测，再到工程整体竣工验收，做了大量卓有成效的有关航运工程建设方面的工作。其中三峡工程重大科学技术研究之一——三峡工程泥沙和航运工程，获得国家科委、水利部、能源部联合颁发的荣誉证书。

在原交通部内河局工作期间，曾任岷江、汉江、长江中游、黄河、西江、松花江、赣江等河流航道整治，船闸工程、枢纽工程等专项技术顾问或专家，负责工程技术指导，参加交通部西部科研等攻关项目研究评审工作 17 年（1996—2013 年），先后对 60 多个水运工程项目进行研究、评审、鉴定。从事长江航运建设 60 多年，深入基层、现场调查研究，对内河航道整治技术进行了总结提升，提出了山区河流航道整治成套技术。

在我国长江三峡河段航道整治中，首次实施水下洞室定向大爆破获得成功，一炮将水下长条石梁炸除，并抛掷到两岸。通过对水下爆破水冲击波对周围环境影响的大量实验研究，提出了水下各类爆破的船舶安全距离标准，并列入国家标准。对船舶通过急流险滩的航行阻力、驾驶方法进行大量实验研究，修正了过去的计算公式和方法，提出了一套急流险滩通航技术，并得到了广泛应用。对地质灾害的防治提出以防为主，做好黄金三小时临滑预报，避免人员伤亡的新理念。

2013 年后，去办公室次数逐渐减少，主要工作：参加部审批的大型跨河桥梁、隧道通航论证，长江中游航道整治设计科研的评审，金沙江四大水电站航运建设专题评审与研讨，长江三峡工程总体竣工验收中的枢纽工程，水库淹没复建整体竣工验收。

主要著作：

（1）《长江鸡扒子特大型滑坡整治技术》，2017 年 12 月人民交通出版社股份有限公司出版。

(2)《航道工程手册》,2004 年 1 月人民交通出版社出版,担任副主编。

(3)《山区航道整治》,1975 年人民交通出版社出版,主要作者之一。

(4)《航道整治水力计算》,1992 年长江航道局组织编写,主要编写者之一。

(5)《中国水利百科全书:航道与港口分册》(第一版),2004 年中国水利水电出版社出版,编者之一。

(6) 标准规范:

《内河通航标准》(1990 年版和 2004 年修订版),主要编写人;

《航道整治工程技术规范》(1998 年版和 2003 年版),主要编写人;

《内河航道维护技术规范》(1994 年版),主要编写人;

《水运工程爆破技术规范》(2008 年版),主要编写人;

《渠化工程地质勘察规范》(1998 年版),主要编写人;

《航道工程基本术语标准》(1996 年版),主要编写人。

工作简历:

1953 年 8 月,武汉大学水利系毕业,分配到北京交通部设计局,后派到川江航道勘察实习。

1955—1975 年,重庆交通运输部川江航道整治工程处技术员。

1975—1982 年,交通部交通出版社水运编辑、工程师、副编审。

1982—1993 年,交通部内河局、基建局,副总工程师,教授级高级工程师。

1994—2008 年,国务院三峡建设委员会办公室技术与国际合作司(后改为水库司)。

2008—2012 年,交通部水运司和三峡办,继续返聘。